农业职业技能
开发管理教程

胡义萍 ◎ 主编

NONGYE ZHIYE JINENG
KAIFA GUANLI JIAOCHENG

中国农业出版社
北京

图书在版编目（CIP）数据

农业职业技能开发管理教程 / 胡义萍主编 . —北京：
中国农业出版社，2017.3（2019.3 重印）
ISBN 978 - 7 - 109 - 22780 - 4

Ⅰ.①农… Ⅱ.①胡… Ⅲ.①农业技术-职业技能-
鉴定-管理-中国-教材 Ⅳ.①S

中国版本图书馆 CIP 数据核字（2017）第 039487 号

中国农业出版社出版
（北京市朝阳区麦子店街 18 号楼）
（邮政编码 100125）
责任编辑 李 恒

北京中兴印刷有限公司印刷 新华书店北京发行所发行
2017 年 3 月第 1 版 2019 年 3 月第 3 次印刷

开本：787mm×1092mm 1/16 印张：23
字数：600 千字
定价：60.00 元
（凡本版图书出现印刷、装订错误，请向出版社发行部调换）

编写人员

主　编　胡义萍

副主编　何兵存　邢培林　谢　颜

编　者　胡义萍　何兵存　邢培林　谢　颜
　　　　牛　静　张治霆　吴　莹　李　娜

前　　言

农业技能人才是农业农村人才队伍的重要组成部分，是发展现代农业、建设社会主义新农村的主力军。1996 年以来，在农业部党组的正确领导下，各级农业主管部门坚持围绕中心、服务大局，把培养急需紧缺农业技能人才作为重要目标，大力加强农业职业技能开发基础建设，扎实推进以职业技能培训和考核鉴定为主要内容的农业职业技能开发工作，不断提升农业行业劳动者的技能素质，为加快推进现代农业发展提供技能人才支撑。

根据 2015 年版《中华人民共和国职业分类大典》，按照国家清理规范职业资格的总体要求，为更加科学、规范地推进农业职业技能鉴定工作，我们在总结近几年工作实践的基础上，编写了这本《农业职业技能开发管理教程》。希望本书的出版对推进农业职业技能开发工作的持续健康发展和农业技能人才队伍建设起到积极的促进作用。

本书共六章，在简要介绍农业职业技能鉴定基本概况和国家职业资格证书制度的基础上，重点介绍了农业职业技能鉴定基础建设工作体系、考务管理、质量管理和考评人员管理等方面的内容，力求系统、完整、准确，吸收了近年来农业职业技能鉴定工作的最新进展和成果。同时，注重与实际工作的紧密结合，突出实用性和可操作性。

本书既可作为农业职业技能鉴定考评人员和质量督导人员资格认证的培训教材，也可供农业职业技能鉴定管理人员和有关专家学习、研究之用。

由于水平有限，书中不妥之处，敬请读者批评指正。

编　者

2016 年 10 月

目 录

第六章　农业职业技能鉴定考评人员管理

附录

第一章 农业职业技能鉴定概述

第一节 农业职业技能鉴定的概念

一、职业技能鉴定的起源和发展

职业技能鉴定是对劳动者技能水平的测量和评价活动，这种活动并不是文明社会才有的，它的演变与发展决定于社会生产力和生产关系的演变与发展。职业技能鉴定作为测量和鉴别劳动能力的社会活动发源于渔猎社会，发展、分化于农业社会，在工业社会、信息社会实现飞跃和统一。

1. 渔猎社会时期的职业技能鉴定 人类的考试活动是一种有意识的社会活动，是人类社会发展到一定阶段的产物。渔猎社会生产力水平低，劳动结构简单，考试内容主要是维系人类自身生存的、有关社会生活和生产劳动的实际知识和技能，以技能的鉴别为主，如有关采集、狩猎、制造工具、营造住所、播种、收割、饲养以及军事、作战等方面的知识和技能。所以人类最初的考试活动就是技能考试。渔猎社会的技能鉴定活动没有固定的方法，主要以社会实践的方式，在生产劳动和生活实践中进行。尽管渔猎社会的技能鉴定内容、方式和方法比较简单，但它是人类历史上最早的有组织、有意识的鉴定实践活动，并有相应的鉴定规则。

2. 农业社会时期的职业技能鉴定 人类进入农业社会后，在剩余物质产品的前提下出现了产品的交换，进而产生了劳动分工和职业。考试活动开始分化为成文法规的考试和不成文的民间技艺考试（即职业技能鉴定），构成目的、性质不同，内容、方法各异的两大考试体系。在漫长的农业社会，符合统治阶级利益的成文法规考试制度作为服务于选拔统治人才、巩固统治地位的制度，得到一定程度的发展，形成比较完整的体系，而职业技能鉴定一直处于自然发展状态。首先，是由于社会生产力发展水平的限制，在奴隶社会和封建社会时期，农业是主体，是一种自然经济，人们尚无掌握复杂技艺的迫切要求，且掌握与运用劳动技能不一定要通过职业技能鉴定来实现。手工业、商业等行业则处于从属地位，对手工业或商业等从业者的职业技能鉴定也不可能得到很大的发展；其次，统治阶级为巩固其统治地位，对广大民众采用愚民政策，扼制职业技能鉴定。所以，农业社会的职业技能鉴定主要存在于手工业或商业等非主导行业，考试内容也局限在手工操作技能方面，用于以师带徒中的"出师"考试，没有形成完整的考试体系和制度。

3. 工业社会时期的职业技能鉴定 随着纺织机、蒸汽机的出现，人类进入了工业社会。科学技术和生产力得到迅速发展，工业生产成为社会生产劳动的主体，大规模工业化生产的形成和职业工种进一步细化，提高和鉴别劳动者的素质成为一种客观要求，从而产生了专门的职业培训和职业技能鉴定活动。工业社会的职业技能鉴定是相对独立的社会活动，也是一种内容充实、方式方法多样、程序严密、具有科学性和系统性的考试活动。当时的职业技能鉴定多数由行业组织建立实施,紧密结合工业生产实际,以职业工种为单位进行,并按照职业工种的技术复杂程度将技能划分为若干等级,制定出等级标准,据此对劳动者进行理论知识和操作技能的考试。考试内容主要是从事某一职业工种所应具有的知识和技能,考试方法按职业工种的不同要求而有所不同,理论考试主要采用笔试方式,实际操作考试方式比较多,可以是实际生产劳动,也可以是模拟操作、答辩等。

工业社会的职业技能鉴定,对社会经济的发展起到了重要作用,也极大地促进了考试的发展,创造了许多职业技能鉴定模式,积累了职业技能鉴定经验,为当代职业资格考试及职业技能鉴定奠定了基础。

4. 信息社会时期的职业技能鉴定 19世纪末20世纪初,人类开始进入信息社会。现代科学技术、生产技术和管理技术在各行各业中的广泛应用造成产业结构急剧变化,职业分工的分化、综合和演变进一步加剧,并由劳动密集型向智能密集型转化。同时,人们也已经深刻认识到智力和知识已成为劳动技能的基本要素,劳动者素质的高低优劣对国家经济发展的影响越来越显著。因此,许多国家相继建立了测量和评价劳动者技能水平的国家职业资格证书制度,使职业技能鉴定成为国家劳动力管理的一项重要内容,促进了职业技能鉴定制度向科学化、法制化方向发展。随着社会生产力和科技的高速发展,人们对考试活动的认识也不断深入。考试已发展成为一个专门学科,形成了系统的考试科学理论和考试技术,传统的职业技能鉴定模式已被打破,职业技能鉴定内容的专业性、技术性越来越强,模拟技术、心理测量等现代技术也使职业技能鉴定的方式方法产生了很大变化。社会对各类技能型人才的需求已形成一个无形的市场,为职业技能鉴定向专业化、产业化发展创造了条件。

二、农业职业和农业职业技能的基本概念

人才资源是第一资源。开展农业职业技能开发工作、推行农业职业资格证书制度是实施"科教兴农""人才强农"战略的一项重要举措,也是人才资源开发的重要手段。农业职业在农业职业技能开发及其管理中,是一个十分重要的概念。作为农业职业技能开发管理工作者,必须理解并掌握这一概念范畴的实质、内含、性质。

(一)农业职业

世界上多数国家,由于农业在其国民经济中,无论是从该产业从业的劳动者人数,还是从该产业所创造的增加值等方面看,所占比重都是相当低的。因此在其"国家职业分类大典"中,都是将属于农业职业范畴的各个相关职业,相应地归到了其他大类中,没有单独形成农业职业的大类,也就不存在农业职业大类特定范畴的问题。

在中国,1999年国家颁布的第一个《中华人民共和国职业分类大典(1999年版)》以及2015年新修订的《中华人民共和国职业分类大典(2015年版)》(以下简称《职业分类大典》)都将农业职业范畴作为一个大类单独列出,形成了具有中国特点的农业职业特定范畴。

农业职业即农业行业特有的职业,是指农业行业从业人员为获取主要生活来源而能够稳定地从事的行业性某一工作类别的统称,每个农业职业都是由一个或多个工种或岗位构成的。

农业职业与工作岗位的稳定性有着密切的关系。这就是说,在农业行业中,并不是任何工作岗位都能成为职业。某项工作其内容只有变得足够丰富、足够重要,以至能够引起农业

劳动者长期稳定地投身其中，并具有相应能力充当起这一职业角色时，才能成为农业职业性工作。同时，劳动者从事这一职业，还须获取一定的劳动报酬或经济收入，作为家庭生活的主要收入来源。

1. 农业职业的涵义

（1）农业职业是随着社会经济的发展而产生并发展完善的，同时也随着社会经济与科技的进步而盛衰存亡。在社会劳动首次大分工以后，有人开始固定地从事畜牧劳动、手工劳动与买卖活动时，人类社会的职业活动以及职业角色才开始出现，如牧马人、手工业者、买卖人等。但是，这一时期的职业只是自发形成的，是"职业角色"意义上的职业。现实的职业，是在有人对劳动岗位进行确定，按照一定的规则进行划分归类，同时在社会中也需要将一部分劳动者相对稳定地安置在社会分工体系的某种岗位之上，使之固定地从事某项专门劳动的基础上产生的。离开了劳动的稳定性就无所谓职业。未来社会里，劳动者将摆脱旧分工的束缚，工作稳定性会发生很大变化，当今社会普遍存在的职业现象也可能发生变化。马克思认为，那时"每个人都可以在任何部门内发展，社会调节着整个生产，因而使我们有可能随着自己的心愿，今天干这件事，明天干那件事，上午打猎，下午捕鱼，傍晚从事畜牧，晚饭后从事批判，但并不因此就使我成为一个猎人、渔夫、牧人或者批判者"。（《马克思恩格斯全集》第3卷）这一时代作为职业角色的劳动者既是职业人又是社会人。

（2）农业职业是农业劳动者能够稳定从事的有酬性工作岗位。农业职业与工作的经济性有密切的关系。没有经济报酬的工作，即使是稳定的，也并非是职业性工作。如有一位靠遗产为生的赋闲者，毕生从事非经济性的养鸟、种花活动，目的是为了自娱消遣。尽管他的工作长期而稳定，但非经济性的养鸟、种花并非职业活动，他也不是一个职业劳动者，而是一个无业人员。所以说工作的稳定性与经济性是该项工作成为职业工作的两个必须具备的条件。

（3）农业职业与工种或工作岗位不是同一个概念。农业职业与工种或岗位既有区别又有联系。工种是按照工作或农业生产岗位的性质和工艺技术特点以及劳动管理需要而划分的工作种类，这种"工作种类"就简称为"工种"。工种分类主要侧重于反映用人单位农业生产技术和劳动组织的特点；而农业职业分类，则侧重于反映整个社会农业生产与经济活动中的工作类别。但是，职业是由工种构成的，这是二者的联系。职业与工种两者是包容与被包容的关系，是大概念与小概念的关系。也就是说，一个农业职业可能包括几个或者十几个甚至几十个工种，也可能一个工种就是一个农业职业。

（4）农业职业是农业劳动者所从事的工作的岗位，并不是农业劳动者本身。农业职业是农业劳动者从事职业活动实现职业角色的条件，是形成农业系统各行业内业缘关系或人际关系的媒介。不能将职业与职业角色混同在一起。不同的职业角色意味着不同的工作内容、不同的职责、不同的声誉和地位。职业角色规定了从业者的劳动行为模式，而职业则规定了该职业的职责职能范围与特性。因此说，职业与劳动角色或职业角色是内涵完全不同的两个概念。职业是一个静态概念，而职业角色是一个动态概念，是一个活生生的劳动者。劳动者在某一职业岗位上从业，就充当了某一职业角色并在这一岗位上从事职业活动。

因此，作为"工种"或"岗位"意义上的职业与作为"职业角色"意义上的职业是有区别的。前者是社会劳动分工体系中的一个环节，后者是与这个特定环节发生关系时劳动者行使社会职责职能的标记和相应的行为规范。如农业部机关大楼设有门岗，在门岗上值勤的劳动者被称为"门卫"或"门警"。在这里，"门岗"是一个工作岗位或职业，"门卫"或"门警"则是在门岗上值勤者的社会标记或职业角色，"值勤"是门卫最主要的角色行为或是主要职责任务。农业职业技能开发管理中的"职业"，主要是从作为"工种"或"岗位"意义上进行定义的。

2. 农业职业的产生与变化

（1）社会分工是农业职业产生的基础。农业职业是在人类的长期生产活动中，随着劳动分工的出现和社会进步而逐步出现和发展起来的。

早在人类社会初期，人们为了生存，就存在着建立在性别、年龄基础之上的自然劳动分工：成年男子外出打猎、捕鱼、作战，并制作为此类事业的发展所必需的工具；妇女采集果实，从事原始农业，管理家务，制备食品和衣服；老人指导或参与制作劳动工具和武器；小孩帮助妇女和老人劳动。但当时并没有出现职业。因为还没有固定从事某项专门工作的人群，也没有经济性收入或报酬的量化分配与获取的问题。某个男子今天打猎或捕鱼，明天可能去伐木开荒；某个妇女今天做饭，明天可能制布或缝衣。当社会生产力得到进一步发展，人们征服自然的能力有了提高，从长期的打猎实践中发现，有些动物如牛、羊、马、骆驼、大象等可以驯服、饲养，于是一部分人脱离了其他生产劳动，专门从事畜牧工作。此时，畜牧业从原始农业中分离出来，实现了人类历史上的第一次社会大分工，人类社会也开始出现职业，亦即目前在《职业分类大典》农业大类"中类"中单列的种植业和畜牧业产生了。以后，手工业与商业也先后独立，完成了第二次、第三次社会大分工，职业活动成了普遍的社会现象，社会性的职业分类形成了雏形。

（2）社会分工催动了农业职业分类并成为职业划分的依据。在社会分工体系的每个环节上，农业劳动对象、劳动工具以及活劳动的支出形式都有其特殊性，这种特殊性决定了一种农业职业与另一种职业的区别。农业科研人才以科学仪器与符号进行脑力劳动，农业技能人才则以收割机或拖拉机等工具进行体力劳动等。

（3）社会分工的发展决定和制约着农业职业的发展。农业科学技术的进步、生产工具的改进和农业生产的社会化促进了社会的分工，农业专业化程度越来越高，农业职业同一般意义上的职业一样，也就越来越多。

（4）社会分工的变化制约着农业职业的变化。随着农业科学技术与生产力的发展，全社会劳动分工的模式或农业职业结构也在发生着变化。在农业系统中，一些专业扩大了，另外一些专业缩小了；新的职业产生了，某些旧的、过时的或古老的职业被淘汰了。在新技术革命的带动下，电子和机械制造技术、信息处理、新的原材料开发人员大量增加。物质生活水平的提高使人们对知识、艺术和美更加向往。大中学教师、文学艺术工作者、园艺工人、保健医护人员、家政服务人员等随之增多。另一方面，一些古老的职业正在消失，例如农林牧渔民和手工业者纷纷改行；行商、摊贩和典押铺日益衰落；计算机操作员这一职业出现了，印刷行业中的蜡纸刻印工、铅字拣字工和排版工几乎完全消失了。

3. 农业职业的特征　从上述农业职业的定义与发展变化的叙述中可以看出，社会劳动分工是农业职业产生的基础和条件；农业职业的产生是社会劳动分工发展的必然结果，并随着社会进步与劳动分工的演变而不断增减变化。因此说，农业职业的产生和发展既是社会生产力发展与农业科技进步的结果，又反过来促进农业生产力的提高与农业科技的进步。

一个国家国民经济结构、产业结构、科技水平状况决定着社会职业的构成；而社会职业的构成变化也客观反映着经济、科技以及社会其他领域结构的状况。因此，农业职业与一般意义上的职业一样，具有下面五个方面的特征：

(1) 社会性。职业是具有一定就业能力的人员所从事的社会性质的活动。职业的活动方式，又以特定的社会环境为条件。因此，各种职业无不具有社会性，没有社会就没有职业。

(2) 目的性。任何一种职业活动都具有特定意图和特定的目的。使自己充当的"职业角色"得到社会承认，这是意图，同时这种意图主要又以获取一定报酬为目的。不是以获取劳动报酬为目的的社会活动，如业余活动、义务劳动等，就不能称为职业活动。

(3) 规范性。各类职业活动必须符合国家法律法规、社会道德准则和各类职业道德，必须按照职业规程规则去实现。

(4) 稳定性。某种职业一旦形成，往往具有较强的生命力与较长的生命周期，一段时期内不会进行大的修改和变动。另外，任何一种职业都是特定历史条件下的产物，构成职业社会条件的变化都十分缓慢。因此，职业的生命周期相对较长。只有出现大的社会分工与大的社会经济体制改革以及大的科技革命时，才会出现较大的职业盛衰兴旺、增减变化。

(5) 群体性。职业的产生与存在常常与一定的从业人数密切相关。由于职业具有社会性，如果全社会只有一个人或少数几个人在从事某一活动，无论如何也不能称其为社会活动或职业活动。即使可能存在着几个人从事着某一职业，但由于职业之间常常存在着业缘关系或人际关系，往往会结成新的职业群体，也就形成了职业群体的共同特征。

职业的特征即职业的本质属性，决定着职业的特点和规律，决定着职业间的联系与区别。第一，它反映了不同职业的表现形式，如体力劳动、脑力劳动及脑体综合型劳动。第二，它反映了不同职业的类型特点。不同的职业是适应不同的环境和需要而产生的，不同的职业有着不同的生存条件，这就使不同的职业表现为各自明显的类型特征。然而，特征又是性质的存在形式，有什么样的职业类型特征，就会有什么样的职业性质。

(二) 农业职业技能

1. 什么是农业职业技能　农业职业技能是属于农业劳动力范畴的概念。农业劳动力即农业劳动者的劳动能力，是农业劳动者拥有的、运用于农业生产劳动过程的体力和脑力的总和。它主要包括农业生产工作中不可缺少的基础知识，专业技术和实际操作能力与技巧等内容。从社会分工和农业职业技能标准的角度来看，农业生产工作中的专业技术能力和技巧，就是农业职业技能或农业职业能力。

农业职业技能的主要特征是它可以通过培训或教育而形成，通过生产或工作而完善。它主要取决于训练或经验，是职业劳动者操作技能、实践技能和专业技术知识的集中体现。对个人而言，职业技能是劳动者最重要的竞争力，以一个国家而言，职业技能构成了这个国家人力资本的总和，是体现这个国家综合竞争力的重要指标。

2. 农业职业技能的属性　农业职业技能同一般意义上的职业技能一样，在自然属性上与人们在体育和艺术等方面的技巧或技能范畴性质相同，都是人们在创造某种使用价值时，所付出体力与脑力劳动的总和表现。无论是劳动创造的产品，还是体育运动、表演或艺术作品，都有使用价值。不同的是，农业职业技能的经济特征，是在商品经济或市场经济条件下，运用于农业生产过程并创造价值。而纯体育或艺术上的技能是非生产性的，不创造价值。所以，虽然体育或艺术活动中，也有竞技性的技能鉴定或评价，如体操和钢琴比赛中的评判，就是一种竞技性的技能鉴定，但这类技能鉴定与农业职业技能鉴定有着根本的区别。

前者是为了促进人的全面发展，以充分表现人的各种技能为目的；后者是以适应社会劳动分工和农业职业专业要求为目的的。

从社会属性上看，农业职业技能不能脱离农业劳动力的历史范畴。在一定的历史阶段，农业劳动力变为商品，农业职业技能也同样应有商品的属性。农业劳动力不能成为商品，那么农业职业技能也就没有商品的属性。马克思主义认为，劳动力变为商品必须同时具备两个条件：第一，劳动者自己必须是劳动力的所有者；第二，劳动者除了自己的劳动力之外一无所有。

社会主义市场经济体制下，已经确认了劳动力是商品的这一重大的劳动经济理论问题，劳动力市场是社会主义市场经济体系的重要组成部分也已得到了充分肯定。《中华人民共和国劳动法》(1994年7月5日，第八届全国人民代表大会常务委员会第八次会议通过，1995年1月1日起实施。以下简称《劳动法》)的颁布实施，为我国劳动力市场的逐步建立和完善提供了强有力的法律保证。为适应我国人力资源开发的需要，彻底打破长期以来束缚人们的传统观念，在全国人大研究制定《中华人民共和国就业促进法》（以下简称《就业促进法》)时，将优化配置社会人力资源的市场统称为人力资源市场。为与国际社会接轨，特别是更体现名称与内涵的一致性，本教材仍称为"劳动力市场"。我国改革开放以来的实践证明，劳动力市场的建立适应了我国经济社会发展的需要，不仅有利于充分开发和利用我国现有的劳动力资源，而且劳动者作为劳动力市场的主体地位已经充分显示和确立，即劳动者是自己劳动力产权的所有者，可以自主支配和使用劳动力；劳动者享有依法自主订立劳动合同的权利，劳动力使用的得与失由劳动者个人负责。

不管是在市场经济条件下，还是在社会主义市场经济体制下，劳动者的这种市场行为，使劳动力价值的实现与一般商品一样，要受价值规律、市场供求关系的影响，具有商品性。但是劳动力这种商品又不同于一般其他商品，它在市场上只能转让使用权，不能转让所有权。而且劳动力的使用是可以反复循环的，它的使用受劳动法规和劳动政策的约束。

三、农业职业技能鉴定的基本概念

作为农业农村人才测评考试活动重要组成部分之一的农业职业技能鉴定，已经成为农业行政主管部门加强农业人力资源管理，推动提高农业劳动者素质的重要手段，而且涉及亿万农业劳动者的切身利益，与农业农村经济发展有着十分密切的联系。

1. 农业职业技能鉴定概念　农业职业技能鉴定是由政府人力资源主管部门批准的农业职业技能鉴定机构，依据农业技能职业标准，对农业劳动者进行职业技能水平考核、评价，并颁发职业资格证书的考试活动。

从理论和实践两个层面，我们对这一概念进行阐释。

（1）从农业职业技能鉴定的目的来看，它是为测定农业劳动者是否具有从事某种职业的资格而进行的鉴定评价。它以从事这种职业所应达到的专门知识和操作技能为标准，以保证相应职业工种的工作要求，以及上岗、从业或执业的基本条件。

（2）农业职业技能鉴定的范畴从广义的"职业技能"或"职业资格"来看，应指所有的涉农职业或工种。从理论上来说，所有的农业职业资格都包含必要的理论知识和一定的实际操作技能，只不过有的职业偏重理论知识，有的侧重操作技能。职业技能鉴定的特点在于偏重技能水平方面的鉴定和考核，因而其鉴定对象是以技能类的职业或工种为主。随着科技的发展，技能类的职业专业理论知识要求越来越高，技术或管理类的职业实际操作技能要求越来越高，而部分职业类别对理论和技能两个方面的要求都很高。

（3）农业职业技能鉴定与农业劳动力市场的建设互为条件。一个成熟的劳动力市场不仅要求进入市场的每一个人都持有职业资格证书作为通行证，而且要求这个通行证能在整个市场通用。因此农业职业技能鉴定应以整个涉农的职业群体为对象，应向农业系统各职业领域提供职业技能鉴定服务，以满足农业劳动力市场建设与发展的需要。

第四，农业职业技能鉴定的实施与政府主管部门管理的关系。由于农业职业技能鉴定直接关系到农业人力资源配置和劳动力市场的运行，并影响国家农业农村经济政策，因此农业职业技能鉴定实施机构需在政府主管部门的统一领导和指导下开展工作，职业资格证书的颁发须经政府权威认证，以保证其在整个劳动力市场的通用性和适用性。

2. 农业职业技能鉴定的含义　在职业心理学中，职业技能是在职业活动中运用专业知识和经验，通过练习或实践而形成的操作能力或行为模式，是掌握和运用专门技术的一种能力。以职业技能鉴定来界定这种考试活动的内容，至少包含下面两层含义：

（1）鉴定对象的拓展，即由原来计划经济体制下的国有单位内部的特定群体扩大到各类用人单位，以通过考核鉴定来取得从事某种专门职业资格的全部农业劳动者为对象。这种拓展是市场经济条件下，多种经济成分并存、多种渠道就业、劳动者自主择业和维护正常农业生产服务秩序等多种因素综合作用的必然产物。

（2）鉴定内容的侧重，即由劳动态度、劳动业绩和劳动能力的考核转为对以职业技能为主要内容的考核。这种考核活动侧重点的转移取决于考试活动由原来农业行业用人单位内部的考核发展到社会化考试。

在考试学中，鉴定即为对人的优缺点、技能水平做出鉴别和评定，是考试的方法之一，即鉴定是考试的一种方法。事实上，这种考试活动不可能局限于某种具体的方法，"鉴定"在此名称中也不可能是指一种考试方法，而是"鉴定考试"这一名称的简称。

根据以上分析，职业技能鉴定应是"职业技能鉴定考试"的简称，可解释为是一种面向全体农业劳动者、以农业职业技能要求为主要内容的考试制度。

3. 农业职业技能鉴定的类属　任何事物都具有在性质、形式和功能上体现出的本质属性并以此与其他事物的共同点相联系。分析农业职业技能鉴定的类属就是寻找它与其他资格考试活动在本质属性上的共同点。

一般说来，所有考试活动都具有社会性的基本属性。然而社会考试系统包含的职业资格考试又有其充分的全民性，将考试活动的社会属性体现得更为突出。职业资格考试几乎遍及社会活动的各个领域，体现了国家意志并且直接涉及众多社会成员的切身利益。所以农业职业资格考试也是在社会活动中影响比较广泛、比较深刻的考试活动。我国包括农业行业现行的职业资格考试具有以下共同的本质属性：

性质上，职业资格考试是由国家主管部门以行政管理法规形式颁布实施或认可，针对相应的社会领域和社会成员的考试活动，是国家行政功能在某一特定方面的补充和延伸。

形式上，职业资格考试由国家主管部门或授权单位和社会组织负责，适用于具备规定条件和资格的对象，按照规定的程序、手段和方法，实施规定内容的考试并产生鉴定结果。

功能上，职业资格考试产生的鉴定结果可作为国家行政行为的依据之一，而且不同种类的职业资格考试结果不能相互替代，更不能为其他考试结果所取代。

以上表述就是农业职业资格考试所代表的概念的抽象表现。农业职业资格考试这一类属概念，同时包括了其概念的内涵与外延，即凡在性质上、形式上、功能上具备以上特征的考试活动均属于农业职业资格考试。

4. 农业职业技能鉴定是国家职业资格考试的一种形式 农业职业技能鉴定以隶属关系和适用对象上的特征，以及在性质上的差异区别于社会上的其他职业资格考试。

我国现行的考试管理体制是按照分类管理的原则，由国务院各职能部门在规定的权限范围内，负责制定有关的职业资格考试制度，同时负责实施考试活动的综合管理。这些职能部门制定的考试制度是国家单方面意志的体现，而且只适用于有限的相应的社会活动领域和社会成员，由此形成的职业资格考试制度均有相应行政隶属关系。农业职业技能鉴定是依据《劳动法》、《中华人民共和国农业法》（以下简称《农业法》）等国家法律、法规而制定的考试制度，由农业行业人力资源行政主管部门组织实施，以农业职业分类为基础，以农业职业技能标准为依据，面向全社会从事农业职业的劳动者，并以此为标志区别于其他职业资格考试，因此农业职业技能鉴定是国家职业资格考试的一种形式。

四、农业职业技能开发的基本概念

农业职业技能开发事业，是在知识经济叩响新世纪大门的前夕孕育并被其催生的一项新兴事业，目前已显示出勃勃生机，是随着社会主义市场经济发展及其运行机制的逐步完善，为实施新形势下整体人力资源开发调整战略，为科学合理地开发和利用农业农村劳动力资源，在原有的农业技术工人等级培训与考核的基础上，根据国家职业技能开发的部署要求提出的。农业劳动力市场，占据着社会劳动力市场的巨大份额，是社会主义市场经济中一个很重要的生产要素市场，在我国劳动力资源配置方面起着重要的基础作用。为规范完善农业劳动力市场，适应社会劳动力市场对高素质、高质量农业劳动力的需求，农业部根据国家的整体部署，已经逐步确立了以农业职业培训与职业技能鉴定等为主要内容的全面开发农业劳动者职业技能的完整体系。

1995 年 6 月 12 日，劳动部劳部发〔1995〕256 号印发的《全面推进职业技能开发体系建设工作意见》指出，在社会各界的支持和配合下，一个包括以职业分类和职业标准制定、职业技能培训、职业技能鉴定、职业技能竞赛、职业需求预测、职业咨询与指导等内容的职业技能开发体系已逐步形成。所以，原有意义上的培训与考核已不能完全涵盖和反映职业技能开发各方面的内容。为满足农业职业培训、考核内容扩展的需要，并能与国际、国内人力资源开发管理通则接轨，提出了农业职业技能开发及其管理的一系列概念与基本理论。

（一）什么是农业职业技能开发

农业职业技能开发是农业人力资源开发的重要组成部分与重要手段，也是全面推行农业职业资格证书制度的关键措施。也就是说没有农业职业技能开发也就不可能有农业人力资源开发，而要全面实施农业职业资格证书制度，前提就是要大力发展农业职业技能开发事业。因此，要理解、把握农业职业技能开发的内容与含义，首先必须全面研究农业人力资源开发的基本概念范畴。

1. 农业人力资源开发的概念

（1）人力。人力由两个基本方面构成，即体力与智力。如果从现实的应用形态看，则包括体质、智力和技能等方面。

（2）人力资源。人力资源应是能够被开发利用，能被划分与计量，并能与一定的物质资源相结合形成现实生产力的人力，是能够推动整个社会进步与经济发展的劳动者的能力，即处于劳动年龄的已直接投入建设和尚未投入建设的人口的能力。不能形成现实生产力、不能推动社会进步与经济发展的人力就不能成为资源：一是从人类自身的特点分析，人力是永远开发不完的；二是有一部分人力不仅不能开发，而且还是必须着力加以抑制甚至要坚决予以取缔消灭的，如反动力、暴力等。

人力资源是与物质资源相对应而存在的一种资源。人力资源的质量不仅要按照受教育和具有的技能来度量，而且也要按健康、营养标准、生命期望以及分配管理资源和进行合理的经济决策能力来衡量。

（3）农业人力资源开发。农业人力资源开发通过行政、经济、法律的手段，运用现代化的措施与方法，对与一定物质资源相结合的人力进行培育挖潜、鉴定评价、组织调配，使其与物质资源经常保持最佳配置比例，同时对人的思想、心理和行为进行适当诱导和控制协调，以充分发挥人的主观能动性与创造性，使农业人口的素质得到全面提升，最大限度地挖掘人力潜力，并能合理配置和有效利用农业人力的活动。

2. 人力资源开发的组成内容　人力资源开发的过程也是人力资本投资、不断积累人力资本存量的过程，同时也是释放人力资本存量，争取更高人力资本回报率的过程。

人力资源开发是一项重要的产业，其产成品是高智能素质的劳动力，是能够满足相应职业职能职责需要的职业角色。其整体生产经营过程是一项系统、复杂的管理工程。人力资源开发的主要内容包括三大部分：

一是育人，包括常规教育、职业教育与培训，也是基本的人力资本投资的过程。其目的是争取最大的人力资本投资转化率，结果是人力资本存量的逐步积累增加。

二是职业技能鉴定或评价，即确定劳动者的人力量化价格或价值，或为其劳动力贴价值"标签"的过程。这一过程是在连接育人与用人之间的、劳动者进入劳动力市场就业必经"绿色通道"中的一道"关卡"。在这一关卡上通过鉴定或评价就能为劳动力确定一个明细的量化价格或价值，对其进行"明码标价"。同时，人力资本投资转化为人力资本存量的转化率也就随之确定。其结果是劳动者实际具有的职业资格或职业技能等级水平，其表现形式是农业职业资格证书。

三是用人，实现劳动就业，也是如何将具有"标定价格或价值"的劳动力输送到劳动力市场以及通过招聘、录用、流动等活动使其与物质资源进行科学合理有效地配置。这一过程主要是释放人力资本存量的过程，其目的是争取最大的人力资本投资回报率。

三大内容有序联系、相互依存、相互促进：育人是基础是前提，鉴定或评价是手段、保证，用人是结果、目的。培养不出高素质的人，也就鉴定不出高素质的人，而在劳动力市场上就不可能有高价值的劳动力，也就不可能实现高就业率、高生产率、高人力资本回报率。因此育人与用人被称为人力资源开发的两大主体"支撑面"，鉴定或评价就成为连接两大支撑面的一根"横轴"。三者必须协调一致，有序发展，否则人力资源开发便不能在社会经济与科技发展的三维空间中立足。

3. 人力资源开发的意义

第一，人力资源开发是知识经济产生与进步的基础。可以肯定地说，没有人力资源的合理开发，就不会有知识经济的产生、存在与发展。知识经济是一种全新的经济形态，以知识和信息的生产、分配、传播和使用为基础，以创造性的人力资源为依托，以高科技产业和智业为支柱。人是第一生产力，即使是高科技产业和智业其发展也必须有高智力素质的人力去运作。知识经济的发展不单纯依靠劳动力、资本、原料和能源，而主要依靠知识要素。在知识经济时代，知识将被凸显到非常突出的地位，人力资源开发，特别是人力资源创造力的开发在经济中具有特殊的价值。实施"以人为本"的管理是知识经济管理的核心。

第二，实施人力资源开发是一项战略国策。中国的人力资源丰富，农业人力资源尤其丰富。农业人力资源开发，不仅仅是农业农村经济发展和农业人口素质提高的问题，更是一项涉及我国社会经济和文化的发展以及人民生活水平提高的基本措施。通过农业人力资源开发，使出于自然的人具备有效参与农业生产经营、促进农业农村经济发展所必需的体力、智力、技能以及正确的价值观念和劳动态度，使其成为一个能够有效使用自己劳动力的人。

目前，人力资源的开发问题已成为世界许多国家尤其是一些经济发达国家关注的热点，我国对人力资源的开发尤其对农业人力资源的开发已引起高度重视，并制定了新时期人力资源开发战略。应该承认，在工业经济时代，凭借丰富的物质与资金资源，确实可以在短期内为某些国家提供经济优势，而且一些国家也可能通过重点发展技术，将人力资源的开发利用放在次要地位，也能获得短期利益。但从长远看，尤其在知识经济时代，决定一个国家富强的因素无外乎两个方面：一个是社会制度是否先进，另一个则是人的技能、适应性和生产性，也就是人力资源开发的程度，是否能够造就出"智慧型"的劳动力，使人力资源与物质资源合理匹配。

我国改革开放以来，在推进农业现代化建设的进程中已经取得了巨大进步。实践证明，发展农业，推动农村经济的进步，走强化农业人力资源开发利用之路是最为现实的选择。随着农业农村经济与农业科学技术的不断发展与农业生产力水平的日益提高，社会主义市场经济体制下中国农业的今天，所需要的就是必须拥有熟练的技术技能和丰富知识的亿万农业劳动者。因此，迫切需要强化农业人力资源的开发，必须赋予"农业人力资源开发"以崭新的内容，以便促进"农业人口—教育培训—高智能素质的劳动力—转移流动与就业—农业农村经济发展"一体化协调发展的新格局。

第三，只有全面实施人力资源开发战略，才能从根本上提高我国农业劳动者的素质。农业职业技能开发的目的，就是要提高农业劳动者整体技能素质。农业劳动者整体素质的提高实质上是要求在最小的人力资本投入的情况下，使农业人力资源得到科学合理的开发利用。能否合理开发农业农村人力资源，在任何国家都是社会与经济发展的关键，尤其在中国这样一个农业劳动力占国家劳动力总数 80% 以上的国家，显得更加重要。人力资源，又称劳动力资源，是指某一范围内具有劳动能力的人口总和。人力资源是一种"活的有意识的资源"，作为国民经济资源中的一个特殊种类，有着主观能动性、时效性和再生性等特点，是一种重要的生产要素。

开发农业人力资源就是发现、发展和充分利用农业劳动者的生产力、创造力，包括两方面的内容：一是现实农业人力资源的充分利用，即搞好农业人力资源规划，有效地配置农业人力资源，减少浪费，发挥农业人力资源的整体协作优势和规模效益；二是潜在的农业人力资源开发，即要挖掘农业人力资源的潜力，提高农业人力资源的利用价值。根据农业产业结构的变化、农业科技的发展以及新工艺、新设备、新材料的应用，加强对农业劳动力市场和用人单位内部对劳动力数量、质量结构方面的需求预测和分析，制定人力资源规划，合理地配置劳动力资源，发挥人力资源的最佳效益；通过农业职业技能鉴定发现、评估农业劳动者的创造力；通过农业职业指导与就业咨询充分利用农业劳动者的创造力；通过农业职业技能培训与职业技能竞赛充分挖掘农业人力资源的潜力，以农业职业教育和培训为手段将处于自然状态的农业人力资源加工生产成现实的人力资本。

第四，大力发展农业人力资源开发事业，提高农业人力资本存量，促进农业劳动者整体技能素质的提高。

农业人力资本是指对农业人力资源开发投资而形成的资本。而人力资源只有进行开发投资，转化为人力资本存量，才能带来社会效益与经济效益。以学术自由闻名于世的美国芝加哥大学教授西奥多·舒尔茨，1960年出任美国经济学会会长时，发表的就职演说《人力资本投资》（获得了1979年诺贝尔经济学奖）中指出：人力是社会进步的决定性原因。但是人力的取得不是无代价的。人力的取得需要消耗稀缺资源，也就是说需要消耗资本投资。人力包括人的知识和人的技能的形成，是投资的结果，并非一切人力资源都是一切生产资源中最重要的资源。因此，人力与人的知识和技能，是一种资本的形态，我们将它称为"人力资本"。

舒尔茨同时指出：作为资本和财富的转换形态的人的知识和技能，需要通过投资才能形成。事实上，人对自身的投资历来是十分巨大的。人力资源作为一种生产能力，已经远远超过了一切其他形态的资本投入。而对人的投资带来的收益率超过了对一切其他形态的资本的投资收益率。

（二）农业职业技能开发

农业职业技能开发是农业人力资源开发的主要内容之一，其基本任务与农业人力资源开发一致，都是开发农业农村人力资源；其根本目的也与农业人力资源开发一致，都是要提高农业劳动者的素质，尤其是农业生产一线亿万农业劳动者的综合素质；就是将农业劳动者的智慧、知识、经验、技能、技巧和创造性等作为农业农村人力资源加以发掘、培养、发展、提高与利用的一系列活动，具有能动性、可塑性与可激励性等许多特性与特点。

1. 什么是农业职业技能开发

（1）从静态意义上讲，农业职业技能开发即开发农业劳动者的职业技能，是指在农业劳动者全部职业经历中，按阶段对其劳动技能进行开发，对其劳动力进行挖潜，以便持续不断地使农业劳动者更新知识，强化实际操作技能，提高劳动者的综合技能素质水平，改善劳动者的素质及其结构，使劳动者有足够的资格条件充当标准的职业角色，规范地进行职业活动，并能以一个"合格"的农业劳动力进出社会劳动力市场。它为全面实施农业职业资格证书制度、强化就业服务、适应并促进农业劳动者就业、提高就业竞争力进而适应农业科技进步以及农业农村经济发展的需要而发展起来的一项新兴产业。这是从理论上对农业职业技能开发进行定义的范畴。

（2）从动态意义上讲，农业职业技能开发是农业劳动者职业技能开发工作的管理过程。它是为了适应市场经济发展与农业科学技术进步的要求，以农业劳动力市场的预测需求为导向，以科学的农业职业分类、农业职业标准、农业职业技能鉴定规范与农业产业化发展和农业现代化建设以及用人单位的实际需要为依据，以农业职业技能培训为基础，以农业职业技能竞赛为强化示范措施，以农业职业技能鉴定为评价手段，以实施农业职业资格证书制度为核心，以农业职业需求预测、职业指导与咨询为服务内容，以全面开发农业劳动者的职业技能、提高其整体素质水平为目标任务，以促进农业劳动者就业、提高农业产业经济效益为主要目的的一个动态管理过程。这是从实践上对职业技能开发进行定义的范畴。

（3）在理解或使用农业职业技能开发这一"理论用语"时，应注意它的对象范畴。一般在涉及世界范围、整个国家范围或整个地区农业系统范围时的相关管理工作，可以使用这一理论用语。因为这些对象范畴中，农业职业技能开发管理中的各项职能一般都会涉及，是一个宏观概念。而在农业系统用人单位、培训机构、鉴定机构、指导咨询机构，一般只涉及农业职业技能开发管理职能中的某一项或某几项。因此，就不能出现"某某单位的农业职业技能开发管理工作如何如何"的句子或用语。

2. 农业职业技能开发与农业人力资源开发的联系与区别

（1）联系。二者是包容与被包容或大产业与小产业的关系。农业职业技能开发是农业人力资源开发的重要组成部分，也是其关键手段，两者基本任务与终极目标、目的也是一致的。

（2）区别。一是从产成品的性质上看，人力资源开发生产的是人力，既要累积人力资本存量，又要释放人力资本存量；而职业技能开发生产的是现实劳动力，主要是累积人力资本存量的问题。二是从包含的主要内容方面看，在育人方面，职业技能开发主要涉及或侧重于职业培训，基本不涉及常规教育的问题，二者在鉴定与评价方面是一致的；在用人方面，职业技能开发主要侧重于就业促进，并且基本上不直接涉及劳动力市场的建设。

3. 农业职业技能开发的意义

（1）是实施农业职业资格证书制度的重要手段。实践证明，要全面实施农业职业资格证书制度，就必须全面实施农业职业技能开发战略，实施农业职业技能开发工程就是为了推行农业职业资格证书制度。同时，通过全面农业职业技能开发，进行科学规范的农业职业技能培训与鉴定，实施农业职业资格证书制度，借鉴国内外职业技能竞赛强化培训的经验，可以大大降低农业人力资本投资的成本，提高农业人力自投资和社会性人力投资的经济效益。

（2）实施农业职业技能开发，可更快地提高农业劳动者的技能素质。通过农业职业技能开发，可以促使农业劳动者更新知识，提高技能，以适应新的职业角色或职业活动的标准，晋升更高职业技能等级，获得更加优厚的待遇。农业劳动者为了实现这一目的，可以通过闲暇时间业余进修、参加各类短期培训班等途径，在不影响本职工作和个人经济收入的情况下，实现提高学历、提高素质或技能等级的目标。从而可以极大地减少国家或用人单位用于农业职业培训或职业技术培训方面的投资，同样可以获得较物力投资更高的经济效益。

（3）农业职业技能开发是促进就业、抑制失业的一项基础性工作，同时促进就业、抑制失业也是职业技能开发的主要目的。大力发展农业职业技能开发事业，可以提高农业劳动者的素质，增强其就业、创业、执业能力。通过实施农业职业技能鉴定，可以对农业劳动力的质量与产权进行界定和认证，使农业劳动者获得一张能够进入社会劳动力市场的"通行证"，在社会劳动力市场中实现竞争就业与自主就业的要求，扩大选择职业的范围领域，为实现就业和再就业创造条件。同时，加强农业职业技能开发，对抑制失业也会产生积极的影响与作用。通过农业职业技能培训，还可以使农业劳动者进行职业技能储备，减轻或减缓就业压力。

农业职业技能开发工作搞好了，能够直接有效地促进就业的发展；就业发展了，又能推动农业职业技能开发工作的进一步提高。因此农业职业技能开发事业与劳动就业工作是紧密结合、相互促进的。农业职业技能开发事业的发展与进步，对整个国家的劳动就业工作的作用也是巨大的，并具有重要的现实意义。

（4）农业职业技能开发的根本目的是要促进农业经济增长质量与效益的提高。国家职业技能开发工作的目标是"围绕劳动制度改革和建立全国性的劳动力市场的总任务，大力加强职业技能开发，进一步完善以劳动力市场需求为导向，以职业分类和职业标准为依据，以职业技能培训和职业技能鉴定工作为支柱，以促进就业和提高经济效益为目的，直接有效地为就业和发展经济服务"。劳动部劳部发〔1995〕360 号《劳动部贯彻中共中央国务院〈关于加速科学技术进步的决定〉和全国科技大会精神意见》指出："要在各类职工和其他劳动者中开展职业教育和创造能力的培养，增强广大劳动者的科技意识和创新意识。将科普工作与职业技能开发工作结合起来，在开展就业前培训、转岗培训等各类职业技能培训的同时贯穿科技知识的普及，提高劳动者自我开发能力，使劳动者在现代化生产中各得其所，发挥更大的创造能力，将我国沉重的人口负担转化为促进经济发展的强大人力资源。"

（5）农业职业技能开发的核心是实施国家职业资格证书制度。从农业职业技能开发的性质与要求看，都属于社会化管理的范畴，主要目标任务是要为全方位的劳动力市场建设造就能够适应规范有效运行的劳动市场需要的高素质的农业劳动者。而劳动者只有获得一张能够反映自己真实劳动技能水平的"通行证"——职业资格证书，才能自由地进入社会劳动力市场，甚至参与国际就业竞争。同时农业劳动者只有获得职业资格证书并完成相应的农业职业活动，才能劳酬一致，实现自己的劳动力价值。

农业职业技能开发的培训、考核鉴定、鉴定结果的确认都要依据并围绕国家职业资格证书的实质内涵来进行；有关机构在进行农业职业指导与农业劳动者的职业咨询、介绍就业时，也应将职业资格证书的"含金量"水平作为主要依据。农业职业技能开发的质量及其最终结果，要由国家职业资格证书来保证、反馈和反映。

（三）农业职业技能开发与农业技术工人培训考核的联系与区别

1. 联系　农业职业技能开发是在总结农业技术工人培训考核过程经验与问题的基础上发展起来的，是农业技术工人培训考核的延续、深化和完善，是其职能任务与职能范围的增加、扩大。两者的目标任务一致：提高农业劳动者的综合技能素质；最终目的一致：适应农业科学技术进步的要求，促进农业农村经济效益的不断提高。这是现行的职业技能开发与原来的农业技术工人培训考核的联系。

2. 区别

（1）属性不同。农业技术工人培训考核是在计划经济条件下，按照《工人考核条例》的要求进行的一项工作，行政指令性的色彩较浓，主要以行业管理为主。由于在社会主义计划经济条件下，劳动力是商品和劳动力市场等问题没有得到很好的解决，因而工人培训考核也就不具有商品属性。而农业职业技能开发则是社会主义市场经济体制条件下为适应全方位劳动力市场建设需要而新兴发展起来的一项新型事业，必然具有商品属性，其职能具有社会化管理的属性。

（2）主要依据不同。

① 在法律法规及其政策依据上，农业职业技能开发主要依据《劳动法》、《中华人民共和国职业教育法》（1996年5月15日第八届全国人民代表大会常务委员会第十九次会议通过，以下简称《职业教育法》）、《职业技能鉴定规定》（劳动部劳部发〔1993〕134号通知印发）、《职业技能鉴定工作规则》（劳动部劳培司字〔1996〕58号通知印发）、《企业职工培训规定》（劳动部劳部发〔1996〕370号）、《农业行业职业技能鉴定管理办法》（农业部农人发〔2006〕6号通知印发）等，而工人培训考核主要依据《工人考核条例》。

② 法律性标准的依据上，农业职业技能开发工作主要依据《中华人民共和国工种分类目录》（劳动部组织编写，1992年出版，以下简称《工种分类目录》）、《农业行业工人技术等级标准》（1993年劳动部、农业部联合发布）、职业技能鉴定规范、职业技能鉴定站建站标准等；而工人培训考核主要依据《工种分类目录》和《工人技术等级标准》。

（3）职能范围不同。农业职业技能开发工作主要包括：农业职业分类、制定农业职业标准与鉴定规范、农业职业技能培训、农业职业技能考核鉴定、组建鉴定考评人员队伍、农业职业技能竞赛、农业职业指导与咨询、农业职业资格证书管理等。而农业技术工人培训考核主要包括两项，即农业职业技能开发中的培训与考核。

（4）实施对象范围不同。农业职业技能开发实施的对象，为农业系统所辖范围内的所有用人单位包括"三资"企业和农村集体经济单位与个体工商户在内的全部具有劳动力的劳动者；在职的员工，包括管理人员、专业技术人员、技术工人和普通工人，也包括乡镇企业员工；不在职的：失业与待业的，在校学生，刚毕业的学生，也包括农民与个体工商户。亦即所有的农业劳动者和后备劳动者，都是农业职业技能开发实施的对象。

而农业技术工人培训考核实施的对象，仅仅为国有与集体用人单位的在职技术工人。其实施对象范围要比农业职业技能开发小得多。

（5）实施培训考核的组织体系不同。农业职业技能开发中实施培训考核鉴定的组织体系是职业技能鉴定站（所）。农业职业技能培训与鉴定，是在农业部职业技能鉴定指导中心（指导站）的指导下，由各农业行业特有工种职业技能鉴定站组织实施的；而实施农业技术工人培训考核的组织体系，是工人考核委员会或按照规定程序组建的其他工人培训考核的组织体系。

（6）培训考核依据的主要原则、注重的考核内容不同。农业职业技能开发中的培训与鉴定依据"培考分开"的主要原则。职业技能鉴定主要由以鉴定考评人员组成的考评小组来完成，同时要有职业技能鉴定质量督导员进行鉴定工作的督考，并且要求考评人员不能考评自己培训的鉴定对象；试题统一从国家职业技能鉴定试题库提取；注重的是农业劳动者或后备劳动者实际技能的实操考评。

农业技术工人培训考核中的培训与考核，没有坚持"培考分开"的原则，培训与考核基本是由一人完成的，即一个教师可以自己编制培训资料，自己进行授课培训，自己编制试题，自己对培训对象进行考试，自己进行评卷阅分。考核内容上，虽然政策上要求侧重于实操技能技巧的考核，但实践中，大都仍是侧重理论知识的考核。

五、农业职业技能鉴定的特点和性质

农业职业技能鉴定作为国家职业资格考试活动的重要组成部分之一，以其他考试无法取代的社会功能成为管理农业劳动力的重要手段，涉及整个农业系统各类用人单位和千千万万农业劳动者的切身利益；又与经济社会的发展、农业科技成果的转化以及农业职业教育培训等活动有着千丝万缕的联系。

（一）农业职业技能鉴定的特点

农业职业技能鉴定以服务于农业劳动力市场的规范化管理为目的，参与经济社会活动领域中劳动力市场体系的运行。作为农业劳动力管理领域的职业资格考试活动，有其由职业资格考试本身决定的共同属性，以及职业技能鉴定在鉴定标准、方式方法和结果使用等方面要求所决定的自身特点。

1. 鉴定标准的统一、稳定性　农业职业技能鉴定是以国家农业职业技能标准来衡量劳动者技能水平的标准和依据，并以此作为反映鉴定结果的统一和相对稳定的参照系，这是农业职业技能鉴定的基本特点。

农业职业技能标准，一是以农业从业人员的职业分类为基础，而农业职业分类又在准确界定不同职业劳动特点、劳动领域内容的前提下，客观地反映了现实农业生产中农业劳动者的劳动分工和协作关系；二是以不同农业职业和级别的知识和技能要求客观地反映着农业生产对不同劳动岗位的劳动者素质的要求，构成农业职业技能鉴定既庞大复杂又相对统一的标准体系。由于鉴定所依据的标准只能是现实农业生产方式和生产力发展水平的客观反映，而农业生产方式和生产力的变革需要经历一个相对稳定的量的积累过程，因此农业职业技能标准在一定的时期内具有相对的稳定性。

2. 鉴定对象的开放平等性　农业职业技能鉴定所涉及的对象是农业生产工作岗位上的农业劳动者和即将进入农业生产工作岗位的准劳动者，包括在农业系统各类用人单位的职工，如国有农口事业单位、企业单位、乡镇企业的职工；各级各类职业培训机构的毕（结）业生，农业职业中专和农业职业中学的毕业生、农业广播电视学校系统的毕业生；出国就业和从事劳务的农业劳动者以及社会上所有需要鉴定相关技能水平的各类人员，所以农业职业技能鉴定对象范围广。同时，鉴定对象在身心素质与条件上差异很大，学历水平参差不齐，年龄跨度大，包括从业人员整个职业生涯的每一阶段。尽管如此，农业职业技能鉴定在制度上仍保证着所有鉴定对象在申请参加农业职业技能鉴定的权利和竞争机会上是开放、平等的。

农业职业技能鉴定对象开放平等的特点，主要体现在两个方面：首先，农业职业技能鉴定在确定鉴定对象时，不考虑年龄、性别、民族的不同，也不受地域、行业、职业身份和社会地位的限制，只要符合申报条件，所有鉴定对象均有平等的权利申请参加鉴定，并以此获取社会认可的农业职业资格。其次，对同一职业、级别而言，所依据的职业标准以及由《职业技能鉴定规定》所确定的鉴定手段、方法直至鉴定试题在本质上是一致的，因此鉴定对象在参加鉴定考试过程中也同样是平等的。

3. 鉴定场所的分散性　农业职业技能鉴定包括专业技术知识和实际操作技能两个方面的内容。对其独具特色的操作技能考核而言，必须有符合鉴定要求的考核场地、设施、工具、检测手段和仪器设备等才能得以实施。这种测试条件和环境与职业、级别的操作技能反映形式的相关性，导致农业职业技能鉴定场所分散广泛，在野外露天的多，增加了实施和管理的难度。

4. 鉴定内容的复杂性　农业职业技能鉴定内容因职业工种不同而异，每一职业因等级级别的差别也不相同。农业行业有 100 多个职业工种，农业职业技能鉴定的内容复杂多样，超过现行国家职业资格考试中的任何一种考试。

（二）农业职业技能鉴定的性质

农业职业技能鉴定关系亿万农业劳动者的切身利益。从事农业职业技能鉴定的管理人员和工作人员应清楚地了解农业职业技能鉴定的性质，便于进行深入研究和探讨，有计划、分步骤地逐步开展这项工作。农业职业技能鉴定作为特殊领域的考试活动，其性质可以从以下几个角度进行概括：

1. 从鉴定的隶属关系看　农业职业技能鉴定是由国家人力资源行政主管部门授权，由农业部统一管理，农业部职业技能鉴定指导中心组织实施的国家职业资格考试。作为一种职业资格考试，农业职业技能鉴定隶属于国家职业资格证书制度的范畴。

2. 从鉴定的依据看　农业职业技能鉴定是依据农业职业技能标准开展的一种职业资格考试活动，而农业职业标准是相对独立的国家标准体系，所以农业职业技能鉴定是一种目标参照性的水平考试，或称为标准参照考试。

3. 从鉴定采取的方式看　农业职业技能鉴定是笔试和动手操作考核、团体与个人测试相结合的综合性考试。在测试过程中，需要有多种测试评价的方法和手段交替使用，因此农业职业技能鉴定是一项政策性、科学性和技术性都很强的工作。

4. 从职业技能鉴定的类属关系看　农业职业技能鉴定是一种社会性的考试，即使在各类农业院校、培训机构中开展的职业技能鉴定活动，即通常所说的"双证制"，也属于社会性考试，而不属于学校教育考试的范畴。

综上所述，农业职业技能鉴定是由农业主管部门统一组织实施，以国家颁布的农业职业技能标准为依据，以农业劳动者的专业技术知识和操作技能水平为主要内容的标准参照性考试。

六、农业职业技能鉴定的运行条件

农业职业技能鉴定作为一种相对独立的社会活动，必然有其维持活动运行自身条件的要求。同时它作为整个社会协调控制机制的组成部分之一，只能在现实社会的控制条件下，参与社会的整体运行。因此农业职业技能鉴定的运行条件不仅与系统自身有关，也与整个市场机制的运行方式有关。

（一）健康的社会氛围

建立社会主义市场经济体制需要建立农业劳动力市场。农业劳动力市场的形成与发展从劳动力资源的配置方式、劳动力市场主体双方等方面，确立了市场经济体制条件下农业职业技能鉴定社会需求的客观存在。由市场经济体制和农业农村经济发展所产生的社会需求，连同对满足这种社会需求的紧迫性和所应该采取相应的手段方式等方面的社会意识，形成关系到农业职业技能鉴定制度能否正常运行的社会氛围。

全国统一开放的劳动力市场体系的建立打破了长期以来以计划经济为主配置劳动力资源

的方式，初步形成了以市场为主配置劳动力资源的格局，构成了在劳动力市场上实现劳动力交换的必要性、可能性和基本的供求关系。在这种供求关系下实现公平的交换，必然以准确地划分劳动力的所有权、确定劳动力的价值和使用价值为前提。社会劳动力市场体系的形成与发展，又同时赋予农业劳动力的需求者和所有者以最大限度的自主权。为有效地行使这一自主权，对农业劳动力需求者而言，客观上要求所选择的农业劳动力的质量有准确、权威的认定凭证，使据此而进行的农业劳动力的组合和调整能满足农业生产的实际需要，也便于根据农业劳动力所实现的价值确定劳动报酬。而对农业劳动力的所有者而言，以职业技能鉴定的方式对所拥有的劳动力进行准确、权威地认证，又是其在劳动力市场上增加就业和择业竞争力、在交换过程中维护自身合法权益的保障。

我国目前还处在特殊发展时期，尚未真正形成适合农业职业技能鉴定制度运行和发展的社会氛围。究其原因，一方面农业职业技能鉴定不是孤立的部门行为，其社会功能的实现，要有相应的农业劳动者培训、求职、就业、转岗和农村劳动力的培养、转移、流动以及用人单位招聘、解聘、支付劳动报酬、提供福利待遇等，这种由建立劳动力市场体系、改变劳动力资源配置和调节方式而引发的社会需求，其紧迫性在很大程度上受劳动力市场的发育水平和运作规范的影响。另一方面，农业职业技能鉴定制度是在计划经济体制条件下培训考核制度的发展完善与扬弃，继承了原来合理的成分，克服了其不能适应现实社会需求的不利因素。在这种新旧体制转轨的过程中，农业劳动力市场的运作方式客观地选择了农业职业技能鉴定作为满足社会需求的主要方式。在此基础上，形成其鉴定结果为用人单位所充分信任，其活动方式为劳动者所接受并积极参与，其社会效果和权威性为全社会所关心和维护的社会氛围，才能保证和促进农业职业技能鉴定事业的健康发展。

（二）健全的法制基础

由国家立法机关依照程序制定的法律，是从根本上调整社会关系、规范社会行为，以国家强制力保证执行的行为规则。而政府职能部门按照规定程序颁布生效的行政管理规章，在各自的职能范围内也具有与法律相当的效力。没有法律和行政管理规章的保障，任何社会活动的社会基础和效果都是有限的。在农业行业推行职业技能鉴定制度正是以法律为基础而具有强大生命力的事业。于1994年7月5日召开的第八届全国人民代表大会常务委员会通过并于1995年1月1日施行的《劳动法》以法律条文的形式规定，国家确定职业分类，对规定的职业制定职业技能标准，实行职业资格证书制度，由经过政府批准的考核鉴定机构负责对劳动者实施职业技能考核鉴定。之后劳动部颁布了《职业技能鉴定规定》，劳动部和人事部联合下发了《职业资格证书规定》等有关规定。农业部作为综合管理全国农业行业职业技能鉴定的职能部门，由劳动部授权并批准下发了《农业特有工种职业技能鉴定实施办法（试行）》，这些法律规定成为农业行业开展职业技能鉴定的基本准则，也是规范鉴定行为的法律准绳。

开展农业职业技能鉴定工作，只有遵循考核鉴定本身的客观规律，遵守各项行政管理法规和技术准则，规范鉴定全过程中所有主体和客体的行为，才能产生预期的效果，实现农业职业技能鉴定的目的。如果没有健全的法律规章制度保障体系作后盾，就不能规范鉴定行为、保证鉴定质量，甚至产生负面效应，造成不利的社会影响，危及职业技能鉴定的生存和发展。

（三）完备的组织体系

任何一项制度的建立和实施，都需要较为完善的组织体系作保障。农业职业技能鉴定制度的实施工作涉及面广、实施场所分散、测试内容复杂并具有特定的社会功能，更需要一个由相当规模的鉴定机构组成的组织体系和素质优良并具有使命感、责任感的鉴定工作队伍，作为维护和发展农业职业技能鉴定制度的活动载体。

经过努力，已经基本建立起一定规模的鉴定组织网络体系。纵向看，一个由行政管理、业务技术管理和具体执行的完整的鉴定组织体系已经形成，三种不同性质和工作职责的鉴定机构在运行过程中各负其责，发挥着各自不同的作用，工作内容缺一不可，彼此衔接，历经运行过程的全部环节并完成各项工作内容，产生鉴定结果。横向看，农业职业技能鉴定运行规模与鉴定种类和规模成正比。鉴定范围越广，鉴定站建设的规模和相应的鉴定工作量也越大。农业系统内各个专业都有各自对应的鉴定站，所含专业越多，所需设立的鉴定站也就越多。

具有较高专业素质和历史使命感的鉴定工作队伍是整个组织体系的灵魂。在农业职业技能鉴定所有的活动领域中，按照参与者大致相同的工作内容，可将其分为具有共同道德素质和不同专业业务素质要求的几个群体：行政管理人员、考评人员、质量督导人员、专家等。管理人员和考评人员是把握鉴定运行机制的主体，管理人员制定各种政策规定，组织并监督鉴定活动的运行，组织协调人力、物力和财力，控制各类无关因素的干扰，担负着保证鉴定顺利进行的责任。合格的管理人员必须熟悉农业职业技能鉴定的运行规律，具有管理工作和相应业务的专业知识，掌握有关工作环节的控制标准。业务精湛的考评人员首先必须是该职业或相应专业的行家里手，具有较高专业技术知识和实际操作技能水平，还必须掌握农业职业技能鉴定工作规程和鉴定的方法、手段。专家主要负责标准的制（修）订、鉴定题库的开发、培训教材的编写等，应是行业的专家和技术权威，也应是农业职业技能鉴定方面的专家，并对考试科学的基本原理和应用技术有相当程度的了解。督导人员在确保农业职业技能鉴定工作的质量上发挥监督、引导、指导作用，其督导工作贯穿于鉴定工作的全过程。

（四）先进的技术手段

对农业职业技能鉴定而言，亟须采用现代科学技术手段，解决面临的各种难题，特别是在管理技术、命题技术和操作技能考核的模拟技术等方面应采用比较先进的技术手段。在众多管理技术问题中，首要的是鉴定全过程的控制问题。只有科学总结和归纳运行过程中的控制要素及其状态，开发出相应的管理信息系统，才能实施全过程的调控；命题技术要解决试题编写技术和技巧、探索鉴定的技术手段和方法、建立试题库模型技术等；模拟操作技能考核技术，利用先进的技术手段完成常规的测试方法，或是取代测试结果容易受主观因素影响的、高消耗的测试方法。只有这样充分利用先进的科学技术和手段，才能满足和维持运行的条件并随着社会的发展不断发展壮大。

职业技能鉴定具备上述条件后，要想建立真正适应市场经济体制要求的农业职业技能鉴定制度，还必须处理好以下四个方面的关系：

第一，农业职业技能鉴定发展进程与市场经济发展进程的关系。我国经济体制改革采取渐进方针，是由易到难逐步进行的。这就决定了开展农业职业技能鉴定工作，建立起工作的新型机制，不可能是一朝一夕的事情，应与经济体制的转轨同步进行。开展农业职业技能鉴定，既要大胆创新，勇于开拓，更要求稳务实，不可操之过急。

第二，高起点与低起点的关系，即农业职业技能鉴定应该以何种姿态进入社会领域。开展鉴定工作首先要确定应该达到什么标准，这直接关系鉴定的进程和权威性。这项工作应该从高起点着眼，低起点着手，实现什么目标、完成什么任务，期望值不要过高，要科学务实，踏踏实实，逐步开展。

第三，把握社会效益与经济效益的关系。推行农业职业技能鉴定制度的目的是确保符合农业科技进步和农业农村经济发展对高素质技能型人才的需求，追求的是农业生产的高效率和高效益，促进农业农村经济发展方式的转变。从鉴定工作本身来讲，这是一个效率和效益问题，摆正两者的关系，首先要把社会效益放在首位，鉴定工作本身是非营利性的。如果组建鉴定机构的目的就是编写材料、举办辅导培训班、颁发证书等，在各个环节收取费用，无疑将毁掉这项新兴的事业。

第四，要处理好农业职业技能鉴定各项工作协调发展的关系。农业职业技能鉴定系统工程中的标准体系、组织实施体系、法规政策体系、工作队伍体系等都是相互制约、相互依赖、相互促进的关系。因此农业职业技能鉴定各个环节既不能"单兵突进、马踏连营"，又不能"按兵不动"，应与其他各个体系保持协调推动、共同发展。

七、农业职业技能鉴定的管理原则

全面推进农业职业技能鉴定是农业和农村经济发展对农业技能人才需求的必然要求。农业职业技能鉴定是根据《劳动法》、《职业教育法》、《农业法》等国家法律法规的规定，为适应社会主义市场经济发展与现代农业发展、社会主义新农村建设的要求，满足新形势、新条件下农业农村经济发展对农业劳动者素质提高的需要，按照国家职业技能鉴定发展的总体部署，加快推进农业技能人才和农村实用人才队伍建设的一项人才发展大业。近20年的实践证明，要将该项事业持续健康、全面推向前进，就必须根据"48字"原则：统一标准，规范管理；培考分开，重在培训；归口管理，专业鉴定；证书统一，国家验印；分步实施，稳妥推进；确保质量，提高素质。

1. 统一标准，规范管理　所谓的"统一标准，规范管理"，即要坚持标准统一、教材统一、试题统一、考务统一和证书统一的"五统一"原则。这是保证农业职业技能鉴定工作质量的基础与前提。第一，要严格执行国家颁布的农业职业分类和职业技能标准；第二，要严格采用依据国家职业技能标准开发的培训教材组织培训；第三，必须采用全国统一的国家职业技能鉴定试题库中的试题组织鉴定；第四，必须按照国家职业技能鉴定考务管理规程组织实施职业技能鉴定考试；第五，必须使用国家统一印制、在全国通用的国家职业资格证书。

2. 培考分开，重在培训　所谓的"培考分开，重在培训"，即实施农业职业技能培训与进行农业职业技能鉴定考试两项工作要实行分离、分开进行的原则，这也是职业资格考试、职业技能鉴定管理工作必须遵循并始终坚持的"国际通则"。农业职业技能培训与其他各类职业培训的管理是一致的，实行的是社会化职业教育培训的管理体制。农业职业教育与培训过程结束后，作为教育培训对象的农业劳动者，其职业技能水平的认定，则须有相应的农业职业技能鉴定站组织进行考核与鉴定。这一原则的核心是：作为培训教师，绝对不允许"既当裁判员，又当运动员"。其目的主要是要保证农业职业技能鉴定管理工作的依法规范、科学公正、水平真实，确保农业职业资格证书具有较高的"含金量"。

要确保这一原则的实施，应坚持两条：第一，进行农业职业教育与培训的教师，严禁对自己教育培训的对象实施鉴定考评；第二，进行农业职业技能考核鉴定必须使用全国统一的鉴定试题，严禁采用国家职业技能鉴定题库以外的任何鉴定试题；第三，鉴定站承建单位为教育培训机构的，鉴定业务实施部门与教学部门应分设。

3. 归口管理，专业鉴定 所谓"归口管理，专业鉴定"，即农业职业技能鉴定工作由农业部人事劳动司统一综合管理，在农业部职业技能鉴定指导中心统一指导下，由部各行业职业技能鉴定指导站组织所属职业技能鉴定站具体实施。农业农村经济发展特点决定了农业系统作为一个大行业其内部又包括种植业、畜牧饲料、兽医、兽药、渔业、农业机械、农村能源等行业和农垦、乡镇企业、农广校等系统。农业系统内各行业（系统）的职业技能鉴定工作，由农业部各行业主管专业司局在农业部人事劳动司的统一领导下进行管理，具体专业鉴定业务由各行业职业技能鉴定指导站具体组织全国各地农业职业技能鉴定站实施。

4. 证书统一，国家验印 所谓"证书统一，国家验印"，即经过农业行业特有职业技能鉴定站实施专业鉴定考试通过的农业劳动者获得的职业资格证书，必须统一采用国家通用的《中华人民共和国职业资格证书》。按照国家《职业技能鉴定规定》要求，该证书由农业部人事劳动司、农业部职业技能鉴定指导中心验印，由各农业职业技能鉴定站将证书发放给鉴定对象。

5. 分步实施，稳妥推进 所谓"分步实施，稳妥推进"，即农业职业技能鉴定工作必须严密组织，有目的、有准备、有计划、按程序、分步骤，先易、后难、先试点、后铺开，坚持原则，形成示范，循序渐进，确保质量。要通过试点与扩大试点，不断地总结经验，不断地完善办法与措施，在工作中完善，在完善中发展进步。

由于农业职业技能鉴定是一项技术复杂、政策性强、涉及面广、任务量大且繁重的系统工作，直接关系农业劳动者的综合素质能否提高、关系"科教兴农"战略实施以及现代农业能否实现的大问题。既要注意在农业职业技能鉴定"战术"上的大力推动，又要注意在农业职业技能鉴定"战略"上的稳妥推进。经过近20年的发展，在总结试点、扩大试点经验的基础上，农业职业技能鉴定工作已经从农业中专、农广校的毕业生扩大到全体农业职业院校毕业生和农业系统部分主要职业的职工，并逐步将工作范围扩大到全行业主要职业的从业人员。

6. 确保质量，提高素质 所谓"确保质量，提高素质"，即是要通过农业职业技能鉴定事业的发展与完善，确保农业劳动者素质的真正提高。提高农业劳动者的职业素质与技能水平，是农业职业技能鉴定工作的终极目标。要真正使农业劳动者通过农业职业教育培训、职业技能鉴定，通过实施国家职业资格证书制度，提高自己的专业知识水平和职业技能水平以及自己的整体素质，达到学以致用，以便适应农业科技进步以及现代农业发展对高技能、高素质的要求。即要确保农业劳动者所获得的职业资格证书，具有相应的"含金量"，能够反映出农业劳动者所具有的真实技能与职业水平，真正能达到国家职业标准所规定的职业水平。

确保质量，就要确保职业技能鉴定两个关键的环节：其一，要确保农业职业培训的质量，这是确保农业职业技能鉴定工作质量的基础，只有培训出高质量的农业劳动者，才能鉴定出高质量的劳动者；二是要确保农业职业技能鉴定的质量，这是农业职业技能鉴定事业发展与进步的生命线。否则可能出现高技能人才被埋没，技能低者"跳龙门"。

"48字"原则是农业职业技能鉴定管理工作的全部内容的高度概括和精髓，涉及实施过程的前、中、后，如过程前的前期准备，过程中的具体培训和鉴定等业务的实施，过程后的经验总结、监督检查、质量保证等。

第二节　农业职业技能鉴定的发展

一、国家职业技能鉴定发展历程

国家职业技能鉴定是我国职业技能开发管理的重要组成部分，经历了一个由孕育、诞生、发展和完善的过程。尤其是改革开放以来，为适应社会主义市场经济发展要求，国家职业技能鉴定工作在计划经济体制下的企业工人技术等级考核制度基础上，迅速发展壮大，建立了职业技能鉴定社会化管理体系，有力地推动了国家职业资格证书制度的实施。多年来，职业技能鉴定对我国技能人才队伍尤其是高技能人才队伍建设发挥了重要作用，为促进就业和稳定我国经济发展做出了积极贡献。

(一)国家职业技能鉴定孕育阶段

自产生农业社会时期的教育、技术培训、考试开始，职业技能鉴定已经发育其中。经过了工业社会时期和信息社会时期（19世纪末至20世纪初），直到20世纪50年代前期，国家整体职业技能鉴定事业也在孕育与发育着。国家职业技能事业发育成形，可以溯源于20世纪50年代中期的工人技术等级考核，建立工人技术等级标准和工人考工定级制度，工人技术等级标准分为八个等级，又称"八级制"，既可标明工人技术水平的高低，又可标明相应技术等级工人的工资水平。而"八级制"考工定级制度，不仅是单纯测量和评价工人技术水平的考试活动，同时也是集工人的技术培训、技术考核、工资确定、劳动组织等管理于一体的、多功能的劳动管理制度。这仍不是现代意义上的培训与考核，带有"以师代徒"的色彩。

(二)国家职业技能鉴定诞生阶段

"八级制"工人技术等级标准是按照不同行业和工种实行的多级考核。到20世纪70年代后期，已经形成了近9 000个工种的多种等级制并存的庞大的工人技术等级标准体系。尽管这一体系在职业技能鉴定发展历史上起了积极的作用，但随着社会经济与科学技术的进步与发展，越来越不能适应我国经济发展与改革要求。1988以来，劳动部针对这一问题，组织各行业主管部门对以"八级制"为主体的工人技术等级标准进行了修订，形成了以初、中、高三级制为主体的工人技术等级标准，并在高级技术工人中设置技师和高级技师两个技术职务。1990年经国务院批准颁布了《工人考核条例》，同时开始了《工种分类目录》的组织制定工作，1992年10月劳动部颁布了《工种分类目录》，将全国9 000多个工种（专业）压缩到4 700个，从而为职业技能培训考核的可操作性与职业标准科学化奠定了基础。

依照《工人考核条例》所进行的技术工人培训考核管理工作，20世纪90年代初期，在调动技术工人学文化、学技术，干什么就学什么，缺什么就补什么的积极性上，在推动技术工人文化素质与技能素质上起到一定作用。但是技术工人培训考核的运行机制，总归是我国计划经济时期形成的，不能满足社会主义市场经济体制发展的要求，问题也相当多，与全面开展职业技能鉴定工作的差距也比较大的。

随着社会主义市场经济体系的逐步建立，培育发展运行机制健全的劳动力市场的需要日益迫切，为解决工人培训考核管理的问题，1993年，劳动部提出了"建立和完善职业技能开发体系"的改革思路，将过去重点围绕用人单位及其在职员工和职业培训考核机构的工作模式，转向重点针对劳动者本身与人力资源开发的社会化管理的模式。同年7月，又颁发了《职业技能鉴定规定》，1994下半年，部署了职业技能鉴定试点工作。为将工人培训考核管理工作扩展为职业技能开发管理做了重要的准备。《职业技能鉴定规定》的颁布与职业技能鉴定试点工作的进行，标志着职业技能开发事业的诞生。

（三）国家职业技能鉴定发展阶段

1993年11月，党的十四届三中全会通过的《中共中央关于建立社会主义市场经济体制若干问题的决定》，明确提出"要制定各种职业的资格标准和录用标准，实行学历文凭和职业资格两种证书制度"。这一决定第一次将职业资格证书放到与学历文凭并重的地位，从体制上扭转了我国教育培训事业长期存在的脱离经济、脱离生产，重知识、轻操作，重理论、轻实践的偏向。为从根本上解决我国教育培训事业不适用社会经济与科学技术快速发展要求的矛盾铺平了道路；也为我国职业技能培训体系和职业资格鉴定体系的发展指明了方向。对我国职业技能开发事业具有里程碑式的影响。

同年12月，劳动部按照十四届三中全会精神，提出了《关于建立社会主义市场经济体制时期劳动体制改革总体设想》，明确指出：建立国家职业分类、职业标准体系，逐步将现行的工人技术等级标准转化为职业标准，并与国际职业标准对接；建立和完善国家职业资格证书制度，逐步将已有的技术等级证书改造成为职业资格证书；建立覆盖全社会的职业技能鉴定网络，实现职业技能鉴定的社会化管理。

1994年2月，《人民日报》发表了《推行职业资格证书制度是一项重要改革措施》的重要文章，全面分析了推行职业资格证书制度对于加强劳动力市场建设、扩大政府的社会服务功能以及加强全社会人力资源开发工作的重要作用。随后劳动部、人事部联合下发了《关于颁发〈职业资格证书规定〉的通知》，对职业资格证书制度的基本内容做了明确规定，对推行职业资格证书制度做出了总体部署。

这是新中国成立以来我国劳动人事部门正式颁布的第一个关于建立职业资格证书制度的政策文件，进一步促进了各种培训考核鉴定和资格认证工作统一向国家职业资格证书制度转轨。

1994年7月，全国人大常委会第八次会议通过《劳动法》，第六十九条："国家确定职业分类，对规定的职业制定职业技能标准，实行职业资格证书制度，由经过政府批准的考核鉴定机构负责对劳动者实施职业技能考核鉴定。"从而以法律的形式确立了职业技能鉴定和职业资格证书制度的法律地位。1996年5月《职业教育法》颁布，再次明确了职业资格证书在劳动就业和职业教育培训中的地位。

《劳动法》和《职业教育法》的实施为全面推行职业技能鉴定制度提供了法律支撑。经过职业技能鉴定战线广大同志共同努力，现已全面实现由企业内部工人技术等级考核向职业技能鉴定社会化管理方式转变。全国统一的国家职业资格证书作为劳动力市场的通行证，对促进劳动力市场健康发展起到了积极作用。职业技能鉴定作为技能劳动者的评价环节，对引导和提高广大劳动者的素质提升起着重要作用。

（四）国家职业技能鉴定完善阶段

2003 年 12 月，中共中央、国务院召开全国人才工作会议并下发了《关于进一步加强人才工作的决定》，明确提出了人才强国战略，首次将技能人才纳入国家人才发展规划。2006 年 6 月，中共中央办公厅和国务院办公厅印发了《关于进一步加强高技能人才工作的意见》，强调高技能人才是我国人才队伍的重要组成部分，要求各地区、各部门加快推进人才强国战略，切实把加强高技能人才工作作为推动经济社会发展的一项重大任务来抓。

为落实上述文件精神，劳动和社会保障部出台相关文件，要求从培养、选拔、评价、使用、激励、交流、保障等环节，全面加强高技能人才队伍建设，在制造业、服务业及其他相关行业组织实施了"三年五十万新技师培养计划"和"国家技能资格导航计划"，并实施了"国家高技能人才东部地区培训工程"。这一系列举措，有效地推动了高技能人才的队伍建设。

为适应新形势的要求，劳动和社会保障部将当时鉴定工作的重点确定为：建立一个以职业能力为导向、以工作业绩为重点，注重职业道德和职业知识水平的技能人才评价新体系。标志着社会化鉴定向多元评价体系转型的开始。首先是健全和完善高技能人才考核评价制度，突破年龄、资历、身份和比例限制，根据生产和服务岗位实际的要求，确立符合高技能人才特点的业绩考核内容和评价方式，拓宽高技能人才成长的通道；其次，以企业和院校为两翼，将高技能人才评价工作延伸到鉴定工作的两个主要领域。期间，选择了 34 家中央企业作为试点单位，进行企业高技能人才评价方式的改革；选择了 137 所职业院校，组织开展职业技能鉴定试点。通过这两项试点工作，技能鉴定和职业资格证书制度在企业和职业院校的认可度进一步提高。从 2005 年开始，以农民工和下岗失业人员为主要对象的专项能力考核得到迅速发展，为提升其就业能力发挥了积极作用。

自 2003 年以来，职业技能鉴定以社会化鉴定、企业技能人才评价、院校资格考核认证、专项职业能力考核、职业技能竞赛为主要内容的多元评价体系初步建立并日趋完善。职业技能鉴定完成了从单一的社会化鉴定向多元评价体系的转变。多元评价体系的建立，使各行各业的广大劳动者得到了更加方便、快捷的职业技能鉴定服务。

二、农业职业技能鉴定发展回顾

（一）农业职业技能鉴定制度的建立

根据《劳动法》、《职业技能鉴定规定》的有关精神，农业部制定并经劳动部批准于 1996 年 1 月颁布了《农业行业特有工种职业技能鉴定实施办法（试行）》，标志着农业职业技能鉴定制度正式确立并启动实施。同时明确了农业职业技能鉴定工作的指导思想，即紧紧围绕农业和农村经济发展远景目标，适应科教兴农及农业增长方式转型的需要，以农业职业培训为基础,以全面实施职业资格证书制度为前提,大力推进农业职业技能鉴定工作,先行试点,积累经验,形成典型示范,逐步推开,以促进农业劳动者素质的全面提高。

依据劳动部制定的《职业技能鉴定工作规则》,制定了《农业行业特有工种职业技能鉴定站管理办法》、《农业职业资格证书管理办法》、《农业行业特有工种职业技能鉴定程序》、《农业行业特有工种职业技能鉴定考评人员管理办法》等11个管理工作规程,以规范农业职业技能鉴定行为,促进农业职业技能鉴定有序进行。同时,为加强农业职业技能鉴定考评人员的管理,保证考评人员公正、公平地进行考评,制定了《农业职业技能鉴定考评人员聘任管理办法》、《农业职业技能鉴定考评人员评议考核管理办法》。为加强职业技能鉴定站管理,规范鉴定工作秩序,制定了《农业行业职业技能鉴定站评估检查办法》。

农业职业技能鉴定事业受到了农业系统各级领导的重视并被提到农业系统人事劳动管理的议事日程,有关管理机构积极推进农业职业技能开发管理的基础性规程和标准的制定工作,为农业职业技能开发管理的试点与扩大试点以及进一步发展奠定了基础。至此,农业职业技能鉴定管理工作正式诞生并开始运作。

(二)农业职业技能鉴定工作的发展

从1996年开始,农业职业技能鉴定的发展大致经历了试点、扩大试点、全面实施、加强质量建设和规范职业资格设置五个阶段。

1. 试点阶段(1996年1~2月) 以1996年1月印发《农业行业特有工种职业技能鉴定实施办法(试行)》为标志,农业职业技能鉴定工作正式启动实施。这一阶段重点做好宣传发动、制定文件政策、初步建立标准体系和组织体系等,选准突破口,组织指导进行试点。

(1)制定工作规划和试点方案。在广泛调研和充分论证的基础上,编制完成《1997—2000年农业行业职业技能鉴定工作规划》和《农业行业特有工种职业技能鉴定试点工作方案》。

(2)初步建立标准体系。按照国家有关部门的统一部署和要求,提出了国家职业分类大典第五大类"农、林、牧、渔业生产人员"的分类框架,以及职业种类、职业定义和职业描述等;制定了职业技能鉴定规范,作为组织职业培训和职业技能鉴定的依据;初步建立起由行政主管部门综合管理、业务部门技术指导和执行机构具体实施的组织实施体系框架。

(3)初步建立了一支工作队伍。通过培训、研讨等多种形式,建立了一支素质优良、作风过硬、精通专业技术、掌握鉴定理论与政策的包括管理人员、考评人员、考务人员在内的工作队伍。

(4)选准突破口。根据国务院发布的《中国教育改革与发展纲要》的有关要求,经过认真分析研究,确立了在全国农业职业院校推行学历文凭和职业资格两种证书制度,作为在农业行业推行职业技能鉴定制度的突破。研究印发了《农业部关于在全国农业中专学校和农业广播电视学校实行学历文凭和职业资格证书并重制度的通知》(农人发〔1996〕17号),各省农业主管部门高度重视,试点院校认真组织,扎实工作,取得了可喜成绩,在社会上产生了良好的影响。有的应届毕业生参加两个或三个相近职业工种的鉴定,有的往届毕业生回校参加技能鉴定,甚至远在深圳、上海等地工作的人员也回校参加鉴定。"双证制"的实施,极大地调动了学员学习实践技能的积极性,提高了应届毕业生的整体素质,增强了其就业竞争力。从1996年启动试点,农业职业技能鉴定工作已经由星星之火。燃成燎原之势,日新月异。培训鉴定人数1997年仅为3 600人次,到1998年就达15 000人次。

2. 扩大试点阶段（1999年3月~2002年4月） 以1999年3月召开的全国农业职业技能鉴定站站长座谈会为标志。会议全面总结、交流了试点的经验，研究分析面临的形势，部署扩大试点。这一阶段的工作主要是在完善政策制度、建立健全标准体系和组织实施体系、建立工作队伍的基础上，将试点工作范围由院校毕业生扩大到社会在职从业人员，并初步建立了就业准入制度。

（1）制定了工作规划。在《1997—2000年农业行业职业技能鉴定工作规划》的基础上，编制了《2001—2005年农业行业实施职业技能开发与国家职业资格证书制度工作规划》，明确了农业职业技能鉴定扩大试点的工作方向，并提出了相应的措施。

（2）初步建立了就业准入制度。根据劳动和社会保障部2000年发布的《招用技术工种从业人员规定》，农业部在2000年3月确定了农业行业14个技术性较强、服务质量要求较高并关系广大消费者利益、人民生命财产安全的职业作为首批实行就业准入制度的职业，并制定了详细、可操作的实施方案。

（3）壮大了鉴定工作队伍。通过举办培训班、研讨班和观摩等，培养了4 500名考评人员、400名质量督导人员，同时还组建了一支拥有200多名专业人员组成的题库开发和标准制定专家队伍。

（4）鉴定站管理工作步入正轨。建立了职业技能鉴定站的年检制度、质量检查制度和评选表彰制度。

（5）"双证制"在农业高中等职业院校稳步推进。在农业中专和农广校试行"双证制"的基础上，又将试点扩大到所有农业职业院校的涉农专业毕业生中，并积极探索适合农业院校特点的职业技能鉴定模式，使毕业生获得进入劳动力市场的"通行证"。同时积极探索向高等职教领域、高等农业院校拓展，极大地促进了学生学习专业技术、提高职业技能的积极性。

（6）在农业系统稳步推进职业技能鉴定试点。在农业职业院校试行"双证制"基础上，将工作范围逐步扩大到农业系统在职从业人员。经过广泛宣传发动，不断扩大职业资格证书制度的社会影响力，使农业系统的在职从业人员对职业技能鉴定工作的认识不断提高，参加职业技能培训和考核鉴定的人数逐年增加。据统计，1999年全国农业行业培训鉴定3.5万人次，2000年达到6.5万人次，2001年又增长到8.5万人次。

3. 全面实施阶段（2002年4月~2009年9月） 以2002年4月在西安组织召开的全国农业职业技能鉴定工作会议为标志。会议在总结试点、扩大试点阶段农业职业技能培训和鉴定工作的基本情况、交流经验和分析形势的基础上，研究全面推进农业职业技能鉴定工作的目标任务和指导思想。标志着农业职业技能鉴定在试点、扩大试点的基础上，总结经验，统一思想，全面部署，进入全面实施的新阶段。

（1）全面推进就业准入制度。按照《招用技术工种从业人员规定》和农业行业就业准入制度。首先，组织抓好14个就业准入职业新就业人员的培训鉴定工作；其次，对实施就业准入制度前用人单位已经招用的未取得职业资格证书的人员，指导用人单位制定培训鉴定工作计划，逐步达到规定的资格要求；再次，积极协调有关部门，指导用人单位建立培训、鉴定与使用相结合并与待遇相联系的激励机制，同时主动协调、配合地方劳动监察部门加强对就业准入制度的监督检查，建立行政监察和技术监督、日常监督和定期评估相结合的监督检查制度。

（2）不断拓展工作范围。随着农业农村经济产业结构调整以及大量农村富余劳动力向

二、三产业的转移，农业劳动力和用人单位的需求日益多样化，农业职业技能鉴定适时拓展工作范围。在继续做好农业中专、农广校和高等职业院校涉农专业应届毕业生以及从事就业准入职业劳动者培训鉴定的同时，扩大培训鉴定范围，大力拓展工作领域，满足市场发展的需求。

（3）建立职业技能鉴定质量督导制度。按照原劳动保障部印发的《职业技能鉴定质量督导工作规程》，农业部制定了《农业职业技能鉴定质量督导办法（试行）》（农人发〔2004〕12号），建立了农业行业的职业技能鉴定质量督导制度，促进了农业职业技能鉴定质量的不断提高。

（4）树立"围绕中心、服务大局"的工作指导思想。在总结试点、扩大试点经验基础上，确立了农业职业技能鉴定工作紧紧围绕农业农村经济发展大局，把职业技能培训和鉴定作为农业人才开发和评价的重要手段，形成以培训鉴定促人才队伍建设、人才队伍建设促农业农村经济发展的良性机制。

（5）编制"十一五"农业职业技能鉴定工作规划。在总结《1997—2000年农业行业职业技能鉴定工作规划》和《2001—2005年农业行业实施职业技能开发与国家职业资格证书制度工作规划》实施的基础上，根据中央关于加强高技能人才队伍建设的要求以及农业农村经济发展对技能人才的需求，编制了《"十一五"农业职业技能开发工作规划》（农办人〔2005〕63号），以指导"十一五"时期农业职业技能鉴定工作的开展。

4. 加强质量建设阶段（2009年10月～2014年7月）　以2009年9月人力资源和社会保障部（以下简称"人社部"）在沈阳召开的全国职业技能鉴定机构质量建设技术交流会议为标志。本次会议提出职业技能鉴定工作要坚持服务劳动者、服务用人单位的宗旨（"两个服务"），紧跟就业培训和经济转型的大局需要（"两个大局"），把提高质量作为鉴定工作始终追求的目标和抓手，采取切实有效措施，保证鉴定事业又好又快发展。为此，鉴定工作必须实现"三个转变"：一是由扩大规模、注重质量转到质量第一、兼顾规模，二是由治理假、乱、低问题的应急治标措施转到标本兼治、构建质量建设的长效机制，三是由社会效益与经济效益兼顾转到明确不营利的公共服务性质，更加突出社会效益第一。至此农业职业技能鉴定工作重点转到"三个转变"上来。同时农业部制定了《2011—2020年农业职业技能开发工作规划》，提出了今后一个时期农业技能人才工作的指导思想、发展目标、主要任务和重点举措，成为加快推进农业技能人才队伍建设以及质量管理的指导性文件。

（1）完善鉴定质量管理制度。按照人社部的统一部署和要求，农业行业建立了签订质量管理责任书制度。农业部职业技能鉴定指导中心在与人社部职业技能鉴定中心签订质量管理责任书的基础上，分别与部各行业职业技能鉴定指导站签订质量责任书，同时要求指导站与所属鉴定站签订质量责任书。通过这些措施，把质量责任制度层层落实，起到了强化鉴定机构质量管理意识的作用。

（2）全面落实鉴定质量督导制度。按照《农业职业技能鉴定质量督导办法》规定要求，在全行业大力贯彻落实鉴定质量督导制度。一方面加强鉴定质量督导人员队伍建设，通过举办资格认证培训班，截至2011年年底，全行业共有1 000余人获得了质量督导员资格，为加大现场督导和质量检查工作提供了人才支撑。另一方面，强化鉴定现场质量督导，扩大现场督导覆盖率，严格落实现场督考委派制，探索交叉质量督考以及随机抽查督导制度试点工作。

（3）推行鉴定机构质量管理体系认证。鉴定机构质量体系认证是控制和提升鉴定质量的一个重要"抓手"。质量管理体系认证工作是一个系统工程，也是一个全员参与、全面控制、持续改进的过程，贯穿于职业技能鉴定工作的各个环节。为在农业行业顺利推进鉴定机构质量管理体系认证工作，农业部组织了鉴定机构质量管理体系内审员培训班，多次组织试点鉴定站到其他行业进行现场观摩学习，组织召开了三次鉴定机构质量管理体系认证试点工作现场交流会。到 2012 年年底，农业行业有 9 家鉴定机构通过人社部质量管理体系认证。在总结试点单位经验的基础上，结合农业行业鉴定机构特点，编写了《农业行业职业技能鉴定机构质量管理体系认证指导》一书。

（4）组织开展鉴定机构质量管理评估。为规范鉴定站管理，不断提高鉴定质量，农业部建立了职业技能鉴定定期检查和随机抽查制度。每两年对鉴定站开展一次质量大检查，依据检查结果，对工作扎实、成绩突出、社会反响好的鉴定站予以表彰；对工作不到位、不规范、社会反响差、评估检查不合格的鉴定站，视情节轻重分别给予黄牌警告和撤销鉴定站的处理。到 2011 年年底，先后组织进行四次质量大检查和评比表彰活动，共评选表彰了 20 个先进集体、119 个优秀鉴定站、461 名先进工作者；对 35 家鉴定站给予黄牌警告，其中有 16 家鉴定站被取消鉴定资质。

5. 规范职业资格设置阶段（2014 年 8 月至今）　以 2014 年 8 月人社部下发《关于减少职业资格许可和认定有关问题的通知》（人社部发〔2014〕53 号）为标志。提出了减少职业资格许可和认定的原则、加大职业资格清理力度、推进行业协会、学会有序承接水平评价类职业资格具体认定工作、加强职业资格设置实施的监督管理四个方面的要求，为进一步规范职业资格设置奠定了基础。

自 2014 年以来，国务院一直强调要转变职能，提出"简政放权、放管结合、优化服务"的指导思想，针对职业资格许可和认定事项，国务院多次召开会议进行部署，指出要严格规范职业资格设置，加强政府监督管理。这一时期内，农业部按照国务院和国务院相关部门的要求，配合人社部做好农业行业的职业资格设置与清理工作，论证上报了农业行业列入国家职业资格目录清单的职业目录，同时建议取消农业行业职业资格事项。

对于如何减少和取消职业资格许可和认定工作，人社部提出了"四个取消"的原则要求。一是要取消国务院部门设置的没有法律法规或者国务院决定作为依据的准入类职业资格，行业管理确有需要且涉及人数较多的职业，可报人社部批准后设置为水平评价类。二是要取消国务院部门设置的有法律法规依据但与国家安全、公共安全、公民人身财产安全关系并不密切的职业资格。三是取消国务院部门和行业协会、学会自行设置的水平评价类的职业资格，清理过程当中认为确有保留必要的也得经人社部批准后纳入国家统一规划。四是取消地方各级政府及有关部门自行设置的职业资格，确有必要的，在清理的基础上要经过人社部批准后，作为职业资格的试点，然后再逐步纳入国家统一的框架。这四项原则要求也是农业行业开展减少职业资格许可和认定工作的依据。

2014—2016 年，国务院先后六次下发了《关于取消和调整一批行政审批项目等事项的决定》。其中涉及农业行业取消的水平评价类职业工种有：割草机操作工、农产品加工机械操作工、农业技术推广员（水产）、品种试验员、水稻直播机操作工、植物组织培养员、种子贮藏技术人员、农用运输车驾驶员、水生动植物采集工、水产品剖片工、饲料粉碎工、饲料制粒工、水产品原料处理工 13 项职业资格；涉及农业行业取消的准入类职业工种 1 个，即中央在京直属企业所属远洋渔业船员资格。按照国务院决定精神，2015 年 10 月，农业部办公厅下发了关于停止割草机操作工等 12 项职业资格考试鉴定发证活动的通知，并对进一步规范农业行业职业资格考试鉴定发证活动提出了具体要求。

由此可见，取消国务院部门设置的没有法律依据的准入类职业和国务院部门和全国性行业协会、学会自行设置的水平评价类职业，并不意味着所有职业资格许可都取消，对于确须保留的职业资格经人力资源社会保障部门批准后纳入国家统一规划之中。这说明主要的职业资格许可和认定事项还是必要的，清理规范的目的就是要改变各个部门都设职业资格"关卡"的情况，减少不必要的重复的资格认证。

（三）农业职业技能鉴定工作的主要经验

农业职业技能开发工作在农业部党组的正确领导下，在各行业司局和各级农业部门的支持下，坚持围绕中心、服务大局，把为行业、产业发展培养亟须紧缺技能人才作为核心目标，下工夫打造一支技术精湛的农业技能人才队伍，为加快推进现代农业发展和促进农业产业结构转型升级提供强有力的技能人才保障。截至 2015 年年底，全行业共组织 541.6 万人次的职业技能鉴定，通过考核鉴定获得国家职业资格证书的达到 488.6 万人次；通过竞赛选拔，百余人次直接晋升技师或高级技师，20 多名农业高技能人才分别获得"全国五一劳动奖章"和"全国技术能手"称号，农业高技能人才已占农业技能人才总量的 18.54%。农业职业技能鉴定事业之所以获得较快发展，取得了较好成绩，主要是在工作中注重形成良好的工作机制和工作方法，积累了典型经验。主要表现在：

1. 各级领导的重视是推动农业职业技能鉴定工作的重要保证 各级领导对农业职业技能培训和鉴定工作给予高度重视，将培训和鉴定工作纳入本行业农业农村人才队伍建设的整体规划中，有力地推动了职业技能鉴定工作的顺利开展。

2. 夯实工作基础是保证职业技能鉴定事业顺利推进的技术支持 始终把职业标准、培训教材和鉴定题库编制开发等基础工作放在首位，遵循"一体化"开发的思路，促进了标准与教材、题库内容的有效衔接，保障了职业技能鉴定工作的顺利实施。

3. 以市场需求为导向使农业职业技能鉴定工作始终把握正确的方向 以农业农村经济发展和各类农业用人单位需求为导向，开展有针对性的职业技能培训和鉴定考核，增强了农业劳动者的就业竞争力和工作能力，是职业技能鉴定工作发展壮大的根本动力。

4. 加强协调和配合是农业职业技能鉴定工作可持续发展的前提 重视理顺各部门关系，明确相应职责，创造宽松的工作环境，为农业职业技能鉴定工作奠定了良好的发展基础。

5. 注重工作质量是农业职业技能鉴定工作获得良好社会声誉的根本 树立质量第一、社会效益第一的理念，视质量为生命线，确保了职业技能鉴定工作健康稳步发展。

（四）农业职业技能鉴定工作存在的主要问题

农业职业技能鉴定工作虽然取得了一定的成绩，但与农业农村经济发展对农业技能人才的巨大需求相比还存在着较大的差距，主要表现在：

1. 与农业农村经济发展的中心工作结合不够紧密 农业职业技能鉴定工作同农业农村经济发展的中心工作和各行业的业务工作尚未形成紧密协调的工作机制，缺乏应有的联系，特别是农业职业技能鉴定还没有成为农业农村人才队伍建设的主要途径和评价手段，与事关农业农村经济发展的重大工程和项目实施缺乏有效衔接和相互支撑，没有充分发挥出农业职业技能鉴定对提高行业从业人员素质、促进行业发展的应有作用。

2. 培训和鉴定投入不足，基础条件薄弱 农业职业技能鉴定工作从开始之初就没有纳入各级财政预算范围，没有形成稳定的投入机制，使培训和鉴定条件改善缓慢，设备陈旧，基本设施严重不足。加之农业的弱质性和农民的弱势地位，仅靠收取鉴定费用难以维系农业职业技能鉴定工作的持续健康发展。

3. 认识不到位，各方面积极性尚未充分发挥 由于岗前培训、就业准入机制尚未形成，一些地方和部门对农业农村人才队伍建设，特别是农业技能人才队伍建设还缺乏长远考虑，忽视职工及行业从业人员的职业技能培训工作；部分农业用人单位还未形成和建立"使用与培训考核相结合，待遇与业绩贡献相联系"的机制；广大农业从业人员缺乏职业设计以及自主学习的意识和动力，加之农业行业收益相对较低，对参加职业技能培训和鉴定、提高自身素质和就业竞争能力的积极性不高。

4. 质量意识不强，在一定程度上存在着质量不高的现象 受多种因素的影响，部分鉴定机构及工作人员对职业技能鉴定质量意识淡薄，认识不到位，没有很好地贯彻落实国家关于规范职业资格管理和农业部关于加强鉴定质量管理的政策规定。在工作中鉴定考评人员、督导员工作队伍管理还不规范，部分鉴定站没有与考评人员签订聘用合同，没有建立考评人员年度考核制度；在质量督导员管理方面，多数鉴定站实行的是自我督导，部分督导员没有很好地履行督导职责，质量督导流于形式。此外，部分鉴定站还不同程度地存在着鉴定考务程序不一致、考务组织不严密、技能实操考试把关不严的现象。

（五）农业职业技能鉴定工作面临的新形势

"十三五"时期，农业农村经济形势正在发生深刻的变化，农业职业技能鉴定工作既遇到新情况、新问题，也面临着新形势、新机遇。

1. 推进"四化同步"发展 党的十八大报告指出：坚持走中国特色新型工业化、信息化、城镇化、农业现代化道路，促进工业化、信息化、城镇化、农业现代化同步发展。要实现"四化同步"，必须大力发展现代农业，加快推进农业现代化进程，消除农业发展短板的影响。随着国家对农业扶持力度的加大，资本、技术、管理等现代生产要素不断进入农业领域，农业规模化、专业化、标准化、集约化水平不断提高，但是，作为关键要素之一的农村劳动力素质明显不相适应。据调查，在务农劳动力中，小学以下文化程度超过55%，初中文化不足40%，高中文化不足5%，大专以上仅占0.2%，参加过系统职业技能培训的不足10%。因此，2012年中央1号文件明确要求，大力培育新型职业农民，加快培养农民植保员、防疫员、水利员、信息员、沼气工等农村技能服务型人才，种养大户、农机大户、经纪人等农村生产经营型人才。另外，随着现代农业发展的不断深入，农业功能不断延伸、领域不断拓展、环节不断增多、岗位不断细化，农户和农民的分工分业也在迅速推进，部分农民随着农业产业链延长、农业服务业发展，逐步发展成为农机手、植保员、防疫员、水利员、园艺工等技能服务人才。目前，现代农业发展急需的动物防疫员、植物病虫害综合防治员、农产品质量检验检测员、肥料配方师、农机驾驶和维修能手、农村能源工作人员以及农产品加工仓储运输人员、畜禽繁殖服务人员等严重缺乏，仅村级动物防疫员需求就达80万人，专业合作组织领创办人、农村经纪人需求达数百万人，这些涉农新兴职业岗位对农业职业技能鉴定开发工作提出了巨大的需求和更高要求。

2. 加快推动城乡发展一体化　党的十八大报告提出：加快完善城乡发展一体化体制机制，着力在城乡规划、基础设施、公共服务等方面推进一体化，促进城乡要素平等交换和公共资源均衡配置，形成以工促农、以城带乡、工农互惠、城乡一体的新型工农、城乡关系。加快城乡发展一体化，使公共投入向农村倾斜、公共设施向农村延伸、公共服务向农村覆盖，有利于促进农村二、三产业发展和农民收入增加，推动农村劳动力转移就业、平等就业。随着现代农业的发展和新农村建设的加快推进，农村劳动力就地就近转移就业趋势不断增强，2011 年全国农民工总量达到 25 278 万人，比上年增加 1 055 万人，其中，外出农民工 15 863 万人，增加 528 万人，增长 3.4%，本地农民工 9 415 万人，增加 527 万人，增长 5.9%，本地农民工增长速度明显快于外出农民工。但是农民工文化素质普遍偏低、技能水平依然不高，严重制约了我国产业升级和持续发展。其中，文盲占 1.5%，小学文化程度占 14.4%，初中文化程度占 61.1%，高中文化程度占 13.2%，中专及以上文化程度占 9.8%。接受过农业技术培训的只占 10.5%，接受过非农职业技能培训的只占 26.2%。特别是本地农民工平均年龄高于外出农民工 12 岁，受教育水平明显低于外出农民工。由于本地农民工主要从事涉农产业和服务业，因此，上述问题的存在已成为制约现代农业和农村二、三产业发展的重要瓶颈，也对农业职业技能培训和鉴定工作提出了严峻挑战。加大农业职业技能培训和鉴定工作力度，努力提高本地农民工的文化素质和技能水平，推动农村劳动力就地转移、平等就业，已成为推动城乡发展一体化的重要举措。

3. 全面开发农村人力资源　我国人口 9 亿在农村。全面开发农村人力资源，把人力资源优势转变为人力资本优势，建设一支规模宏大的农业农村人才队伍，对于支撑现代农业发展、服务新农村建设至关重要。农业技能人才和农村实用人才是我国农业农村人才队伍的重要组成部分，全面开发农村人力资源，必须在推进农村富余劳动力转移的同时，更加注重提高农业农村从业人员的整体素质，合理配置农村劳动力资源；必须在培养包括农业技能人才在内的农业农村人才的同时，更加注重提升农村人力资源的自我发展能力和辐射带动能力。《农村实用人才和农业科技人才队伍建设中长期规划（2010—2020 年）》提出：农村实用人才 2015 年达到 1 300 万人，2020 年达到 1 800 万人，其中技能服务型人才 2015 年达到 240 万人，2020 年达到 360 万人。随着现代农业的深入发展，农村二、三产业加快推进，大批新型职业农民和涉农职业（工种）岗位人员不断涌现，具有参加农业职业技能培训和鉴定、获得不同类型和等级职业资格证书的需求和动力。扎实推进农业职业技能开发工作，大力开展农业职业技能培训，促进各类农业技能人才脱颖而出和健康发展，把人才强农战略落到实处，对农业职业技能鉴定工作提出了更高的要求。

4. 建立面向全体劳动者的职业培训制度　《劳动法》第六十八条规定：用人单位应当建立职业培训制度，按照国家规定提取和使用职业培训经费（1.5%～2.5%），有计划地对劳动者进行职业培训。《就业促进法》第四十七条规定：企业应当按照国家有关规定提取职工教育经费，对劳动者进行职业技能培训和继续教育培训；第五十一条规定：国家对从事涉及公共安全、人身健康、生命财产安全等特殊工种的劳动者，实行职业资格证书制度。国家从法律层面建立了面向全体劳动者的职业培训制度。2011 年国家统计局统计年报显示，在农村就业的人员占全社会就业人员的 53%。在农村劳动者中大力开展职业技能鉴定，带动和促进建立面向农村劳动力的职业培训制度，既是贯彻落实国家法律规定和推进城乡发展一体化的总体要求，也是全面开发农村人力资源、为社会主义新农村建设提供智力支持的重要途径。

《国务院关于加强职业培训促进就业的意见》（国发〔2010〕36号）提出，要坚持城乡统筹、就业导向、技能为本、终身培训的原则，建立覆盖对象广泛、培训形式多样、管理运作规范、保障措施健全的职业培训工作新机制，健全面向全体劳动者的职业培训制度。《国务院办公厅关于转发人力资源社会保障部、财政部、国资委关于加强企业技能人才队伍建设意见的通知》（国办发〔2012〕34号）再一次明确提出要健全企业职工培训制度，"十二五"期间，力争使企业所有技能岗位职工都得到至少一次职业培训，为企业发展提供强有力的技能人才支撑。农业行业企业种类很多，有农业产业化龙头企业、农药兽药生产企业、渔船渔机渔具制造企业等，有直接为农民提供服务的农民专业合作社，企业规模大小不一、管理水平参差不齐，但都是农业农村经济发展不可缺少的重要组成部分，对这些涉农企业职工开展职业培训和技能鉴定，逐步建立企业技能人才评价制度，对加强涉农企业技能人才队伍建设、增强企业竞争力、促进农业发展方式转变具有重要意义。

三、农业高技能人才培养"金蓝领计划"试点工作

（一）"金蓝领计划"试点工作背景

2006年4月18日，中共中央办公厅、国务院办公厅印发了《关于进一步加强高技能人才工作的意见》（中办发〔2006〕15号），明确了高技能人才是我国人才队伍的重要组成部分，加强高技能人才队伍建设是我国人才工作的重要任务。农业部为加快推进农业高技能人才队伍建设，培养和造就一大批具有高超技艺和精湛技能的农业高技能人才队伍，带动农业技能人才队伍整体素质的提高和队伍的壮大，研究决定实施农业高技能人才培养"金蓝领计划"试点工作，通过试点逐步探索建立起培养体系完善、评价和使用机制科学、激励和保障措施健全的农业高技能人才工作新机制，加快培养一大批数量充足、结构合理、素质优良的农业高技能人才，使农业高技能人才在总量、结构、素质等方面都有较大进步，逐步形成与农业农村经济发展相适应的农业技能劳动者比例结构基本合理的格局，以满足发展现代农业、推进社会主义新农村建设对农业高技能人才的迫切需求。

（二）"金蓝领计划"试点工作的主要内容

农业行业主管部门和各试点单位按照农业部办公厅2007年印发的《农业高技能人才培养金蓝领计划试点工作方案》（农办人〔2007〕56号）和2009年《关于进一步做好农业高技能人才培养金蓝领计划试点工作的通知》（农办人〔2009〕41号）总体安排和要求，紧密结合本行业、本单位的实际，对农业高技能人才培养工作进行了多方面的探索和有益尝试。

1. 探索形式多样的高技能人才培养方式　技能培养是高技能人才队伍建设的重要基础。各试点单位立足行业发展和单位需求，勇于实践，积极拓展培养途径，初步探索形成了以用人单位为主体、学校教育与企业培养相联系和主管部门大力推动、相互结合的高技能人才培养模式。

（1）用人单位积极发挥主体作用。用人单位是人才的积聚地和使用主体，在人才培养中应发挥主体作用，建立并落实职业培训制度。如湖南熙可食品公司作为农业产业化龙头企业，根据"企业＋农户"的生产经营模式，创立了贯穿各个生产环节的培训制度：在公司联

系的每个村设立一所熙可技校，请专家在关键农时季节到村讲课，培养果树园艺技术能手；在生产车间的技术工人中开展"蓝色证书"和职业技能培训，员工分别持有蓝色证书和食品加工国家职业资格证书，为企业的发展培养高素质的专门人才，提高企业的竞争力，促进了企业的发展，企业产品全部销往美国市场。

（2）采取校企合作的培养方式。校企合作培养高技能人才，充分发挥学校和企业在人才培养方面各自的优势和作用。如河北农垦与河北工程大学建立合作机制，搭建高技能人才培养和就业平台，充分发挥大学培训师资、实训设施的优势，为垦区培养高技能人才，同时将农场作为学生实习、教师课题研究的基地，促进了实用型、技能型高素质人才的培养。

（3）充分发挥行业主管部门的推动作用。政府主管部门在人才培养方面进一步转变观念，切实提高服务水平，大力推动人才工作的开展。如农业部农业机械化管理司根据推进现代农业发展的需要，采取"政企联动"方式，组织农业部农机试验鉴定总站分别与有关农机生产企业联合举办插秧机、联合收割机和大中型拖拉机维修高技能培训班。

2. 探索创新农业高技能人才鉴定评价新模式 创新鉴定评价模式、完善高技能人才考核评价制度也是试点工作的一项重要内容。以科学的人才观为指导，贯彻落实中央提出的把品德、知识、能力和业绩作为衡量人才主要标准的精神，各试点单位积极探索建立以职业能力为导向、工作业绩为重点、体现职业道德和职业知识水平的高技能人才鉴定评价模式。如辽宁省农村能源主管部门制定了《沼气生产工技术考核与评价办法》，明确技师考评采取技能鉴定与综合评审相结合的办法，综合评审重点考核工作业绩、技术革新、传授技艺等方面，并量化成多项指标，由县市农村能源主管部门等聘用单位和沼气用户进行评价，评价意见作为综合评审的重要依据。河北省农垦主管部门针对农工特点实行预鉴定制，在农工参加某项专业培训并考核合格后，颁发统一印制的《职业资格培训证书》，详细记录农工参加培训的科目、学时、考核结果，待其累计学时和成绩达到相应专业国家职业标准规定要求时，再核发国家职业资格证书。这些做法既解决了技能人才评价与使用中的错位问题，以及由于部分基层职工文化层次较低，一次培训鉴定难以达到标准要求的问题，同时也保证了工作质量，夯实了技能人才培养工作的基础。

与此同时，各试点单位还开展了各种形式的岗位练兵和职业技能竞赛等活动，为发现和选拔高技能人才创造了条件。江苏省农机主管部门连续多年与省总工会、劳动保障厅、人事厅联合举办农机修理职业技能竞赛，在全省农机系统掀起了技术培训和岗位练兵的新高潮。

3. 探索建立农业高技能人才激励机制 各试点单位充分发挥自身优势和管理手段，积极探索建立培训、鉴定与使用、待遇相联系的激励机制。如新疆兵团农二师实行对持证人员提高一级工资作为养老保险缴费基数并发放津贴的优惠政策，对获得兵团技能竞赛一、二、三等奖的人员分别给予 1 000、800、600 元的奖励；所属 21 团将农业生产新技术优先传授给高级资格以上的职工；29、30 团规定高、中级果树园艺工每天报酬分别为 80、50 元；36 团规定对获得职业资格证书的人员奖励 200 元。江西省上十岭垦殖场将技工的工资和生猪养殖"肉料比"挂钩，并对长期工作在生产一线的高技能人才给予一定的股份。这些政策极大地调动了技能人才学习技术、提高技能的积极性，激发了高技能人才的创新创造活力。

4. 探索建立农业高技能人才岗位使用新机制 高技能人才只有在岗位上最大限度地发挥技能水平，才能实现其应有的价值，因此试点单位积极创造良好环境，促进高技能人才岗位成才和发挥作用。如辽宁省农村能源主管部门为扩大沼气生产工高技能人才的社会影响，采取多种措施，提高沼气生产工的知名度：一是在辽宁省农村能源行业信息网上公布高级资格以上人员名单；二是规定从事沼气生产施工的人员统一着装，初、中级人员佩戴黄色安全帽，高级以上佩戴红色安全帽，突出高技能人才的地位和作用；三是要求项目县优先聘用高级以上沼气生产工，非项目县的高技能人才由省主管部门统一调配。湖北省农村能源主管部门在每个县沼气技工队伍中选聘一名沼气首席技术员，有效保证了沼气池建设的施工人员职业化、专业技术复合化、技术操作规范化、施工管理科学化的"四化"标准。这些行之有效的激励措施使高技能人才在解决技术难题、实施重点工程项目和带徒传技等方面发挥了积极的作用。

5. 探索建立农业高技能人才工作新机制 高技能人才培养是一项事关产业发展的基础性工作，在当前有效的工作机制尚未完全形成的情况下，需要积极探索、不断创新。在首批试点工作中，许多单位已取得初步成效。如湖北省畜牧兽医主管部门按照"一个农民建一栋'150模式'猪舍，培训一个合格饲养员"的思路，将"150模式"标准化养殖与合格饲养员培养的要求无缝对接，实现了高技能人才培养与新技术、新品种推广的有机衔接。新疆兵团农二师把"金蓝领计划"试点工作作为二师"十大"民心工程之一，纳入全师各级党组织重要议事日程，并将农业高技能人才培养情况作为评价师属各级领导绩效的一项重要指标。新疆畜牧科技培训中心在自治区畜牧厅的支持下，把家畜繁殖员高技能人才培养与奶牛补贴项目结合起来，首批培训班就有83名学员参加培训和鉴定，并在总结成功经验的基础上，启动实施了"万名家畜繁殖员培训工程"。这些工作机制的探索，促进了"金蓝领计划"试点工作的顺利开展，极大地推动了农业高技能人才队伍的建设。

（三）"金蓝领计划"试点工作取得的初步成效

通过各试点地区农业主管部门的积极指导和大力推动，特别是试点单位紧密结合本行业、本地区、本单位实际，扎实工作，勇于实践，初步探索了农业高技能人才培养、选拔和使用的有效途径，试点工作效果初步显现，对促进技能人才培养与行业中心工作良性互动，推动农业农村经济持续健康发展发挥了重要作用。

1. 扩大了农业高技能人才的队伍，提高了人才质量 通过加强农业高技能人才培养，农业高技能人才在总量、结构、素质等方面都有了较大提升，并带动了初、中级技能劳动者队伍建设，对整体农业技能人才队伍建设发挥了积极的带动作用。据不完全统计，各试点单位在试点中共培养了近万名高技能人才，高技能人才的增长幅度平均在10%以上，技能人才队伍结构有了一定改善。

2. 增强了对农业服务体系建设的支撑作用 试点工作的开展极大地推进了高技能人才的培养工作，也进一步促进了农业服务体系建设，完善和充实了基层技术推广和服务队伍，促进科技入户等基层推广服务工作稳步发展，使基层服务体系建设的人才支撑作用大大增强。如安徽省肥西县通过培训和鉴定工作，加快了四级动物防疫网络体系建设，尤其是随着村级动物疫病防治员培养试点工作的展开，实现了动物防检疫的全过程、全覆盖监控。

3. 促进了产业发展 随着农业高技能人才培养工作的深入开展，大量高技能人才不断涌现，带动了相关产业发展，提升了产业发展层次。如湖北省鄂州市的水产养殖业通过高技能人才的带动，正朝着健康生态养殖方向发展，全市无公害养殖面积达26万亩[*]，水产养

---

[*] 亩为非法定计量单位，1亩≈667米²。——编者注

殖模式发展到 10 个，水产品质量明显提高，"环境友好型、资源节约型、产品安全型"的养殖理念深入人心。实践证明加快培养高技能人才是水产养殖业发展抢占科技"制高点"的关键。

4. 促进了农民增收 农业高技能人才培养工作对促进农民增收作用明显，农业高技能人才不仅通过自己的高超技术和精湛技能率先致富，还带动了周边农民增收致富。如湖北武汉新洲区通过试点工作，培养了一批水产技术推广员、水生生物病害防治员高技能人才，其中 20 名技术指导员分别与所联系的示范户签订了技术服务合同。通过技术指导，全区 400 户渔业科技示范户每亩平均增产 63 千克、增收 385 元；辐射带动的农户与前三年平均水平相比，平均增产 44 千克、增收 66～249 元。

5. 促进了农业重点工程项目的顺利实施 各试点单位围绕行业发展中心工作，加大农业高技能人才培养，为农业重点工程项目的顺利实施提供了有力的人才支撑。如农村能源行业通过加强沼气生产工高技能人才队伍建设，提高了沼气技工的技术水平，改善了沼气技工队伍的等级结构，高技能人才数量明显增加，确保了"生态家园富民工程"对人才的需求。农业技术指导员、肥料配方师等新职业的开发及高技能人才的培养，对保证科技入户、测土配方施肥等重大项目的顺利实施起到了至关重要的作用。

四、农业职业技能竞赛

农业职业技能竞赛是培养和选拔农业高技能人才的重要途径之一，也是展示农业劳动者技术水平和操作能力的竞技舞台。近年来，农业产品质量安全检验、动物疫病防治、水生动物疫病防治、橡胶割胶、沼气池建设、农机田间作业和农机具修理等不同层次、不同类别的农业职业技能竞赛活动发展极为迅速，呈现出竞赛内容紧贴农业生产实际、竞赛组织形式丰富多彩、竞赛参与覆盖面逐步扩大等特点，有力推动了农业技能人才和农村实用人才队伍建设。

（一）概要

职业技能竞赛是指依据国家职业标准，根据经济社会发展对高技能人才的需要，结合生产、经营和服务工作实际开展的以突出操作技能和解决实际问题能力为重点的、有组织的群众性竞赛活动。职业技能竞赛坚持公开、公平、公正的原则，并与职业技能培训、职业技能鉴定、业绩考核、技术革新和生产工作紧密结合。职业技能竞赛应严格执行国家有关法律、法规。

（二）竞赛的依据

1. 法律法规 主要是《劳动法》。

2. 政策性文件 主要有中共中央办公厅、国务院办公厅《关于进一步加强高技能人才工作的意见》（中办发〔2006〕15 号），劳动和社会保障部《关于进一步加强职业技能竞赛管理的通知》（劳社部发〔2000〕6 号）。

3. 技术指导性文件 主要有《国家职业技能竞赛技术规程》、《国家级职业技能竞赛裁判员管理办法》、《职业技能竞赛技术点评要点》。

（三）竞赛的分类

我国职业技能竞赛活动实行分级分类管理，竞赛活动分为国家级职业技能竞赛和省部级职业技能竞赛两级。国家级职业技能竞赛活动又分为两类：跨行业（系统）、跨地区的竞赛活动为国家级一类竞赛，单一行业（系统）的竞赛活动为国家级二类竞赛。国家级一类竞赛由人力资源和社会保障部牵头组织，可冠以"全国"、"中国"等竞赛活动的名称，国家级二类竞赛由国务院有关行业部门、行业（系统）组织或有关中央企业牵头举办，可冠以"全国××行业（系统）"等竞赛活动名称。

（四）竞赛的奖励政策

根据原劳动和社会保障部职业技能竞赛管理工作的有关规定，设置竞赛奖励有以下几种：

1. 原劳动和社会保障部对国家级一类竞赛各职业工种个人赛决赛获得前 5 名、国家级二类竞赛各职业工种个人赛决赛获得前 3 名和在国际竞赛活动个人赛决赛中进入前 8 名的选手（以上各类竞赛学生组除外），经核准后，授予"全国技术能手"荣誉称号，颁发证书、奖章和奖牌；根据国家职业标准资格等级的设置，上述人员可晋升技师职业资格，已具有技师职业资格的，可晋升高级技师职业资格。

2. 原劳动和社会保障部对国家级一类竞赛各职业工种学生组个人赛决赛获得前 5 名、国家级二类竞赛各职业工种学生组个人赛决赛获得前 3 名和在国际竞赛活动学生组个人赛决赛中进入前 8 名的选手，根据国家职业标准资格等级的设置，上述人员可晋升技师职业资格。

3. 原劳动和社会保障部对国家级一类竞赛各职业工种个人赛决赛获得第 6～20 名、国家级二类竞赛各职业工种个人赛决赛获得第 4～15 名的选手，根据国家职业标准资格等级的设置，上述人员可晋升高级职业资格，已具有高级职业资格的，可晋升技师职业资格（学生组最高至高级职业资格）。

4. 竞赛组织委员会可以根据竞赛实际情况，制定竞赛个人和团体的奖项名称及相应奖励政策。

需要注意的是，选手参加某一项竞赛的全过程，理论知识与实际操作考试均取得合格成绩后，方能根据相关规定晋升相应职业资格，而且每项竞赛最终只能晋升一级职业资格。

（五）竞赛的组织

1. 竞赛职业工种的设置　根据职业技能竞赛的要求，竞赛一般选择科技含量高、技术性强、通用性广、从业人员较多和影响较大的职业工种开展竞赛活动，同时举办竞赛的职业工种必须具有国家职业标准且具有国家职业资格二级（含二级）以上的等级资格。

2. 竞赛的规模　举办国家级一类竞赛每一职业工种的同一竞赛组别参加决赛人数不得少于 60 人，举办国家级二类竞赛每一职业工种的同一竞赛组别参加决赛人数不得少于 30 人；参加决赛的选手必须按照公平、公正、公开的原则，经过初赛、选拔赛产生。

3. 参赛选手条件　凡从事竞赛相关职业工种的从业人员，具有中级以上职业资格，均可报名参加相应职业工种和组别的竞赛，其中报名参加学生组竞赛的，必须是在校学习且没有工作经历的学生。已获得"中华技能大奖"、"全国技术能手"荣誉称号的人员，不得以选手身份参加竞赛活动。

五、农业职业技能鉴定发展思路

根据《农村实用人才和农业科技人才队伍建设中长期规划（2010—2020年）》和《高技能人才队伍中长期发展规划（2010—2020年）》确定的今后一个时期农业农村人才和高技能人才工作的总体要求，结合农业职业技能开发工作现状，"十三五"时期农业职业技能鉴定工作的工作思路和主要任务如下：

（一）指导思想和目标任务

1. 指导思想 全面贯彻落实党的十八大精神，坚持以邓小平理论、"三个代表"重要思想和科学发展观为指导，大力实施科教兴农和人才强农战略，紧紧围绕发展现代农业、建设社会主义新农村的总体目标，以增强农业技能人才的职业素质和技能水平为核心，不断创新和完善适应农业农村人才工作特点的农业职业技能鉴定管理体制和工作机制，以培养新型职业农民为主线，以完善职业技能鉴定质量管理体系为重点，推动鉴定工作科学化和规范化，为农业综合生产能力提高和农业发展方式转变培养造就一支数量充足、结构优化、技艺精湛的农业技能人才队伍。

2. 目标任务

（1）今后一段时期农业职业技能鉴定工作的总体目标。建立机制，建立起符合农业农村人才工作特点、与农业农村经济中心工作结合紧密、体系完善、措施健全的农业职业技能鉴定工作新机制；突出重点，在关系农业农村经济持续健康发展，关系公共安全、人身健康、广大消费者利益和人民生命财产安全的相关职业领域大力推进职业资格准入制度；扩大规模，到2020年，通过职业技能鉴定、持有职业资格证书人数比2011年总数翻一番，建成一支数量充足、结构合理、素质优良的农业技能人才队伍；提升质量，健全和完善农业职业技能鉴定质量管理体系，建立一支能够充分满足农业职业技能开发工作需要的管理人员、师资和考评人员、质量督导人员及专家等工作队伍；营造氛围，推进制度体系建设，提升技能人才社会地位，扩大农业职业资格证书的社会影响力，形成有利于技能人才成长并发挥作用的良好社会环境。

（2）今后一段时期农业职业技能鉴定工作的主要任务。

① 进一步扩大职业技能鉴定规模。《国家中长期人才发展规划纲要（2010—2020年）》提出了到2020年人才资源总量稳步增长、队伍规模不断壮大的战略目标以及增长58％的具体要求。从适应产业发展要求的角度出发，作为与国民经济第一产业发展息息相关的农业技能人才，其总量也必须要有较大规模的提高，才能基本满足农业农村经济发展的需要。

② 努力提高职业技能鉴定质量。按照人社部关于职业技能鉴定要实现"三个转变"的要求，树立"公益为旨、服务为本、质量优先、高端带动、制度保障、技术支撑"的指导方针，建立健全农业职业技能鉴定质量管理体系，推动鉴定工作科学化，促进鉴定考务规范化，确保鉴定工作公正性，维护职业资格证书权威性。

③ 着力抓好职业农民和重点职业领域的培训和鉴定。据预测，未来10年有较大发展潜

力的农业专业领域主要有：生物工程、农业信息技术、农业环境保护、食品安全、公共服务等。保障基础产业发展的急需紧缺人才职业工种主要有农业技术指导员、作物病虫害防治员、作物种子繁育员、肥料配方师、农产品经纪人、农产品质量检验检测员、农村信息员、畜禽养殖工、畜禽繁殖员、饲料检验化验员、村级动物防疫员、水生动物养殖员、农机驾驶员、农机修理工、沼气生产工等。上述职业工种将是今后一个时期农业职业技能鉴定的重点领域。

④ 以职业技能鉴定为抓手，完善技能人才工作体系。农业技能人才队伍建设作为基础性公益性事业，应充分发挥政府强有力的主导作用，着眼于产业发展，以职业技能鉴定为抓手，强化组织体系建设和工作基础建设，加强工作队伍建设，在重点职业领域推行职业资格准入制度，促进职业培训、鉴定评价、交流使用、激励保障等农业技能人才工作体系的建立，建立与中心工作协调发展和良性互动的工作机制，促进农业技能人才队伍建设超常规、跨越式的发展。

（二）重点工作

1. 实施重点工程，推动农业职业技能鉴定快速发展　落实《农村实用人才和农业科技人才队伍建设中长期规划（2010—2020 年）》精神，扎实抓好农业技能人才能力提升工程的实施。围绕 20 万种植大户、20 万养殖大户、50 万农机大户等职业农民的培养，采取有效措施，强化相应职业工种培训教材和鉴定试题库开发，抓好考评和师资队伍建设，做好职业技能鉴定各项服务，便于农村劳动者就近就地参加职业技能鉴定。

2. 推进农业职业技能鉴定评价方式不断创新　依据科学、客观、公正的原则，逐步建立起以职业能力为核心、以工作业绩为重点，体现职业道德和知识水平要求的技能人才鉴定评价体系。在申报条件上，改变重学历、资历，轻能力、业绩的做法，逐步打破年龄、资历、身份等申报资格限制；在评价标准上，把品德、知识、能力和业绩作为衡量人才的主要依据；在评价方式上，针对职业岗位的实际，采取灵活、务实的评价形式；在评价手段上，大力开发应用现代人才测评技术，努力提高人才评价的科学水平；在评价模式上，总结推广农业生产服务过程中进行技能鉴定的工作模式；在评价方法上，推行生产现场能力考核和工作成果业绩评定相结合的评价方法，拓宽农业技能人才成长通道。

3. 加大重点职业领域职业技能鉴定工作力度　根据农业农村经济发展各个领域的工作重点，有针对性地组织实施职业技能鉴定。农业种养业围绕标准化生产，良种繁育体系队伍建设，推进水产健康养殖等相关人员职业能力建设，争取在农业种养职业的准入机制上实现突破，为粮食安全和确保主要农产品有效供给提供有力支持。兽医行业重点加强村级防疫员队伍建设，加大职业培训和指导，提升职业技能水平，强化重大疫病防控体系队伍建设。农机行业重点围绕推进农业机械化进程和提供安全便捷的农机化服务加大职业技能开发力度。农村能源行业的工作重点是围绕新农村建设和农业可持续发展，加大对农村可再生能源开发利用和农业生态环境保护等相关公益性服务体系建设的职业技能培训与职业技能鉴定。农垦系统重点发挥体制优势，集中培养一批具有较强示范带动作用的高技能人才队伍。乡镇企业系统要在农业产业化龙头企业、农产品加工骨干企业，大力开展职业技能培训与考核鉴定，特别是要充分发挥农业产业龙头企业在技能人才培养方面的突出作用，推动建立企业职工培训制度和技能人才评价制度。农业广播电视学校等各类农业职业教育培训机构要为重点培养职业农民提供快车道，建立符合农业生产特点和农民需求，注重专业知识学习和生产实际能力提高相结合的灵活有效的职业技能鉴定模式。

4. 促进农业职业技能鉴定与农业农村经济中心工作有机结合 按照围绕中心、服务大局的工作指导思想，着力强化技能人才培养与中心工作的紧密结合。加强农业职业技能鉴定与农技推广服务体系建设的有机结合，促进农技推广队伍职业能力的不断提高；加强农业职业技能鉴定与农业标准化建设的有效衔接，促进农业人才职业技能标准与农产品质量标准相适应；加强农业职业技能鉴定与场（地）认定相结合，把主要岗位从业人员的技能资格作为商品粮油基地、大型农产品批发市场、科技示范场以及无公害农产品、绿色食品、有机农产品基地认定的基本条件；加强农业职业技能鉴定与农业重大工程、项目和政策的结合，在农业产业技术体系建设、优质粮食产业工程、沃土工程、测土配方施肥、农业科技入户示范工程、生态家园富民计划、生态农业、农机具购置补贴、良种补贴、渔民转产转业等重大工程项目和政策的实施过程中，要逐步提高从业人员参加职业技能培训和鉴定的比例，促进工程、项目的顺利实施和惠农政策的贯彻落实。

5. 促进农业职业技能鉴定与各类职业培训有机结合 推进各类职业培训与技能鉴定工作的有效衔接，使职业技能鉴定成为引导培训方向、检验培训质量的重要手段。在实施绿色证书培训、蓝色证书培训、新型农民科技培训以及农村劳动力转移培训等农民职业教育培训的过程中，积极引导农民参加职业技能鉴定，使其获得进入劳动力市场的通行证。

在职业院校中大力推行学历证书和职业资格证书并重的"双证书"制度，积极推行"双师"制度，不断提高教师的技能教学水平。试行预备技师培养考核制度，培养后备高技能人才。

6. 广泛开展农业职业技能竞赛活动 在总结农机修理与田间作业、橡胶割胶、沼气池建设等职业技能大赛成功经验的基础上，推动各行业、各地区围绕本行业主体职业或与当地主导产业密切相关的职业工种，开展各种形式的岗位练兵和职业技能竞赛等活动，为发现和选拔高素质技能服务型人才创造条件。对职业技能竞赛中涌现出来的优秀技能服务型人才，在给予精神和物质奖励的同时，可按有关规定直接晋升职业资格等级。同时大力宣传优秀技能服务型人才典型人物和事迹，营造尊重劳动、崇尚技能、鼓励创新的有利于技能服务型人才成长的良好社会氛围。

7. 强化农业职业技能鉴定基础建设 加强标准体系建设，科学研究分析农业和农村经济发展中出现的新职业，坚持职业标准、培训教材、鉴定题库建设一体化开发的运作模式。大力开发主体职业的鉴定试题库和技师、高级技师模块化鉴定试卷库，努力构建满足农业农村经济发展需要的职业标准体系。强化工作机构和队伍建设。推进质量监督体系建设。

（三）保障措施

1. 加强组织领导 各级党委和政府要按照党管人才原则，健全党委统一领导，农业部门具体负责，有关部门各司其职、密切配合，社会力量广泛参与的工作格局，加强对农业农村人才工作的领导。农业系统各有关部门要从农业农村经济发展的大局和人才队伍建设的战略高度充分认识农业职业技能鉴定工作的重要性。把农业职业技能鉴定工作放到农业农村人才队伍建设的大业中去认识，放到本行业本系统的中心工作中去考虑，放到农业农村经济工作的大局中去把握。要建立严格的领导责任制，目标到单位、责任到领导、任务到个人，强化督促检查，狠抓工作落实。要加大考核力度，把农业技能人才队伍建设纳入各级农业部门领导班子工作目标责任制考核体系。

2. 加大投入力度　牢固树立人才投入是效益最大投入的观念，不断加大对农业技能人才的投入力度。大力拓宽农业技能人才培养的资金渠道，努力推动以政府投入为主，个人、用人单位和社会共同负担投入来源多元化的格局。要将农业农村人才队伍建设纳入各级财政预算，对农业技能人才的培训、师资培养、教学资源开发、鉴定评价、表彰激励和社会保障等方面予以财政支持。通过启动实施农业技能人才队伍建设重大项目，加大财政对农业职业技能鉴定的支持力度，充分发挥政府在农业技能人才工作中的主导作用。同时不断创新相关项目管理方式，划出一定份额资金用于职业技能开发，充分发挥人才对项目实施的支撑作用。

3. 完善配套政策　贯彻《农业法》、《就业促进法》等法律规定，在农业相关法律法规制修订中，明确农业农村人才的法律地位，将包括农民在内的农业从业者的技能水平和职业技能培训、职业资格的有关内容充实到相关条款中，抓紧研究和出台农民职业资格相关法律法规。并根据近年发生的食品安全事故多与从业人员职业道德和技能水平有关的原因，将农业职业技能培训同农业相关立法有机结合，对农业领域中直接关系公共安全、人身健康和生命财产安全的职业领域逐步建立职业资格准入制度。将农业职业资格准入制度纳入农业综合执法范畴，配合有关部门加大对各类经济组织劳动用人监察力度，有效推动农业职业资格准入制度的实施。

4. 健全监督和质量管理体系　对培训鉴定机构加大监督检查力度，从组织形式、工作内容到业务流程实现监督检查的经常化和制度化。完善质量责任书制度，明确工作具体要求和工作目标；推行鉴定机构红黑榜制度，探索建立鉴定机构信用等级制度，并将鉴定机构相应信息向社会公布；加强鉴定机构质量管理体系标准研究，制作参照模板，分步推进体系认证；探索实施鉴定考评人员和质量督导人员诚信考评和督导制度，提高职业技能鉴定社会认可度和公信力；完善鉴定质量督导制度，落实现场督考委派制，推行交叉质量督考并开展随机抽查督导；建立质量工作通报制度，定期对各培训和鉴定机构执行国家职业标准、机构管理、工作流程等情况进行公开通报；落实职业资格证书信息入网制度，定期将所核发证书的相关信息按照要求和程序上传职业资格证书全国联网查询系统平台，维护国家职业资格证书的权威和形象。

5. 强化舆论宣传　充分利用报刊、网络、广播、电视等多种媒体，采取专刊、专栏、专版、专访等多种形式，并积极借助各种会议、大型活动，大力宣传党和国家关于技能人才工作的方针政策，大力宣传农业行业领域国家技术能手获得者在农业农村经济建设和农村社会发展中的重要作用和突出贡献，树立一批技能人才的先进典型，不断提高农业技能人才的社会地位。动员全行业乃至全社会都来关心农业技能人才队伍建设，努力营造尊重劳动、崇尚技能、鼓励创造、促进农业技能人才成长的舆论环境和良好社会氛围。

6. 加强基础理论研究　组织专门力量，加强农业职业技能鉴定工作前瞻性、基础性和应用性研究，更好地把握农业职业技能鉴定工作的政策导向、管理体制和运行机制等重大问题，为农业职业技能鉴定工作持续健康发展提供理论支撑。加强技能培养方式、途径以及鉴定考评、竞赛选拔等问题的研究，探索培训大纲编写新模式、鉴定试题库模块化开发的新方法、新技术，研究认定一批农业高技能培养实训基地，探索仿真模拟操作、智能化考试等鉴定评价的方法和技术，不断提高管理和技术支持水平。

第三节　农业职业技能鉴定管理体系

社会主义市场经济体制条件下，社会活动的各个细胞都要按照社会运行规则运转，而改变传统的政府指令计划运转模式。农业职业技能鉴定作为社会主义市场经济体制条件下建立起来的一项制度，也同样建立了一套适应经济社会发展需要的法律法规体系、组织管理体系。

一、农业职业技能鉴定政策法规体系

法律，是法规的第一层次，即要求人们强制性执行的规则、规范。农业职业技能鉴定所依据的法律性规则，属于第一层次上的法规性标准，具有国家强制力保证实施性质。职业技能开发的有关法律性规定，目前主要体现在《劳动法》、《职业教育法》、《行政许可法》和《就业促进法》等。目前在国家制定、修订的有关法规中，也将逐步在相应条款中对提高劳动者素质、推行国家职业资格证书制度作出相应规定。

（一）法律规定

1.《劳动法》的相关规定　《劳动法》由中华人民共和国第八届全国人民代表大会常务委员会第八次会议于1994年7月5日通过，自1995年1月1日起施行。

第三条　劳动者享有平等就业和选择职业的权利……接受职业技能培训的权利……劳动者应当完成劳动任务，提高职业技能……遵守劳动纪律和职业道德。

第五条　国家采取各种措施，促进劳动就业，发展职业教育，制定劳动标准，调节社会收入，完善社会保险，协调劳动关系，逐步提高劳动者的生活水平。

第五十五条　从事特种作业的劳动者必须经过专门培训并取得特种作业资格。

第六十六条　国家通过各种途径，采取各种措施，发展职业培训事业，开发劳动者的职业技能，提高劳动者素质，增强劳动者的就业能力和工作能力。

第六十七条　各级人民政府应当把发展职业培训纳入社会经济发展的规划，鼓励和支持有条件的企业、事业组织、社会团体和个人举行各种形式的职业培训。

第六十八条　用人单位应当建立职业培训制度，按照国家规定提取和使用职业培训经费，根据本单位实际，有计划地对劳动者进行职业培训。

从事技术工种的劳动者，上岗前必须经过培训。

第六十九条　国家确定职业分类，对规定的职业制定职业技能标准，实施职业资格证书制度，由经政府批准的考核鉴定机构负责对劳动者实施职业技能考核鉴定。

2.《职业教育法》的相关规定　《职业教育法》由中华人民共和国第八届全国人民代表大会常务委员会第十九次会议于1996年5月15日通过，自1996年9月1日起施行。

第四条　实施职业教育必须贯彻国家教育方针，对受教育者进行思想政治教育和职业道德教育，传授职业知识，培养职业技能，进行职业指导，全面提高受教育者的素质。

第八条　实施职业教育应当根据实际需要，同国家制定的职业分类和职业等级标准相适应，实行学历证书、培训证书和职业资格证书制度。国家实行劳动者在就业前或上岗前接受必要的职业教育制度。

第十一条　国务院教育行政部门、劳动行政部门和其他有关部门在国务院规定的职责范围内，分别负责有关的职业教育工作。

第十二条　国家根据不同地区的经济发展和教育普及程度，实施以初中后为重点的不同阶段的教育分流，建立健全职业学校教育与职业培训并举，并与其他教育相互沟通、协调发展的职业教育体系。

第十四条　职业培训包括从业前培训、转业培训、学徒培训、在岗培训、转岗培训及其他职业性培训，可以根据实际情况分为初级、中级、高级职业培训。

职业培训分别由相应的职业培训机构、职业学校实施。

其他学校或者教育机构可以根据办学能力，开展面向全社会的、多种形式的职业培训。

第二十条　企业应当根据本单位的实际，有计划地对本单位的职工和准备录用的人员实施职业教育。

企业可以单独举办或者联合举办职业学校、职业培训机构，也可以委托学校、职业培训机构，对本单位的职工和准备录用的人员实施职业教育。

从事技术工种的职工，上岗前必须经过培训；从事特种作业的职工，必须经过培训，并取得特种作业资格。

第二十三条　职业学校、职业培训机构实施职业教育应当实行产教结合，为本地区经济建设服务，与企业密切联系，培养实用人才和熟练劳动者。

职业学校、职业培训机构可以举办与职业教育有关的企业或实习场所。

第二十五条　接受职业学校教育的学生，经学校考核合格，按照国家规定，发给学历证书。接受职业培训的学生，经培训的职业学校或职业培训机构考核合格，按照国家有关规定，发给培训证书。学历证书、培训证书按照国家有关规定，作为职业学校、职业培训机构毕业生、结业生从业的凭证。

3. 《行政许可法》的相关规定　《行政许可法》由中华人民共和国第十届全国人民代表大会常务委员会第四次会议于2003年8月27日通过，自2004年7月1日起施行。

第十二条　下列事项可以设定行政许可：

（一）直接涉及国家安全、公共安全、经济宏观调控、生态环境保护以及直接关系人身健康、生命财产安全等特定活动，需要按照法定条件予以批准的事项；

（二）有限自然资源开发利用、公共资源配置以及直接关系公共利益的特定行业的市场准入等，需要赋予特定权利的事项；

（三）提供公众服务并且直接关系公共利益的职业、行业，需要确定具备特殊信誉、特殊条件或者特殊技能等资格、资质的事项；

（四）直接关系公共安全、人身健康、生命财产安全的重要设备、设施、产品、物品，需要按照技术标准、技术规范，通过检验、检测、检疫等方式进行审定的事项；

（五）企业或者其他组织的设立等，需要确定主体资格的事项；

（六）法律、行政法规规定可以设定行政许可的其他事项。

4. 《就业促进法》的相关规定　《就业促进法》由中华人民共和国第十届全国人民代表大会常务委员会第二十九次会议于2007年8月30日通过，自2008年1月1日起施行。

第四十四条　国家依法发展职业教育，鼓励开展职业培训，促进劳动者提高职业技能，增强就业能力和创业能力。

第四十五条 县级以上人民政府根据经济社会发展和市场需求，制定并实施职业能力开发计划。

第四十六条 县级以上人民政府加强统筹协调，鼓励和支持各类职业院校、职业技能培训机构和用人单位依法开展就业前培训、在职培训、再就业培训和创业培训；鼓励劳动者参加各种形式的培训。

第四十七条 县级以上地方人民政府和有关部门根据市场需求和产业发展方向，鼓励、指导企业加强职业教育和培训。

职业院校、职业技能培训机构与企业应当密切联系，实行产教结合，为经济建设服务，培养实用人才和熟练劳动者。

企业应当按照国家有关规定提取职工教育经费，对劳动者进行职业技能培训和继续教育培训。

第四十八条 国家采取措施建立健全劳动预备制度，县级以上地方人民政府对有就业要求的初高中毕业生实行一定期限的职业教育和培训，使其取得相应的职业资格或者掌握一定的职业技能。

第四十九条 地方各级人民政府鼓励和支持开展就业培训，帮助失业人员提高职业技能，增强其就业能力和创业能力。失业人员参加就业培训的，按照有关规定享受政府培训补贴。

第五十条 地方各级人民政府采取有效措施，组织和引导进城就业的农村劳动者参加技能培训，鼓励各类培训机构为进城就业的农村劳动者提供技能培训，增强其就业能力和创业能力。

第五十一条 国家对从事涉及公共安全、人身健康、生命财产安全等特殊工种的劳动者，实行职业资格证书制度，具体办法由国务院规定。

5.《农业法》的相关规定 《农业法》由中华人民共和国第八届全国人民代表大会常务委员会第二次会议于1993年7月2日通过，2002年12月28日第九届全国人民代表大会常务委员会第三十一次会议修订。

第五十五条 国家发展农业职业教育。国务院有关部门按照国家职业资格证书制度的统一规定，开展农业行业的职业分类、职业技能鉴定工作，管理农业行业的职业资格证书。

第五十六条 国家采取措施鼓励农民采用先进的农业技术，支持农民举办各种科技组织，开展农业实用技术培训、农民绿色证书培训和其他就业培训，提高农民的文化技术素质。

6.《中华人民共和国畜牧法》（以下简称《畜牧法》）**的相关规定** 《畜牧法》由中华人民共和国第十届全国人民代表大会常务委员会第十九次会议于2005年12月29日通过，自2006年7月1日起施行。

第二十七条 专门从事家畜人工授精、胚胎移植等繁殖工作的人员，应当取得相应的国家职业资格证书。

7.《中华人民共和国农业机械化促进法》的相关规定 《中华人民共和国农业机械化促进法》由中华人民共和国第十届全国人民代表大会常务委员会第十次会议于2004年6月25日通过，自2004年11月1日起实施。

第二十四条　从事农业机械维修，应当具备与维修业务相适应的仪器、设备和具有农业机械维修职业技能的技术人员，保证维修质量。维修质量不合格的，维修者应当免费重新修理；造成人身伤害或者财产损失的，维修者应当依法承担赔偿责任。

8.《中华人民共和国动物防疫法》的相关规定　《中华人民共和国动物防疫法》由中华人民共和国第八届全国人民代表大会常务委员会第二十六次会议于 1997 年 7 月 3 日通过，2007 年 8 月 30 日第十届全国人民代表大会常务委员会第二十九次会议修订。

第五十七条　乡村兽医服务人员可以在乡村从事动物诊疗服务活动，具体管理办法由国务院兽医主管部门制定。

（二）中央政策规定

1.《中共中央国务院关于进一步加强人才工作的决定》（中发〔2003〕16 号，2003 年 12 月 26 日）　该规定首次提出人才问题是关系党和国家事业发展的关键问题，要树立科学的人才观，把品德、知识、能力和业绩作为衡量人才的主要标准，不唯学历、不唯职称、不唯资历、不唯身份；要坚持党政人才、企业经营管理人才、专业技术人才、高技能人才和农村实用人才几支队伍一起抓，要把人才资源能力建设作为人才培养的核心。

2.《国务院关于大力发展职业教育的决定》（国发〔2005〕35 号，2005 年 10 月 28 日）　该决定对严格实行就业准入制度、完善职业资格证书制度进行相应规定：用人单位招录职工必须严格执行"先培训、后就业"、"先培训、后上岗"的规定，从取得职业学校学历证书、职业资格证书和职业培训合格证书的人员中优先录用。要进一步完善涉及人民生命财产安全的相关职业的准入办法。劳动保障、人事和工商等部门要加大对就业准入制度执行情况的监察力度。对违反规定、随意招录未经职业教育或培训人员的用人单位给予处罚，并责令其限期对相关人员进行培训。有关部门要抓紧制定完善就业准入的法规和政策。

全面推进和规范职业资格证书制度。加强对职业技能鉴定、专业技术人员职业资格评价、职业资格证书颁发工作的指导与管理。要尽快建立能够反映经济发展和劳动力市场需要的职业资格标准体系。

3.《关于进一步加强高技能人才工作的意见》（中办发〔2006〕15 号，2006 年 4 月 18 日）　该意见明确指出高技能人才是我国人才队伍的重要组成部分，是各行各业产业大军的优秀代表，是技能人才队伍的核心骨干，在加快产业优化升级、提高企业竞争力、推动技术创新和科技成果转化等方面具有不可替代的重要作用。同时强调，高技能人才工作要坚持以邓小平理论和"三个代表"重要思想为指导，全面贯彻落实科学发展观，大力实施人才强国战略，坚持党管人才原则，以职业能力建设为核心，紧紧抓住技能培养、考核评价、岗位使用、竞赛选拔、技术交流、表彰激励、合理流动、社会保障等环节，进一步更新观念，完善政策，创新机制，充分发挥市场在高技能人才资源开发和配置中的基础性作用，健全和完善企业培养、选拔、使用、激励高技能人才的工作体系，形成有利于高技能人才成长和发挥作用的制度环境和社会氛围，带动技能劳动者队伍整体素质的提高和发展壮大。当前和今后一个时期，高技能人才工作的目标任务是，加快培养一大批数量充足、结构合理、素质优良的技术技能型、复合技能型和知识技能型高技能人才，建立培养体系完善、评价和使用机制科学、激励和保障措施健全的高技能人才工作新机制，逐步形成与经济社会发展相适应的高、中、初级技能劳动者比例结构基本合理的格局。到"十一五"期末，高级技能水平以上的高技能人才占技能劳动者的比例达到25％以上，其中技师、高级技师占技能劳动者的比例达到5％以上，并带动中、初级技能劳动者队伍梯次发展。力争到2020年，使我国高、中、初级技能劳动者的比例达到中等发达国家水平，形成与经济社会和谐发展的格局。

4.《国家中长期人才发展规划纲要（2010—2020年）》（中发〔2010〕6号，2010年4月1日） 该纲要是我国第一个中长期人才发展规划，是今后一个时期全国人才工作的指导性文件。

该纲要提出当前和今后一个时期，我国人才发展的指导方针是：服务发展、人才优先、以用为本、创新机制、高端引领、整体开发。

到2020年，我国人才发展的总体目标是：培养和造就规模宏大、结构优化、布局合理、素质优良的人才队伍，确立国家人才竞争比较优势，进入世界人才强国行列，为在本世纪中叶基本实现社会主义现代化奠定人才基础。

到2020年，我国人才工作的总体部署是：一是实行人才投资优先，健全政府、社会、用人单位和个人多元人才投入机制，加大对人才发展的投入，提高人才投资效益。二是加强人才资源能力建设，创新人才培养模式，注重思想道德建设，突出创新精神和创新能力培养，大幅度提升各类人才的整体素质。三是推动人才结构战略性调整，充分发挥市场配置人才资源的基础性作用，改善宏观调控，促进人才结构与经济社会发展相协调。四是造就宏大的高素质人才队伍，突出培养创新型科技人才，重视培养领军人才和复合型人才，大力开发经济社会发展重点领域急需紧缺专门人才，统筹抓好党政人才、企业经营管理人才、专业技术人才、高技能人才、农村实用人才以及社会工作人才等人才队伍建设，培养造就数以亿计的各类人才，数以千万计的专门人才和一大批拔尖创新人才。五是改革人才发展体制机制，完善人才管理体制，创新人才培养开发、评价发现、选拔任用、流动配置、激励保障机制，营造充满活力、富有效率、更加开放的人才制度环境。六是大力吸引海外高层次人才和急需紧缺专门人才，坚持自主培养开发与引进海外人才并举，积极利用国（境）外教育培训资源培养人才。七是加快人才工作法制建设，建立健全人才法律法规，坚持依法管理，保护人才合法权益。八是加强和改进党对人才工作的领导，完善党管人才格局，创新党管人才方式方法，为人才发展提供坚强的组织保证。

5.《高技能人才队伍建设中长期规划（2010—2020年）》（中组发〔2011〕11号，2011年4月29日） 该规划明确了到2020年高技能人才工作的主要任务是：

（1）健全企业行业为主体、职业院校为基础的高技能人才培养培训体系。组织、引导各类行业和企业结合生产和技术发展需求，大力开展职工技能提升培训和新知识、新材料、新技术、新工艺培训，积极探索引导职工在实践中学习和成才的有效途径。推动职业院校紧密结合市场需求和企业需要，通过深入开展校企合作，深化教学改革，进一步提高技能人才培养的针对性和适用性。鼓励有条件的地方结合当地产业布局和支柱产业发展需要，通过财政投入和多种筹资方式，建设一批公共实训基地，面向社会各类企业职工、院校学生和其他劳动者提供公益性、高水平、高技能实训和技能鉴定等服务。

（2）完善公平公正、运行规范、管理科学的高技能人才评价体系。坚持公开、公平、公正原则，以职业能力和工作业绩为导向，结合生产和服务岗位要求，通过完善社会化职业技能鉴定、推进企业技能人才评价、规范对职业院校学生的职业资格认证以及开展专项职业能力考核，进一步完善符合技能人才特点的多元评价机制。进一步健全职业技能鉴定管理和质量监督制度，规范鉴定程序，构建和完善体现科学发展观和技能人才成长规律的人才评价体系。

（3）构建有效激励、切实保障、合理流动的高技能人才使用机制。以充分发挥高技能人才的积极性、创造性为目标，引导和鼓励企（事）业单位完善高技能人才培训、考核、使用与待遇相结合的激励机制，完善高技能人才合理流动和社会保障的各项政策，建立有利于激发高技能人才岗位责任感和创新创造活力，实现高技能人才资源利用效率最大化、可持续发展的高技能人才使用机制。

（4）营造尊重劳动、崇尚技能、鼓励创新的有利于高技能人才成长的社会氛围。坚持以科学人才观为指导，以尊重劳动、尊重知识、尊重人才、尊重创造为方针，通过开展形式多样的职业技能竞赛活动和高技能人才评选表彰活动，选拔和树立一批优秀高技能人才典型，使"劳动光荣、技能成长"的观念深入人心，在全社会营造有利于高技能人才成长的良好社会氛围。

（5）形成多方参与、密切配合、共同推动高技能人才工作的新格局。建立健全党委政府统一领导，组织部门牵头抓总，人力资源社会保障部门统筹协调，有关部门和行业组织各司其职、密切配合，社会力量广泛参与的工作新格局，形成工作合力，共同推进高技能人才工作。

6.《关于加快推进农业科技创新持续增强农产品供给保障能力的若干意见》，（中发〔2012〕1号，2011年12月31日）该意见指出，加强教育科技培训，全面造就新型农业农村人才队伍。以提高科技素质、职业技能、经营能力为核心，大规模开展农村实用人才培训。充分发挥各部门各行业作用，加大各类农村人才培养计划实施力度，扩大培训规模，提高补助标准。加快培养村干部、农民专业合作社负责人、到村任职大学生等农村发展带头人，农民植保员、防疫员、水利员、信息员、沼气工等农村技能服务型人才，种养大户、农机大户、经纪人等农村生产经营型人才。大力培育新型职业农民，对未升学的农村高初中毕业生免费提供农业技能培训，对符合条件的农村青年务农创业和农民工返乡创业项目给予补助和贷款支持。

（三）国家有关部门综合管理规章制度

1.《职业技能鉴定规定》（劳部发〔1993〕134号）是劳动部为适应市场经济条件下职业技能开发工作的需要，为完善职业技能鉴定制度，实现职业技能鉴定社会化管理，促进职业技能开发事业的进步，提高劳动者素质而研究制定的。该规定共分6章29条，主要从"职业技能鉴定机构"、"职业技能鉴定的实施"、"职业技能鉴定考评员"等几个大的方面进行了规定。

2.《职业技能鉴定工作规则》（劳培司字〔1996〕58号）共7章32条，是职业技能开发工作中又一个权威的规章性规范。它是根据《职业技能鉴定规定》，在对近几年所进行的职业技能鉴定的试点与扩大试点社会化管理进行总结的基础上研究制定的。其目的是为规范职业技能鉴定工作秩序，确保职业技能鉴定质量。该规则对"职业技能鉴定所与鉴定站"、"职业技能鉴定考评人员"、"职业技能鉴定试题与题库"、"职业技能鉴定考务管理"、"职业资格证书"等几个方面进行了规定。

实际上，该规则又是对《职业技能鉴定规定》的细化、深化、补充、完善，是职业技能开发管理工作一个比较完整的工作规则。对目前正在实施的职业技能开发管理中涉及的方方面面，都规定得比较具体，可操作性强，是各行业主管部门与地方劳动保障行政主管部门在职业技能开发工作中都应认真贯彻实施的规则规范。

3.《职业资格证书规定》（劳部发〔1994〕98 号） 共 12 条，是劳动部、人事部为贯彻落实《中共中央关于建立社会主义市场经济体制若干问题的决定》中有关实行职业资格证书制度的精神，适应建立社会主义市场经济体制对人才的需要，深化劳动人事制度改革，客观公正地评价技能人才，促进专业人才与技能人才的流动，尤其是为打通有利于人才成长的绿色通道而做出的规定。

推行职业资格证书制度，是职业技能开发事业的一项重要的质量保证措施，也是避免乱发证、乱收费的重要手段。该规定对于职业资格、职业资格证书的作用和管理体制以及国家职业资格证书实行国际双边或多边互认等问题进行了具体的规定。

4.《职业技能鉴定质量督导工作规则（试行）》（劳培司字〔1997〕49 号） 共 15 条。该规则是在《职业技能鉴定规定》和《职业技能鉴定工作规则》的基础上，根据加强职业技能鉴定质量管理的要求，为确保职业技能开发管理工作的质量控制而研究制定的。其主要任务也是对职业技能鉴定质量进行督导，要求对职业技能鉴定质量保证体系中的各个技术环节实施监督和检查。

该规则对职业技能鉴定质量督导员、职业技能鉴定督导员的管理、职业技能鉴定督导员的工作职责范围与具体工作内容都做了具体详尽的规定。这个规则颁布实施的更重要的意义在于能够对职业技能鉴定考评员的考评工作质量进行必要、及时的督导，以规避考评员在职业技能鉴定中的问题。

5.《招用技术工种从业人员规定》（中华人民共和国劳动和社会保障部令第 6 号，2000 年 3 月 16 日） 该部令根据《劳动法》、《职业教育法》和国家有关规定要求，规定了国家实行先培训后上岗的就业制度。用人单位招用从事技术复杂以及涉及国家财产、人民生命安全和消费者利益工种（职业）（以下简称技术工种）的劳动者，必须从取得相应职业资格证书的人员中录用。

其中，技术工种范围由劳动和社会保障部确定。省、自治区、直辖市劳动保障行政部门和国务院有关部门劳动保障工作机构根据实际需要，经劳动和社会保障部批准，可增加技术工种的范围。

此外还规定了国家实行职业资格证书制度，由经过劳动保障行政部门批准的考核鉴定机构对劳动者实施职业技能考核鉴定。

6.《国家技能资格导航计划》（劳社部发〔2006〕9 号，2006 年 1 月 27 日） 该导航计划是根据国家关于大力发展职业教育和进一步加强高技能人才工作的有关要求，劳动和社会保障部决定在全面加强职业培训工作的基础上，于"十一五"期间组织实施"国家技能资格导航计划"，该计划包括技能型人才培养培训工程、农村劳动力转移培训工程、农村实用人才培训工程、成人继续教育和再就业培训工程。计划在 2006—2010 年 5 年内，进一步健全职业资格制度规范、组织实施、信息公开、质量保证和基础工作等公共服务体系建设，全面开展职业技能鉴定工作，力争对 6 亿劳动者提供鉴定服务。重点抓好技师、高级技师考评，为高技能人才成长创造条件。进一步完善国家职业资格证书制度，优化政策，培育环境，支持劳动者实现技能就业和技能成才。

7.《劳动和社会保障部关于进一步加强高技能人才评价工作的通知》（劳社部发〔2006〕22号，2006年6月22日）　该通知指出高技能人才评价是指对具有高级技能水平以上的技能人才的考核和职业资格的评定，它既是职业技能鉴定的重要组成部分，也是高技能人才工作的重要环节。新时期高技能人才评价工作的指导思想是以邓小平理论和"三个代表"重要思想为指导，全面贯彻落实科学发展观，以职业能力建设为核心，坚持公开、公平、公正原则，进一步完善政策，健全制度，规范程序，强化管理，形成科学的人才评价机制，为高技能人才的成长和发挥作用创造条件。

该通知明确当前和今后一个时期，高技能人才评价工作的目标任务是，着力构建制度完善、评价科学、基础健全、质量可靠的高技能人才评价工作新机制和新体系，并带动整体职业技能鉴定工作实现新发展；到"十一五"期末，高技能人才占技能劳动者的比例达到25%以上，其中高级技工数量增加700万，技师和高级技师数量增加190万，并带动中、初级技能劳动者队伍梯次发展。

该通知强调高技能人才评价要进一步突破年龄、资历、身份和比例限制，以职业能力为导向，以工作业绩为重点，注重对劳动者职业道德和职业知识水平进行考核和评价。对符合国家职业标准规定条件的后备高技能人才，应及时提供技能鉴定服务；对在岗工作多年并具有相应技能水平和实践经验的在职职工，要普遍开展技能评价认定；对在职业技能竞赛中涌现出来的优秀技能人才，可按规定直接晋升职业资格或优先组织参加技师考评；对专业技术人员和生产管理人员等有意愿参加考核鉴定的其他各类人才，要同等提供评价服务。

8.《人力资源和社会保障部关于做好十二五期间职业技能鉴定工作的意见》（人社厅函〔2012〕181号，2012年4月16日）

（1）明确了"十二五"期间职业技能鉴定工作的指导思想。做好职业技能鉴定工作的指导思想是：深入贯彻落实科学发展观，以"公益为旨、服务为本、质量优先、高端带动、制度保障、技术支撑"为指导方针，以加强高技能人才队伍建设为主线，以提高职业技能鉴定质量为重点，推动鉴定工作科学化，促进鉴定考务规范化，实现鉴定机构公益性，确保鉴定工作公正性，维护职业资格证书权威性。

（2）明确了"十二五"期间职业技能鉴定工作的目标任务。"十二五"期间，职业技能鉴定工作的主要任务是：加强顶层设计，完善政策法规，创新工作思路，夯实工作基础，推动职业资格证书制度科学规范发展，为促进就业和经济社会发展提供有力的技能人才支持。到2015年，力争使9 000万人次接受职业技能鉴定服务，7 000万名技能劳动者取得职业资格证书，高级工以上的高技能人才达到3 400万人（高级技师140万人、技师630万人、高级工2 630万人）。同时，修订完成《职业分类大典》，建成科学规范的职业分类体系。大力开发职业技能标准，形成结构较为完整、覆盖经济社会发展所需主要职业的技能标准体系。加快鉴定题库建设，构建100个精品职业技能鉴定国家题库。做好100个国有大型企业的技能人才评价工作，培育1 000个国家级示范性职业技能鉴定所（站），培养10 000名优秀职业技能鉴定考评人员。

9.《人力资源和社会保障部办公厅关于开展职业技能鉴定所（站）质量管理评估工作的通知》（人社厅函〔2011〕33号，2011年4月7日）　职业技能鉴定所（站）质量管理评估工作包括职业技能鉴定所（站）质量管理评估（以下简称"合格评估"）和示范职业技能鉴定所（站）质量管理评估（以下简称"示范评估"）。

合格评估工作使用《职业技能鉴定所（站）质量管理评估表（试行）》，评估的重点是职业技能鉴定所（站）设置的基本要求和实施鉴定工作的基本情况，主要指标有：岗位设置和规章制度、档案资料管理、鉴定实施要求、质量监督反馈等。

示范评估工作使用《示范职业技能鉴定所（站）质量管理评估表（试行）》，评估的重点是职业技能鉴定所（站）开展质量管理体系建设和构建质量管理长效机制的情况，主要指标有：履行职责、质量管理体系建设、加强质量建设的工作措施等。通过人社部组织的职业技能鉴定机构质量管理体系认证的鉴定所（站）可直接参加示范评估。

10.《推进企业技能人才评价工作指导意见》（人社厅发〔2008〕39号） 企业技能人才评价既是职业技能鉴定的重要组成部分，也是高技能人才工作的重要环节。推进企业技能人才评价工作，对于拓宽企业技能人才成长通道，调动广大企业职工钻研技术、提高技能水平的积极性，推动引导企业建立完善培训、考核与使用相结合并与待遇相联系的激励机制，加快高技能人才培养，具有重要的促进作用。为此人社部于2008年6月至2009年年底在全国选择100家管理规范、技能人才密集且培养成效显著、鉴定工作基础好的国有大中型企业开展技能人才评价试点工作。之后在总结试点经验的基础上，全面推进企业技能人才评价工作。

在《推进企业技能人才评价工作指导意见》中明确了企业技能人才评价工作的指导思想、工作原则以及评价方式和内容。

（1）指导思想。按照建立以职业能力为导向，以工作业绩为重点，注重职业道德和职业知识水平的技能人才评价体系的总体要求，指导企业依据国家职业标准，结合企业生产（经营）实际，采用贴近生产需要、贴近岗位要求、贴近职工素质提高的考核方式，对职工技能水平进行客观、科学、公正的评价，努力使企业技能人才结构更加合理，高技能人才更快成长，并带动各等级技能劳动者队伍的梯次发展。

（2）工作原则。企业技能人才评价工作以职业能力建设为核心，以高技能人才评价为重点，坚持国家职业标准与生产岗位实际要求相衔接、职业能力考核与工作业绩评定相联系、企业评价与社会认可相结合、属地管理与行业指导相协调的原则。

（3）方式和内容。企业技能人才评价要以职业能力考核和工作业绩评定为重点，同时注重职业道德评价和理论知识考试。

① 职业能力考核。重点考核技能人员执行操作规程、解决生产问题和完成工作任务等方面的实际工作能力。可结合试点企业生产（经营）实际，在工作现场、生产过程中，采取典型工件加工、作业项目评定、现场答辩、情景模拟等方式进行考核。由试点企业向职业技能鉴定指导中心提出申请，从国家题库中抽取相应职业（工种）的实际操作试题，并可结合岗位实际对试题内容进行调整；尚未开发国家题库的，由职业技能鉴定指导中心与试点企业组织专家依据国家职业标准，结合岗位实际要求共同命制。

② 工作业绩评定。重点评定技能人员在工作中取得的业绩和成果，以及工作效率和完成产品质量的情况。技师、高级技师还包括完成的主要工作项目、现场解决技术问题情况，技术改造和革新等方面的情况，以及传授技艺培养指导徒弟等方面的成绩。工作业绩成果材料应在企业内进行公示。

③ 职业道德评价。重点评价技能人员遵守国家法律法规和企业规章制度、工作责任心和积极性、岗位之间团结协作的能力，可采用上级评价和班组评议相结合的方式进行。

④ 理论知识考试。重点考核本职业及本岗位相关的必备职业知识。由试点企业会同职业技能鉴定指导中心组织实施。理论试题可从国家题库中抽题组卷，对不符合企业实际的试题可按要求进行适当调整；尚未开发国家题库的，由职业技能鉴定指导中心与试点企业组织专家依据国家职业标准，按照《职业技能鉴定命题技术标准（试行）》要求共同命制。考试方式以闭卷笔试为主。

职业能力考核、工作业绩评定、职业道德评价和理论知识考试均实行百分制，成绩全部达到 60 分及以上者为合格。各地、各行业可根据企业的生产特点，提高标准或对四个模块设定权数确定合格标准。可对少数职业能力考核成绩和工作业绩评定结果特别优异者采取直接认定方式。对掌握高超技能，并在国家级、省级技能竞赛中获得主要名次的优秀人才，可破格或越级参加技师、高级技师考评。

（四）农业部管理规章制度

1.《农业行业职业技能鉴定管理办法》（农人发〔2006〕6 号，2006 年 6 月 1 日） 该办法是在总结 1996 年实施的《农业行业特有工种职业技能鉴定实施办法》的基础上，根据国家关于进一步加强技能人才工作要求，结合当前农业行业职业技能鉴定的实际制定的。

第一章 总则（7 条） 明确了鉴定管理体制、在农业行业推行国家职业资格证书制度、就业准入制度，开展鉴定工作的原则，加大投入并逐步形成稳定增长的投入机制。

第二章 工作职责（5 条） 明确了农业部人事劳动司、各主管司局、各省农业行业行政主管部门、部鉴定中心、行业指导站的工作职责。

第三章 鉴定执行机构（4 条） 明确了鉴定站的工作任务、设立程序、管理制度和评估制度。

第四章 考评人员（4 条） 明确了考评人员实行培训考核和资格认证制度、聘用制度和工作守则。

第五章 组织实施（6 条） 明确了参加鉴定人员的申报条件和程序、鉴定内容和方法、鉴定试卷使用要求等。

第六章 证书管理（4 条） 明确了证书用途、证书取得途径，如参加鉴定、业绩评定、竞赛（前 20 名、前 10 名），规定对实行就业准入制度职业的从业者，每年应进行必要的业务培训和业绩考核，逐步推行职业资格证书复核制度。

第七章 质量督导（4 条） 规定了建立质量督导制度。质量督导分为现场督考和不定期检查两种，鉴定现场须派遣质量督导人员现场督导，主管部门应组织不定期检查。

第八章 奖惩（3 条） 规定五年一次表彰，对五种违规情况实行处罚，对用人单位招用未取得证书从事准入职业人员的，责令限期改正。

第九章 附则（2 条）

与此办法配套的规章制度有 5 个，即《农业职业技能鉴定质量督导办法（试行）》、《农业行业职业技能鉴定站管理办法》、《农业行业职业资格证书管理办法》、《农业行业职业技能鉴定程序规范》和《农业行业职业技能鉴定考评人员管理办法》。

2.《农业部关于印发农业行业实行就业准入的职业目录的通知》（农人发〔2000〕4 号，2000 年 3 月 1 日） 该通知是为了适应农业和农村经济发展对农业劳动者自身素质和职业技能的需要，进一步扩大农业职业资格证书制度的覆盖面，根据《劳动法》、国务院办公厅转发劳动和社会保障部等部门《关于积极推进劳动预备制度加快提高劳动者素质意见》的通知（国办发〔1999〕60 号），以及劳动和社会保障部有关要求，结合农业行业职业技能鉴定试点工作的实际情况，农业部决定在全国范围内对农业行业的 14 个技术性较强，服务质量要求较高和关系广大消费者利益、人民生命财产安全的职业实行就业准入，要求劳动者必须经过相应培训，取得职业资格证书后方可就业上岗。

3.《农业部关于积极推进农业职业技能开发工作的意见》（农人发〔2005〕14 号，2005 年 12 月 19 日） 该意见在分析开展农业职业技能开发工作重要意义的基础上，明确指出要以党的十六大和十六届五中全会精神为指导，牢固树立科学发展观和人才观，以提升农业劳动者职业能力为核心，积极推进职业资格证书制度，切实加强体系和队伍建设，坚持拓展职业技能开发范围与夯实工作基础相结合，扩大职业技能开发规模与提高工作质量相结合，提高管理水平与建立长效机制相结合，为促进农业、农村经济发展和建设社会主义新农村提供人才保障和智力支持。

该意见明确了"十一五"期末的目标任务，即农业技能人才培养和评价鉴定体系基本建立，农业技能人才总量大幅度增加，素质明显提高，技能等级结构更加合理，职业技能开发与农业农村经济发展相互促进、良性循环的机制初步形成。在农业产业化龙头企业、农产品加工骨干企业、劳动密集型产业和乡镇企业产业集聚区，大力开展职业技能培训与考核鉴定工作，有效推进职业资格证书制度的实施。"十一五"期间，农业职业技能培训数量达到 150 万人次，通过鉴定并获得农业职业资格证书的人数达到 130 万人次。其中，获得技师、高级技师资格的人数达到 10 万人次，持证人员中农民所占的比例由 15％提高到 30％。

为完成这样的目标任务，该意见提出了要不断完善农业行业职业资格证书制度、大力加强农业高技能人才队伍建设、创新农业职业技能开发工作机制、建立健全农业职业技能开发工作体系和强化推进农业职业技能开发的保障措施等政策措施。

4.《乡村兽医管理办法》（中华人民共和国农业部令第 17 号） 于 2008 年 11 月 4 日农业部第八次常务会议审议通过，自 2009 年 1 月 1 日起施行。该管理办法规定了乡村兽医应具备的条件：

第六条 国家实行乡村兽医登记制度。符合下列条件之一的，可以向县级人民政府兽医主管部门申请乡村兽医登记：取得中等以上兽医、畜牧（畜牧兽医）、中兽医（民族兽医）或水产养殖专业学历的；取得中级以上动物疫病防治员、水生动物病害防治员职业技能鉴定证书的；在乡村从事动物诊疗服务连续 5 年以上的；经县级人民政府兽医主管部门培训合格的。

第七条 申请乡村兽医登记的，应当提交下列材料：乡村兽医登记申请表；学历证明、职业技能鉴定证书、培训合格证书或者乡镇畜牧兽医站出具的从业年限证明；申请人身份证明和复印件。

二、农业职业技能鉴定组织实施体系

农业职业技能鉴定组织实施体系是做好农业职业技能鉴定工作不可忽视的组织形式和重

要手段，是推动农业职业技能鉴定事业发展的组织机构，是行使其行政职能、调节职能、引导功能，发挥其经济功能的主体，是组织实施职业技能鉴定管理职能的载体。

（一）农业职业技能鉴定组织实施框架体系

农业职业技能鉴定组织实施框架体系是在农业职业技能鉴定管理工作的实践中逐步发展形成的。这一框架体系经过一定的实践、探索、改进和完善的过程，基本上适应了农业职业技能鉴定管理工作的实际，运转也比较正常。但从农业职业技能鉴定事业发展的实践和发展趋势看，这一体系仍需要进一步的调整完善。

1. 农业职业技能鉴定行政管理体系　这一体系目前按照国家有关规定要求形成四个管理层次或级次：①人力资源和社会保障部→②农业部人事劳动司→③农业有关专业司局→④各省、自治区、直辖市农业行业主管厅局。

2. 农业职业技能鉴定技术指导体系　农业职业技能鉴定技术指导体系的职能是由相应行政管理机构按照有关规定和实际需要赋予的。每一层次的行政管理机构都必须指定某一机构履行相应的技术指导的职能，开展相应的技术业务工作，这类机构均属技术指导性质的机构。这一体系由三个层次构成：①人力资源和社会保障部职业技能鉴定中心→②农业部职业技能鉴定指导中心→③农业部各行业职业技能鉴定指导站。

应注意，农业职业技能鉴定技术指导体系的层次结构与国家现行规定的要求以及其他行业相比，多出"农业部各行业职业技能鉴定指导站"，多设置的这个技术业务机构层次，是根据农业职业技能鉴定管理工作的需要而设立的。农业职业技能鉴定工作实践也证明了其设立的必要性、可行性。

（二）农业职业技能鉴定行政管理机构

1. 机构

（1）第一级次为人力资源和社会保障部，属于国家职业技能鉴定工作的综合管理部门，也是农业职业技能鉴定管理的最高行政机构，对该项工作具有领导、协调等综合管理的职能。

（2）第二级次为农业部人事劳动司，属于农业职业技能鉴定工作的综合管理部门。在农业职业技能鉴定管理工作中，按照人力资源和社会保障部的统一部署，对农业部各专业司局以及整个系统的职业技能鉴定工作实施领导、指挥、协调的综合管理职能。

（3）第三级次为农业部各相关专业司局，为本行业职业技能鉴定工作的综合管理部门。在本行业的职业技能鉴定管理工作中，要接受农业部人事劳动司的领导和指导。同时，对各省、自治区、直辖市相应行业厅局的职业技能鉴定工作具有领导、指挥、指导和协调的管理职能。

（4）第四级次为各省、自治区、直辖市农业行业主管部门。在农业职业技能鉴定行政管理中，既要接受农业部（包括农业部人事劳动司及各相应专业司局）的领导和指导，同时也对所辖区域内的农业职业技能鉴定工作，实施协调、指导的管理职能。

2. 职能　农业职业技能鉴定管理各个级次的行政管理机构其具体的管理职能如下：

（1）人力资源和社会保障部在国家职业技能鉴定管理工作中的主要职责职能。人力资源和社会保障部属于国务院行政主管部门，代表国家对全国职业技能鉴定工作实施综合性行政管理。其职责职能具体实施部门为人力资源和社会保障部职业能力建设司，其综合性行政管理的具体职责如下：

① 综合管理全国职业技能鉴定工作，制定国家职业技能鉴定的工作规划和政策，组织实施和监督检查全国职业技能鉴定工作。

② 综合管理和组织制定国家职业分类、职业标准。

③ 指导各省、自治区、直辖市劳动保障行政机构和国务院各行业主管行政机构实行职业技能鉴定社会化管理工作。

④ 指导各省、自治区、直辖市人力资源社会保障行政机构和各行业行政主管机构促进或加强职业教育培训工作，积极推行培训、鉴定与就业、待遇相结合的制度。

⑤ 审核批准国家有关行业职业技能鉴定技术指导机构、行业特有职业技能鉴定范围、行业特有职业技能鉴定站。

⑥ 统一制定国家职业资格证书、职业技能鉴定许可证、职业技能鉴定站和鉴定所标牌、职业技能鉴定考评人员与职业技能鉴定质量督导人员资格证书和胸卡的规格、式样。

（2）农业部人事劳动司在农业职业技能鉴定管理工作中的主要职责职能。农业部人事劳动司属于农业行业人事劳动保障行政管理机构，代表农业部对农业职业技能鉴定工作实施综合性的行政管理，是根据国家和部门有关法律、法规、有关政策，在人力资源和社会保障部的指导下，负责具体实施农业职业技能鉴定工作的综合性行政管理的职能机构。其综合性行政管理的主要职责职能如下：

① 制定农业行业职业技能鉴定的有关政策、规划和办法，并对实施情况进行监督检查。

② 管理农业行业职业技能鉴定业务机构和执行机构，并指导开展相关工作。

③ 负责农业行业国家（行业）职业标准、培训教材以及鉴定试题库的编制开发工作。

④ 负责农业行业职业技能鉴定工作队伍建设及职业资格证书的管理工作。

⑤ 负责农业行业职业技能鉴定质量管理工作。

（3）农业部各相关专业司局在农业职业技能鉴定管理工作中的主要职责职能。农业部各相关专业司局也是农业职业技能鉴定行政管理体系的重要组成部分，在农业部人事劳动司的指导下负责管理和指导本行业职业技能鉴定工作。在实施本行业职业技能鉴定管理中的具体职能有如下几个方面：

① 制定本行业（系统）职业技能培训和鉴定工作的政策、规划和办法。

② 负责本行业（系统）国家（行业）职业标准、培训教材以及鉴定试题库的编制开发工作。

③ 组织、指导本行业（系统）开展农业职业技能鉴定工作，并对鉴定质量进行监督检查。

（4）各省、自治区、直辖市农业行业主管部门在农业职业技能鉴定管理工作中的主要职责职能。各省、自治区、直辖市农业行业行政主管部门是农业职业技能鉴定行政管理组织体系的重要组成部分。主要职能是在农业部人事劳动司和相应专业司局的领导和统筹协调下，负责管理和指导本地区、本行业农业职业技能鉴定工作，其具体职能主要有以下几个方面：

① 制定本地区、本行业（系统）职业技能培训与鉴定工作政策、规划和办法。

② 负责本地区、本行业（系统）职业技能鉴定站的建设与管理。

③ 负责本地区、本行业（系统）职业技能鉴定考评人员与质量督导员的管理。

④ 组织、指导本地区、本行业（系统）开展职业技能鉴定工作，并对鉴定质量进行监督检查。

（三）农业职业技能鉴定技术指导机构的设置及职责职能

1. 人力资源和社会保障部职业技能鉴定中心的主要职责职能 人力资源和社会保障部职业技能鉴定中心是国家职业技能鉴定技术业务工作的组织、协调和指导机构。其主要职能是按照国家制定的职业技能鉴定工作规划、政策、标准和有关规定，在人力资源和社会保障部的领导和指导下，组织、实施、指导和协调全国职业技能鉴定工作，配合国家实施职业资格证书制度和劳动预备制度。其具体职责任务主要有如下几个方面：

（1）按照人力资源和社会保障部制定的职业技能鉴定规划、政策、标准的有关规定，组织、协调和指导全国职业技能鉴定工作的实施，推动建立国家职业资格证书制度和劳动预备制度。

（2）对各省、自治区、直辖市和国务院各行业职业技能鉴定工作的技术指导机构进行技术业务指导和提供有关的服务。

（3）负责建立国家职业技能鉴定试题（试卷）库，并指导命题工作。

（4）组建职业技能鉴定的专家队伍，指导职业技能鉴定考评人员和职业技能鉴定质量督导人员培训。

（5）建立全国职业技能鉴定工作网络、信息系统资料库。

（6）参与制定国家职业分类、职业标准以及与职业技能鉴定工作相关的技术性文件和规定，制定国家职业技能鉴定所、站条件标准。

（7）受人力资源和社会保障部委托，参与全国职业技能鉴定工作的监督检查。

（8）组织开展职业技能鉴定工作有关的学术理论研究。

（9）承担全国职业技能竞赛的组织工作，参与国际奥林匹克技能竞赛活动。

（10）承担人力资源和社会保障部相应职能部门委托的其他有关工作。

2. 农业部职业技能鉴定指导中心的主要职责职能

（1）组织、指导农业行业职业技能鉴定实施工作。

（2）组织农业行业国家（行业）职业标准、培训教材以及鉴定试题库的编制开发工作，并负责试题库的管理。

（3）负责制定职业技能鉴定站设立的总体原则和基本条件，并承担对申请设立鉴定站单位资格的复审。

（4）拟定农业行业职业技能鉴定考评人员的资格条件，并承担质量督导员的资格培训、考核与管理工作，指导考评人员的资格培训、考核并负责考评人员的管理工作。

（5）承担农业行业职业技能鉴定结果的复核和职业资格证书的管理工作，并负责农业行业职业技能鉴定信息统计工作。

（6）参与推动农业行业职业技能竞赛活动，开展职业技能鉴定及有关问题的研究与咨询工作。

3. 农业部各行业职业技能鉴定指导站的主要职责职能 在目前农业职业技能鉴定技术指导体系中，在农业部职业技能鉴定指导中心基础上，农业部在其所属事业单位中共设置了10个行业职业技能鉴定指导站：农业部种植业行业职业技能鉴定指导站、农业部畜牧（饲料）行业职业技能鉴定指导站、农业部兽医行业职业技能鉴定指导站、农业部兽药行业职业技能鉴定指导站、农业部农机行业职业技能鉴定指导站、农业部渔业行业职业技能鉴定指导站、农业部农村能源行业职业技能鉴定指导站、农业部农垦系统职业技能鉴定指导站、农业部乡镇企业职业技能鉴定指导站、中央农业广播电视学校职业技能鉴定指导站。其主要职责职能：

（1）组织、指导本行业（系统）职业技能鉴定工作。

（2）负责本行业（系统）职业技能鉴定站的建设与管理，提出本行业（系统）鉴定站设立的具体条件，并负责资格初审，指导本行业（系统）鉴定站开展工作。

（3）承担本行业（系统）国家（行业）职业标准、培训教材以及鉴定试题库的编制开发工作，并负责本行业（系统）鉴定试题库的运行与维护。

（4）组织本行业（系统）职业技能鉴定考评人员的培训、考核工作。

（5）负责本行业（系统）职业技能鉴定结果的初审和职业资格证书办理的有关工作。

（6）开展本行业（系统）职业技能鉴定及有关问题的研究与咨询工作。

三、农业职业技能鉴定站管理

农业职业技能鉴定站的建设与管理直接关系农业职业技能鉴定事业的进步与发展，农业职业技能鉴定站的工作质量也直接关系农业劳动者知识和技能素质水平的提高，所以加强农业职业技能鉴定站管理，建立健全高质量、高标准的职业技能鉴定站，是整个农业职业技能鉴定工作的关键。

1. 农业职业技能鉴定站设立的条件　农业职业技能鉴定站是实施职业技能鉴定的具体执行机构。其设立应具备以下条件：

（1）具有与所鉴定职业（专业）及其等级相适应并符合国家标准要求的考核场地、检测仪器等设备设施。

（2）有专兼职的组织管理人员和考评人员。

（3）有完善的管理制度。

各职业（工种）职业技能鉴定站建站标准由农业部各行业职业技能鉴定指导站提出，经审定后颁布实施。

2. 农业职业技能鉴定站设立的程序　申请建立鉴定站的单位应提交书面申请和可行性分析报告，并填写《行业特有工种职业技能鉴定站审批登记表》，经省级农业行业行政主管部门审核后，上报部行业指导站初审，经行业司局同意，部鉴定中心汇总审核后，报农业部人事劳动司审定，由人力资源和社会保障部批准并核发《职业技能鉴定许可证》，同时授予全国统一的特有工种职业技能鉴定站标牌。

建站申请单位的申报报告一式三份，主要包括以下内容：一要简述本承建单位事业、生产与经济发展概况，要有必要的指标说明；二要简述本承建单位的生产力水平，即本承建单位职员的整体素质状况、专业技术优势和管理水平；三要简述承建单位所能提供进行职业培训与技能鉴定所需的场地、设备、设施、仪器以及不足部分的来源等；四要申明拟建的鉴定站所能鉴定的职业（专业或工种）及其等级和类别；五要有相应的拟建的鉴定站具体开展技术业务工作的系列规章制度；六要附《行业特有工种职业技能鉴定站审批登记表》。该表的样表及填制内容如下：

批准文号：（　　）第　　号

编　　号：

行业特有工种职业技能鉴定站

审批登记表

承建单位：　　　　　　　（盖章）

承建单位负责人：　　　　　（签字）

申请日期：　　　年　　月　　日

人力资源和社会保障部制

承建单位简况与建站条件

承建单位名称	
承建单位地址	
承建单位性质	
承建单位法人代表	
鉴定站管理 人员配备情况	
鉴定站管理 规章目录	

申请考核鉴定职业（工种）范围

职业（工种）编号	职业（工种）名称	等　级

鉴定场地	合　计	知识考试场地面积	技能考核场地面积

鉴定设备	设备名称、型号	数量	设备名称、型号	数量

检测设备	设备名称、型号	数量	设备名称、型号	数量

推荐与审核、批准

承建单位主管部门 推荐意见	（盖章） 年　月　日
省级行业主管部门 推荐意见	（盖章） 年　月　日
省级人力资源保障部门 推荐意见	（盖章） 年　月　日
行业部门职业技能鉴定 指导中心审查	（盖章） 年　月　日
行业主管部门劳动工资机构 审核意见	（盖章） 年　月　日
人力资源和社会保障部 核准意见	（盖章） 年　月　日
备　注	

3. 农业职业技能鉴定站的主要职责　农业职业技能鉴定站是职业技能鉴定的执行机构，负责实施对劳动者的职业技能鉴定工作。其主要职责有：

（1）执行国家和地方农业行业行政主管部门有关农业职业技能鉴定的政策、规定和办法；

（2）提供鉴定场地和鉴定仪器设备等设施条件，负责鉴定报名；

（3）负责职业技能鉴定考务工作，并对职业技能鉴定结果负责；

（4）按规定及时向上级有关部门提交鉴定情况统计数据和工作报告等材料。

4. 农业职业技能鉴定站的日常管理

（1）农业职业技能鉴定站实行站长负责制。鉴定站站长由部行业指导站聘任，报部鉴定中心备案。站长原则上由承建单位主管领导担任。

（2）农业职业技能鉴定站应建立健全考务管理、档案管理、财务管理以及与农业部有关规定配套的管理制度，并严格执行。

（3）农业职业技能鉴定站应使用"国家职业技能鉴定考务管理系统"，进行鉴定数据上报、信息统计及日常管理。

（4）农业职业技能鉴定站应配备专兼职的财务管理人员，并严格执行所在地区有关部门批准的职业技能鉴定收费项目和标准。职业技能鉴定费用主要用于组织职业技能鉴定场地、试题试卷、考务、阅卷、考评、检测及鉴定原材料、能源、设备消耗等方面。

（5）农业职业技能鉴定站应受理一切符合申报条件和规定手续的人员参加职业技能鉴定，并依据国家职业标准，按照鉴定程序组织实施鉴定工作。

鉴定站有独立实施职业技能鉴定的权利，有权拒绝任何组织或个人影响鉴定结果的非正当要求。

（6）农业职业技能鉴定站开展鉴定所用试题必须从国家题库中提取，并按有关要求做好试卷的申请、运送、保管和使用。未建立试题库的职业，试题由部行业指导站组织专家编制，经部鉴定中心审核确认后使用，或由部鉴定中心直接组织编制，未经审核确认的鉴定试题无效。

（7）农业职业技能鉴定站应从获得《国家职业技能鉴定考评员》资格的人员中聘用考评人员开展职业技能鉴定活动。严格执行考评人员对其直系亲属的回避制度。

（8）农业职业技能鉴定站应于每年 12 月 20 日前将当年工作总结和下年度的工作计划报送省级行业主管部门并抄报部行业指导站。

（9）农业职业技能鉴定站应加强质量管理，建立健全质量管理体系，逐步推行鉴定机构质量管理体系认证制度。

（10）农业职业技能鉴定站应接受部鉴定中心和部行业指导站的业务指导，同时接受上级农业行政主管部门和劳动保障部门的监督检查。

（11）对农业职业技能鉴定站实行定期评估制度。评估工作由部鉴定中心与行业指导站共同组织实施，评估内容主要包括鉴定站的管理与能力建设、考务管理、考评人员使用管理、质量管理与违规等几个方面，评估采取自评与抽查相结合的形式。评估结果作为换发鉴定许可证和奖惩的重要依据。

5. 鉴定许可证的换发　农业职业技能鉴定站鉴定许可证有效期满后，应按照要求及时办理换发手续。

（1）对现《职业技能鉴定许可证》有效期内开展工作的情况进行总结，并形成书面报告。主要内容包括鉴定制度建立情况、开展鉴定工作基本情况、加强鉴定质量管理的有关措施和加强鉴定条件（场地、设施、设备、仪器等）建设情况等。

（2）填写《农业职业技能鉴定站换发鉴定许可证登记表》，对鉴定站基本情况进行核实登记。

（3）承建单位名称、负责人和鉴定范围发生变化的鉴定站，附说明（加盖单位公章）和有关证明材料。

第二章　农业职业技能鉴定基础建设工作体系

　　农业职业技能鉴定基础工作体系主要包括国家职业分类、国家职业技能标准、培训教材以及鉴定试题库等几个方面。职业分类是国家职业资格证书制度的核心和基础，是衡量国家劳动力管理水平的重要标志，是人力资源开发与管理的重要依据。技能标准是体现职业能力和技术等级的规范，是开展职业技能培训和鉴定的基本依据，也是衡量和评价劳动者技术技能水平的标尺。培训教材是国家职业技能标准规定内容和水平的具体体现，是教师开展教学、指导实习和训练的工具，是技术技能人才学习知识、掌握技能、提高业务能力的重要信息来源。鉴定试题库是对职业技能标准和培训教材的归纳、提炼，有效引导和检测培训方向和效果，是技术技能人才评价的重要途径和工具。职业分类、技能标准、培训教材、鉴定试题库四者密不可分，互相关联，在农业农村人才培养和鉴定评价工作中发挥着极其重要的作用。

第一节　职业分类

　　职业是随着人类文明进步和社会劳动分工的发展而出现的，社会分工是职业产生的基础和必要条件。职业的产生和发展，既是社会生产力发展和科技进步的结果，反过来又促进社会生产力的提高。生产社会化、专业化和科技进步，不但表现着人类改造自然能力的提高，同时也推动着生产关系的发展。

　　对职业的分析和研究，离不开对职业进行科学分类。在社会生产力不断发展的漫长岁月中，职业的种类随着社会分工的细化日渐增多，职业的内容不断发展演变，更加精细复杂化，要求社会形成与之相适应的管理体系，从而在客观上促进了职业分类的产生与发展。职业分类是指依据一定的科学方式和标准，对不同职业进行的系统划分和归类。它是一个国家形成产业结构概念和进行结构、产业组织及产业政策研究的基础，对于社会各个行业的发展有着十分重要的指导意义，同时任何一个国家的职业分类都影响并制约着其国民经济各部门管理活动的成效。

一、中国职业分类的建立和发展

　　远古时代不存在"职业"的概念，自春秋时期，我国出现仕、农、工、商四大职业分类。到了现代，我国第二次人口普查中首次出现"职业"；第三次人口普查中首次出现"职业分类"，第一次对职业进行统计；第四次人口普查出现"职业分类标准"。除了人口普查，劳动力市场调查和劳动力市场管理中都分别有了"职业分类"的概念，并且随着经济的发展，新职业不断出现。动态地看，我国职业分类经历着从无到有、从单一发展到形式多样的过程。

（一）人口普查中的职业分类

新中国成立以来，我国的职业体系经历了一个逐步完善的过程，明显地体现在新中国成立以来 5 次人口普查中职业分类的演变中。

1. 第一次人口普查中的职业分类（1953 年）　新中国成立后，于 1953 年开展了第一次全国人口普查，但是由于当时生产力水平有限，项目设计还比较单一，没有涉及职业。这次全国人口普查主要调查了 5 个项目：与户主关系、姓名、性别、年龄、民族。

2. 第二次人口普查中的职业分类（1964 年）　1964 年开展了第二次全国人口普查，与第一次普查相比增加了本人成分、文化程度和职业 3 个项目。本次普查中首次调查了"职业"，但是对这一"职业"项目的复杂性认识不足，也不了解这方面的情况，事先没有制定职业分类标准，加上人们对职业概念的认识比较混乱，事后再对职业进行分类也无济于事，因此"职业"这一项未能进行汇总，从而导致事后无法进行分类和使用。

3. 第三次人口普查中的职业分类（1982 年）　1982 年开展了第三次全国人口普查，首次出现"职业分类"，在我国普查史上具有重要意义。为了做好首次职业普查分类项目，由国务院人口普查办公室、国家统计局、国家标准总局等有关单位根据我国情况，参照联合国的有关标准，共同制定了我国第三次人口普查使用的《职业分类标准》。通过第三次人口普查的实践，《职业分类标准》得到进一步充实和改进，从而为制定全国统一执行的《国家职业分类标准》创造了条件。

4. 第四次人口普查中的职业分类（1990 年）　第四次人口普查是在有计划的商品经济较快发展的情况下进行的人口普查，采取了以入户访问为主的普查登记方法，反映出改革开放的经济背景和时代特色。随着改革的深入，就业人口的行业、职业构成发生了较大变化，大量农业人口向非农产业转移；在银行业、信托投资业以及一些与商品经济有密切联系的行业、职业中就业人数增多。

5. 第五次人口普查中的职业分类（2000 年）　第五次人口普查沿用了《普查表短表》、《普查表长表》、《死亡人口调查表》和《暂住人口调查表》。其中涉及人口经济特征项目，要求 15 周岁及以上的人口填报，共有 6 项，分别是"是否有工作"、"工作时间"、"行业"、"职业"、"未工作者状况"和"未工作者主要生活来源"。在填表说明中规定了职业是按照本人所从事的具体工作性质的同一性进行分类的。第五次人口普查将普查对象的职业分为 8 个大类、65 个中类和 410 个小类。

（二）劳动力管理领域的职业分类

我国经历了从计划经济体制向市场经济体制的过渡转变，在劳动力管理方法和原则上都发生了显著变化，对劳动力管理采用的标准主要有《工种分类目录》和《职业分类大典》。

在《工种分类目录》颁布以前，我国劳动力普遍是各个部委和行业组织内部按照各自业务工作特点进行个别管理，缺乏统一标准和依据，也因此造成了不同行业之间人员流动不便和信息交流不畅。为加强劳动力的科学管理，全面提高劳动者素质，建立培训、考核和使用、待遇相结合的制度，1988 年，劳动部会同国务院各行业部委，组织各方面的专家、学者和技术人员，在广泛调研和充分论证的基础上，历时 4 年，编制完成了《工种分类目录》，并于 1993 年颁布实施。

《工种分类目录》按行业分成 46 个大类，包括 4 700 多个工种，几乎覆盖了全国所有工作种类。按照"行业—专业—工种"的顺序依次编排工种，行业或专业名称参照《国民经济行业分类和代码》（国标 GB 4754—84），并考虑我国的实际情况确定，每一个行业被赋予一个二位数代码，行业内部工种目录编码按照"行业代码—顺序号"的顺序排列。

随着我国从计划经济向市场经济的过渡，产业和行业组织结构都发生了巨大变化，第三产业兴起带动了许多新职业的产生，而传统第一、二产业的调整导致了一些旧职业分化聚合或消失，原来主要针对产业工人的工种分类目录显然不能适应新形势下多样繁杂的职业的发展。在此背景下，劳动部会同国家统计局、国家技术监督局等 50 个部门于 1995 年开始编制《职业分类大典》，并于 1999 年正式颁布了我国第一部对职业进行科学分类的权威性文献和工具书。《职业分类大典》全面反映了我国的社会职业结构，填补了我国职业分类领域的空白，丰富和发展了我国职业分类学，具有划时代的里程碑意义，也标志着我国职业分类工作步入了一个新的发展阶段。

（三）劳动力市场调查的职业分类

在我国劳动力市场调查中出现使用的职业分类标准主要是《劳动力市场职业分类与代码》（LB 501—1999 和修订后的 LB 501—2002）。

《劳动力市场职业分类与代码（LB 501—1999）》是原劳动和社会保障部根据劳动力市场建设情况的发展变化，以国家标准 GB/T 6565《职业分类与代码》和《职业分类大典》两个标准为基础，对劳动力市场信息系统中现行的职业分类与代码进行的修订，为方便使用，《劳动力市场职业分类与代码（LB 501—1999）》中部分职业的名称在《职业分类大典》基础上做了适当简化和调整。

《劳动力市场职业分类与代码（LB 501—1999）》下发以来，在就业服务信息系统以及劳动力市场供求分析季报和综合月报中得到广泛应用，但该分类标准在使用过程中也暴露了一些问题。随着我国融入经济全球化的大潮中，劳动力市场中的职业更替变动更加频繁和复杂，对职业信息的及时性、准确性和科学性提出了更高要求，为了使《劳动力市场职业分类与代码（LB 501—1999）》满足就业服务需要，原劳动和社会保障部开展了专题调查，组织研讨会，在综合各地意见的基础上，对《劳动力市场职业分类与代码（LB 501—1999）》进行修改并颁发了《劳动力市场职业分类与代码（LB 501—2002）》。

人口普查中的职业分类、劳动力管理领域的职业分类、劳动力市场调查的职业分类三种职业分类体系，相互借鉴，相互促进，相辅相成，既便于宏观管理，又有助于相互促进借鉴。

二、中华人民共和国职业分类大典

（一）概述

1995 年，劳动部、国家质量技术监督局、国家统计局组织编制并于 1999 年 5 月颁布了第一部《职业分类大典》，标志着适应我国国情的国家职业分类体系基本建立。近年来，随着经济社会发展、科学技术进步和产业结构调整升级，我国的社会职业构成发生了很大变化，一些传统职业开始衰落甚至消失，新的职业不断涌现并迅速发展起来，还有一些职业为适应新形势开始调整和转化。2005 年开始，连续三年对《职业分类大典（1999 年版）》进行了增补，但仍无法准确、客观地反映当前职业领域的变化。2010 年年底，人社部会同国家质量监督检验检疫总局、国家统计局牵头成立了国家职业分类大典修订工作委员会，启动修订工作，历经五年，于 2015 年 7 月颁布《职业分类大典（2015 年版）》，2015 年 10 月正式出版。

《职业分类大典（2015 年版）》按照深入贯彻科教兴国和人才强国战略，以适应国家经济社会发展需要为导向，根据我国实际，借鉴国际职业分类先进经验，构建与国家经济发展相适应、符合我国国情的现代职业分类体系，促进我国人力资源工作的科学发展的指导思想，从我国经济社会发展现状出发，"以工作性质相似为主、技能水平相似为辅"的职业分类原则，充分考虑各行业、各部门工作性质、技术特点的异同，全面、客观、准确反映当前社会职业发展实际情况，对我国的社会职业进行了科学地划分和归类，将其归于 8 个大类，并具体划分为 75 个中类，434 个小类，1 481 个细类（职业），并列出了 2 670 个工种，标注了 127 个绿色职业，全面、客观地反映了现阶段我国社会职业的结构状况。《职业分类大典（2015 年版）》突破了以往一个行业部门一个类别的分类模式，突出了职业应有的社会性、目的性、规范性、稳定性和群体性特征，对每一职业的定义与工作活动内容及范围作了客观描述。《职业分类大典（2015 年版）》具有广泛的应用领域，不仅为开展劳动力需求预测和规划，进行就业人口结构及其发展趋势的统计分析提供了重要依据，而且对于开展职业教育和职业培训，实行职业资格证书制度，促进劳动力市场建设，完善企业劳动组织管理也同样具有十分重要的作用。

《职业分类大典（2015 年版）》中对具有"环保、低碳、循环"特征的职业活动进行探索研究和分析，将部分社会认知度较高、具有显著绿色特征的职业标示为绿色职业。绿色职业活动主要包括：监测、保护与治理、美化生态环境，生产太阳能、风能、生物质能等新能源，提供大运量、高效率交通运力，回收与利用废弃物等领域的生产活动，以及与其相关的以科学研究、技术研发、设计规划等方式提供服务的社会活动。《职业分类大典（2015 年版）》共标示了 127 个绿色职业，并统一以"绿色职业"的汉语拼音首字母"L"标识。

我国的《职业分类大典》与其他国家的《职业分类大典》相比，充分考虑了中国国情以及农业农村经济发展的特点，将农业职业作为一个大类，单列于《职业分类大典》之中，这在其他国家和地区的职业分类中是没有的。说明农业职业分类在国家职业分类中有其本身的特点，具有重要作用，占据着重要地位。

（二）基本结构

我国的职业分类结构一般从上到下分为四个层次，即大类、中类、小类和细类，并依次体现由粗到细的职业类别。每下一层次都比上一层次更细、更具体，每一层次又包括若干不同的职业类别。细类作为我国职业分类结构中最基本的类别，属于具体的职业。

细类，也称职业，是职业工作活动的具体体现，是职业分类最基础的类别。一个职业是一组性质相同的工作的统称，具有通用的职业知识和职业技能。

《职业分类大典（2015 年版）》的基本结构见图 2-1。

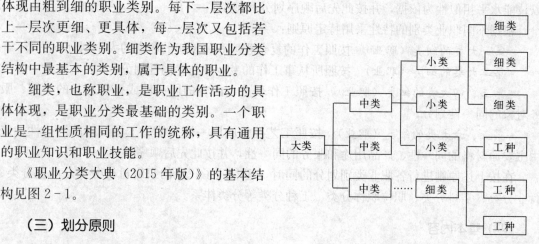

（三）划分原则

1. 大类的划分原则　大类是职业分类结

图 2-1　职业分类框架结构示意简图

构中的最高层次。大类的划分和归类是以工作性质的同一性为主要依据，并考虑我国政治制度、管理体制、科技水平和产业结构的现状与发展等因素。第七和第八大类的中类、小类、细类（职业）名称相同，不做细分。

《职业分类大典·（2015年版）》将我国社会职业划分为8个大类，分别是：

- 第一大类　党的机关、国家机关、群众团体和社会组织、企事业单位负责人；
- 第二大类　专业技术人员；
- 第三大类　办事人员和有关人员；
- 第四大类　社会生产服务和生活服务人员；
- 第五大类　农、林、牧、渔业生产及辅助人员；
- 第六大类　生产制造及有关人员；
- 第七大类　军人；
- 第八大类　不便分类的其他从业人员。

2. 中类的划分原则　中类是大类的子类，中类的划分和归类是根据职业活动所涉及的知识领域、使用的工具和设备、加工和运用的技术以及提供的产品和服务种类的同一性进行的。

3. 小类的划分原则　小类是中类的子类，一般指工作范围。小类的划分和归类是根据从业人员的工作环境、工作条件、技术性质的同一性进行的。一般情况下：

- 第一大类的小类　以职责范围和工作业务同一性进行划分和归类；
- 第二大类的小类　以工作或研究领域、专业的同一性进行划分和归类；
- 第三、四大类的小类　以所办理事务的同一性和所从事服务项目的同一性进行划分和归类；
- 第五、六大类的小类　以所从事工作的操作程序规范的同一性、工艺技术的同一性、操作对象的同一性以及生产产品的同一性等进行划分和归类。

4. 细类（职业）的划分原则　细类是职业分类最基本的类别，即职业。一个职业包含一组性质相同、具有通用的职业知识和职业技能的工作。细类（职业）划分主要以工作分析为基础，以职业活动领域和所承担的职责，工作任务的专门性、专业性与技术性，服务类别与对象的相似性，工艺技术、使用工具设备或主要原材料、产品用途等的相似性，同时辅之以技能水平相似性为依据，并按此先后顺序划分和归类。

根据不同职业类别的特性采用特定原则：

- 第一大类的细类（职业）　按照工作的复杂程度和所承担的职责的大小划分；
- 第二大类的细类（职业）　按照所从事工作的专业性与专门性划分；
- 第三、四大类的细类（职业）　按照工作任务、内容的同一性或提供服务的类别、服务对象的同一性划分；
- 第五、六大类的细类（职业）　按照工艺技术的同一性、使用工具设备的同一性、使用主要原材料的同一性、产品用途和服务的同一性，并按此先后顺序划分。

在按上述原则进行各职业类别划分的同时，还参照了我国的组织机构分类、产业分类、行业分类、学科分类、职位职称分类、工种分类等分类体系。

（四）基本内容

在职业分类中，大、中、小、细类所包含的内容有所不同。每一大类的内容包括大类编码、大类名称、大类概述、所含中类的编码和名称；每一中类的内容包括中类编码、中类名称、中类简述、所含小类的编码和名称；每一小类的内容包括小类编码、小类名称和小类描述；每一细类（职业）的内容包括职业编码、职业名称、职员定义、职业描述及归于本职业的工种名称及编码。其内容的具体含义可参阅《职业分类大典（1999年版）》的"编制说明"和《职业分类大典（2015年版）》的"修订说明"。

《职业分类大典》的编码以一位数码表示；中类编码、细类（职业）编码皆以两位数码表示，并按数字顺序排列，类别编码以"-"间隔。如编码"5-01-02-03"表示第五大类第一中类第二小类第三个职业——食用菌生产工。

对于不再细分的类别，其子类编码为该类编码加"00"。如"5-05-01农业生产服务人员"小类不再细分，其细类（职业）编码即为"5-05-01-00"。各类中的"其他"编码的尾数码一般以"99"表示，不细分的类别加"00"。如"4-99"表示第四大类的"其他"中类；"5-01-99"表示第五大类第一中类的"其他"小类；"4-05-99-00"表示第四大类第五中类的"其他"小类不再细分的细类。为便于与国家《职业分类与代码》（GB 6565—1999）对照，在每个大、中、小类编码之后标注了国家标准编码，以"（GBM……）"表示。如编码"6-06-01"后加"（GBM 60601）"，表示"6-06-01木材加工人员"小类在国家标准《职业分类与代码》（GBM 6565—1999）中代码为"60601"。

各类别名称以最能说明该职业类别特性的名词命名。大类的概述、中类的简述和职业的定义均以最简练的语句表示出各自的本质属性或所含职业类别的内容，主要以"从事……人员"、"操作……（进行）……人员"、"使用（运用）……（进行）……人员"、"对（将、以）……（进行）……人员"等语句表述。职业描述是对职业所包括的主要工作内容、范围、过程等进行的一般性表述，第一、二、三大类的职业多以职责范围、工作内容为主进行描述，第四、五、六大类的职业多以工作内容或工作过程为主进行描述。

部分职业下列若干工种。列入职业的工种要以《工种分类目录》为准，体现工种分类与《职业分类大典》所列职业的衔接。工种后编码为该工种在《工种分类目录》中的编码；（＊）表示未列入《工种分类目录》的新增工种；（＊＊）表示该工种虽然未列入《工种分类目录》，但已由原劳动部与行业主管部门联合颁发了职业（工种）技能标准。

三、农业职业分类

农业职业分类属于国家职业分类的重要组成内容，是农业职业技能开发管理所依据的技术性法规，是技术性标准体系的重要组成部分和基础性内容构成，也是农业职业技能开发管理最基础的依据。农业职业分类是以工作性质的同一性为基本原则，对农业职业进行的系统划分与归类。

（一）农业职业分类的概念

1. 农业职业分类的定义

（1）农业职业分类的定义。农业职业分类，也称农业职业类别划分，是指以从业人员所从事农业生产、经营和管理工作性质的同一性为基本原则，按照一定的分类标准、方法和目的要求，以及人与工作的关系，通过建立农业职业分类的框架结构，将人们所从事的各种工作种类或工作岗位进行科学、系统、全面地划分，并分别归为不同的职业类别。

所谓工作性质，即一种职业区别于另一种职业的根本属性，一般通过职业活动的对象、从业方式等的不同予以体现。需要说明的是，对工作性质的同一性所作的解释要视具体职业而定。

职业分类的最终成果及其表现形式是《职业分类大典》。《职业分类大典》由人力资源和社会保障部组织各行各业的专家编制并颁发。

（2）农业职业分类的主要工作内容。农业职业分类工作是将农业行业中纷繁复杂的职业划分成规范统一、井然有序的体系，具有技术性法规的性质，属于国家主管行政部门的职能，其结果是职业分类大典/农业职业分类。包括三个方面的工作：一是划分农业职业类别，确定农业职业分类框架结构；二是确定农业职业名称；三是对农业职业进行定义与描述。

从职业具有稳定性的性质看，农业职业分类也同样应该有一定的稳定性。但是农业工种分类与农业职业一样同样是人类进化与社会经济发展到一定阶段的产物，是社会生产力的反映，是技术、工艺、机器设备、工作环境等的综合反映。随着社会与经济的进步而产生，也同样会随着农业科学技术与农业农村经济的进步而盛衰兴亡。因此，在农业生产技术进步发展到一定的阶段，对农业职业分类进行修订是极其必要的。

2. 农业职业分类的原则　农业职业分类是国家职业分类的重要组成部分，而且农业职业分类是在国家的统一指导部署下进行的，职业分类原则也是国家统一制定的。因此农业职业分类所依据的原则也就是国家职业分类的原则。

我国的职业分类是在修订国家标准 GB/T 6565《职业分类与代码》的基础上，从实际出发，以加强我国劳动力资源的开发利用和提高劳动者素质为目的，在借鉴国际有益经验的基础上，科学认真、严谨务实地进行的。我国在开展职业分类的工作中，确立了以下工作原则：

（1）同一性原则。即按照从业人员所从事工作性质的同一特点进行分类。

（2）客观性原则。即从我国行业划分后产业技术结构的条件、市场经济发展以及劳动制度改革的现状出发，按照社会各行业工作性质、技术特点、劳动组织、管理职责、工作环境与条件的不同情况进行分类。

（3）科学性原则。即充分考虑国家经济发展、技术进步和产业结构的变化，正确反映不同管理层次、不同技术水准、不同业务范畴的职业特性进行分类。

（4）适应性原则。即根据我国实际情况，提出明确、规范的定义，适应劳动力管理、职业培训、职业技能鉴定、就业服务以及信息统计工作的实际需要进行分类。

（5）国际性原则。即学习借鉴国际上其他国家和地区的先进职业分类的经验与教训，在职业分类的框架结构等方面，基本上能与国际惯例接轨。

3. 农业职业分类的目的　职业分类在世界上被视为国家劳动力管理水平的重要标志，也是国家劳动力管理的一项巨大系统工程。农业职业分类的目的可以概括为以下三个方面：

（1）为农业劳动力社会化管理提供依据。农业劳动力社会化管理是国家对农业劳动力需求与开发的集中体现，特别是在市场经济条件下，要做到对农业劳动力资源的合理配置，仅仅了解农业劳动力的总量、素质和结构是不够的，还必须对农业行业的职业领域接受、吸纳就业人员的总体状况做出预测。这样，一方面，可以根据农业职业现状与发展对农业劳动力的需求量进行宏观调控；另一方面，还可以对多余或新生的农业劳动力进行有计划的培训或安置就业。因此，没有对农业职业类别的合理划分，就难以对农业劳动力的社会需求做出较为准确的统计，也就难以组织好农业劳动力的合理流动和有序更替。

（2）为农业职业培训、技能鉴定和就业提供依据。农业职业分类是以农业职业对主体所要求的知识、技术和能力为主要内涵的。这些知识和技能是农业职业主体所必须具备的基本素质。根据农业职业分类体系中所排列的职业名称、定义、工作任务和范围，培训机构和用人单位可以确定培训对象、培训内容、培训时间以及培训所需的费用、场地、设备和教学人员等，同时也为开展农业职业技能鉴定和推行职业资格证书制度提供重要依据。此外，由于农业职业分类和农业职业技能标准是一种客观的结构体系，为衡量农业劳动者素质提供了基本要求，从而满足了农业劳动力市场的双向选择需要。对于用人方来说，可以根据农业职业分类中所提出的技能要求去招聘；对于求职方来说，可以根据自身的业务专长寻求适宜的职业进行应聘。

（3）为国民经济信息统计和人口普查提供依据。国民经济发展是通过国民经济各行各部门来实现的。然而行业经济或部门经济的实现必须通过适宜的职业岗位和一定数量的就业者来完成。通常，行业或部门可以通过在业人员的数量、素质来预测生产定额的高低，匡算经济成本及利税的完成比例。在市场经济条件下，当行业或部门经济受到市场冲击时，哪些职业岗位数量需要压缩，哪些需要增加，这对于该行业或部门经济的发展具有至关重要的作用，而失业或招聘人数的确定，必须通过不同的职业类别加以统计，才能了解该行业或部门经济现状的全貌。此外，国家或地区的劳务输入与输出、各类人口的统计与调查等事关国民经济能否正常运转的重大问题的决策，同样离不开职业类别所提供的及时准确的数据。

（二）农业职业分类范例

国家职业分类中的农业职业分类即第五大类"农、林、牧、渔业生产及辅助人员"的职业分类有关内容举例如下：

第五大类　农、林、牧、渔业生产及辅助人员

（大类概述）　　　从事农、林、牧、渔业生产活动及辅助生产的人员。

（中类）　　　　　**5－01　农业生产人员**

（中类简述）　　　从事农、牧、园艺作物种苗繁育和种植生产的人员。

（小类）　**5－01－01　作物种子（苗）繁育生产人员**
（小类描述）　　从事农、牧、园艺作物种子（苗）和其他繁育材料生产加工工作的人员。

（细类或职业）　**5－01－01－01　种子繁育员**
（职业定义）　　使用农机具和制繁工具，培植、繁育、加工作物种子的人员。

（职业描述）	主要工作任务：
	1. 耕作、平整田地，翻晒、消毒、浸泡亲本种子，选择、安排播期；
	2. 播种育秧、移栽定植，观察、诊断作物生长健康状况，调节土壤养分和水分，防治病虫草害；
	3. 观察、诊断作物生长发育状况，去杂去劣、调节花期、去雄授粉；
	4. 记录种子播前处理、田间生长与栽培管理情况，测定种子生产产量；
	5. 收获种子，处理秸秆等剩余废弃物；
	6. 操作干燥、清选等设备，加工种子。
	本职业包含但不限于下列工种：
	作物制种工　饲草种子繁育工　种子加工工

（细类或职业） **5-01-01-02 种苗繁育员**

（职业定义） 使用育苗设施和工具，培育、加工农作物种苗的人员。

（职业描述）	主要工作任务：
	1. 采集或培养农作物种子、接穗、砧木等作物繁殖材料，储藏、处理繁殖材料；
	2. 整理、消毒育苗设施，准备苗床和育苗容器，翻耕、填充、整理苗床或配制、填充育苗基质；
	3. 播种、扦插、嫁接、接种农作物繁殖材料；
	4. 使用育苗设施，调节温度、光照、湿度等，控制调整植株长势；
	5. 灌溉施肥、防治病虫草害、炼苗等，培育作物成苗；
	6. 起苗，检验种苗质量，包装种苗。
	本职业包含但不限于下列工种：
	蔬菜种苗工　花卉种苗工　桑树育苗工　果树育苗工　茶树育苗工　橡胶育苗工

（三）国际标准职业分类

目前已有 140 个国家制定了适合自己实际情况的职业分类。如美国、加拿大、日本、英国、德国、法国、澳大利亚、菲律宾等。从世界上已进行职业分类的国家或地区来看，因各自情况不同，其分类标准和方法都具有一定的差异性。英国在 1841 年的人口统计中，将其当时的社会职业分为 431 种，美国也于 1850 年在全国职业普查中将职业分为 323 种。随着生产力水平的提高，社会经济发展步伐的加快，职业分类在人口统计、经济预测、劳动力就业以及职业培训等领域的作用越来越受到政府的重视，联合国国际劳工组织也十分重视职业分类的制定工作，1958 年出版了《国际标准职业分类》，并于 1968 年修订第二版，1988 年修订第三版。《国际标准职业分类》的主要目的有：一是为了给不同国家的职业资格、数据提供一个系列化的基础和国际化的工具，以便进行职业信息的国际交流；二是使国际职业数据为有关国家移民和劳动力供求信息等方面事务的研究和决策工作带来方便；三是为各国制定、修订职业分类提供样板。

《国际标准职业分类》按照从事工作的类型来归类，分类结构建立在工作与技能的概念基础上。《国际标准职业分类》所定义的工作是指一个所要完成的任务和基本职责。它是进行职业分类的一个统计单元，职业的概念是建立在工作基础之上的，职业是指在性质上高度接近的一组工作。换句话讲，职业是由若干工作构成的。《国际标准职业分类》所定义的技能是指完成给定工作所涉及的任务和职责的能力，包含技能水平和技能规范两方面内容。技能水平是指与任务和职责的复杂程度及范围有关的执行能力，技能规范则是根据涉及的知识领域、使用的工具和设备、加工和使用的材料以及提供的产品和服务的种类来规定的。

《国际标准职业分类》分为 10 个大类、28 个中类、116 个小类和 390 个细类。其特点是按技能等级水平进行分类，且中、小、细类概括性强。1968 年版的《国际标准职业分类》共有大类 8 个、小类 83 个、细类 284 个、职业项目 1 506 个；1988 年版的《国际标准职业分类》不考虑工作人员对生产资料的占有情况，即不分雇主还是雇员；中、小类划分结构系统化；中、小类结构依次按原材料加工业、制造和装配业、制造与装配职业的派生类、设备运输操作业和一般劳动者五个层次划分。

四、新职业论证及发布

社会发展、科技进步决定了经济结构、产业结构的形态，经济结构、产业结构的调整带动了职业结构的变化。改革开放以来，我国对产业结构进行了大幅调整，第一产业和第二产业传统职业的数量下降、从业人员总量和比例减少，第三产业的快速发展使信息服务业、管理咨询业和社会服务业等领域的新职业不断涌现、从业人员迅速增加。当代科技进步日新月异，随着以数字技术、新型材料和生命科学为先导的知识经济时代的来临和我国加入 WTO 与国际标准的接轨，如智能楼宇管理师、生态农业师、数控加工工等技术密集型职业相继产生。每年每月都会有一些新职业产生并迅速成长；一些传统职业的内涵发生改变和转化；一些过时的职业走向衰落直至消失，这是职业分类工作永远充满生机和活力的重要源泉。跟踪、观察、总结、归纳新职业、新工种、新岗位和新工作，并加以及时宣传发布，使之形成制度，有利于规范劳动力市场建设，有利于促进就业与再就业工作，有利于引导职业教育培训工作，有利于职业分类与职业技能标准体系的发展与完善。有关专家认为，对于任何有正当的、积极的、社会功用和社会需求，有相对独立的从业人群，有特定的知识、技术和技能体系，需要有针对性的职业教育、技能培训和资格认证，需要在劳动力市场上流动，需要在企、事业单位里定位、定职、定级的社会经济活动现象，都要予以高度关注和专业研究，使之及时在国家职业分类中得到反映。

（一）新职业的定义

所谓新职业是指社会经济发展中已经存在一定规模的从业人员，具有相对独立成熟的职业技能，目前《职业分类大典》中尚未收录的职业。

新职业并非是新出现的职业，而是指社会经济发展中已经存在一定规模的从业人员，具有相对独立成熟的职业技能，《职业分类大典（1999 年版）》中未收录的职业，并且经申报、专题分析、专家评审和向社会公示征求意见后确定的。

（二）新职业开发的意义

（1）满足社会经济发展的需求。社会需求是新职业产生的土壤，可以说没有社会需求，新职业就没有存在的任何价值，也就没有开发价值。

（2）新职业开发工作是为最广大人民群众服务的，为就业工作服务。新职业开发得越多就业群众就越多，掌握新职业技能的劳动者越多就越能够满足社会经济对紧缺技能人才的需求。

（3）新职业开发工作可以促进培训、鉴定事业的发展，增加新鲜血液，促血液循环，使之充满活力。

（4）新职业的开发工作可以促进知识、技术技能的更新，反作用于社会生产，促进社会经济的健康发展，引领职业技能知识更新的潮流，促进社会政治、经济、文化、科技等领域的创新。

（三）新职业的论证及发布

1. 新职业的界定

（1）全新职业。随社会经济发展和技术进步而形成的新的社会群体性工作。

（2）更新职业。原有职业内涵因技术更新产生较大变化，从业方式与原有职业相比已发生质的变化。

2. 新职业的申报审核程序

（1）建议。各级各类机关、社会团体（组织）、企业、学校以及个人可结合实际，通过行业管理部门向人力资源和社会保障部职业技能鉴定中心提出新职业建议，并填写《新职业建议书》。

（2）汇总。首先由行业管理部门初审、汇总并上报，由人力资源和社会保障部职业技能鉴定中心对新职业建议进行登记、汇总、分类。

（3）论证。由专家对新职业从重要性、独特（立）性、规范性、技术性、稳定性等方面进行论证、审核。

（4）公示。专家审核结果通过公共服务网络平台向社会公示，广泛征求意见。

（5）发布。人力资源和社会保障部按季度对外发布。

3. 新职业的提出　新职业都是通过申报来提出的，人人都可以申报新职业，申请人首先要界定新职业，对新职业的发展现状及前景、职位与岗位进行分析；说明涉及该职业活动的有关法律法规及管理部门，与《职业分类大典》中相关职业的关系及从业人员受教育培训的基本要求，并要进行相应的市场调研，然后按照要求在"中国劳动力市场网"上详细填写新职业申请建议书，最后通过汇总、公示及发布等程序来确定。由于申请新职业的内容要求非常翔实，一般申报表都是由与之相关的行业部门来报送。如牛肉分级员、水产养殖质量管理员、微水电利用工、宠物医师、水产品质量检验员、农业技术指导员、小风电利用工、肥料配方师、农作物种子加工员等这些职业的确立都是由农业部申报批准的。

4. 农业行业新职业公示和发布的公共服务网络平台

● 中国劳动力市场网（http://www.lm.gov.cn）；

● 国家职业资格工作网（http://www.osta.org.cn）；

● 中国农业人才网（http://www.agrihr.gov.cn）。

第二节 农业行业国家职业技能标准

一、农业职业技能标准概述

（一）农业职业技能标准的定义及其性质

1. 农业职业技能标准的定义 农业职业技能标准是指在农业职业分类的基础上，根据农业职业的活动内容，对农业行业从业者工作能力水平的综合规定。它是从业人员从事职业活动、接受职业教育和职业技能鉴定的主要依据，也是衡量劳动者从业资格和能力以及确立劳动力价值价格或其人力资本价值存量的重要尺度。农业职业技能标准是对农业行业职业的活动范围、工作内容、技能要求和知识水平做出的明确规定。

农业职业技能标准制定的法律依据有《劳动法》、《职业教育法》和《农业法》。《劳动法》第八章第六十九条规定："国家确定职业分类，对规定的职业制定职业技能标准，实行职业资格证书制度，由经过政府批准的考核鉴定机构负责对劳动者实施职业技能考核鉴定。"《职业教育法》第一章第八条明确指出："实施职业教育应当根据实际需要，同国家规定的职业分类和职业等级标准相适应，实行学历文凭、培训证书和职业资格证书制度。"《农业法》第七章第五十五条规定："国家发展农业职业教育。国务院有关部门按照国家职业资格证书制度的统一规定，开展农业行业的职业分类、职业技能鉴定工作，管理农业行业的职业资格证书。"这些法律条款确定了国家推行农业行业资格证书制度、制定农业职业技能标准和开展农业职业技能鉴定的法律依据。

农业职业技能标准由农业部、人力资源和社会保障部共同组织编制并统一颁布。

2. 农业职业技能标准的性质 标准一般分为技术标准、管理标准和工作标准三大类。工作标准是指对工作的责任、权利、范围、质量、程序、效果及检查方法和考核方法所制定的标准。

农业职业技能标准属于工作标准，是在农业职业分类基础上，根据农业职业（工种）的活动内容，对农业行业从业人员工作能力水平的规范性要求。它是农业行业从业人员从事农业职业活动、接受农业职业教育和职业技能鉴定以及单位录用人员的基本依据。

（二）制定农业职业技能标准的范围

（1）《职业分类大典》农业职业分类中列出所有"涉农"职业（细类）及其所包含的所有工种；

（2）新职业（工种）；

（3）复合型职业（工种）。

上述各项中的职业为制定技能标准的主体范围，按照有关规定都必须制定农业职业技能标准；对于职业中所包含的工种，是否制定工种标准，要根据实际情况以及国家劳动部门的有关规定而定。

二、农业职业技能标准制定原则及程序

（一）农业职业技能标准制定的原则

农业职业技能标准是衡量农业劳动者从事本职业（工种）所需技术理论知识程度、技术操作能力水平的尺度，主要包括职业概况、基本要求、工作要求和比重表四个方面的内容。每个职业一般包括初、中、高三个"技能层"和技师、高级技师两个"技术层"五个等级。初级技能标准要求农业劳动者达到能基本独立上岗操作的水平；中级技能标准要求农业劳动者达到熟练掌握本职业（工种）的技术业务水平；高级技能（包括技师和高级技师）标准要求农业劳动者达到精通本职业（工种）技术业务，并能掌握相关工种或岗位的基本业务，具备一定的组织指导生产的技术或经营能力。

农业职业技能标准等级由低到高排列为：初级技能（五级）、中级技能（四级）、高级技能（三级）、技师（二级）、高级技师（一级）五个等级。内容构成多而复杂，比农业职业分类要复杂得多。因此，农业职业技能标准的制定是一项技术复杂、专业性相当强的工作。制定农业职业技能标准除严格依照农业职业分类划分与确立原则外，还必须遵循如下几个原则：

1. 整体性原则 整体性是指农业职业技能标准水平要以目前我国农业科学技术装备和农业劳动管理水平条件下的知识技能要求为基础，既要突出该职业当前的主流技术、技能要求，又要兼顾全国各地农业行业的差异，还要反映出一定发展时期内农业技术进步、设备更新、工艺改革、产品更新换代以及劳动组织管理改善等方面的趋势。同时要定位于大多数农业劳动者经过一定的努力能够达到的水平。过高或过低都不利于农业生产与工艺技术、设备装备水平和农业劳动者素质的改善与提高。

2. 规范性原则 规范性是指制定农业职业技能标准时从内容及其结构到形式，都要符合国家通行的有关标准与要求，也就是说"标准"本身要标准。在实际制定的过程中，标准的内容结构、表达形式、表达方法以及文字符号等都必须按照国家最新正式颁布使用的有关规范标准要求编写制定，不能无章可循，自行其是，随意编造。在编制农业职业技能标准时，还要做到内容与文字等都要准确鲜明，并尽可能简洁、通俗、易懂，不能模棱两可，也不能晦涩难懂。

3. 实用性原则 实用性是指农业职业技能标准要符合我国农业生产与工作的技术水平、劳动管理水平与农业劳动者的基本素质状况。按照符合我国大多数农业用人单位的工作环境、工作条件、管理水平的一般情况进行制定，以农业职业活动的主要目标为依据，全面反映农业职业活动的工作要求。同时，符合农业职业教育培训、职业技能鉴定和农业人力资源管理工作的需要。

4. 可操作性原则 可操作性是指农业职业技能标准的内容特别是其核心部分"工作要求"下面的"技能要求"要具体、明确，能量化的一定要量化，便于作为衡量标尺或评价指标；"相关知识"不能过于宽泛，要与"技能要求"相关联，要定位在知识点上，以便围绕技能开展培训。总之，要便于指导农业职业培训和职业技能鉴定。

另外，在农业职业技能标准制定的过程中，既要学习和借鉴国内制定职业技能标准的经验，也要学习和借鉴国外的经验和做法。由于世界各国实施职业技能开发制度都比较早，而且都非常重视职业技能标准的开发与利用，如英国、美国、加拿大、德国、日本、新加坡、韩国、澳大利亚和我国台湾省和香港地区等都已建立了自己的职业技能标准，有的已经进行过多次修订与补充完善，形成了符合本国、本地区特点的职业技能标准体系。这些国家与地区在制定职业技能标准中，对于标准名称的确定、标准的制定方法、标准内容的确定等都有各自的特点、特色、经验与教训。我们在制定农业职业技能标准时，必须要有分析地吸收国外好的经验和做法，向国际先进标准靠拢。在农业职业技能标准的制定进程中，既要从我国的国情出发，注重农业、农村经济与农业科技发展以及农业劳动者现实的素质状况，又要注意积极学习国际上有益的方法与经验，尽量与国际职业技能标准相适应，能达到国际水平的一定要力争与国际职业技能标准接轨，以促进我国农业职业技能标准整体水平的提高。

（二）农业职业技能标准的制定程序

农业职业技能标准本身就应"规范标准"。制定农业职业技能标准是一项涉及面广、工作复杂、技术性与专业性强的工作，必须做到科学化、标准化、规范化。国家已经制定了《国家职业技能标准编制技术规程》（以下简称《规程》），农业行业在制定职业技能标准时，既要符合《规程》的基本要求，又要结合本行业的实际情况，进行科学合理的安排，在总结近几年制定农业标准经验的基础上，形成一套较为完善的农业行业国家职业技能标准制定程序。

图 2-2　国家职业技能标准
编制工作流程

农业职业技能标准编制包括技能标准立项和技能标准开发两部分，具体见国家职业技能标准编制工作流程图（图 2-2）。

1. 职业技能标准立项

（1）提出申请。每年第二季度或第四季度，职业技能标准开发承担单位（以农业行业为例，农业部职业技能鉴定指导中心）向人力资源和社会保障部职业技能鉴定中心提出职业技能标准开发（含修订，下同）申请。

（2）技术审查。人力资源和社会保障部职业技能鉴定中心对职业技能标准开发申请进行登记、汇总和技术审查，并将结果报人力资源和社会保障部职业能力建设司。

（3）下发计划。经人力资源和社会保障部职业能力建设司审核同意后，下发职业技能标准开发计划。

2. 职业技能标准开发

（1）成立专家工作组。职业技能标准开发承担单位根据技能标准开发计划组建专家工作组。每个农业职业技能标准专家小组可由 7～15 名专家组成，包括方法专家、内容专家和实际工作专家。方法专家由熟悉《规程》和技能标准编制方法的专家担任；内容专家由长期从事该职业理论研究和教学工作的专家担任；实际工作专家由长期从事职业活动的管理者或操作人员担任。实际工作专家应占专家工作组总人数的一半以上；专家工作组应确定组长和主笔人。按照农业行业职业技能标准、培训教材和鉴定试题库开发"一条龙"的原则，标准起草专家小组成员同时也是培训教材和题库开发的核心人员。在遴选技能标准起草专家时，应参照以下几个条件进行选择：①应熟悉本职业的工作活动范围、内容和程序；②应熟悉从事本职业所需的技能和有关知识要求（包括理论知识、相关法律知识和安全知识）；③应具有较强的文字表达能力。

（2）确定技能标准制定程序。专家小组必须认真学习《规程》，掌握国家职业技能标准模式要求以及制定方法后，提出本职业技能标准制定的具体程序和方法，编制技能标准制定工作时间表，一般每个技能标准制定周期不超过一年。

（3）调查研究，提出技能标准框架。农业系统内各行业有关部门要对本行业职业分类以及相关情况作充分的调研分析，在全国范围内了解掌握职业活动目标、工作领域、发展状况、从业人群数量、层次、薪酬和社会地位，以及从业者必备能力、应掌握的知识和技能等。职业调查可以由专家工作组承担，也可以委托专门工作机构进行。在职业调查的基础上，由专家工作组进行职业分析，为技能标准编制做好前期准备。

（4）召开职业技能标准编制启动会。农业部职业技能鉴定指导中心组织召开技能标准编制启动会。与会专家学习《规程》，经过充分研讨，在开展调研和进行职业分析的基础上，按照农业部的总体部署和有关要求，确定技能标准编制的具体工作程序、时间进度安排，提出职业技能标准的基本框架结构。

（5）编写农业职业技能标准初稿。按照《规程》的要求对职业技能标准框架征求意见，再根据职业调查和职业分析的结果，结合专家长期积累的经验，编写农业职业技能标准初稿。

（6）农业职业技能标准初稿审查和修改。农业职业技能标准初稿形成后报行业主管部门进行技术初审后，由起草小组作进一步修改，形成送审稿。

（7）农业职业技能标准审定。行业主管部门将送审稿汇总后，统一报农业部人事劳动司，由农业部人事劳动司召开农业职业技能标准审定会。参加技能标准审定会的专家从农业部行业司局、农业教育培训、研究、职业技能开发机构中选取，专家在理论与业务技术上要有一定的权威性。从审定会专家中选定一名主审专家主持审定会，组织专家对技能标准送审稿进行逐条审定，形成审定意见。审定意见主要内容包括：①标准是否符合国家职业技能标准的编写格式；②标准是否符合国家职业技能标准的原则；③技能标准的职业概况、基本要求、工作要求和比重表等内容是否合理；④技能标准的文字是否精炼、准确；⑤对技能标准下一步的修改意见。

（8）报审与颁布。起草小组要严格按照审定会的审定意见，对技能标准进行认真修改，并将最后形成的技能标准报批稿、修改说明与审定意见一并报农业部及人力资源和社会保障部审批。经审批通过后，统一由农业部、人力资源和社会保障部联合颁布。

三、农业职业技能标准结构和内容

结构和内容是农业职业技能标准的主要载体与表现形式，因此制定标准时，有必要做到结构上科学、合理并具层次性，内容上完整、充实和简洁。

一般情况下，农业职业技能标准的内容由职业概况、基本要求、工作要求和比重表四部分构成（图2-3）。其中工作要求是农业职业技能标准的主体部分。

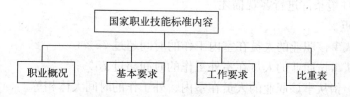

图 2-3 国家职业技能标准内容结构

（一）职业概况

职业概况包括职业编码、职业名称、职业定义、职业等级、职业环境条件、职业能力倾向、普通受教育程度、职业培训要求、职业鉴定要求等，规定了对从业人员的基本要求以及开展本职业培训和鉴定工作的要求。

1. 职业编码 每个职业在《职业分类大典》中的唯一代码，应采用《职业分类大典》确定的职业编码。

2. 职业名称 最能反映职业特点的称谓，依照《职业分类大典》所确定的名称或新职业颁布时所用的名称。

3. 职业定义 对职业活动的内容、方式、范围等的描述和解释，依照《职业分类大典》所确定的定义。对于需要变更职业定义的或确定新职业（工种）定义的，按照人力资源和社会保障部发布的职业定义为准。

4. 职业等级 职业等级亦即国家职业资格等级，是根据从业人员职业活动范围、工作责任和工作难度的不同设立的级别。职业技能等级共分为五级，由低到高分别为：五级/初级技能、四级/中级技能、三级/高级技能、二级/技师、一级/高级技师。每个职业技能标准等级应根据职业的实际情况确定，其标准为：

（1）五级/初级技能。能够运用基本技能独立完成本职业的常规工作。

（2）四级/中级技能。能够熟练运用基本技能独立完成本职业的常规工作；在特定情况下，能够运用专门技能完成技术较为复杂的工作；能够与他人合作。

（3）三级/高级技能。能够熟练运用基本技能和专门技能完成本职业较为复杂的工作，包括完成部分非常规性的工作；能够独立处理工作中出现的问题；能够指导和培训初、中级技能人员。

（4）二级/技师。能够熟练运用专门技能和特殊技能完成本职业复杂的、非常规性工作；掌握本职业的关键技术技能，能够独立处理和解决技术或工艺难题；在技术技能方面有创新；能够指导和培训初、中、高级人员；具有一定的技术管理能力。

（5）一级/高级技师。能够熟练运用专门技能和特殊技能在本职业的各个领域完成复杂的、非常规性工作；熟练掌握本职业的关键技术技能，能够独立处理和解决高难度的技术问题或工艺难题；在技术攻关和工艺革新方面有创新；能够组织开展技术改造、技术革新活动；能够组织开展系统的专业技术培训；具有技术管理能力。

在确定标准时应注意，各职业应按照本职业从业人员的职业活动范围的宽窄、工作责任大小、工作质量高低来确定本职业的等级层次数目。有些职业可以不设最高等级或不设最低等级。

5. 职业环境条件 即从业人员所处的客观劳动环境。在编制标准时应根据职业的实际情况，依据主要环境条件进行客观描述。

（1）工作地点。

● 室内　指从事该职业的人员在室内工作的时间超过 75%；

● 室外　指从事该职业的人员在室外工作的时间超过 75%；

● 室内、外　指从事该职业的人员在室内、外工作的时间大体相等。

（2）温度变化。

● 低温　指从事该职业的人员在 0 ℃以下的环境中工作的时间超过 30%；

● 常温　指从事该职业的人员在 0 ℃以上至 38 ℃以下的环境中工作的时间超过 30%；

● 高温　指从事该职业的人员在 38 ℃以上的环境中工作的时间超过 30%。

（3）潮湿。指接触水或大气中空气相对湿度平均大于或等于 80%。

（4）噪声。指在工作时间内噪声强度等于或大于 85 分贝（dBA）。

（5）大气条件。

● 有毒有害　指环境中有毒有害物质的浓度超过国家有关规定标准。

● 粉尘　指空气中的粉尘浓度超过国家有关规定标准。

（6）其他条件。

6. 职业能力倾向　从业人员在学习和掌握必备的职业知识和技能时所应具备的基本能力和潜力。根据职业的实际情况，影响从业人员职业生涯发展的必备核心要素有：

（1）一般智力。主要指学习能力，即获取、领会和理解外界信息的能力，以及分析、推理和判断的能力。

（2）表达能力。以语言或文字方式有效地进行交流、表述的能力。

（3）计算能力。准确而有目的地运用数字进行运算的能力。

（4）空间感。凭思维想象几何形体和将简单三维物体表现为二维图像的能力。

（5）形体知觉。觉察物体、图画或图形资料中有关细部的能力。

（6）色觉。辨别颜色的能力。

（7）手指灵活性。迅速、准确、灵活地运用手指完成既定操作的能力。

（8）手臂灵活性。熟练、准确、稳定地运用手臂完成既定操作的能力。

（9）动作协调性。根据视觉信息协调眼、手、足及身体其他部位，迅速、准确、协调地做出反应，完成既定操作的能力。

（10）其他。

7. 普通受教育程度　从业人员初入本职业时所应具备的最低学历要求。应根据职业的实际情况，从下列表述中选择其一进行描述：

（1）初中毕业（或相当文化程度）。

（2）高中毕业（或同等学力）。

（3）大学专科毕业（或同等学力）。

（4）大学本科毕业（或同等学力）。

8. 职业培训要求　包括晋级培训期限、培训教师、培训场所设备三项内容。

（1）晋级培训期限。从业人员达到高一级技能等级需要接受培训（包括理论知识学习和操作技能练习）的最低时间要求，应以标准学时数表示。可描述为：

"晋级培训期限：初级技能不少于××标准学时；中级技能不少于××标准学时；高级

技能不少于××标准学时；技师不少于××标准学时；高级技师不少于××标准学时。"

（2）培训教师。对晋级培训中承担理论知识或操作技能教学任务的人员要求。应根据职业的实际情况和培训对象的技能等级，提出要求：

- 理论知识培训教师应具有的专业技术职务任职资格等级和年限。
- 操作技能培训教师应具有的国家职业资格证书等级和年限。

（3）培训场所设备。实施职业培训所必备的场所和设施设备要求。应对理论知识和操作技能培训场所设备分别进行描述：

- 理论知识培训所需的教学场地要求和必备的教学仪器设备。
- 操作技能培训所需的场地要求和必备的设施设备。

9. 职业鉴定要求　包括申报条件、鉴定方式、监考及考评人员与考生配比、鉴定时间、鉴定场所设备五项内容。

（1）申报条件。申请参加本职业相应技能等级职业技能鉴定的人员必须具备的学历、培训经历和工作经历等有关条件，应根据职业的实际情况进行描述。原则上，各职业的申报年限不应低于规定的要求；国家有特殊规定的执行国家规定。如需对申报条件进行调整，须提交相关文字说明。

- 具备以下条件之一者，可申报五级/初级技能

① 经本职业五级/初级技能正规培训达到规定标准学时数，并取得结业证书。

② 连续从事本职业工作1年以上。

③ 本职业学徒期满。

- 具备以下条件之一者，可申报四级/中级技能

① 取得本职业五级/初级技能职业资格证书后，连续从事本职业工作3年以上，经本职业四级/中级技能正规培训达到规定标准学时数，并取得结业证书。

② 取得本职业五级/初级技能职业资格证书后，连续从事本职业工作4年以上。

③ 连续从事本职业工作6年以上。

④ 取得技工学校毕业证书；或取得经人力资源社会保障行政部门审核认定、以中级技能为培养目标的中等及以上职业学校本专业毕业证书（含尚未取得毕业证书的在校应届毕业生）。

- 具备以下条件之一者，可申报三级/高级技能

① 取得本职业四级/中级技能职业资格证书后，连续从事本职业工作4年以上，经本职业三级/高级技能正规培训达到规定标准学时数，并取得结业证书。

② 取得本职业四级/中级技能职业资格证书后，连续从事本职业工作5年以上。

③ 取得四级/中级技能职业资格证书，并具有高级技工学校、技师学院毕业证书；或取得四级/中级技能职业资格证书，并经人力资源社会保障行政部门审核认定、以高级技能为培养目标、具有高等职业学校本专业毕业证书（含尚未取得毕业证书的在校应届毕业生）。

④ 具有大专及以上本专业或相关专业毕业证书，并取得本职业四级/中级技能职业资格证书，连续从事本职业工作两年以上。

- 具备以下条件之一者，可申报二级/技师

① 取得本职业三级/高级技能职业资格证书后，连续从事本职业工作3年以上，经本职业二级/技师正规培训达到规定标准学时数，并取得结业证书。

② 取得本职业三级/高级技能职业资格证书后，连续从事本职业工作 4 年以上。

③ 取得本职业三级/高级技能职业资格证书的高级技工学校、技师学院本专业毕业生，连续从事本职业工作 3 年以上；取得预备技师证书的技师学院毕业生连续从事本职业工作两年以上。

- 具备以下条件之一者，可申报一级/高级技师

① 取得本职业二级/技师职业资格证书后，连续从事本职业工作 3 年以上，经本职业一级/高级技师正规培训达到规定标准学时数，并取得结业证书。

② 取得本职业二级/技师职业资格证书后，连续从事本职业工作 4 年以上。

（2）鉴定方式。理论知识考试、操作技能考核以及综合评审的方法和形式，应根据职业的特点，对上述内容分别进行详细说明。

理论知识考试以纸笔考试为主，主要考核从业人员从事本职业应掌握的基本要求和相关知识要求；操作技能考核主要采用现场操作、模拟操作等方式进行，主要考核从业人员从事本职业应具备的职业能力水平；综合评审主要针对技师和高级技师，通常采取审阅申报材料、论文答辩等方式进行全面评议和审查。

理论知识考试和操作技能考核均实行百分制，成绩皆达 60 分及以上者为合格。

（3）监考及考评人员与考生配比。在理论知识考试中的监考人员、操作技能考核中的考评人员与考生数量的比例，以及综合评审委员的最低人数，应根据职业的特点，分别进行描述。可描述为：“理论知识考试中的监考人员与考生配比为 1：××，每个标准教室不少于两名监考人员；操作技能考核中的考评人员与考生配比为 1：×，且不少于 3 名考评人员；综合评审委员不少于×人。”

（4）鉴定时间。理论知识考试、操作技能考核和综合评审的最低时间要求，应根据职业的特点及技能等级要求具体确定，时间单位用分钟（min）表示。

（5）鉴定场所设备。实施职业技能鉴定所必备的场所和设施设备要求，应对理论知识和操作技能鉴定场所设备分别进行描述：

- 理论知识考试所需的场地要求和必备的仪器设备。
- 操作技能考核所需的场地要求和必备的设施设备。

（二）基本要求

基本要求主要是对职业道德和基础知识提出的要求。

1. 职业道德　从业人员在职业活动中应遵循的基本观念、意识、品质和行为的要求，即一般社会道德在职业活动中的具体体现。主要包括职业道德基本知识和职业守则两部分，通常在技能标准中应列出能反映本职业特点的职业守则。

2. 基础知识　指本职业从业人员各等级都必须掌握的通用基础知识。主要是与本职业密切相关并贯穿于整个职业的基本理论知识、有关法律知识和安全卫生、环境保护知识。

（三）工作要求

工作要求主要包括对职业功能、工作内容、技能和相关知识所提出的编制要求，具有特定格式（表 2-1）。

表 2-1　工作要求

职业功能	工作内容	技能要求	相关知识要求
1. ××××	1.1 ××××	1.1.1 ××××× 1.1.2 ×××××	1.1.1 ××××× 1.1.2 ×××××
	1.2 ××××	1.2.1 ××××× 1.2.2 ×××××	1.2.1 ××××× 1.2.2 ××××
2. ××××	2.1 ××××	2.1.1 ××××× 2.1.2 ×××××	2.1.1 ××××× 2.1.2 ×××××
	2.2 ××××	2.2.1 ××× …	2.2.1 ××××× 2.2.2 ××××
			…
…	…	…	…

　　工作要求是在对职业活动内容进行分解和细化的基础上，从知识和技能两个方面对从业人员完成各项具体工作所需职业能力的描述，是技能标准的核心部分。

　　工作要求应根据职业活动范围的宽窄、工作责任的大小、工作难度的高低或技术复杂程度分等级进行编写。各等级应依次递进，高级别涵盖低级别的要求。

　　1. 职业功能　从业人员所要实现的工作目标或是本职业活动的主要方面（活动项目），应根据职业的特点，按照工作领域、工作项目、工作程序、工作对象或工作成果等进行划分。具体要求为：

　　（1）每个职业功能都应是可就业的最小技能单元；从业人员的主要工作职责之一，定期出现；可独立进行培训和考核。

　　（2）职业功能的划分标准要统一，通常情况下，每个等级的职业功能应不少于3个。

　　（3）职业功能的规范表述形式是"动词＋宾语"，如"啤酒花品种识别"；或"宾语＋动词"，如"病虫草害防治"、"苗情诊断"；或"动词"，如"育苗"。

　　（4）通常情况下，职业功能在各技能等级中是一致的，在二级/技师和一级/高级技师的技能等级中，可增加"技术管理和培训"等内容。

　　2. 工作内容　完成职业功能所应做的工作，是职业功能的细分，可按工作种类划分，也可以按照工作程序划分。具体要求为：

　　（1）每个工作内容都应有清楚的开始和结尾；是能观察到的具体工作单元；都会完成一项服务或产生一种结果。

　　（2）通常情况下，每项职业功能应包含两个或两个以上的工作内容。

　　（3）工作内容的规范表述形式与职业功能相同。

　　3. 技能要求　完成每一项工作内容应达到的结果或应具备的能力，是工作内容的细分。具体要求为：

　　（1）技能要求的内容应是从业人员自己可独立完成的，其描述应具有可操作性，对每一项技能应有具体的描述，能量化的一定要量化；不同技能等级中的同一项工作或技能，应分别写出不同的具体要求，不可用"了解"、"掌握"、"熟悉"等词语或仅用程度副词来区分技能等级。

　　（2）技能要求的规范表述形式为："能（在……条件下）做（动词）……"，如"能用修根法收集根茎"、"能对种植后的裸根、绿篱类苗木、草本花卉及地被植物进行养护管理"。

（3）技能要求中涉及工具设备的使用时，不能单纯要求"能使用……工具或设备"，而应写明"能使用……工具或设备做……"。

4. 相关知识要求　达到每项技能要求必备的知识。应列出完成职业活动所需掌握的技术理论、技术要求、操作规程和安全知识等知识点。相关知识要求与技能要求对应，应指向具体的知识点，而不是宽泛的知识领域。

（四）比重表

比重表包括理论知识比重表和操作技能比重表两部分，应按理论知识比重表和操作技能比重表分别编写。其中，理论知识比重表应反映基础知识和各技能等级职业功能对应的相关知识要求在培训、考核中所占的比例（表2-2）；操作技能比重表应反映各技能等级职业功能对应的技能要求在培训、考核中所占的比例（表2-3）。

表2-2　理论知识比重表

项目	技能等级	××（%）	××（%）	…
基本要求	职业道德	×	×	×
	基础知识	×	×	×
相关知识要求	职业功能1	×	×	×
	职业功能2	×	×	×
	职业功能3	×	×	×
	…	…	…	…
合　计		100	100	100

表2-3　操作技能比重表

项目	技能等级	××（%）	××（%）	…
技能要求	职业功能1	×	×	×
	职业功能2	×	×	×
	职业功能3	×	×	×
	…	…	…	…
合　计		100	100	100

在编制工作要求的四项内容时，各等级要按照职业活动范围的宽窄、工作责任的大小、工作质量的高低依次递进。职业功能原则上在初、中、高、技师、高级技师中是一致的，但技师、高级技师应考虑加上培训他人和组织管理等方面的功能；工作内容要根据不同职业各等级工作范围和工作任务的不同进行划分；技能要求要根据不同工作内容应掌握的技能、工作要求进行划分，一般不用"了解"、"熟悉"、"掌握"描述同一工作内容来区分不同等级；相关知识要求要针对技能要求的内容来确定，但不能与基本知识中的基础知识内容相混淆。

四、农业职业技能标准的作用

农业职业技能标准属于国家职业技能标准的重要组成部分，国家职业技能标准在整个国家职业资格体系中，起着重要的导向作用。农业职业技能标准引导农业职业教育培训、鉴定考核、技能竞赛等活动，具有举足轻重的作用。一个统一的、符合农业劳动力市场需求和农业、农村经济发展目标的农业职业技能标准体系，对于开展农业职业教育、提高农业劳动者素质、促进就业、加强农业人力资源科学化、规范化和现代化管理都起到重要作用。

1. 是衡量农业劳动者技能水平的重要依据 农业职业技能标准作为考核和评价农业劳动者技能水平的重要依据，为劳动者就业提供了一个客观、规范、统一的从业依据和资格条件，对农业劳动者从事该职业所要掌握的职业道德、理论知识以及技能操作能力等方面提出了全面的要求，并以此确定农业劳动者的就业创业能力。

2. 是开展农业职业培训的重要依据 农业职业培训的培训大纲、培训教材及题库的开发等均是根据职业技能标准的要求进行编制的，并据此指导培训。通过培训，劳动者掌握标准中某一等级的技术理论知识和实际操作技能的要求。农业行业职业技能标准的制定促进了农业职业技能鉴定工作的开展，调动了农业行业职工学技术、学技能的积极性，提高了工作能力和水平，从而促进了农业劳动生产率的提高。

3. 引导农业职业教育培训和职业技能鉴定工作的方向 农业职业技能标准一旦颁布，农业职业教育培训机构就可以根据职业技能标准确定培训对象、培训内容、培训时间以及培训所需的费用、场地、设备和教学人员等。用人方可以根据职业技能标准中对农业从业人员的要求来确定录用对象。求职方可以根据自身的业务专长，选择自己的从业方向，并通过职业技能鉴定获得相应的职业资格证书，然后去寻求适宜的职业进行应聘。

4. 是确定农业劳动者劳动报酬水平的重要参考依据 农业职业技能标准与农业劳动者劳动报酬是密切联系的，一般说，农业职业技能标准的等级水平与农业劳动者的劳动报酬水平成正相关，是确定农业劳动者劳动报酬构成的一个重要因素。农业职业技能标准的等级线，实际反映的是农业劳动者的劳动能力水平。农业劳动者按照标准要求完成本职业的职责任务，就应该将农业职业技能标准的等级作为重要的依据，予以确定劳动报酬。

5. 为合理利用农业劳动力资源提供依据 农业劳动力资源的合理利用，主要表现在三个方面：一是确定农业行业人才队伍素质水平及其数量结构情况；二是按照农业劳动者实际工作能力分配生产与工作任务及其劳动报酬；三是按照劳动者的技术水平合理组织农业生产劳动。三者都需以职业技能标准作为依据或衡量标准。

第三节 农业职业技能培训教材

社会主义市场经济体制的逐步建立和农业职业技能开发事业的发展，以及农业科学技术的进步和农业产业化与技术结构的变化，迫切需要不断提高农业劳动者的技术技能素质，需要不断地补充合格的新就业人员。加快培养造就高技术技能水平的农业劳动者、适应农业农村经济发展与农业科技进步需要的新的就业人员队伍，重要措施就是要加强农业职业培训，要提高农业职业培训的效果，其重要的前提之一，就是要有高质量、实用性强的教材。因此，农业职业技能培训教材的编制就成为农业职业培训管理中的重要工作之一，也是农业职业技能开发体系的重要任务之一。

一、农业职业技能培训教材概述

农业职业技能培训教材是指依据农业职业技能标准，按照国家职业技能鉴定培训教材编写方案，由农业部职业技能鉴定教材编审委员会统一组织编写的教材。农业职业技能培训教材的编制必须要具有明确的宗旨，并要坚持既定的编写原则，按照相应的编写要求、程序与格式进行。

1. 农业职业技能培训教材的编写宗旨　我国农业劳动力数量较多，尤其农村富余劳动力队伍极其庞大，但其素质又相对较低，很明显已不能适应农业科技进步和农业产业化快速发展的要求，不能适应当前农业和农村经济发展的需要，更不能满足社会主义新农村建设和发展现代农业的要求。所以加强农业职业培训工作的任务十分紧迫，十分艰巨，也更具有重要的现实意义。农业职业培训教材的编写必须考虑这一现实与农业劳动力的智能状况。

农业职业技能培训教材建设，作为农业职业培训体系的基础工作，要适应农业和农村经济健康发展、农业科技进步和就业准入制度实施的需要，以提高农业行业劳动者整体素质、增强就业竞争能力为宗旨，推动农业职业培训工作的全面发展。

2. 农业职业技能培训教材的编写原则　要在充分考虑农业职业培训特点与农业劳动者智能特征的基础上，按照如下原则开展农业职业技能培训教材的编写工作：

（1）要根据农业行业的特点，围绕农业职业技能培训目标，突出职业技能训练的特点，提高农业职业培训教材的思想性、科学性、先进性、实用性和前瞻性。

（2）要以农业职业分类为依据，不能随意增删内容，也不得随意提高或降低相应等级的技术水平。

（3）以技能为核心的原则。教材的编写要贯彻"以职业活动为导向，以职业技能为核心"的指导思想。要以"技能要求"为主线，着重介绍完成职业活动中每一项工作任务或具体操作的方法、程序、步骤等。"相关知识"要围绕"技能要求"，根据掌握技能或完成具体操作是否需要进行取舍，要避免照搬学科教材的模式，导致理论知识部分过度膨胀。

（4）等级制原则。教材一般按初、中、高、技师、高级技师五个等级分别编写。基础知识作为各个等级的公共必修部分。各个等级的内容应尽量避免重复，若部分内容在前后衔接中不可避免要有一些重复时，也应控制在相关内容的10%以内。不同等级的同一工作内容，要依据标准对等级的划分，体现出程度和要求的不同。

（5）应充分考虑农业职业技能培训教材的使用对象（主要是在职人员、转业人员或即将就业人员以及农民工）的特点，不盲目追求理论性、系统性，应按职业技能标准中职业功能模块的要求组织编写。

（6）为确保教材编写工作的顺利实施，农业职业培训教材编写实行主编负责制。由主编根据农业职业培训教材编写的总体要求选择编写人员组成编写小组，进行教材的编写。

（7）培训教材的文字表述力求通俗易懂、简洁严谨、逻辑性强。

（8）在考虑农民生产与学习、经济条件与学习、地理位置与学习之间有矛盾的情况下，编制的农业职业培训教材具有较强的自学性。

3. 农业职业技能培训教材编写要求　农业职业技能培训教材的编写要求是针对具体编写人员提出的具体要求。为使农业职业技能培训教材统一规范，编写人员一定要按照如下要求开展编写工作：

（1）农业职业技能培训教材，一般每一职业编写一本培训教材，培训教材的职业名称要和《职业分类大典》中的职业或与国家统一发布的新职业的名称一致。

（2）教材总体结构框架尽可能统一，并与《国家农业职业技能标准》相对应。各等级要分开叙述，分章、节和学习单元。每章对应国家职业技能标准中的"职业功能"，每节对应国家职业技能标准中的"工作内容"，学习单元要对应"技能要求"和"相关知识"。每个单元包括学习目标、操作步骤（工作程序）、相关知识、注意事项等内容，章节后可配一定数量的练习题。

（3）语言要力求简洁规范，要立足于传授技能或操作方法，多用指导性语言，同时要尽量使用形象而直观的图、表，做到图文并茂。所用技术术语要符合国家有关标准，避免使用方言，切忌拖沓冗长、深奥难懂，要按照国家职业技能标准中比重表所定的比例确定各章节的容量（字数）。根据农业劳动者现实自然状况、智能特点以及生产工作对技术技能的现实需要，一般每本教材编写的字数尽量控制在 20 万字以内。

（4）农业职业技能培训教材编写由农业部人事劳动司统一牵头，按行业分工负责，分步组织实施。选择编写专家时，既要考虑要有一定的专业知识水平，还应具有丰富的实际工作经验，要优先选择参与农业职业技能标准编制和题库开发工作的人员，以及具有职业技能培训和职业技能鉴定工作经验的人员参加。

（5）培训教材封面由中国农业出版社统一设计。

4. 农业职业技能培训教材编写程序　农业职业技能培训教材的编写是一项技术性强而复杂、任务量大而艰巨的工作，必须按照一定的编写程序进行。基本程序如下：

（1）农业部成立教材编审委员会，编审委员会主任一般由农业部人事劳动司领导担任。部各行业司局和行业职业技能鉴定指导站成立行业职业技能培训教材编审委员会，行业编审委员会主任一般由业务主管司局或职业技能鉴定指导站负责人担任，行业编审委员会按照有关要求选择教材的主编。

（2）主编根据各行业、职业实际情况以及教材编写要求，推荐编写人员，经行业主管部门资格审查后，确定编写人员组成编写小组。

（3）农业部人事劳动司组织对所有参编人员进行培训，理顺思路，提出要求，明确责任。

（4）农业职业技能培训教材的编写人员要认真学习职业技能标准的内容，并据此搜集相关素材，提出教材的框架和内容结构，形成教材大纲，对农业职业培训的目的、目标和任务、教学环节等提出相应的要求；对职业培训的教学时间与课时分配等做出明确的安排。

（5）主编组织所有参编人员对培训教材大纲进行审定，提出审定意见或建议。在此基础上，由编写人员按照有关要求正式进行培训教材的编写。

（6）农业职业培训教材的编写，实行国家统一规定的三审制度，即主编初审、行业编审委员会复审、部教材编审委员会终审，审定过程中请该教材的责任编辑参加，根据终审意见进行修改并定稿，交由农业部农业职业技能培训教材编审委员会审核通过后送农业出版社印制发行。

即：遴选主编→确定编写人员组成编写小组→培训编写人员→编制培训教材大纲（教学大纲）→审定教学大纲→编写教材→初审→复审→终审→书稿送交出版社。

二、农业职业技能培训教材的编写格式及体例

（一）农业职业技能培训教材的编写格式

农业职业技能培训教材在总结近几年编写经验的基础上，基本形成了一定的格式，也符合国家规定的统一格式。为了满足不同级别从业人员学习的需求，农业职业技能培训教材一般按照等级的多少划分为几个部分，即每个等级为一部分，有些职业也可以将基础知识专门作为一部分来写，有些职业是将基础知识分解到每个等级里，这两种格式都可以，具体根据农业职业活动内容范围，由行业职业技能培训教材编写委员会确定。农业职业技能培训教材的编写格式参见如下：

第一部分　×××××

第一章　×××××

　第一节　×××××

　　一、×××××

　　（一）×××××

　　　1.×××××

　　　2.×××××

　　　……

　　（二）×××××

　　……

　　……

　第二节　×××××

　　一、×××××

　　……

　　……

　复习思考题

第二章　×××××

　第一节　×××××

　　……

第二部分　×××××

　　……

　　……

（二）农业职业技能培训教材的编写体例

下面以已经出版的《饲料检验化验员培训教材》为例，说明农业职业技能培训教材的编写体例。

1.《饲料检验化验员培训教材》编写说明　《饲料检验化验员培训教材》（以下简称本教材）的编写，是依据《饲料检验化验员》国家职业技能标准，结合我国饲料检验化验的现状以及发展趋势，为满足饲料企业和职业培训机构开展职业培训的需要而出版的。本教材注重相关基础理论方面的阐述，以职业活动为导向，以职业技能为核心，根据培训、鉴定和就业的实际需要，内容上兼顾了畜牧、兽医、动物营养、分析化学、微生物、生物化学、饲料加工、药物分析、药学等多个学科领域，增加了实践性很强的基本操作，能够满足饲料检验化验岗位从业人员的学习需要。同时也可供从事饲料检验相关工作人员参考。

2.《饲料检验化验员培训教材》编写体例　本教材按饲料检验化验员国家职业技能标准所规定的内容，由于饲料检验化验员职业技能标准涉及三个等级，分为四大部分：第一部分基础知识为公共学习内容，是各级饲料检验化验员均需掌握的内容，第二、三、四部分分别为初级、中级、高级饲料检验化验员学习掌握的内容，每个章节后面配有复习思考题。具体章节设置如下：

饲料检验化验员培训教材

第一部分　基础知识

第一章　职业道德和法律常识
　第一节　职业道德
　　一、职业道德
　　二、饲料检验化验员的职业道德
　第二节　法律法规知识
　　一、饲料与饲料添加剂管理条例
　　二、兽药管理条例
　　三、饲料添加剂品种目录
　　四、饲料卫生标准
　　五、饲料标签标准
　　复习思考题
第二章　动物营养学和饲料学基础知识
　第一节　饲料与营养的基本术语
　　……
　　……
第三章　分析化学基础知识
　　……
　　……

三、国家题库技能实训指导手册简介

为创新技能人才培养和评价方式，加快技能人才队伍建设，人力资源和社会保障部依据国家职业技能标准，坚持"以职业活动为导向，以职业能力为核心"的指导思想，经过多年的系统研究，在对国内外职业培训实践进行深入总结的基础上，提出了职业培训要以生产活动的规律为指导、以岗位需求为导向、以服务就业为宗旨的技能培养发展路线。为进一步推动职业技能鉴定国家题库服务于劳动者素质提高、促进就业，深化国家题库服务功能，人力资源和社会保障部于2011年启动了国家题库技能实训指导手册开发工作。

国家题库技能实训指导手册依据《国家职业技能标准》规定的技能操作要求，将生产实践活动的各个环节进行科学化、标准化、规范化和具体化，从而实现"从工作中来，到工作中去"，坚持"在工作中学习，在学习中工作"，形成理论联系实际、学用结合的技能人才培训和评价体系；技能实训指导手册是依据国家职业技能标准规定的操作技能要求，将职业技能鉴定国家题库实操部分试题转化为学员实际训练过程中的工作任务，有效地结合生产工作实际，指导学员进行实训，并记录实训过程，合理评价实训任务完成的结果，从而将国家职业技能标准、国家职业技能鉴定试题库进行了很好地结合，充分体现了职业技能鉴定以学员为主体，突出以职业活动为导向的基本原则，能够更好地服务于技能人才培养，为农业技能人才的发展做出贡献。

（一）国家题库技能实训指导手册的开发流程

人力资源和社会保障部专门为国家题库技能实训指导手册的开发制订了实施方案，并将国家题库技能实训指导手册开发工作作为项目来组织实施。为规范开发、保证质量，在国家题库技能实训指导手册开发时提出了"六统一"原则，即统一规划、统一安排、统一标准、统一开发、统一管理和统一宣传。开发步骤如下：

1. 单位申请　按照人力资源和社会保障部的统一部署，原则上由负责开发国家题库的单位负责国家题库技能实训指导手册的编写，农业行业国家题库开发由农业部职业技能鉴定指导中心负责。因此，如果农业行业要开发相应职业的国家题库技能实训指导手册，要以农业部职业技能鉴定指导中心的名义正式向人力资源和社会保障部提出开发申请。

2. 资格审核　人力资源和社会保障部职业技能鉴定中心根据各项目承担单位申请情况，组织专家对申请单位进行审核，以专业优势、组织管理能力、开发时间以及题库开发质量等作为依据来确定国家题库技能实训指导手册开发单位。

3. 确定任务　人力资源和社会保障部职业技能鉴定中心确定国家题库技能实训指导手册开发单位以后，以中心名义下发开发任务，明确开发任务和相关要求。

4. 技术指导　人力资源和社会保障部职业技能鉴定中心负责对承担开发任务的有关专家及人员提供技术培训，并全程跟踪指导。

5. 组织开发　在国家题库技能实训指导手册开发之前，为确保国家题库资源的安全性，人力资源和社会保障部鉴定中心与农业部职业技能鉴定指导中心须签订保密协议，农业部职业技能鉴定指导中心与本单位相关人员签订保密协议，并与编写专家签订保密协议。同时要与出版单位签订出版合同。开发单位组织参编人员进行培训，并从时间、质量等方面提出具体要求。

6. 审核出版　国家题库技能实训指导手册开发单位组织有关专家、出版单位对稿件进行初审，经人力资源和社会保障部鉴定中心审核通过后付印。

（二）国家题库技能实训指导手册的特点

（1）突出职业活动导向，立足国家题库内容，精选典型实习任务，实现标准化和流程化的实训教学。

（2）通过典型实训任务的训练，详细记录学员技能学习过程，有效提高技能水平。

（3）通过过程评价和终结性评价，体现学员技能掌握程度，检验就业能力。

（4）采用书、盘、网三位一体的方式，图文并茂、生动活泼、易学、易懂、易掌握，提高学习兴趣，拓展专业技能。

人力资源和社会保障部职业技能鉴定中心将国家题库技能实训指导手册的开发、职业技能鉴定理论知识试题练习与模拟测评、国家题库技能实训指导教师考核认证三个方面内容，作为国家题库技能实训项目在全国逐步推行，2012 年首批选择有优势的 6 家机构（农业行业作为其中一家）开展试点，探索经验，试点期为 2 年；在积累经验的基础上，逐渐扩大试点，最后在全国推广。

第四节　农业职业技能鉴定国家题库管理

农业职业技能鉴定国家题库建设工作作为农业职业技能开发"三大"基础工作之一，在农业职业技能开发、劳动力培养、人才评价等方面发挥了重要的作用。建设农业职业技能鉴定试题库，是在农业行业全面推行农业职业资格证书制度，落实农业部有关职业技能开发规定，提高职业技能鉴定和职业资格证书质量，推动职业技能鉴定科学化发展的一个重要措施。根据国家有关部门的总体要求和部署，农业部在国家有关部门和专家的指导下，研究开发了"农业职业技能鉴定国家题库"。由于题库是由试题组成的，试题是组成题库的基本单位，因而首先应了解农业职业技能鉴定命题技术。

一、农业职业技能鉴定命题技术

命题是按照考试目的制作测量工具的活动，是考试活动的主要技术环节之一。在目前的绝大多数考试中，这种测量工具都是以试卷的方式体现的。命题明确了考试的范围、水平和考试的实施方法，直接影响着整个考试的科学性、有效性、公正性，是考试工作各个环节中的一项重要工作。

我国农业职业技能鉴定工作经过十年的实践，在总结人力资源和社会保障部职业技能鉴定命题理论体系基础上，形成了一套农业职业技能鉴定命题理论和方法，并且成为进一步提高农业职业技能鉴定质量、统一全国农业职业技能鉴定水平、维护国家职业资格证书权威性和严肃性的强有力的技术管理手段。

农业职业技能鉴定命题以农业职业技能标准为内容依据，根据人力资源和社会保障部确立的鉴定内容目标体系——鉴定考核技术方案，形成规范的命题方法——试题的编写与试卷的编制，以保证农业职业技能鉴定命题工作的理论依据充分、操作过程规范、实施方法便利、结果现实有效。

（一）农业职业技能鉴定命题技术原理

1. 鉴定命题的基本含义

（1）农业职业技能鉴定命题是以农业职业技能标准为内容依据，按照标准参照测验命题规则，编制用于鉴定考核的试题试卷的过程。

（2）农业职业技能鉴定命题包括确定鉴定内容领域、设计命题技术模型、制定具体试题试卷编制方法与要求三个基础性环节和实际编写试题、组合试卷的操作性活动。

2. 鉴定命题的测量学基础
在测量学性质上，农业职业技能鉴定作为一种特殊的考试，属于标准参照性考试。

（1）农业职业技能鉴定的测量学特点。农业职业技能进行评定的核心依据是事先确定的职业活动内容及其水平标准。我国农业职业技能鉴定按农业职业技能标准确定鉴定内容，并评定考生在相应职业技能标准要求的内容范围中的水平高低。

（2）农业职业技能鉴定命题的测量学特点。

●命题内容应以职业技能标准为依据，反映具体职业对从业人员的现实要求；

●命题方法应遵循标准参照测验的命题技术规则，使试题试卷具有内在的水平统一性和范围适用性。

（3）农业职业技能鉴定的测量学性质对鉴定命题的基本要求。

●能够反映职业技能标准确定的考核内容范围与水平的鉴定的内容目标体系——以鉴定命题考核标准为代表；

●能够刻画试题内容与职业技能标准间关系的技术指标体系——以命题技术标准为代表；

●能够保证命题过程达到相应技术要求水平的命题步骤，并按照这种步骤和严格规定的试题内容与形式要求编制试题——以统一规范的试题资源为代表；

●能够保证试卷内容与职业技能标准间确切映射关系的规则——以专门的组卷模型和试卷模板为代表。

3. 职业技能鉴定命题的技术模式
职业技能鉴定命题技术主要由两大部分组成：鉴定内容目标体系和鉴定测评工具体系。它们共同构成保证鉴定命题质量和实际命题工作进行的技术流程。

（1）鉴定内容目标体系。在职业技能鉴定中，具体应该考核什么内容，所考内容之间具有什么样的结构关系，都应该在命题之前加以明确的界定和说明。从而为全国统一鉴定水平、提高鉴定质量水平提供有力的技术工具。

鉴定内容目标体系是职业对从业人员所要求内容的结构化和具体化描述，用于反映职业技能标准中的各项具体内容的要求范围和要求水平。这种鉴定内容目标体系通常以某一具体职业、等级为基线来制定，以保证实际职业技能鉴定命题工作的进行。

① 鉴定内容目标体系的具体内容。

● 鉴定考核内容结构　鉴定考核的整体领域结构。一般以职业技能标准的整体模块结构为基础来划分和确定。

● 鉴定要素细目表　理论知识部分或操作技能部分中分别需要鉴定考核的内容清单。这些鉴定考核的具体内容是鉴定的具体要素，操作技能部分以多级测量模块为基础构成，理论知识部分以知识点为基础构成。

● 鉴定考核执行标准　操作技能部分和理论知识部分鉴定要素的实际考核内容和评分标准。操作技能部分根据鉴定点（测量模块）中的考核内容及评分标准确定，理论知识部分采用通用的执行标准（如"每题0.5分"）进行评判。

● 组卷模型　根据鉴定考核内容结构，从鉴定要素细目表中选择鉴定要素组成实际考核试卷结构的具体规则。

② 鉴定内容目标体系的作用。

● 确定了职业技能标准中所要求考核的能力结构，及其具体要求范围和水平。

● 是职业技能鉴定命题的直接依据，为命题提供了一个明确、完整的内容界定。

● 公布的鉴定内容目标体系，可以为培训与鉴定提供一个直接的内容桥梁，使培训内容与鉴定内容有了可以对照的参照系。

（2）鉴定测评工具体系。鉴定测评工具体系是鉴定内容目标体系的具体实施工具，用于反映鉴定内容目标体系所要求的具体内容，同时还要保证在鉴定考核实施中便利可行。鉴定测评工具体系包括：

● 鉴定试题　作为测评工具体系的基本构件，是各鉴定要素按照执行标准进行考核的工具。

● 鉴定试卷　作为测评工具体系的直接测量工具，是按照整体内容结构进行鉴定考核的工具。

● 试卷模板　作为试卷组成的实现手段，是保证试卷能够按照整体内容结构从试题中选择试题组成合格试卷的规则。通常，在整体考核结构要求的基础上，理论知识部分以试题特征参数作为选择依据，操作技能部分以试题类型和实际鉴定需求作为选择依据。

鉴定试题的质量主要表现在对所考鉴定要素的代表性上，通常要通过一系列试题指标进行界定，以使鉴定试题能够作为鉴定试卷的一个有效组成成分。

鉴定试卷的质量主要反映在两个方面：一是鉴定试卷组成时所依据的规则，二是鉴定试卷中所包含鉴定试题的质量。

4. 职业技能鉴定命题操作模型的基本特征

（1）职业技能鉴定的命题技术在内容上以国家颁布的职业技能标准为基础，保证了职业技能鉴定的基本质量水平。

（2）所有试题均按鉴定要素细目表进行编制，使试题与鉴定要素细目表中所列鉴定要素直接关联、有据可查，保证了试题在测量上的可辨认性，同样也为试卷的编制提供了良好的组建基础。

（3）试题在实际考核中按鉴定执行标准进行评分，保证了同一鉴定内容下用不同试题进行考核时具有同等的考核水平，满足了不同地区、不同企业在具体考核内容上的要求。

（4）试卷的组成是按照以考核目标要求为基础的组卷模型来确定的，充分反映了具体职业等级所要考核的整体范围与水平，保证了试卷考核内容与职业要求间的一致性。

（5）试卷的整体构成与试题选择是按照以试题特征和实际考核需要为基础的试卷模板来确定的，兼顾了不同时期、不同地区用卷的具体情况，保证了试卷的科学性与可操作性，也保证了试卷在内容与形式上的完整和科学性与实用性的统一。

（二）农业职业技能鉴定命题实施

农业职业技能鉴定试题由理论知识和操作技能考试两部分组成，在编制农业职业技能鉴定试题时，虽然都是依据农业职业技能标准，但由于这两种考试在形式和内容上有很大的差别，因而在编制试题时所用的方法和有关要求也有很大的区别。

1. 理论知识试题试卷命题技术

（1）理论知识鉴定要素细目表的制定。

① 理论知识鉴定要素细目表概述。理论知识鉴定要素细目表（以下简称鉴定要素细目表）是以国家职业技能标准为依据，对理论知识鉴定要素进行逐级（层）细分，形成的具有可操作性和相关特征的结构化表格，一般按职业分等级编制。它是某职业不同等级理论知识鉴定要素的结构化清单，是理论知识命题的基础工作。

在职业技能鉴定中，理论知识部分的内容目标体系以鉴定要素细目表的方式直接体现，反映了由知识点组成的考核层次结构和具体内容。

② 鉴定要素细目表的基本内容。一是层次结构，二是特征参数。

● 层次结构　对应国家职业技能标准"职业功能"、"工作内容"、"技能要求/相关知识"，将这些鉴定要素进行细分，为鉴定范围一级、二级……鉴定点等最多 7 个层次。其中鉴定点是指最小不可分割的独立可鉴定要素，是职业技能要素的最小可测量单位。

● 特征参数　包括鉴定点重要程度和鉴定比重。鉴定点重要程度是指鉴定点在整体鉴定点的集合中所占据的相对重要性水平，表示在考生达到相应职业素质水平时，每一鉴定点要素在整体职业要求中的重要程度和相对地位。有核心要素、一般要素和辅助要素三个等级，分别用 X、Y、Z 表示。鉴定比重是指鉴定要素细目表中各部分的鉴定要素应在实际考核中占据的期望值，刻画了各部分鉴定要素在整体鉴定要素细目表中的比例关系，一般用在一个百分制试卷中应占据的分数值表示。

③ 鉴定要素细目表的作用。鉴定要素细目表是职业活动要求可鉴定要素的总集合，是职业技能标准的具体体现，它反映了本职业本等级下鉴定要素的结构特性和分布特征，是职业技能标准的精细化、结构化和可操作化的描述体系。鉴定要素细目表的具体作用主要体现在以下两个方面：

● 鉴定要素细目表是鉴定命题的主要依据。

● 鉴定要素细目表是实现人才的培训、考核和使用三者相统一的有效手段。

④ 鉴定要素细目表的制定方法。

a. 制定鉴定要素细目表的主要原则：

● 严格把握职业活动要求的有效范畴，选择那些与职业活动直接关联的可鉴定要素，才能使鉴定要素细目表起到实际作用。

● 严格把握职业技能标准的层次特征与结构特征，对照国家职业技能标准，坚持"不扩大、不减少"的基本原则。

● 严格把握鉴定点的划分原则，即鉴定点是能充分反映一个独立可鉴定的且最小的职业技能要素。

b. 制定鉴定要素细目表的主要步骤：

● 以职业技能标准为基础，对应国家职业技能标准"职业功能"、"工作内容"、"技能要求/相关知识"，将这些鉴定要素细分为鉴定范围一级、二级……鉴定点等最多 7 个层次。

● 根据命题技术标准要求，标注各鉴定范围的参数。

（2）理论知识试题的编写。

① 理论知识试题编写原则。

● 严格按鉴定要素细目表中所列鉴定要素的内容要求命制试题。

● 所命试题的测量内涵应与鉴定要素细目表中相应鉴定点的内容对应。

● 填空、选择、判断题型的试题应只与一个鉴定点对应。

● 简答、计算、论述和绘图题型以一个鉴定点为核心，可涉及 2～3 个相关鉴定点。

● 所命试题在内容上避免偏题，在表述上避免怪题。

● 试题中包含术语与符号时，一律采用法定计量单位和已发布的相应术语与符号。

② 试题的特征参数。

● 层次属性　反映试题所考查的是哪个或哪些鉴定要素，刻画了一道试题所考查内容的目标。一般用鉴定点代码表示。

● 题目　题目对鉴定点所指内容的测量程度，用于把握一道试题所考内容与对应鉴定点内容间的一致程度。通常由考核领域的内容专家进行评定，一般分为差、较差、中等、良好、优秀五种水平，用 1、2、3、4、5 表示。

● 题型　试题的表现形式，包含试题的提问形式和对应的回答形式。常用填空、选择、判断、简答、计算、论述等形式，目前多采用选择题和判断题两种类型。

● 难度　试题的难易程度，指该职业整体人群在某一具体试题上的通过率，反映了试题相对于本职业本等级的从业人员而言的难易程度。

● 难度等级　由专家对试题难度所作的难易程度的等级评定，常用于试题编写时的初步评定。一般分为易、较易、中等、较难、难五个等级，用 1、2、3、4、5 表示。

● 区分度　题目对相应职业内群体和职业外群体的区分能力的统计值。这一试题参数是用职业内群体与职业外群体答对试题的比例差值表示。通常可用通过鉴定者与未通过鉴定者的比例差值来计算。

● 认知层次　题目要求鉴定对象对相应鉴定点所达到的认知水平。一般分为记忆、理解、应用等层次。

（3）理论知识试卷的编制。

职业技能鉴定命题技术还明确了理论知识试题具体编写要求。

① 理论知识试卷质量要求。

● **试卷中试题的质量水平** 构成试卷的试题的质量是试卷质量的基础。

● **试卷的整体结构合理性** 试卷考核领域和整体考核水平与鉴定目标间的一致性水平。

② 保证试卷质量的基本规则。

● **水平规则** 试卷所考内容不得超出鉴定要素细目表中所列的鉴定要素的范围。

● **层次规则** 在试卷所考鉴定点的重要程度比例上应与鉴定要素细目表保持整体上的一致性。同时，试卷所涉及"核心要素"鉴定点数目应是鉴定要素细目表中"核心要素"鉴定点总数的50%以上。

● **分布规则** 试卷所测内容应结构性涵盖鉴定要素细目表的鉴定点。这就要求试卷所测内容应与鉴定要素细目表的鉴定比重值保持基本一致。同时，试卷所测内容涵盖的鉴定点数目占鉴定点总数的40%～50%，并且不能出现重复的鉴定点。

● **难度规则** 试卷所测内容的试题难度分布应在涵盖的鉴定范围间呈水平分布。其中难度等级为1和难度等级为5的题所占分数的比重不超过整卷的20%。

③ 知识试卷结构要求。试卷要在鉴定的水平、层次、分布和难度规则上保持一致；在题型、题量上保持一致；在鉴定的具体内容上保持内在一致（相同鉴定点占20%～30%）；同职业、同等级的不同试卷间的相同试题不得超过总分的20%。

2. 理论知识试题命题技术规程 理论知识考试是职业技能鉴定两大鉴定考核方式之一。按照职业技能鉴定命题基本理论和国家题库开发技术规程，理论知识考试命题主要有以下两个工作环节：

● 依据国家职业技能标准，参考有关职业资格培训教程，确定理论知识鉴定要素细目表；

● 按照理论知识鉴定要素细目表和试题编制要求，编制理论知识试题。

以上每一个工作环节皆有明确的阶段成果，经审定后，这些阶段成果皆是下一个工作环节的基础。

（1）编制理论知识鉴定要素细目表。理论知识鉴定要素细目表是以国家职业技能标准为依据，根据标准中"比重表"确定的鉴定比重，分等级对"基本要求"和"相关知识"进行逐级（层）细分形成的结构化表格，是理论知识命题的基础依据。

下面是高级农艺工理论知识比重表和鉴定要素细目表的部分内容：

高级农艺工理论知识比重表（部分）

项目		初级（%）	中级（%）	高级（%）
基本要求	职业道德	5	…	…
	基础知识	70	…	…
相关知识	播前准备	6	…	…
	…	…	…	…
合计		100	…	…

高级农艺工理论知识鉴定要素细目表（部分）

职业：农艺工　等级：高级　鉴定方式：理论知识

页码：1

鉴定范围									鉴定点		
一级			二级			三级			代码	名称	重要程度
代码	名称	鉴定比重	代码	名称	鉴定比重	代码	名称	鉴定比重			
A	基本要求 (160：57：08)	75	A	职业道德 (11：04：00)	5	A	职业道德基本知识 (07：02：00)	3	001	道德的概念	X
									...	...	
						B	职业守则 (04：02：00)	2	001	诚实守信、宽厚待人	X
									...	...	
			B	基本知识 (149：53：08)	70	A	植物生理 (19：10：01)	10	001	种子萌发的主要条件	X
									002	种子类型与幼苗的类型	Y
									003	根的变态	Y
									...	...	
						B	土壤肥料 (10：04：01)	5	001	土壤的物理性质	Y
									002	土壤的化学性质	Y
									003	土壤耕作与作物生长的关系	X
									...	...	
						C	作物遗传育种 (11：02：02)	5	001	分离规律	X
									002	遗传的基本规律	X
									003	连锁遗传规律在育种中的作用	Z
									...	...	
						D	植物保护 (26：04：00)	10	001	植物病害的概念	X
									002	植物病害的类型	X
									003	植物病害的传播方式	X
									...	...	
						E	农作物栽培 (83：24：04)	37	001	小麦种子萌发的过程	X
									002	冬小麦幼苗前期主攻目标	X
									003	小麦的品质	X
									...	...	
						F	常用农机具 (00：09：00)	3	001	旋耕刀的安装方法	Y
									002	耕作机械的类型	Y
									...	...	

（续）

鉴 定 范 围									鉴 定 点		
一级			二级			三级			代码	名称	重要程度
代码	名称	鉴定比重	代码	名称	鉴定比重	代码	名称	鉴定比重			
B	相关知识 （66：04：00）	24	A	播前准备 （16：02：00）	6	A	种子（苗）准备 （06：00：00）	2	001	种衣剂的作用	X
									002	水稻育苗的方式	X
									…	…	
						B	整地施肥 （10：02：00）	4	001	耕作的基本措施	Y
									002	土壤保肥性	X
									…	…	

填表人：×××　　填表日期：　年 月 日　　审表人：×××　　审表日期：　年 月 日

①《理论知识鉴定要素细目表》的主要内容。从上例可以看出，《理论知识鉴定要素细目表》主要包括两个方面的内容：一是层次结构，即将理论知识鉴定要素按国家职业技能标准逐级细化后，组成具有多层次结构的表格；二是特征参数，即各层次鉴定要素的代码、重要程度指标、鉴定比重等参数指标。

②《理论知识鉴定要素细目表》的编写步骤和要求。

《理论知识鉴定要素细目表》按职业、分等级进行编制，即一个职业每一个等级编制一套细目表。

a. 根据国家职业技能标准中"基本要求"和"工作要求"相关知识的内容，分别确定《理论知识鉴定要素细目表》各级"鉴定范围"。

● 理论知识鉴定范围一级　是理论知识鉴定的总体要素。

名称与国家职业技能标准对应，一般分为"基本要求"和"相关知识"；

代码分别用"A"、"B"表示；鉴定比重按国家职业技能标准确定；

重要程度比例是它所包含的"鉴定范围二级"的重要程度比例的累计值。

根据国家职业技能标准，"基本要求"为初、中、高三个等级必须掌握的内容，原则上，"基本要求"部分的试题三个等级相同。

● 理论知识鉴定范围二级　是对"鉴定范围一级"的分解，一般对应国家职业技能标准中的"基本要求"和"工作要求"中的有关内容，将从业人员所应掌握的理论知识按所隶属的职业活动范围领域进行划分。

名称与国家职业技能标准中"职业道德"、"基础知识"和"职业功能"中有关内容对应；

代码按其在鉴定要素细目表中的自然排列顺序，分别用大写英文字母"A"、"B"、"C"……表示；

鉴定比重按国家职业技能标准确定；

重要程度比例是它所包含的"鉴定范围三级"的重要程度比例的累计值。

● 理论知识鉴定范围三级　是对"鉴定范围二级"的分解，一般对应国家职业技能标准"基本要求"、"工作内容"，将从业人员应掌握的理论知识按所隶属的工作内容范围进行划分，也可按知识单元进行划分。

名称一般与国家职业技能标准中的"职业道德基本知识"、"职业守则"、"基础知识和工作内容"中有关内容相对应，或按知识单元确定名称；

代码按其在鉴定要素细目表中的自然排列顺序，分别用大写英文字母"A"、"B"、"C"……

表示；

鉴定比重按国家职业技能标准确定，如国家职业技能标准未给出具体比重则按该鉴定范围重要性由专家具体确定；

重要程度比例是它所包含的"鉴定范围四级"或"鉴定点"的重要程度比例的累计值。

• 理论知识鉴定范围四级至六级　是对上一级鉴定范围的分解，一般可按知识单元进行逐级细分。大多数职业理论知识鉴定范围分至三级即可，如有必要细分至四至六级，请注意整个细目表结构层次应保持一致。名称、代码、鉴定比重、重要程度比例编写要求同鉴定范围三级。

b. 对最小级鉴定范围进行可鉴定性分析和深入细化，确定鉴定点。

理论知识鉴定点是对最小级鉴定范围进行可鉴定性分析，并按知识体系内在逻辑细化到最小不可分割且独立可鉴定的"知识点"。

鉴定点的名称应准确表达鉴定点的内涵，文字表述必须清楚明确、完整简练。表述时多用××的概念、性质、特点、分类、方法、规则、原理等语句，避免针对教材中某"章"或某"节"的内容，而不是某个"知识点"，避免使用疑问句。

鉴定点代码按鉴定点在鉴定范围中的自然排列顺序，分别用数字"001"、"002"、"003"……表示；

鉴定点的重要程度是指每个鉴定点在整个鉴定点集合中的相对重要性水平，反映了每个鉴定点与其他鉴定点的相对重要程度。专家可根据经验确定各鉴定点的重要程度，并分别用"X"、"Y"、"Z"表示，X 为最重要的核心要素，一般为职业活动必备的知识点；Y 为一般要素；Z 为辅助性要素。在鉴定要素细目表中，重要程度的数量分布一般是 X 占 80% 以上，Y 不超过 15%，Z 不超过 5%。

鉴定点数量根据实际情况确定。理论知识鉴定点数量一般为鉴定比重的两倍以上，每个等级的鉴定点总量最少为 200 个。

精品题库的鉴定点数量至少为鉴定比重的 3 倍以上，每个等级的鉴定点总量最少为 300个。如有特殊情况，个别职业鉴定点数量可视具体情况而定。

c. 理论知识鉴定要素细目表编写和审查的基本要点。

• 层次结构及比重与国家职业技能标准对应，且能满足国家题库组卷需要；

• 内容不超出国家职业技能标准范围；

• 各层次代码及特征参数合理正确；

• 鉴定点划分遵循"最小且独立可测量"的原则；

• 鉴定点一般只针对一个考核要点，尽量选择该职业必须掌握的知识或技能要素，即 X 点；

• 内容相同或相近的鉴定点在同一级别内不能重复出现；

• 同一鉴定点在不同级别出现时，名称一致；

• 鉴定点名称、所用术语符合国家有关标准，文字表述正确且符合编制要求；

• 鉴定点总量满足鉴定需要（一般 X 占 80% 以上，Y 不超过 15%，Z 不超过 5%）。

(2) 编写理论知识试题。

① 理论知识试题编写基本原则。

a. 严格按理论知识鉴定要素细目表中所列鉴定点内容命制试题，所命试题不得超出鉴定要素细目表所涉及的内容范畴。避免采用学科化的思路，过分强调知识体系的完整性和内在关联性，从而导致要求考查的知识内容远远超出职业活动要求的倾向。

b. 把握试题难度，使试题的难度符合对应鉴定点的内容深度水平。避免采用传统的过分强调知识死记硬背和文字游戏式的提问方式，在内容上避免偏题，在表述上避免怪题。

② 理论知识试题编写步骤及要求。

a. 根据理论知识鉴定要素细目表确定试题对应的鉴定点，标注试题特征参数。理论知识试题基本特征参数如下：

● 层次属性　指一道理论知识试题所对应的鉴定点；一般用鉴定点代码表示（如：A—A—A—001）。

● 题型　依据国家职业资格等级对知识技能掌握程度的不同要求，不同等级的国家题库题型也有所区别。目前，国家职业资格五级（初级）、四级（中级）、三级（高级）全部采用客观试题，初、中级采用单项选择题（代码为"B"）和判断题（代码为"C"）两种题型，高级采用单项选择题、多项选择题（代码为"G"）、判断题三种题型。

编写试题时，初、中级每个鉴定点下至少编写4道单选题、2道判断题；高级每个鉴定点下至少编写3道单选题、2道多选、2道判断题。

● 难度等级　由专家在试题编写时，对试题难度所作的难易程度等级的初步评定。一般分为易、较易、中等、较难、难五个等级，分别以1、2、3、4、5表示。难度以中等（3）为宜，偏易（1）或偏难（5）的试题尽量减少。

● 题目—目标一致性　反映一道试题所考内容与对应鉴定点内容间的一致程度。通常由命题专家进行评定。一般分为差、较差、中等、良好、优秀五个水平，分别用1、2、3、4、5表示。区分度越高越好。

同时，为便于将试题导入国家题库，命题专家可以使用"国家题库专用录入器"直接录入理论知识鉴定要素细目表和试题，也可采用计算机 WORD 文档方式，录入理论知识试题。采用 WORD 文档方式录入试题的统一格式和各项试题特征参数如例1、例2所示。

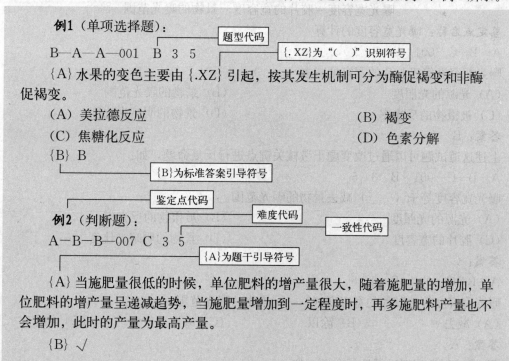

例1（单项选择题）：

题型代码

B—A—A—001　B　3　5　{.XZ}为"（　）"识别符号

{A} 水果的变色主要由 {.XZ} 引起，按其发生机制可分为酶促褐变和非酶促褐变。

（A）美拉德反应　　　　　　　　　　（B）褐变

（C）焦糖化反应　　　　　　　　　　（D）色素分解

{B} B　　{B}为标准答案引导符号

例2（判断题）：

鉴定点代码　　难度代码　　一致性代码

A—B—B—007　C　3　5　{A}为题干引导符号

{A} 当施肥量很低的时候，单位肥料的增产量很大，随着施肥量的增加，单位肥料的增产量呈递减趋势，当施肥量增加到一定程度时，再多施肥料产量也不会增加，此时的产量为最高产量。

{B} √

例3（多项选择题）：

A—B—A—001　G　3　5

{A} 色彩最基本的构成要素包括 {.XZ}。

> 各选项的代码不要采用自动编号

(A) 色温　　(B) 明度　　(C) 色相　　(D) 纯度　　(E) 密度

{B} BCD

> 标准答案

b. 按要求编写试题。

● 编写单项选择题　一道试题有四个备选答案，其中只有一个是正确答案。其他三个选项都是对正确选项有一定干扰的干扰选项。

● 编写多项选择题　一道试题有五个备选答案，其中有两个或两个以上正确答案。其他选项都是对正确选项有一定干扰的干扰选项。

单项选择题和多项选择题题干一般采用空缺句，题中的空缺部分用"（　　）"表示，句尾一律用句号；

备选项号码一律用英文大写表示，并用"（　　）"圈起；

答案直接用选项字母表示。

● 编写判断题　题干一般采用陈述句，标准答案用"×"、"√"表示。

● 命题技巧及试题样例

■ 通过改变题干考核关键点（即改变括号位置）的方式进行反复命题，如：

教材内容：在计算曝光宽容度时，可以采用下列公式计算：

$$曝光宽容度＝胶片的宽容度－景物的曝光范围$$

鉴定点名称：曝光宽容度的计算

A—B—C—001　B　3　5

曝光宽容度等于胶片的宽容度减去（　　）。

(A) 光源的光照度　　　　　　　　　(B) 景物的曝光范围

(C) 被摄物的反光率　　　　　　　　(D) 景物的明暗光比度

答案：B

上述这道试题可以通过改变题干考核关键点进行反复命题，如：

A—B—C—001　B　3　5

曝光宽容度等于（　　）减去景物的曝光范围。

(A) 光源的光照度　　　　　　　　　(B) 被摄物的反光率

(C) 胶片的宽容度　　　　　　　　　(D) 景物的明暗光比度

答案：C

A—B—C—001　B　3　5

曝光宽容度等于胶片的宽容度（　　）景物的曝光范围。

(A) 减去　　　　　(B) 除以　　　　　(C) 乘以　　　　　(D) 加上

答案：A

■ 通过列举实例进行反复命题，如：

A—B—C—001　B　3　5

若胶片的宽容度为 9 级，景物的曝光范围为 7 级，则曝光宽容度是（　　）级。

(A) 16　　　　　　　(B) 4　　　　　　　(C) 1　　　　　　　(D) 2

答案：D

■ 通过改变选项内容（即题干不变，在四个选项中至少改变 2 个选项的内容），进行反复命题，如：

A—B—C—001　B　3　5

若胶片的宽容度为 9 级，景物的曝光范围为 7 级，则曝光宽容度是（　　）级。

(A) 16　　　　　　　(B) 2　　　　　　　(C) 63　　　　　　(D) 8

答案：B

■ 通过改变题干中数字进行反复命题，如：

A—B—C—001　B　3　5

若胶片的宽容度为 10 级，景物的曝光范围为 5 级，则曝光宽容度是（　　）级。

(A) 15　　　　　　　(B) 5　　　　　　　(C) 50　　　　　　(D) 2.5

答案：B

■ 通过改变题干表述的方式进行反复命题，如：

A—B—C—001　B　3　5

下列说法正确的是（　　）。

(A) 曝光宽容度等于光源的光照度减去景物的曝光范围

(B) 曝光宽容度等于胶片的宽容度减去景物的曝光范围

(C) 曝光宽容度等于光源的光照度减去被摄物的反光率

(D) 曝光宽容度等于景物的曝光范围减去被摄物的反光率

答案：B

■ 通过变换题型进行命题，如：

A—B—C—001　C　3　5

曝光宽容度等于胶片的宽容度减去景物的曝光范围。

答案：√

A—B—C—001　C　3　5

若胶片的宽容度为 10 级，景物的曝光范围为 5 级，则曝光宽容度是 2 级。

答案：×

③ 编写理论知识试题容易出现的命题技术问题。

a. 同一个鉴定点内试题没有与该鉴定点内容对应。如鉴定点"鸡尾酒干马天尼（Dry Martini）的装饰物"：

试题 1：鸡尾酒干马天尼（Dry Martini）的装饰物是（　　）。

(A) 樱桃　　　　　　(B) 苹果片　　　　　(C) 柠檬片　　　　　(D) 青橄榄

答案：D

试题 2：鸡尾酒干马天尼（Dry Martini）的载杯是（　　）。

(A) 古典杯　　　　　(B) 柯林杯　　　　　(C) 鸡尾酒杯　　　　(D) 雪利杯

答案：C

试题 2 内容与该鉴定点内容不符，所以应按反复命题技巧进行修改。

b. 反复命题技巧运用不当，造成重复命题。如：

试题 1：鸡尾酒干马天尼（Dry Martini）的装饰物是（　　）。

（A）樱桃　　　　　　（B）苹果片　　　　　　（C）柠檬片　　　　　　（D）青橄榄

答案：D

试题 2：鸡尾酒干马天尼（Dry Martini）的装饰物是（　　）。

（A）柠檬片　　　　　　（B）苹果片　　　　　　（C）青橄榄　　　　　　（D）樱桃

答案：C

试题 1 与试题 2 题干没有改变，选项内容也没有改变，只改变选项顺序，因此互为重题。应按有关技术方法要求，改变题干表述或改变至少两个选项内容。如将试题 2 选项内容改变为：

试题 2：鸡尾酒干马天尼（Dry Martini）的装饰物是（　　）。

（A）香蕉片　　　　　　（B）柠檬角　　　　　　（C）青橄榄　　　　　　（D）猕猴桃

答案：C

c. 试题没有对应鉴定点的核心内容。如：鉴定点"科学概念的三个基本要素"：

试题 1：科学的概念至少应包括对科学的态度和价值观、科学探索的过程和方法、科学知识三个基本（　　）。

（A）要素　　　　　　（B）因素　　　　　　（C）条件　　　　　　（D）依据

答案：A

试题 2：科学的概念至少应包括对科学的态度和价值观、科学探索的过程和方法、（　　）三个基本要素。

（A）实践检验　　　　　（B）时间检验　　　　　（C）科学知识　　　　　（D）科学基础

答案：C

试题 1 考核的不是鉴定点的核心内容，应将鉴定点的重点和关键作为出题内容，如试题 2。

判断题中也会出现这个问题。如：

试题 3：有利于饭店改善服务质量，提高管理水平是客人投诉的意义之一。

答案：√

试题 4：有利于饭店改善服务质量，提高管理水平是客人投诉的原因之一。

答案：×

试题 4 否定的关键点是"原因"，但不是该鉴定点的核心内容。

d. 单纯考核数字或文字记忆。如鉴定点"调酒操作方法的种类"：

试题 1：进行调酒操作的方法共（　　）。

（A）4 种　　　　　　（B）3 种　　　　　　（C）2 种　　　　　　（D）1 种

答案：B

试题 2：进行调酒操作的方法包括（　　）。

（A）调和法、冲和法、兑和法和摇和法　　　　　（B）调和法、兑和法和摇和法

（C）兑和法和摇和法　　　　　　　　　　　　　（D）兑和法

答案：B

该鉴定点的内容是调酒操作方法的种类。试题 1 只单纯考核了调酒操作方法种类的数量，而试题 2 考核了调酒操作方法种类内容，因此试题 2 比试题 1 更好地反映该知识点的内容，也避免了考生对数字的死记硬背。

但是如果职业活动本身要求考生必须记住某些有关数字，则可以命制这类试题。

e. 选项无干扰性。如：

调酒师在接待顾客时，要（　　　）。

(A) 态度严肃　　　　(B) 表情呆滞　　　　(C) 热情待客　　　　(D) 说话粗鲁

答案：C

此试题 A、B、D 三个选项对正确选项 C 缺乏必要的干扰，考生能够迅速选择出正确的选项。

正确的做法是：选择题三个非正确选项至少有一个选项对正确选项有强烈干扰。在编写非正确选项时要尽量选择考生易混淆或与正确答案相近、但不是正确答案的选项。

f. 试题答案不唯一。这一错误常出现在用形容词、副词做考核关键点的试题中。如：

调酒师的仪态应（　　　）。

(A) 大方　　　　(B) 庄重　　　　(C) 高雅　　　　(D) 得体

答案：A

该题四个选项皆对，无唯一正确答案。应调整选项内容或改变试题题干。

如果选项之间相互包含，也会使答案不唯一。如：

试题 1：我国常见的低视力眼病有（　　　）。

(A) 白内障　　　　　　　　　　(B) 沙眼

(C) 视网膜脉络膜病变　　　　(D) 以上均是

答案：D

试题 2：下列选项中不是我国常见的低视力眼病的为（　　　）。

(A) 白内障　　　　　　　　　　(B) 沙眼

(C) 视网膜脉络膜病变　　　　(D) 角膜炎

答案：D

试题 1 选项 D 包含了 A、B、C，造成四个选项都对。可以改变题干和选项，如试题 2。

g. 试题表述不完整，造成答案皆对或皆错或不唯一。这一错误常出现在从教材摘抄语句时缺少前提条件。如：

试题 1：调酒师应当（　　　）瓶口。

(A) 握住　　　　(B) 旋转　　　　(C) 平托　　　　(D) 擦拭

答案：B

试题 2：在斟倒完葡萄酒后，调酒师应当（　　　）瓶口。

(A) 握住　　　　(B) 旋转　　　　(C) 平托　　　　(D) 擦拭

答案：B

当试题摘抄教材文字时，必须考虑教材内容前后关系，对内容和文字重新进行细加工，保证试题内容完整、准确。

h. 试题内容过于强调系统完整，给本题或其他"鉴定点"试题提供正确答案的线索或提示。如：

试题 1：一幅素描色彩的局部调子应符合总体调子，要和整体调子（　　　）。

答案：相统一

试题 2：一幅素描色彩的局部调子要和整体调子（　　　）。

答案：相统一

试题 1 前半句暗示了答案，可改为试题 2。

i. 标点符号运用不当，特别是"、""，""："使用不当，让考生费解或误解。

j. 在编写基础知识试题时，涉及职业道德、法律、法规等内容要慎重。

④ 审查试题。除审查是否出现上述命题技术问题外，还要审查：

a. 试题内容与《理论知识鉴定要素细目表》鉴定点相对应，不超范围，也不缩小范围。

b. 初、中级一个鉴定点内题量一般不少于 6 题（单项选择题不少于 4 题，判断题不少于 2 题）；高级一个鉴定点内题量一般不少于 7 题（单项选择题不少于 3 题，多项选择题不少于 2 题，判断题不少于 2 题）。

c. 试题中术语与符号采用法定计量单位和现有国家标准中规定或通用的术语、名称、符号等，不能用地方习惯用语及自定的符号、代号等。

d. 正确选项的字母应随机排列，避免出现多数正确答案为某一特定选项的现象。

e. 试题附图应清晰，不要过大，一般最大不超过 100 mm×160 mm。如用手工绘图应使用碳素铅笔制作，并提供相应的原始图形；如用绘图软件作图，应提供绘图软件的名称、版本。

f. 试题的录入与校对直接影响国家题库内试题质量及由题库生成试卷的质量，同时又是检查试题内容与参数正确性的最后机会。为了确保试题的编写与录入质量，建议使用"三稿九校工作法"，即三次打印文稿，每次由三人流水作业进行校对。技术标准（差错率指标）如下：

- 标点符号差错率≤10/1000 题；
- 非关键文字差错率≤ 8/1000 题；
- 关键文字差错率≤ 5/1000 题；
- 统一标志差错率≤ 5/1000 题；
- 参数差错率≤ 3/1000 题；
- 图形、公式差错率≤ 1/1000 题；
- 计算结果差错率≤ 2/1000 题；
- 格式要求差错率≤ 1/1000 题；
- 评分标准残缺率≤ 5/1000 题。

⑤ 注意事项。如果教材内容和国家职业技能标准不一致，应尽量回避；如果教材内容有技术错误，应尽量回避；如果教材内容与国家职业技能标准不一致或有技术错误，确实回避不了的，应提请命题处共同研究，提出解决办法。

3. 操作技能考核命题技术

（1）操作技能的基本含义。操作技能是指某一职业对从业人员完成相应职业活动时所要求具备的基本操作活动范围及其活动水平。其内容已不能用操作技能要素水平的特征简单地加以描述，而要以某一类别的操作活动来反映。

操作技能考核作为职业技能鉴定的重要组成部分，是职业技能鉴定在内容和形式上区别于其他考试的突出特征。

在职业技能鉴定技术领域中，操作技能考核比理论知识考试内容更为复杂、更难于实施，相应的设计也就要求更高，更为困难；操作技能考核设计的科学性、有效性决定职业技能鉴定的质量。

（2）操作技能命题的技术思路和技术要点。

① 技术思路。

● 必须遵循考试科学的普遍规律，结合职业劳动活动的实际要求，科学地针对操作技能考核进行设计，提供行之有效的操作技能考核手段和命题技术与方法，以实现客观、准确地测量和评价劳动者的操作技能水平的整体目标。

● 按照"以职业活动为导向、以职业能力为基础"的基本思想，从职业操作技能的特征分析入手，确定职业操作技能的范围特征和水平特征，落实每一职业等级下的内容和结构，形成具有统一配分设计与评分标准测量模块，由此确立既保证统一的质量内涵，又可以兼顾各种实际鉴定要求的操作技能考核方法的理论和技术体系。

② 技术要点。技术要点包括考核内容结构表、测量模块、考核内容的具体化设置三个方面。

● 考核内容结构表 是职业活动的结构化表述。通过对具体职业活动要求范围和要求水平的分析，抽取出各种代表性和典型性的职业操作技能活动要素，按照职业各等级内要求内容领域与等级间要求内容领域的相互关系，组成具有一定层次结构、反映该职业操作技能活动范围的整体考核结构。

● 测量模块 是对考核内容的定量化表述。对一个职业整体操作技能活动的考核结构进行细分，确定每一等级下可考核的各类具体操作活动；依据具体职业等级在一类操作活动上的要求水平，确定每一类操作活动的实际考核评分要素及其相应的评分标准；通过对该职业等级下各类操作活动的要求范围和要求水平进行详细和客观的定量化描述，建立整体的定量化考核标准。

● 考核内容的具体化设置 编制具体考核的实际题目。按照要求考核的各类操作活动的评分要素和评分标准，依据实际生产、经营、服务活动中的工作环境特点与实际执行条件，选择具有代表性或典型的具体操作活动，编制能够反映该类职业活动定量描述中所要求的各项操作与技术指标的题目内容，用以操作技能的实际鉴定考核。

（3）鉴定考核方案的确定。

① 考核内容结构表的确定。

首先，要进行职业操作技能要素分析。即根据国家职业技能标准，研究并列举该职业中从业人员可能涉及的所有操作活动，并从中选出能够反映该职业特点与该等级水平要求的操作活动要素。主要有代表性活动要素、典型性活动要素、技能性活动要素、职能性活动要素等。

其次，要进行考核内容结构表的设计。按照各操作技能要素的相互关联程度，将操作技能要素排列组合成为反映要素间模块关系与等级间层次关系的考核内容结构。

最后，要进行考核内容结构表设计，其设计步骤为：

● 要素结构划分 按照职业操作活动的内在结构，主要参照新的职业技能标准的结构，划分出该职业的整体职业活动结构。

● 等级层次划分 按照职业活动在不同等级间要求的活动范围和活动水平的不同，划分出各个等级所要求的职业操作技能要素。

● 模块匹配与确定 按照实际操作技能的结构特征和考核可行性要求进行操作技能要素匹配，并确定操作技能测量要素。

② 鉴定要素细目表的制定。按照操作技能考核内容结构表中的结构关系，将其中的测量要素排列成标准鉴定要素细目表，作为该职业（等级）操作技能考核命题的要素范围清单。

③ 测量模块的编制。测量模块是职业操作技能各个具体要素的操作性表述，是考核命题的直接依据。测量模块的结构包括以下几个方面的内容：

● 模块名称　测量模块的名称一般使用模块所代表的具体操作技能类型的名称。

● 定义　本测量模块的操作内容定义或操作技能要求的具体含义。

● 考核要求　具体操作要素要求，主要说明本测量模块对操作活动的具体要求。

● 评分标准　统一的评分要素及其配分与评分标准，一般以评分记录表方式表现。

● 否定项　测量模块中关键性评分要素作为单一否定项的说明。

● 其他因素　选择或编制考核项目时需要考虑的如材料、成本、时间等其他因素。

（4）操作技能考核试题的编制。

① 操作技能考核试题的含义。按照相应测量模块要求，结合生产、经营、服务活动的实际环境条件和具体工作要求，以规定的模式编写出的用于具体考核的试题。

② 操作技能考核试题的内容。一般由试题名称、试题分值、考核时间、考核形式、具体考核要求（本试题的具体内容和要求，一般给出相应操作结果要求，有时必须配有相应的图纸等）及否定项说明（关键操作环节出现错误的评分要求）组成。

（5）操作技能考核试卷的组成。

① 操作技能考核试卷的组成规则。操作技能考核试卷的组成是按照本职业操作技能考核内容结构表的整体要求，以测量模块为基本组卷模板，选取（或命制）相应考核试题组成试卷的过程。

② 操作技能考核试卷的组合步骤。

● 根据本职业操作技能考核内容结构表的规定，确定一份试卷中的测量模块组合要求。

● 如果有丰富的考核项目，则可以按照测量模块组合要求，从考核试题中直接选择适当的考核项目，然后进入试卷组合阶段。

● 按照测量模块统一要求，结合实际鉴定条件和具体工作要求，将相应的考核试题按试卷基本结构进行组合编排，形成试卷。

③ 操作技能考核试卷的基本结构。

● 准备通知　完成本考核所需要准备的前提条件，如材料、工量具、设备及相应的其他准备条件或特殊说明等。一般按考场准备通知单和考生准备通知单分别确定。

● 试卷正文　含本试卷需要说明的问题和要求，考核试题。

● 评配分标准（评分记录表）　含考核内容、考核要点、评分标准、扣分、实际得分、评分人签名及考核日期等内容。

4. 操作技能考核命题技术规程　操作技能考核是职业技能鉴定的重要组成部分，是职业技能鉴定区别于其他资格考试的突出特征。操作技能考核命题既要遵循考试科学的普遍规律，更要按照"以职业活动为导向，以职业能力为核心"指导思想，从工作现场实际和职业活动出发设计考核方式。基本原则是考核的科学性和可行性的统一。

操作技能国家题库开发技术核心是模块化、结构化、标准化。开发操作技能题库的基本步骤主要包括：

● 分析职业技能标准，确定操作技能考核内容结构表；

● 编制操作技能鉴定要素细目表；

● 编写操作技能考核鉴定点；

● 编写操作技能考核试题。

对于国家职业技能标准中要求在标准教室考试的职业，可以笔试方式考核，并结合本职业特点确定考核题型，如案例分析、方案策划、模拟题、情景题、计算题、简答题、论述题等。

（1）编制操作技能考核内容结构表。操作技能考核内容结构表是依据国家职业技能标准，按照职业活动整体内在关系确定的本职业各等级的考核范围结构表。这一步骤一般要经过三个阶段：

① 内容划分。按照职业活动内容，划分出该职业的整体操作技能活动范围和内容，一般不按过程划分。具体划分方式如下：

● 按性质划分　按照职业活动中的不同性质进行划分。如在职业活动范围中，一般可以划分出操作技能要求和其他要求两个方面，前者主要指通过从业者的具体操作活动完成的工作目标，如加工工件；后者主要指由于职业中的职能性工作带来的活动要求，如培训与指导。

● 按主辅划分　按照职业活动中所要求的各种操作技能的重要程度划分为基础性、主体性和辅助性三种操作活动要求。如在中式烹调师中除了"菜肴制作"这一主体操作活动要求外，还在"刀工"和"原材料初加工"等基础性操作活动方面有要求；而在维修电工中除了"设计"、"安装"、"调试"、"故障检修"等主体操作活动要求外，还要求"仪表仪器的使用与维护"等辅助性操作技能要求。

● 按领域划分　按照职业活动的不同领域进行划分。这种划分并没有先后高低之分，只是指不同的工作领域。如汽车修理工中有"维护"、"修理"和"故障诊断与排除"等具体工作领域。

② 等级划分。按照职业活动在不同等级间要求的活动范围和活动水平的不同，划分出各个等级所要求的操作技能要素。要素等级划分时，应该从职业活动范围和职业活动水平两个方面入手：

● 职业活动的范围　一个职业的职业活动范围是相对确定的，这些职业活动是该职业所有从业人员的活动总集合。职业中不同等级从业人员在职业活动范围上是有差异的。如高级美发师在初、中级美发师职业活动范围基础上增加了"设计"，美发技师和高级技师在高级美发师职业活动范围基础上又增加了"经营管理"。

● 职业活动的水平　一个职业的不同等级都要求同一方面的操作技能，但一般情况下要求的水平是不同的。如车工初、中、高级皆要求"识图"，但初级要求能读懂简单零件图，中级则要求读懂零件工作图及简单机构的装配图，高级则要求读懂复杂畸形零件图等。

③ 按科学性和可行性原则，确定各级别的鉴定范围，编制操作技能考核内容结构表。

在完成上述内容和等级划分后，要选择既符合职业活动特征又具有考核鉴定可行性的内容，确定各级别鉴定范围。应当考虑以下三个方面：

● 现实可行性　每个鉴定范围的考核内容、要求达到的水平、基本设备和原材料等必须在鉴定工作中具有现实性、可操作性；考试本身就是对知识或技能总体的抽样，因此，在操作技能考核中，如果考核项目过多，可以采取"任选一项"的方法，在保证考核内容科学性的同时，使其具有现实可行性。

● 等级差异性　同一个鉴定范围在不同等级间存在的差异必须能够体现职业等级间应有的差异水平。

● 集合整体性　同一等级内的各个鉴定范围集合必须能够反映该职业本等级的操作技能要求范围和水平。

操作技能考核内容结构表主要内容和编写见下页：

蔬菜园艺工操作技能考核内容结构表

初级

鉴定范围		鉴定要求	选考方式	鉴定比重(%)	考试时间(min)	考核形式
基本技能操作	农机具的使用		任选一项	10	10	实际操作
	温度计、湿度计、照度计的使用			10	10	实际操作
种类识别	主栽蔬菜相关识别		必考项	10	10	实物识别
	常见化肥种类识别		必考项	10	10	实物识别
专业技能操作	蔬菜嫁接技术		必考项	50	10	实际操作
	蔬菜播前一般浸种		必考项	10	10	操作+口试
	蔬菜营养障碍的诊断			10	10	实际操作
	常见蔬菜病虫草害诊断		任选一项	10	10	实际操作
	黄瓜吊蔓、落蔓技术			10	10	实际操作
	马铃薯种薯切块技术			10	10	实际操作
	塑料大棚环境调控			10	10	操作+口试
合计			5	100	60	一

中级

鉴定范围		鉴定要求	选考方式	鉴定比重(%)	考试时间(min)	考核形式
基本技能操作	天平的使用		任选一项	20	20	实际操作
	种子净度的测定			20	20	实际操作
种类识别	蔬菜相关识别		任选一项	10	10	实物识别
	常见化肥种类识别及性质			10	10	实物识别
专业技能操作	蔬菜插接技术		必考项	50	10	实际操作
	蔬菜温汤浸种		必考项	10	10	操作+口试
	蔬菜营养障碍的诊断及防治措施			10	10	实际操作
	蔬菜病虫草害的诊断及化学防治		任选一项	10	10	实际操作
	番茄整枝打杈技术			10	10	实际操作
	生姜种姜切块技术			10	10	实际操作
	日光温室环境调整			10	10	操作+口试
合计			5	100	60	一

高级

鉴定范围		鉴定要求	选考方式	鉴定比重(%)	考试时间(min)	考核形式
基本技能操作	显微镜的使用		任选一项	20	20	实际操作
	溶液的配制			20	20	实际操作
种类识别	蔬菜相关识别、分类		任选一项	10	10	实物识别
	化肥种类识别、性质、使用方法			10	10	实物识别
专业技能操作	蔬菜靠接技术		必考项	50	10	实际操作
	蔬菜热水烫种技术		必考项	10	10	操作+口试
	蔬菜营养障碍的诊断、原因及防治措施			10	10	实际操作
	蔬菜病虫草害诊断及综合防治		任选一项	10	10	实际操作
	西瓜、甜瓜整枝留瓜技术			10	10	实际操作
	番茄扦插育苗技术			10	10	实际操作
	现代智能温室环境调控			10	10	操作+口试
合计			5	100	60	一

从表中可看出，操作技能考核内容结构表主要有以下内容：各级别鉴定范围（可由大到小细分为若干级或层）和相应的鉴定要求（选考方式、鉴定比重、考核时间、考核形式等）。

● 操作技能鉴定范围由大到小可逐级细分，目前设计许可最多为7级（层）。

● 选考方式一般分为"必考项"、"任选一项"、"指定一项"。"必考项"一般用于本职业活动要求考生必须掌握的、关键的且具有鉴定可操作性的职业活动；"任选一项"一般用于本职业活动要求考生必须掌握，但按鉴定可操作性原则，在鉴定考核中，可对几个相近或类似的职业活动任意抽取一项进行考核的职业活动，可由计算机随机任选或由考生现场抽签选择（考场需提前备签）；"指定一项"一般用于在考核鉴定前，根据特定的考生人群和考核要求指定的考核范围，一般在职业活动比较复杂，部分从业人员只能掌握部分职业活动的情况下使用。

● 鉴定比重根据国家职业技能标准或该鉴定范围在本职业本等级中的重要性确定。

● 考试时间根据实际情况确定，总时间应符合国家职业技能标准。

● 操作技能考核形式多样，命题时应按照操作技能命题的科学和可行性原则确定考核形式。

操作技能考核内容结构表是操作技能命题的最基础工作，也是操作技能题库试题组卷的基本依据。

（2）编制操作技能鉴定要素细目表。按照上述操作技能考核内容结构表中的结构关系，分级别将鉴定范围由大到小逐级细分至"鉴定点"（即可以用统一标准独立测量和考核的系列操作活动），将这些鉴定点罗列出来并标注代码、鉴定比重、重要程度、试题量等参数，即形成各个级别的操作技能鉴定要素细目表。

操作技能鉴定要素细目表是操作技能考核命题的内容清单。有的职业活动比较简单，其操作技能考核内容结构表与操作技能鉴定要素细目表的鉴定范围、鉴定点内容相一致，只需标注各层次代码、鉴定比重、重要程度及试题量等参数即可，标注方法与理论知识鉴定要素细目表相同。

初级蔬菜园艺工操作技能鉴定要素细目表如下：

初级蔬菜园艺工操作技能鉴定要素细目表

鉴定范围一级				鉴定点			
代码重要程度比例	名称	鉴定比重	选考方式	代码	名称	重要程度	试题量
A	基本技能操作	10%	任选一项	01	农机具的使用	X	2
				02	温度计、湿度计、照度计的使用	X	3
B	种类识别	20%	必考项	01	主栽蔬菜相关识别	X	2
				02	常见化肥种类识别	X	1
C	专业技能操作	50%	必考项	01	蔬菜靠接技术	X	1
		10%	必考项	02	蔬菜播前一般浸种	X	1
		10%	任选一项	03	蔬菜营养障碍的诊断	X	1
				04	常见蔬菜病虫草害诊断	X	3
				05	黄瓜吊蔓、落蔓技术	X	1
				06	马铃薯种薯切块技术	X	1
				07	塑料大棚环境调控	X	1
D	相关知识问答				根据现场操作实际情况提问		

（3）编写操作技能鉴定点。编写操作技能鉴定点是一个标准化过程，是指按照国家职业技能标准的整体技能要求和现实职业活动要求水平，确定每个鉴定点的考核要求和统一的配分与评分标准，由此完成将每个操作技能可鉴定范围转化为鉴定考核所用的测量模块。

① 鉴定点的内容及编写要求。

• 鉴定点的名称　简单、明确地表述该项操作活动的名称。

• 考核要求　本鉴定点的具体操作要求和技术标准，主要说明本鉴定点操作时应达到的结果要求或技术标准。该考核要求一般是本鉴定点下的所有试题共性的考核要求，试题有具体的或特殊的考核要求时，则在鉴定点下各试题的考核要求中说明。

• 配分与评分标准　指本鉴定点统一的配分与评分标准，一般以评分记录表的方式体现，适用于本鉴定点下所有试题。

其中，"考核要点"应根据实际工作情况和要求，尽可能细致，将各个考核要点一一列出；并按照每个要点制定相应的评分标准和扣分原则；"否定项"即某一关键步骤或环节出错或未达要求，则认定本试题或整个操作技能考核不达标的项目，应同时列入配分与评分标准，并进行评分说明，具体表述如："若考生发生下列情况之一，则应及时终止其考试，考生该试题成绩记为零分。"

• 其他说明　本鉴定点在选择或编制具体试题时需要考虑的如材料、成本、时间、地域差别等其他因素说明。

② 鉴定点编写样例。

• 鉴定点名称　农药的配比

• 考核要求　用浓度 40% 药液按农药稀释的正确方法配制稀释成浓度 20% 的药液 200 克。

• 配分与评分标准

序号	考核内容	考试要求	分值	评分标准	得分	备注
1	准备工作	用具、量具准备	3	每少选一件扣 1 分扣完为止		
2	防护	戴防护用具	2	每少选一件扣 1 分扣完为止		
3	操作过程	检查所用器具	1	不检查扣 1 分		
		用药量计算 1	8	计算错误终止考核（100 克）		
		用药量计算 2	5	计算错误终止考核（100 克）		
		用药量称量	3	称量不准确扣 3 分，称量过程不规范扣 1～2 分		
		混合药液	3	药液倒入出现错误严重扣 3 分，烧杯选择错误扣 1～2 分		
		搅拌	2	搅拌不充分、不均匀扣 1～2 分		
4	安全文明生产	稀释后药液的适当处理	3	药液不做处理扣 2 分，乱倒或者处理不当扣 1 分		

（续）

序号	考核内容	考试要求	分值	评分标准	得分	备注
5	考核时间	在规定的时间内完成		每超过2分钟从总分中扣5分，超过5分钟停止考试		
合计			30			

否定项说明：若考生发生下列情况之一，则应及时终止考试，考生该试题成绩记为零分。
(1) 药液量计算错误。
(2) 准备过程中出现明显错误。
(3) 配比过程中出现严重错误。

评分人：　　年　月　日　　　　　　　核分人：　　年　月　日

③ 鉴定点的作用。鉴定点是可以用统一标准独立测量和考核的系列操作活动，是考核命题的直接依据。它可以用统一的评分标准反映职业活动的共性，也可以按统一的命题标准命制符合生产、服务实际的试题，使试题间保持等值。其作用具体体现如下：

a. 操作技能是操作者在一定工作环境中完成相应职业活动的能力，这种能力在很大程度上受到所处工作环境和工作要求的影响。如在不同的企业中，同一职业的从业人员通过操纵不同的设备、按照不同的生产工艺来生产相同的工件。在这一过程中，从业人员之间的外在操作活动是有差异的，有时这种差异还很大。对于职业技能鉴定工作来讲，如何把握同一职业（工种）由于不同的生产设备、生产工艺的要求导致的各种有差异外在操作活动中的共性，找出其中的职业操作技能的本质，作为衡量职业活动水平的基本准绳，是实现在操作技能内涵层面上对劳动者操作技能进行评定的基本思路。鉴定点通过对具有可操作性的操作技能要素定量化描述，确切地规划了这一模块所应考核的内容和具体水平，使属于该模块下的所有具体试题按照同一个标准进行评定，避免了由于条件不同造成的同一职业操作活动表现形式不同所带来的测量依据不同的问题。鉴定点提供的统一的配分与评分标准，就是共同的评定依据，它代表了同一职业操作活动的共性，表现了同一种操作活动的内在本质。

b. 职业技能鉴定作为提高从业人员技能水平、促进用人单位劳动力管理为目的的考试工作，不能单纯为了考试理论上的科学性而忽视了现实生产、经营、服务活动的实际要求。传统上以标准工件或标准作业方式组织的操作技能考核，虽然在统一质量水平上达到了目的，但难以反映劳动者在实际工作环境中的表现水平。鉴定点通过确立该类职业操作活动的考核要求和统一的评分标准，也就对该类职业操作活动开放了对工作环境的要求，既可以在不同的工作环境条件下进行鉴定考核，同时又由于按照统一的考核要点及评分标准进行评定，实现了评定结果间的等值性目标。

例如，传统的车工职业技能鉴定，由于各企业的生产设备不同、生产的工件也不同，为保证各考核间具有等值性，采用只使用统一的标准工件作为试卷内容进行考核，这种考核无法反映现实生产活动。而现在按照模块化操作技能考核命题技术，用车工的考核内容结构表规定了某等级下的考核结构，并确定了《车工操作技能考核命题技术依据》，明确了鉴定点内考核试题的命题依据，即可根据实际生产设备和生产工艺要求找出适合企业实际情况的工件作为试题，甚至可以直接取用生产中的产品作为考核试题。

车工操作技能考核命题技术依据

	尺寸精度	表面粗糙度	锥度精度	内(外)三角螺纹	形状位置公差	梯形螺纹公差	蜗杆精度	孔距偏心距螺距
高级	外径：IT6 内径：IT7 长度：IT9 圆弧：IT11	一般 Ra 1.6 特异	7级	6级	8级	7级	8级	IT9
中级	外径：IT7 内径：IT7 长度：IT10 圆弧：IT12	一般 Ra 1.6 特异 Ra 3.2	8级	6级	8级	7级	9级	
初级	外径：IT8 内径：IT8 长度：IT12 圆弧：IT12	一般 Ra 1.6 特异	9级	7级	9级			

（4）编写操作技能试题。操作技能试题的编制就是按照鉴定点的总体要求，结合生产、经营、服务活动的实际环境条件和具体工作要求，按规定的模式编写出用于考核的具体试题。

① 操作技能试题的基本内容。操作技能试题包括 3 个内容：

● 准备要求　完成本试题要求的操作所需要准备的前提条件，一般分为考场准备和考生准备两部分。具体包括试题名称（视情况决定是否给出）、本题分值、考核时间、考核形式、考核有关说明和场地、材料、工量具、设备及相应的其他准备条件。试题名称是否出现可根据本职业特点而定，以不泄漏试题内容为原则，可以采取不给名称、给出大致名称、给出具体名称三种方式。

●考核要求　主要包括本题分值、考核时间、考核形式、具体考核要求和否定项说明。其中，本题分值、考核时间、考核形式和否定项说明均按照《操作技能考核内容结构表》和鉴定点的配分与评分标准有关内容填写；具体考核要求一般是鉴定点统一考核要求的细化，如，根据鉴定点统一考核要求，给出本试题具体的加工图样等，如有特殊需要，还可进行其他补充。

●配分与评分标准　一般采用鉴定点统一的配分与评分标准，如本鉴定点内的试题有具体或特殊的配分与评分要求，则在各试题的配分与评分标准中说明。如，材料不同时具体的评分指标需做出相应的具体数值变化等。

② 操作技能试题样例。

鉴定点：农药的配比

试题1：农药的配比

试题名称：农药的配比

a. 设备设施准备（每人一份）：

序号	名称	规格	单位	数量	备注
1	天平	台式托盘	台	1	
2	烧杯	200毫升	个	2	
3	烧杯	500毫升	个	1	
4	玻璃棒		根	1	
5	40%药液	小		一瓶	
6	口罩	纱布多层		3	
7	胶皮防护手套			1	
8	20%药液	小		一瓶	

说明：考场实施考核时，还应该准备本题所列之外的物品，如水、水桶等，以及配比后药液的盛放器皿。

b. 考生准备：笔

考核内容：

●本题分值：30 分

●考核时间：10 分钟

●考核形式：实操

c. 配分与评分标准：

请参见鉴定点"农药的配比"的配分与评分标准。

二、农业职业技能鉴定国家题库简介

(一) 题库概述

1. 题库的概念　题库是由一批技术性能确定、按一定规则组织起来的试题集合，同时它可以针对当前的考试目的抽取试题、组建试卷。

2. 题库的特点

(1) 在性质上，题库是将内容专家和测量专家的知识和经验形式化，利用计算机系统组建一个规则系统，以良好编制并具有特征标注的试题为资源，为一定的考试提供内容等值、质量稳定的试卷的一种重要的命题操作与命题管理技术。

(2) 在操作上，题库一般用一个计算机软件作为技术平台进行题库的管理工作，包括试题的录入、检索和修改，组卷模式的创建，试卷的生成、编辑和打印等。

3. 题库的技术要素

(1) 充分有效的测量模型。

① 题库的测量模型是决定题库的测量目标、内容类型、要素结构、技术指标、组织形式、操作方式等关键内容的技术方案。

② 题库测量模型反映了题库建设的主要工作目标，也反映了题库开发的工作条件和技术条件，它为整个题库提供了整体上的技术依据，如考试的性质与目标、需要考核的能力结构及其特征、考核用试题的技术性能、试卷生成模型及其生成技术等。

③ 任何题库都必然以某种测量模型为基础，但同时应采用科学性与可行性并重的原则来确定测量模型的具体内容，以保证题库建设的顺利有效进行。

(2) 满足测量模型要求并具有一定数量的试题。

① 题库中的试题在考核内容、测量特征和提问方式等因素方面都应满足测量模型的要求：必须具备测量模型所要求的特征参数，同时这些技术指标的实际水平应该达到相应的质量要求。

② 题库中的试题必须具有一定的题量，以保证抽题组卷的正常进行。同时，随着考核领域内容的发展变化，相应的试题也将不断地补充与更新。

(3) 满足测量模型要求的组卷模型。题库建设的真正目标是要利用库中的试题实时组建考试所需的试卷。其组卷时所采用的技术方案和相应规则，是保证组卷结果与考核目标间一致性的基础，也反映了题库在理论依据、技术方法和实用效果方面的水平。

4. 农业职业技能鉴定国家题库开发的意义　农业行业开发农业职业技能鉴定试题，建立国家职业技能鉴定题库，为整个农业行业的职业技能鉴定提供试卷，保证了农业行业职业技能鉴定科学、有效和稳定的发展，对农业职业技能开发事业健康发展具有重要的意义。

(1) 加快农业行业高技能人才队伍建设步伐。农业职业技能鉴定开发工作尽管已经实施了十几年，在社会上产生了一定的影响，但是由于我国是一个农业大国，农业从业人员众多，具有高技能的农业劳动者所占比例很低，人们对农业职业技能开发工作真正认识的还不很多。另外，目前农业职业技能开发工作与国家对职业技能开发工作和高技能人才队伍建设的要求还有很大的差距。因而我们必须从农业职业技能鉴定国家题库建设的基础工作着手，健全从农业职业分类、职业技能标准、培训教材到鉴定题库的基础建设工作，为开展农业职业技能培训和开发工作奠定基础，进而促进农业高技能人才队伍建设。

（2）实现农业职业技能鉴定的科学管理。由于农业职业技能鉴定国家题库是以一定的测量模型为基础，依据测量学理论建立起来的试题的集合。在试题编制中，专家是在进行广泛调研、反复论证的基础上形成的，试题具有很强的代表性和适应性，从而充分保证农业职业技能鉴定工作的权威性、严肃性。另外，职业技能鉴定国家题库的建立必须有相应的、统一的考务管理程序做保障，因此建立农业职业技能鉴定国家试题库，可使全国农业职业技能鉴定统一考务管理，统一鉴定程序，促进鉴定管理科学化。

（3）保证整个农业行业职业技能鉴定水平的统一。农业职业技能鉴定国家试题库中的试题是按照农业职业技能标准的有关内容和编制试题的有关要求进行编制的，每次同一职业等级的鉴定考核内容应该具有考核范围和考核水平的内在一致性，所以从试题库提取的试题标准水平一致，由此衡量的农业劳动者的素质水平就一致，这样就保证了全国农业劳动者，无论所处哪一地区或哪一部门，对其鉴定的理论知识水平和操作技能水平要求都是一致的。

（4）减少大量的经济投入。建立农业职业技能鉴定国家题库后，由于题库是按照一定规则将试题组织起来的命题技术，这样就可以避免各地各农业职业技能鉴定站重复、频繁地组织专家进行命题，也保证了高质量的试题能够得到可靠的重复利用。由于题库中试题容量很大，鉴定试卷可按照要求随机组卷，因而可以随时满足各鉴定站的考核鉴定需要，因而可节省大量的人力、物力、财力。

（二）农业职业技能鉴定国家题库开发的主要步骤

1. 确定建库目标 按照题库开发的工作目标、物质条件和人力资源条件，确定题库技术目标。

2. 建立测量模型 制定提供题库开发所应具备的理论基础、质量要求和技术实现手段的测量模型，其中应包括题库所要求的试题属性特征和工作参数的设计、试卷组成的结构与内容设计以及组卷方案的数学模型与实现算法等。

3. 制定命题规则 依据所设计的测量模型，确定包括命题流程、命题所依据的原始材料和影响质量因素的解决方案等方面内容的命题规则。

4. 编制试题 根据所制定的命题流程方案及相应的命题规则，进行试题编制。

5. 审定试题 对所命试题进行技术审定，以确定试题内容质量和技术指标水平。

6. 录入校对试题 利用题库管理软件对经过审定的试题及其参数进行录入和校对。

7. 试验运行 进行题库的组卷试验和试考，在试验的基础上进行题库内容调整和完善。

（三）农业职业技能鉴定命题质量评价

职业技能鉴定命题质量评价是指对职业技能鉴定试题和试卷进行科学的定性和定量分析的全过程。通过评价得出的结论能有效地评估试题和试卷质量，为试题和试卷的调整与更新提供科学的依据。农业行业职业技能鉴定站每次鉴定考核结束后，考评小组以及鉴定管理主管部门都应当对鉴定的结果进行必要的数据抽样和分析，通过对鉴定试卷的评价和信息反馈，可以更准确地掌握与命题和试卷有关的各种参数，从而提高命题质量。试卷的评价内容包含了对试卷和试题各方面属性的评价，主要是通过信度、效度、等值性、难度、区分度等方面来进行评价。

1. 信度　信度用于评价试卷的可靠性和稳定性，即试卷测量结果是否准确。信度一般通过评价一份试卷多次考核结果的一致性程度来实现。

影响试卷信度的因素主要有试卷的题量、试题对鉴定要素细目表的覆盖程度、分数的分布、试题指导语和考生临场状态等。因此，提高试卷的信度首先要对试题进行精心的设计；适当加大题量，使试题能对鉴定要素细目表内容有较均匀的覆盖；分布在每个小题上的分数要均匀；试题的指导语要清楚、易懂等。

2. 效度　效度用于评价试卷的真实性和正确性，描述一份试卷能够正确地测出它所要测量的对象的程度，试卷测量内容对不对。效度只能通过外部的、独立的标准进行评价。效度一般通过评价一份试卷的全部内容对鉴定要素细目表内容和参数的取样适当程度来进行。

由于要体现试卷测验结果与试卷测验目标之间的相关程度，而且是通过一定的试卷内容来反映试卷测验结果与试卷测验目标之间的关系。因此，提高试卷的效度要注意两个层次的问题：一是测验的目标要明确，二是试题的设计要能有效地体现测验目标。

3. 等值性　等值性用于评价某一职业各试卷之间及各试题之间是否等值，等值性是标准参照考试中最重要的参数之一，它决定了考试真实的信度、效度和考试总体质量。

由于试题受鉴定要素细目表、试题内容、题型、重要程度等参数限制，还要适应组卷模式的规定，即使对同一鉴定点下面的不同试题进行等值性评价，由于题型的变化或答案的位置变化，有时也很难做出准确的等值性评价。因而对于等值性评价主要来评价试卷之间的等值性，即评价同一职业同一等级内部各试卷之间是否等值，它是等值性评价中的重点和要点，也是等值性评价的主要内容。

4. 难度　难度即鉴定题目的难易程度，一般用通过率来表示，是试题或试卷对考生的理论知识、操作技能水平适合程度的指标，即测量难不难。难度值越大，意味着试题越不容易正确作答；难度值越小，意味着试题越易正确作答。试题难度评价和试卷难度评价是分别进行的。

（1）试题难度评价。试题难度指的是考生总体对该题的平均得分率或通过率。实际难度是在考生考试后统计、计算得到的，统计数据越多，难度系数越准确；在命题时，是凭命题专家的经验，或取几位有经验命题专家所赋难度值的平均数，或找出与试题难度相关因素为参数，利用公式计算来预测难度值。

（2）试卷难度评价。试卷难度反映的是在试卷中试题的总体平均难度水平。试卷的难度值可以通过对组成它的所有试题的难度进行加权平均的计算方法获得。按标准参照考试的要求，试卷应做到难易适中，难度系数应掌握在 0.65（难度为 0.3 以下的题不超过 5%，0.3～0.7 的占 70%，0.7 以上的为 30% 左右），这样才能实现成绩的正态分布。

5. 区分度评价　区分度用于评价试题或试卷对考生实际技能水平的区分程度或鉴别能力。一般来说，试题应当有良好的区分度，以便发现考生存在的问题，便于教师的教学反馈。试卷是对考生成绩的总体区分，其区分度应该在 0.3 以上。

难度和区分度是对试题分析的重要指标，也是两个有着密切关系的因素。区分度的提高，主要是通过控制试题的难度达到的。如果题目太难，考生都答不出来，就没有区分度；如果题目太容易，考生都能答出来，同样没有区分度。难度适中，区分度才高。在不同的考试中，对难度和区分度的要求是不同的。

三、农业职业技能鉴定国家题库建设及管理

（一）农业职业技能鉴定国家题库建设

1993 年 10 月，中共中央十四届三中全会首次明确提出了国家实行学历文凭和职业资格证书并重的制度。其后，在《劳动法》、《职业教育法》和《农业法》中都明确规定了实行职业资格证书制度。这就为教育培训特别是职业教育的改革指明了方向，也为千千万万普通劳动者开通了发展成才的道路。农业部为了提高农业行业职业技能鉴定工作的质量，认为应该从鉴定技术上下手，改变命题不统一、标准不一致、难易程度不同、水平有高有低的现状。为此，农业部在建设农业职业技能鉴定试卷库的基础上，按照劳动部关于《职业技能鉴定国家题库网络建设与运行规程》（劳培司字〔1997〕53 号）的有关要求，结合《国家职业技能鉴定命题技术标准》和《职业技能鉴定国家题库网络分库建设指南》有关规定，于 1998 年启动了农业行业职业技能鉴定国家题库开发工作，为此，农业部成立了以人事劳动司司长为组长、各行业司局相关领导为成员的国家题库农业分库开发领导小组和办公室，题库开发办公室设在农业部职业技能鉴定指导中心，具体负责此项工作的实施。

1999 年，我们根据 1997、1998 年农业职业技能鉴定工作试点的情况，在征求农业各行业主管部门意见后，初步确定了部分技术含量较高、从业人员数量相对较多的《动物疫病防治员》等 17 个职业（工种）作为首批农业分库开发职业（工种），同时上报人力资源和社会保障部并给予批复。为了保证首批题库的顺利完成，根据国家题库网络建设方案和题库开发技术规程，制定了农业职业技能鉴定国家题库开发的实施方案，对工作任务和时间安排进行了明确的规定，并制定了一系列配套的管理制度和实施办法，以确保题库开发的顺利进行。

按照农业职业技能鉴定国家题库开发的实施方案，1999 年年初，根据农业部各行业司局和省农业厅主管部门的推荐意见，在来自全国的近百名专家中，经过多方面的考察和遴选，最后聘任经验丰富、责任心强、有丰富专业理论知识和实践经验、时间有保证并具有代表性的 57 名同志作为农业题库开发核心专家，组建了一支高素质的题库开发专家组，并于 1999 年 6 月集中组织核心专家进行了为期一周的系统培训。核心专家按照有关要求编制了鉴定要素细目表初稿，1999 年 9 月组织专家对鉴定要素细目表初稿进行了初审，随后印发了《关于修改、补充部分职业〈鉴定要素细目表〉的函》（农（职鉴）〔1999〕31 号），选择开展工作比较好的鉴定站、有责任心的考评员及部分典型省份主管部门，广泛征求鉴定要素细目表的修改意见。在征求意见的基础上，命题专家对鉴定要素细目表又进行了适当调整和修改，使其更具有适用性、可测性以及可操作性。

鉴定要素细目表审定后，为了把握好命题质量，多次召开题库编写工作交流会，试题的编写严格按照《国家职业技能鉴定命题技术标准》进行。根据每个专家的特长，科学分工，明确每个人的职责和承担的任务。对于编写试题中出现的新问题、新情况，及时研究对策，

并专门下发《关于做好职业技能鉴定试题编写工作的通知》（农人劳〔2000〕17号）予以明确，确保了题库开发的顺利进行。

在百余名专家的参与下，经过两年的努力，于2001年底完成了首批13个职业的农业行业职业技能鉴定国家题库开发工作。随后，在湖南、贵州、山西、云南、浙江、甘肃等农业职业技能鉴定站对《动物疫病防治员》、《动物检疫检验员》、《饲料检验化验员》、《农艺工》、《花卉园艺工》、《蔬菜园艺工》等职业（工种）进行测试（试题均为计算机随机组卷），鉴定站对题库的评价是：试题范围广泛、内容充实、知识面广、深度适宜，重点突出；题型、题量适度，难易程度适宜，考核内容完整，基本能够反映我国当前相关职业、级别的考核技术要求，具有较强的实用性和易操作性。2002年通过了劳动和社会保障部的审定验收，验收小组对题库的总体评价是：整个题库结构合理，难度水平恰当，基本上反映了相关职业的职业要求，达到了职业技能鉴定国家题库网络省（部）级分库运行资格认证标准，可以作为国家题库唯一可靠的资源，并宣布验收审定通过。

为进一步加强农业职业技能鉴定国家题库建设，农业部先后印发了《关于组织编写农业职业技能鉴定培训教材和题库的通知》（农办人〔2003〕53号）、《关于组织开发农业职业技能鉴定题库和编写培训教材的通知》（农人劳函〔2005〕3号）和《关于做好2007年农业职业技能开发基础工作的通知》（农人劳函〔2007〕3号）等文件，确定了农业行业职业题库开发名录，规定了详细的时间进度，并对题库开发工作提出了相关要求。到2015年年底，农业行业已经完成了75个职业的试题库。农业职业技能鉴定国家题库建设规模的不断扩大，对农业职业技能鉴定和高技能人才培养将产生举足轻重的作用。

（二）农业职业技能鉴定国家题库运行管理

职业技能鉴定国家题库运行管理是国家职业资格证书制度的重要组成部分。加强国家题库运行管理工作，对于确保职业技能鉴定命题质量、实现职业技能鉴定统一命题管理、健全技能人才评价体系和完善职业资格证书制度具有重要意义。国家职业资格证书权威性的基础是职业技能鉴定工作本身的质量，而统一命题是保证鉴定质量、体现职业资格证书水平的基本技术保障。

职业技能鉴定国家题库由总库、行业分库、省级分库组成。国家题库总库由人力资源和社会保障部职业技能鉴定中心负责组织和管理国家题库的总体规划、题库运行和质量监督，实行"统一开发、统一管理、统一运行和统一维护"管理模式，在人力资源和社会保障部职业技能鉴定中心的统一管理下，省级职业技能鉴定中心负责通用职业（工种）地方分库的运行管理，行业职业技能鉴定中心负责本行业特有职业（工种）行业分库的运行管理和日常管理。

下面以农业行业为例，分别介绍题库管理机构职责及分库运行程序。

1. 题库管理机构职责　农业部职业技能鉴定指导中心负责国家题库农业分库管理工作，其主要职能是：

（1）制定并落实国家题库农业分库在全行业运行的政策；

（2）组织国家题库农业分库的运行，并负责质量控制；

（3）在人力资源和社会保障部职业技能鉴定中心的指导下，负责国家题库农业分库试题资源的开发和更新改造工作；

（4）配置和管理国家题库农业分库的设备与工作人员；

（5）接受人力资源和社会保障部职业技能鉴定中心的业务指导和质量监督。

2. 国家题库农业分库使用运行程序 按照《农业部办公厅关于印发农业行业职业技能鉴定站、职业资格证书、职业技能鉴定程序及职业技能鉴定考评员管理办法的通知》（农办人〔2007〕22号）规定，农业行业职业技能鉴定程序规范明确要求：

（1）各农业鉴定站于实施鉴定前一周，通过《试卷需求报告》向农业部行业指导站申请提取试卷。试卷一律从国家题库中提取。对于暂未建立和颁布国家题库的职业（工种），由农业部行业指导站组织编制试卷，经农业部职业技能鉴定指导中心审定后使用，也可由农业部职业技能鉴定指导中心直接组织编制试卷。

（2）试卷应采用保密方式以清样形式由专人发送。发送的主要内容为试卷、标准答案、评分标准和操作技能鉴定技术准备通知单等。

（3）鉴定站要由专人接收和保管试卷，并按国家有关印刷、复制秘密载体的规定由专人印制或监印。

（4）试卷运行的各个环节应严格按照保密规定实行分级管理负责制，一旦发生失密，须立即采取相应补救措施并追究相关人员责任。

为确保农业题库运行的有效性和使用的规范性，农业部职业技能鉴定指导中心于2010年印发了《关于进一步规范农业行业职业资格证书核发有关问题的通知》（农职鉴发〔2010〕7号），通知要求：各农业职业技能鉴定站开展鉴定所用试卷必须从国家题库中提取。在实施鉴定前须认真审核试卷试题，如发现试题所反映的内容与当地情况不符，可根据《农业部办公厅关于印发进一步加强农业职业技能鉴定工作的意见》（农办人〔2002〕39号）要求适当修改完善部分试题，修改部分不得超过原试题的20%。修改后的试题须经农业部行业指导站或农业部职业技能鉴定指导中心审核同意后方可使用。未建立国家题库的职业，鉴定试题由农业部行业指导站组织专家编制，经农业部职业技能鉴定指导中心审核确认后使用，使用未经审核确认鉴定试卷的鉴定成绩无效。鉴定试卷应予以保存并编号备案（至少保存两年）。

（三）农业职业技能鉴定国家题库保密管理

国家题库及试卷保密工作直接关系职业技能鉴定的质量和职业资格证书的权威性，为加强国家职业技能鉴定试卷安全保密工作，规范职业技能鉴定题库运行管理，人力资源和社会保障部职业技能鉴定中心于2010年颁发了《关于印发职业技能鉴定国家题库安全保密工作规程（暂行）的通知》（人社鉴发〔2010〕2号），《职业技能鉴定国家题库安全保密工作规程》明确了职业技能鉴定国家题库安全保密工作坚持的原则、密级、安全保密职责、保密管理、法律责任等内容。

农业行业一直高度重视题库及试卷保密工作，按照"谁主管，谁负责"、"谁主办，谁负责"的原则，开展了一系列保密制度建设工作。

1. 保密制度建设情况 农业行业职业技能鉴定在试题管理方面制定了一系列的保密规定：

（1）在2006年《农业部关于印发〈农业行业职业技能鉴定管理办法〉的通知》（农人发〔2006〕6号）第十三条规定：鉴定站开展鉴定所用试题必须从国家题库中提取，并按有关要求做好试卷的申请、运送、保管和使用。

（2）2007年《农业部办公厅关于印发农业行业职业技能鉴定站、职业资格证书、职业技能鉴定程序及职业技能鉴定考评员管理办法的通知》，其中农业行业职业技能鉴定程序规范第七条规定：提取职业技能鉴定试卷应采用保密方式以清样形式由专人发送。发送的主要内容为试卷、标准答案、评分标准和操作技能鉴定技术准备通知单等。鉴定站要由专人接收和保管试卷，并按国家有关印刷、复制秘密载体的规定由专人印制或监印。试卷运行的各个环节应严格按照保密规定实行分级管理负责制，一旦发生失密，须立即采取相应补救措施并追究相关人员责任。

（3）签订责任书制度。从2011年开始，农业部职业技能鉴定指导中心根据《职业技能鉴定国家题库安全保密工作规程（暂行）》的规定要求，制定了农业部鉴定中心与农业部各行业职业技能鉴定指导站、农业部各行业职业技能鉴定指导站与所属职业技能鉴定站分别签订《农业行业职业技能鉴定国家题库安全保密工作责任书》制度，明确责任内容和违规处罚措施。同时，我中心还建立了主要领导负总责，分管领导负直接领导责任，职能处室负直接责任的保密责任制，每年与保密要害部门、部位涉密工作人员签订保密责任书，要求保密要害部门、部位涉密工作人员做出保密承诺。

2. 保密责任制落实情况

（1）细化保密工作内容。在农业部职业技能鉴定指导中心与各行业指导站签订的农业行业职业技能鉴定质量管理责任书中明确规定，各行业指导站要严格执行《农业行业职业技能鉴定程序规范》规定，做好鉴定试卷的管理、鉴定结果的初审、证书的核发和资料的归档等工作；监督所属鉴定站严禁自行编制试题，鉴定试卷须从国家职业技能鉴定题库或卷库中提取，试题运行应按照《职业技能鉴定国家题库安全保密工作规程（暂行）》和《关于签订农业行业职业技能鉴定国家题库和试卷安全保密工作责任书的函》（农职鉴函〔2011〕5号）的有关要求进行管理；指导站应将各批次使用的试卷予以编号保存，以备查询。同时也要与所属鉴定站签订责任书，并要求各鉴定站严格执行《农业行业职业技能鉴定程序规范》规定，做好鉴定试卷的管理、鉴定结果的初审、证书的发放和资料的归档等工作；鉴定站严禁自行编制试题，鉴定试卷须从国家职业技能鉴定题库或卷库中提取，试题运行应按照《职业技能鉴定国家题库安全保密工作规程（暂行）》和《关于签订农业行业职业技能鉴定国家题库和试卷安全保密工作责任书的函》的有关要求进行管理。

（2）对责任书落实情况进行监督检查。农业部利用每两年一次的职业技能鉴定质量检查活动的机会开展保密检查，同时采用多种方式，对农业部行业指导站、职业技能鉴定站落实责任书情况进行监督检查，督促各职业技能鉴定机构明确专人负责，制定工作责任的措施和手段，确保各项工作要求落到实处。

3. 涉密人员管理情况 从事国家题库农业分库的开发人员，按照有关规定，由本人所在单位遴选，省级农业行政主管部门推荐，行业指导站初审，农业部职业技能鉴定指导中心审核并报农业部人事劳动司备案后，确定为题库开发专家。在题库开发前，与题库开发专家签订《职业技能鉴定国家题库农业分库开发研究课题任务书》，在任务书中，明确缔约各方及其有关人员均应按照人力资源和社会保障部《职业技能鉴定国家题库安全保密工作规程（暂行）》和农业部的相关要求，对所开发的课题内容以及其他有关信息承担保密责任，并采取相应的保密措施。对于涉及试题管理方面的人员，农业部职业技能鉴定指导中心分管领导与职能部门负责人、具体工作人员分别签订保密责任书，增强涉密人员的责任感和保密意识。

4. 涉密载体管理情况　在试卷管理方面，按照鉴定站的申请内容，经审核后，在鉴定前将相应试卷以清样或光盘的形式，按照保密有关规定要求发送给鉴定站指定人员；在试卷发送方面进行详细的登记记录；对于废弃试卷和涉密资料，按照农业部的统一要求，进行集中销毁。

5. 计算机及移动存储介质使用管理情况　对于装有题库的计算机，进行单独管理，设置了专用开机密码，并做到与其他计算机和网络实行物理断开，实现既不能内部网络连接，也不能与外部网络连接，更不能安装使用无线网卡等无线设备。在使用方面，禁止使用一切移动存储介质，拷贝试题只能使用光盘进行刻录，要求存储试题的光盘也不能在与网络连接的计算机上使用。

6. 涉密场所管理情况　在命题方面，农业部职业技能鉴定指导中心不仅与题库开发专家签订《职业技能鉴定国家题库农业分库开发研究课题任务书》，而且每年都组织专家进行集中培训、编写和审定，确保命题安全。对于装有题库的计算机，从多方面强化管理，确保使用安全。

第三章　农业职业技能鉴定考务管理

农业职业技能鉴定考务管理是通过对农业职业技能鉴定实施过程中各环节的有效控制与管理，确保职业技能鉴定结果的客观、真实和有效的一种考务管理模式。农业职业技能鉴定作为国家职业资格考试的重要组成部分，考务管理内容包括对鉴定机构、人员、场地、试卷、鉴定程序、鉴定结果和证书颁发等方面进行管理和质量控制。

第一节　农业职业技能鉴定考务管理简介

一、农业职业技能鉴定考务管理概述

农业职业技能鉴定考务管理是否到位关系整个鉴定活动的成败，关系鉴定结果的质量，关系职业技能鉴定制度的声誉，在农业职业技能鉴定活动中具有特殊的地位和作用。

就一般考试活动而言，高质量的试题是考试成功的基础，考务管理有序、组织严谨则是考试成功的保障。因此，没有规范的考务管理就不可能取得真实有效的考试结果。职业技能鉴定考务管理工作又是职业技能鉴定直接面向社会、面向考生的窗口，考务水平直接影响社会对职业技能鉴定制度的认同程度。

（一）农业职业技能鉴定的内容

农业职业技能鉴定是以具有一定劳动能力的农业劳动者为鉴定对象，以鉴定对象的职业技能水平为鉴定内容，所鉴定的是农业劳动者劳动能力的一个组成部分，即职业技能水平，包括职业道德、工作业绩等。

（二）农业职业技能鉴定的组织形式

任何一种职业资格考试都有其特定的组织实施形式，不同的组织形式适应不同的资格考试活动。对于农业职业技能鉴定而言，有两种基本的组织形式，即统一组织实施形式和非统一组织实施形式。

1. 统一组织实施形式　统一组织实施形式是指在全国统一范围内或某一区域范围内，在同一时间，使用相同的鉴定试卷和评分标准，统一组织鉴定的形式，这种形式通常也称为统考。从某种意义上讲，统一组织实施形式具有三个方面的好处，一是对鉴定对象提供的标准和鉴定条件容易达到水平一致，能够很好地体现职业技能鉴定的公正性原则；二是由于鉴定对象具有一定的规模，可形成规模效益，是最经济的组织形式，也便于采用现代化的鉴定技术；三是便于有效地组织施测，便于接受社会的监督检查，可使鉴定活动的声誉增强。但

统一组织实施形式对组织管理要求高，难度大，也不可能完全适应各地区、各部门不同的特点和条件。

2. 非统一组织实施形式　非统一组织实施形式是根据鉴定对象或者不同单位的需要，随时分别组织的一种鉴定形式。这种组织形式可以为部分鉴定对象提供针对性较强的服务，也能够适应鉴定对象的特殊时间、地点或其他特殊情况的要求。非统一组织实施形式虽然不可能为鉴定对象提供同样的试卷，但是如果强调命题标准和水平的一致性，也可以保证鉴定活动的公正性原则。由于非统一组织实施形式的鉴定时间、地点不统一，鉴定对象相对较少，可能造成鉴定成本相对较高。

由于农业职业技能鉴定面对整个农业生产领域，各个职业千差万别，对鉴定形式有各种不同的要求，因此统一组织实施形式和非统一组织实施形式将长期并存。只要符合鉴定的基本原则，按照操作规程进行鉴定，采用哪一种形式都是可以的。但是无论采用哪一种形式，都要求严格遵循鉴定标准和规定的方式、方法，以确保鉴定质量的可靠。从鉴定对象来看，统一组织实施形式适合比较确定的鉴定对象，如各类农业中专和农业广播电视学校的应届毕业生，他们年龄层次很接近，而且鉴定时间也比较容易确定。从鉴定的内容来看，统一组织实施形式比较适合于农业专业技术知识的考试，而像操作技能的考核，由于受各地气候和环境的影响，就不适合用统一组织实施的形式进行考核鉴定。

农业职业技能鉴定无论采取何种形式，鉴定工作都必须按照统一鉴定标准、统一命题考核、统一考评人员资格、统一考务管理和统一证书管理与核发的"五统一"原则来进行，以确保鉴定的公正性、科学性和权威性。

（三）农业职业技能鉴定方法

职业技能鉴定方法分为理论知识考试和操作技能考试。理论知识考试以纸笔考试为主，主要考核从事本职业应掌握的基本要求和相关专业知识；操作技能考试主要采用现场操作加工典型工件、生产作业项目、模拟操作等方式进行，个别职业也可采用笔试方式，主要考核从事某一职业所需的职业能力水平。

二、农业职业技能鉴定考务管理的基本原则

1. 公正性原则　公正性原则是指在相同的客观条件下对农业劳动者掌握的专业技术知识和操作技能水平进行客观的鉴定评价，确保鉴定结果的有效性和权威性。

公正性主要来源于健全的规章制度和统一的鉴定技术标准要求。农业部下发的《农业行业职业技能鉴定管理办法》是实施农业职业技能鉴定最基本的技术性框架文件，各鉴定机构应根据这个框架文件，制定相应的实施细则和规章制度。国家职业标准作为统一的鉴定技术标准，农业职业技能鉴定必须遵照其内容开展鉴定考核。同时，公正性还体现在鉴定技术准备的要求上，操作技能考试中使用的原料、场所、工位等，都应当符合测试标准和要求，有些重要设备、仪器还需要经过校验、检测，以确保万无一失。特别是每一工位的条件、环境因素应一致，这是保证鉴定考务公正性的重要基础，才能使每一个鉴定对象在相同的客观条件下完成相关专业技术知识考试和操作技能考核，避免各种主客观因素对鉴定质量的影响。

2. 程序化原则   程序化原则是指农业职业技能鉴定活动从报名、资格审查、组织实施到鉴定结果的确认，是一个有机的整体，各个环节相互衔接、相互影响，其运行过程有一套完整的、科学的程序。在鉴定实施过程中不能缺少任何一个环节，也不能违反任何程序规定，以有效地防止和纠正鉴定实施过程中人为因素可能造成的误差。这是农业职业技能鉴定考务的一个重要特征，同时严格的程序化管理也是鉴定考务管理的重要原则。

3. 保密性原则   保密性原则是保证农业职业技能鉴定活动权威性和公正性的一个基本原则。在鉴定考核过程中，许多环节都需要保密，其中最重要的是试卷的保密，即试卷提取、运送、印刷、保管、传递和使用的各个环节都需要按照有关规定要求严格保密。因此，保密工作是农业职业技能鉴定考务管理的重要环节和基本要求。

4. 制约性原则   制约性原则是指农业职业技能鉴定考务管理的各个环节之间具有相互制约、相互影响的工作机制，这是维护鉴定考核严肃性和可靠性的有力保证，是对农业职业技能鉴定考务工作有效管理的基本原则。

其中制约机制包括两个方面：一是鉴定外部环境的约束，即社会的监督，二是鉴定内部的约束，即鉴定行政主管部门和业务管理部门的监督。只有各个工作环节互相制约，外部监督和内部监督有效结合，才能确保农业职业技能鉴定考务管理有效进行。

第二节   农业职业技能鉴定程序与考务管理内容

一、农业职业技能鉴定程序

依据农业部印发的《农业行业职业技能鉴定程序规范》，实施农业职业技能鉴定应按照以下流程：

1. 制订职业技能鉴定工作方案   鉴定站应于每次组织鉴定工作前进行简单策划，研究制订本次鉴定工作方案。

2. 发布鉴定公告   鉴定站应在每次实施鉴定前 30 日，以文件、宣传单等形式通过报纸、杂志、电视等载体，向本地区或相对特定群体发布公告或通知。

3. 组织报名   鉴定站自鉴定公告发布之日起组织报名，并对申请人的身份证明、学历证明、现有《职业资格证书》等材料进行核实。

4. 组建考评小组   鉴定站应根据所鉴定的职业（工种）和鉴定对象数量，选择具有农业行业考评员资格的考评员组建若干考评小组。

5. 提取职业技能鉴定试卷   鉴定站应于实施鉴定前一周，通过《试卷需求报告》向部行业指导站申请提取试卷。

6. 考前准备   鉴定站应依据考生数量及鉴定工作要求安排相关人员，并准备考试场地及有关仪器、设备和材料等。

7. 实施鉴定   鉴定站应依据理论知识考试和操作技能考试要求开展鉴定考核。

8. 呈报鉴定结果   鉴定站应在每次鉴定结束后 10 个工作日内，将有关材料上报部行业指导站审核。

9. 核发职业资格证书   依据《农业行业职业资格证书管理办法》核发证书。

10. 资料归档   每次鉴定完毕，鉴定站须将以下资料归档：

（1）《职业技能鉴定合格人员名册》；

（2）《鉴定组织实施情况报告单》；

（3）《职业技能鉴定理论考试考场简况表》、《职业技能鉴定实操考试考场简况表》；

（4）《职业技能鉴定报名花名册》；

（5）申报人员《农业行业职业技能鉴定申报审批表》；

（6）鉴定公告（通知）；

（7）理论知识考试、操作技能考试样卷以及标准答案、评分标准等；

（8）鉴定考生试卷（至少保存两年）。

二、农业职业技能鉴定考务管理主要内容

（一）鉴定计划管理

1. 制订鉴定工作计划　鉴定计划是鉴定站开展工作的基础，是组织实施职业技能鉴定工作的指导性文件。各鉴定站应根据本地区、本部门的实际情况，在每年的 12 月底前制订出下一年度的鉴定工作计划。鉴定站的鉴定工作计划应充分考虑本站的工作条件和承受能力，以及社会、用人单位的需要。鉴定工作计划一般应包括以下几个方面的内容：鉴定人员和职业（工种）预测、鉴定范围、鉴定标准、鉴定工作日程总体安排、工作事项说明等内容。

（1）鉴定人员和职业（工种）预测。应根据以往鉴定对象的数量，估算下一年度申报人数，预计鉴定的次数，便于上级主管部门根据鉴定对象的数量和鉴定次数准备相关工作。

（2）鉴定范围。包括职业（工种）名称、职业（工种）定义和适用范围，其表达应以《职业分类大典》规定的职业名称或人力资源与社会保障部门颁布的职业名称为准，不能使用通俗说法或者其他表述方式。

（3）鉴定依据标准。包括鉴定职业（工种）在实施鉴定时所依据的职业标准、职业技能鉴定规范和主要鉴定考核方式。

（4）鉴定工作日程总体安排。包括每次鉴定的报名时间期限、分类统计时间期限、准考证颁发时间、操作技能考核技术准备通知单的发送时间、试卷领取交接的时间等。

（5）工作事项说明。包括工作程序和重要事项的说明等，特别是实施方法有所改变时，必须加以说明。

2. 发布鉴定公告　农业职业技能鉴定的实施须实行定期鉴定制度。为便于被鉴定者报名、备考、应考，鉴定机构应至少在每次鉴定前 30 日发布鉴定公告或通知。

鉴定公告由相应的鉴定站编制，报相应行业指导站审核批准后，由鉴定站予以发布。公告应张贴在容易被看到的场所，刊登在发行的报刊上，或通过广播电视等媒体发布。各鉴定站发布的鉴定公告，是根据鉴定计划安排和承担的有关任务公布的具体工作安排。

鉴定公告通常包括以下方面的内容：

（1）鉴定职业（工种）的名称、等级；

（2）鉴定对象的申报条件；

（3）报名地点、时限，收费项目和标准；

（4）鉴定方法和参考教材；

（5）鉴定时间和地点。

（二）报名管理

1. 考生申报 农业职业技能鉴定的申报一般以自愿为原则。企业、事业单位可根据本单位具体要求和岗位需要，组织职工参加职业技能鉴定。

为保护国家财产、人民生命安全和消费者利益，国家对部分技术复杂的职业（工种）实行就业准入制度，提出强制性要求。2000 年，农业部公布了 14 个农业职业实行就业准入，从事这些职业的农业劳动者必须取得相应职业资格证书，才可以上岗就业。

随着学历教育向素质教育的转变，国家规定职业学校的毕业生在获得学历文凭的同时，要接受职业技能鉴定，获得相应等级的职业资格证书。目前在农业职业院校和农业广播电视学校已经全面推行了"双证制"。

农业职业技能鉴定的对象包括从事或拟从事国家规定实行就业准入职业的农业劳动者；从事其他农业职业（工种）的劳动者。前者必须参加相应职业的技能鉴定并取得职业资格证书后方可上岗就业；后者可根据需要自愿申请参加农业职业技能鉴定。

申请鉴定的单位或个人可向相应的职业技能鉴定站报名。申报人员在报名时应出示本人身份证、毕（结）业证书、《职业资格证书》和工作单位劳资部门出具的工作年限证明等，并填写《农业行业职业技能鉴定申报审批表》。

申报参加技师、高级技师鉴定的人员，须按照有关职业标准规定，出具本人的技术成果和工作业绩证明，并参加综合评审。

《农业行业职业技能鉴定申报审批表》由考生、考生单位（或培训机构）填写后报农业职业技能鉴定站。《农业行业职业技能鉴定申报审批表》是考生资格审查和确认的原始依据，也是个人鉴定考核结果的记录，职业技能鉴定站需要长期归档保存。

2. 资格审查 申报人申请参加农业职业技能鉴定需要一定的资格条件。申报人应当符合相应的从事本职业（工种）规定的工作年限要求，或接受规定的正规职业教育培训，掌握相应的专业技术知识和实际操作技能后方可申报。对鉴定对象的资格审查是保证鉴定质量的重要环节，因为职业能力的掌握特别是操作技能的掌握，不是依靠短期教学和练习就可以的，还需要一定时间工作实践的经验积累。

农业职业技能鉴定资格审查的主要依据是国家职业标准中规定的申报条件。不同职业（工种）、等级的申报条件不尽相同，如：

申报农作物种子繁育员职业技能鉴定的资格条件

1. 申报初级（具有以下条件之一者）

（1）经本职业初级正规培训达到规定标准学时数，并取得结业证书。

（2）在本职业连续工作 1 年以上。

（3）从事本职业学徒期满。

2. 申报中级（具有以下条件之一者）

（1）取得本职业初级职业资格证书后，连续从事本职业 2 年以上，经本职业中级正规培训达到规定标准学时数，并取得结业证书。

（2）取得本职业初级职业资格证书后，连续从事本职业工作 4 年以上。

（3）连续从事本职业工作 5 年以上。

（4）取得经人力资源与社会保障行政管理部门审核认定的、以中级技能培养为目标的中等以上职业学校本职业（专业）毕业证书。

3. 申报高级（具有以下条件之一者）

（1）取得本职业中级职业资格证书后，连续从事本职业 2 年以上，经本职业高级正规培训达到规定标准学时数，并取得结业证书。

（2）取得本职业中级职业资格证书后，连续从事本职业工作 4 年以上。

（3）大专以上本专业或相关专业毕业生取得本职业中级职业资格证书后，连续从事本职业工作 2 年以上。

4. 申报技师（具有以下条件之一者）

（1）取得本职业高级职业资格证书后，连续从事本职业 5 年以上，经本职业技师正规培训达到规定标准学时数，并取得结业证书。

（2）取得本职业高级职业资格证书后，连续从事本职业工作 8 年以上。

（3）大专以上本专业或相关专业毕业生取得本职业高级职业资格证书后，连续从事本职业工作 2 年以上。

5. 申报高级技师（具有以下条件之一者）

（1）取得本职业技师职业资格证书后，连续从事本职业 3 以上，经本职业高级技师正规培训达到规定标准学时数，并取得结业证书。

（2）取得本职业技师职业资格证书后，连续从事本职业工作 5 年以上。

为了保证农业职业技能鉴定资格审查的严格和公正，农业职业技能鉴定资格审查实行两级负责制，即农业职业技能鉴定站接受申报时，对鉴定对象进行资格条件初审，审查有关证件和证明的合法性、有效性。然后由农业部职业技能鉴定指导中心（指导站）进行复审，复审合格者才有资格参加农业职业技能鉴定。

资格审查合格的考生，由职业技能鉴定站编制考生报名登记表。登记表应反映考生的基本情况、鉴定类别、报考的职业（工种）和等级以及根据一定的考试编排规则产生的准考证号。

准考证是鉴定申报人参加考核鉴定的必备证件。在考场中，准考证配合身份证共同使用，用以确认鉴定人的真实身份。准考证又是考核鉴定机构通知鉴定申请人参加理论知识考试和操作技能考核时间、地点以及考试基本注意事项的有效凭证，是鉴定申请人查询鉴定成绩的依据。准考证由农业职业技能鉴定站签发。签发时，鉴定站应在准考证上照片右下角加盖鉴定站的印章。

考生登记表按职业（工种）、级别分类汇总，成为组织考试和管理的原始基础，也是考场安排、试卷发放、考评人员配置等项工作的依据。鉴定站在报名截止日期以后，应将考生登记表上报职业技能鉴定指导中心。一般情况下登记表上报后，不能再随意增减表格中的报考人员。

（三）考场管理

1. 考场准备 职业技能鉴定需设置理论知识考场和操作技能考场。

● 理论知识考场设置要求

（1）考场通常选用标准教室，要求安静、整洁、通风、明亮、便于管理。

（2）标准理论考场分为 30 个座位和 24 个座位两种。单人、单桌、单行安排，前后左右须保持间距 80 厘米以上。考试用的桌椅和照明设施等要完好。

● 操作技能考场要求

（1）考场应整洁、卫生、明亮，设备仪器完好，应备的工卡量具、原材料齐全，并符合规定要求。

（2）考场应备有安全防护、设备检修、材料供应人员，距考场 10 米设警戒线，考试时有专人负责，无关人员不得随意出入。

农业职业技能鉴定站应当根据职业技能鉴定考生报名登记表确定的鉴定考试规模和场地使用需要，制定具体的鉴定安排计划，包括理论、操作考场安排和鉴定工作人员安排等，为职业技能鉴定的考核实施做出具体安排。以上安排应报职业技能鉴定指导中心备案，并作为职业技能鉴定指导中心审核考试准备情况、检查和巡视鉴定站现场工作的依据。

农业职业技能鉴定站在考试前一天，应当在现场明显位置和人员进入的主要通道口，张贴考场分布、各考场的编号、考试的职业种类、项目等示意图和考场规则、考生须知等。必要时，可事先组织考生熟悉场地、设备和工位。

2. 考场编排 考场编排是保证鉴定公正性和鉴定质量的重要工作环节，通过考场编排，可以更好地维持考场纪律，保证鉴定结果真实、可靠。

为了保证考试的有效性，给考生提供公平参加考试的条件，应按照一定编排规则安排考生的考位。理论考场通常有以下编排方式：按职业（工种）、等级顺排；按职业（工种）、等级随机编排；按同职业不同等级混排；按不同职业（工种）混排。操作技能考场一般在考生进入考场时抽号确定考位。考位与考生的准考证号（考场编排生成的号码）一一对应。

（四）鉴定实施管理

鉴定实施是职业技能鉴定考务管理工作最关键的环节。在这一阶段，职业技能鉴定考务管理人员、考评人员和考核对象按照统一规定的考场规则和考试方法，共同完成考核鉴定。鉴定实施管理包括对鉴定准备、鉴定过程和鉴定结束三个阶段的管理。

1. 鉴定准备 从召开考务准备会、考务管理人员和考评人员接受鉴定任务，到考试铃响，称为鉴定准备阶段。

● 考务准备会的内容

（1）理论考试。宣布各监考人员所监考考场；重申职业技能鉴定考场管理纪律；说明试卷拆封要求及注意事项；说明考场情况记录要求；分发试卷给监考人员。

（2）操作技能考试。宣布各考评小组所监考的考场或考生；重申职业技能鉴定考场管理纪律；要求各考评小组研究评分规则，避免考评员之间评分误差过大；分发试卷给监考人员；对部分职业鉴定的特殊要求进行说明。

● 鉴定准备阶段考务管理人员、考评人员的主要工作

监考人员、考评人员要提前检查考场准备情况，查看考场准备是否符合要求。如考场的环境卫生和设施是否完整、摆设位置是否符合要求、操作技能考核的必备技术条件和安全卫生保护条件等方面是否合格。监考和考评人员发现考场准备情况不符合考场规则时，应及时向鉴定现场负责人报告，要求予以改正。

监考人员、考评人员一般应于考前 30 分钟到考务主管部门领取试卷，核对试卷数量，

检查试卷封条和试卷袋是否完整无缺，如果发现问题要立即报告；在准备操作技能考核时还要到考场分发备料、查看设备等。

考生应于考前15分钟携带准考证、要求或允许携带的工卡量具和原材料及身份证件（身份证、学生证、军官证、警官证、护照、驾驶执照等）进入考场，对号入座或进入指定工位。监考人员、考评人员应查验考生的各种证件以及携带的工卡量具、原材料。

2. 鉴定过程 考试预备铃响后，监考人员或考评人员开始拆封和分发试卷，指导考生首先将姓名、准考证号等基本情况填写在试卷指定的位置或填涂在答题卡上。考试铃响后，通知考生作答。对试卷缺页、破损或印刷不清等问题，应及时处理。

在考试过程中，监考人员应按照要求巡视考场，维护考场纪律，做好监督、检查和考场情况记录工作：核对考生的准考证和照片与本人是否相符，防止代考；注意鉴定对象有无夹带、舞弊、违反操作规程或其他违反考试规则的行为；时刻注意防止安全事故的发生等。在考场巡视的过程中，监考人员和考评人员的行为应不影响或干扰考生，使考生能够独立完成考试。考场的主要情况，如缺考人数和考号、违规违纪考生的考号和情况、操作技能考试中由于意外原因造成考试中断的情况和中断时间，都应如实地记录在《职业技能鉴定考场记录表》上，作为考试结果违纪违规处理的依据。

如需进行现场考评，考评人员应按照规定职责，对考生的现场考核鉴定结果做出判断，评定成绩。其工作一般包括四个环节：

（1）收集证据。根据标准要求，收集和汇总应试者符合标准要求的行为表现和工作成果。

（2）判断证据。即根据收集到的证据，对应试者的相应职业能力状况，对照标准分析判断其掌握程度。其中，证据是否充足、有效以及与标准要求是否匹配，是判断证据、评定应试者职业能力的关键。

（3）反馈信息。它是促进应试者达标的重要手段，当考评员判断证据足以符合相关要求时，应通知应试者考评结果。当证据达不到要求时，应给应试者一个明确的解释并提供有建设性的建议，以帮助其理解和掌握相应的知识、技能。

（4）考评记录。正确、实时记录反映考评活动情况。

3. 鉴定结束 从鉴定考试结束铃响到考卷密封，为考试结束阶段。监考人员、考评人员的工作主要有：

监督考生停止作答或操作行为，组织考生退场。考试结束铃响后，所有考生都应立即停止考试，按照考场规则交出试卷，并顺序退场。

考生退场后，监考人员应清点、封存试卷，按要求装订。装订前核对试卷数量，确认与原发出的数量（包括备份卷和废卷）一致后再装袋密封，交考场办公室保存。

操作技能考试结果的封存方法依考试方式有所不同。采用考评合一办法的职业（工种），考试过程结束后评分也随之结束，以考评人员的现场记录作为保存资料。采用考评分开方法进行考试的职业（工种），应指定专人对考生完成的样本作标志，编号和记录后封存交考场办公室。

（五）人员管理

在农业职业技能鉴定现场，有五类人员参与职业技能鉴定的组织实施，分别是鉴定现场负责人、考评人员、监考人员、工作人员、质量督导人员。在实施鉴定时，需要对上述人员做出安排。

考评人员由农业职业技能鉴定站选聘，根据有关职业标准规定，参照鉴定人数确定。监考人员和工作人员由鉴定站负责选派，其主要职责是维持考场秩序，监督考试纪律，填写考场记录，协助考评人员做辅助性工作、完成成绩登统等。监考、工作人员选派数量根据鉴定人数，由鉴定站决定并填表。考场中各类人员必须佩带证卡上岗。

1. 鉴定现场负责人　鉴定现场负责人一般由农业职业技能鉴定站站长担任，负责协调和组织鉴定现场各项工作，是鉴定现场的总调度。鉴定现场负责人按照鉴定各项管理规章，维护鉴定实施正常进行，处理干扰鉴定的行为和事故，此外，还要对考评小组的考评工作情况向上级主管部门提交报告。

2. 考评人员　考评人员是指通过农业部职业技能鉴定考评人员培训，并获得农业行业国家职业技能鉴定考评员证卡的人员。考评人员按规定组成考评小组，负责当次鉴定考评。考评小组设考评组长一人，全面负责本组工作，并最终裁决有争议的技术问题。考评组长应具有一定的组织管理能力和一年以上职业技能鉴定工作经验。考评小组评定成绩应确定严格的工作流程，明确各环节考评人员职责，对所认定的鉴定结果签字负责。考评人员安排要根据参加鉴定人数和有关国家职业标准所要求的比例确定，并应遵循轮换和回避原则；考评组成员中，考评人员在同一个鉴定站不能连续鉴定 3 次，每次人员轮换不得少于 1/3，以保证鉴定的公正性。

3. 监考人员　监考人员负责考试监督、检查工作，维护考场纪律，保证考试顺利进行。通常情况下，监考人员不参与考评工作，但应按规定做好考场记录。监考人员的任务和职责如下：

（1）考前监考人员应了解所监考的考场、考生情况，熟悉考场规则和考试注意事项。

（2）考前 30 分钟，监考人员领取试卷，领取时必须检查试卷袋封面的科目名称和份数与本场考试情况是否相符，连同考生名册、草稿纸和装订工具带进考场。

（3）考前逐个检查考生的准考证和身份证件，核对考生身份，检查考生是否将与考试无关的物品存放在指定位置，向考生宣读考生须知和注意事项。

（4）考试开始时当众启封试题，核对科目，清点份数、页数，准时发放试卷。

（5）试卷发完后，提醒考生该科试卷页数，请考生查对。

（6）提醒考生在试卷密封线内按要求准确填写姓名、准考证号等项目。如有答题卡，应指导考生正确填涂。

（7）监考人员无权解释试题内容。但试题文字印刷不清楚或有缺页、空白页，考生提出询问时，可核实后当众答复。考生对试题内容提出质疑时，须立即向考务管理部门或鉴定现场负责人反映情况，并将处理结果尽快传达给考生。

（8）监督考试情况，维护考场纪律。逐个检查考生证件，核对考生本人是否与准考证相片相符，检查考生姓名、准考证号填涂情况。

（9）制止违规情况并做出相应处理：对有旁窥、夹带、交谈、传递等违规行为的考生提出警告，并记录在职业技能鉴定考场记录表上；情节严重者，报告考务管理部门做出处理。发现冒名顶替者，应查对清楚，情况属实的，取消其考试资格，并按规定进行处理。

（10）考试结束前 15 分钟，监考人员要提醒考生。考试结束时间一到，监督考生立即停止作答或停止操作，按准考证号先后顺序收集试卷并按规定装订密封。如发现试卷缺少，应立即报告考务管理部门或鉴定现场负责人进行追查。

（11）认真填写试卷袋封面内容和《职业技能鉴定考场记录表》，贴在试卷袋封面标注的粘贴线上。

（12）工作期间不得以任何形式徇私舞弊，不得擅离职守，不得在考场内吸烟、阅读、谈笑和睡觉，不准抄题、做题，不得将试卷带出考场。

4. 其他工作人员 其他工作人员指协助鉴定现场负责人、考评人员等完成各项鉴定工作，并提供鉴定后勤保障的人员。

5. 质量督导人员 农业行业职业技能鉴定行政主管部门和农业部职业技能鉴定指导中心（指导站）按有关规定向考试现场派遣质量督导人员，其职责是代表派遣单位检查鉴定组织实施情况。质量督导人员有权处理鉴定现场发生的违反鉴定纪律的问题，对于情节特别严重的，有权宣布此次鉴定无效。

（六）试卷管理

1. 申请鉴定试题 农业职业技能鉴定实行统一命题的原则。农业职业技能鉴定国家题库已经开发、运行的职业（工种），实施鉴定必须从国家题库中抽取试题。

按照国家题库运行规程要求，农业部职业技能鉴定指导中心负责农业行业职业技能鉴定国家题库的运行和管理。各农业职业技能鉴定站向农业部职业技能鉴定指导中心（指导站）申请试卷。

对于暂未建立和颁布国家题库的职业（工种），可由农业部行业指导站或鉴定中心组织编制试卷，经审定合格后使用。

2. 试卷的印制、接送和保管 职业技能鉴定试卷属国家机密文件。国家对机密文件的编制、审定、印刷、运送、保管有严格的规定和要求，泄露试卷内容的责任人，将被追究法律责任。

处理职业技能鉴定试卷的具体要求如下：

（1）试卷印刷工作要集中统一管理，须选择符合保密要求的印刷厂承担试卷的印刷、分装任务。对印刷厂的要求是：能有效地保密，在开印前至考试结束后这段时间能有效地防止无关人员接触试卷。对印刷技术等条件也要作相应的要求，以确保较高的印刷质量。

（2）应有专门的监印人员，负责监督印刷厂执行保密规定和质量要求等，防止在印刷试卷过程中出现问题。

（3）在试卷印刷的全过程中，主管印刷人员要与提供试卷清样的农业部职业技能鉴定指导中心命题管理人员保持密切联系。

（4）对试卷的运送和启用前的保管应做出周密严格的安排，建立必要的纪律和制度，以确保不泄密。试卷运送时必须专人专车，在运送途中，人不离卷。试卷交接过程中，交接双方必须逐一清点核对试卷数量，检查密封、包装合格后，由双方交接人员填写试卷领取表，履行交接手续。

（5）国家题库和省级、行业分库通过公共通信系统传送试卷清样时，不得使用明码传送，通信过程必须符合保密规定。

（6）各省农业职业技能鉴定行政主管部门必须设专用保密场所和设施存放未启用的试

卷，场所和设施必须符合有关保密规定。

（7）试卷、答案、评分标准启用前，任何个人或组织均不得启封。

（8）考点领取试卷时间为考前两小时（交通不便地区视情况确定），由两人以上共同领取，设备清单领取时间以最短准备周期为基准。

(七) 阅卷评分

阅卷评分是确定考生成绩的重要工作环节。职业技能鉴定的阅卷评分方式，既有鉴定后的统一阅卷评分，又有鉴定时的即时评分。由于一些职业（工种）是通过考评员的主观评定来确定成绩的，因此阅卷和评分的管理是控制职业技能鉴定质量的重点和难点。

在非标准化测量中，两方面的原因可能导致阅卷评分出现误差：一是考评、阅卷人员对试题的理解、解释或评分标准的掌握不同；二是考评、阅卷人员个人情绪、对比效应、先后效应等。

为尽可能减少误差，可以从以下方面着手：

1. 选择阅卷人员 阅卷人员必须具有相应的考评资格、较高的业务能力、负责的工作态度和职业道德水平。同时，还要熟悉职业技能鉴定工作，能够认真理解和掌握本次鉴定的标准答案、检测方法和评分标准，客观公正地阅卷评分，以维护职业技能鉴定的公正性、科学性和权威性。

2. 统一评分标准 开始阅卷评分之前，考评小组组长召集考评人员共同研究标准答案、检测方法和评分标准，统一对评分标准的认识，并统一工作程序和办法。对在考评过程中直接评分的操作技能考试，通常在正式评分前还要组织试评，以便更好地统一认识。

3. 合理分工 考评小组负责人应根据阅卷评分工作的实际需要确定考评人员的分工。专业知识考试人工阅卷部分可以采取流水作业，按题型分组进行；操作技能考核的检测评分应按工序或考试项目分组进行。分工时要考虑工作量和不同考评人员对不同题型或考核项目的熟练程度。分工确定后，在阅卷评分过程中不得调换。

4. 阅卷评分过程要求 按照阅卷评分的有关规定和要求，考评人员应用红色笔判卷并签署本人姓名，不得修改试卷或工件，不得随意处理散装试卷或标志不清的工件等。阅卷评分时不得私拆密封的答卷册或偷看密封线内的考生姓名、考号，不得涂改考生答案、成绩或更换工件。发现装订不规范的试卷或编号不清楚的工件等异常情况，应及时向考评小组负责人报告，不得擅自处理。

5. 登记成绩 成绩登记的过程是把对测试题目样本的评判结果转化为考生成绩的过程。登记成绩由专人负责，把每题得分加总起来，形成试卷得分，或把工件号码上所得的成绩转换为每一个考生的分数。

6. 质量监督 考评人员的阅卷评分过程必须接受质量督导人员的监督检查。

(八) 统计分析

职业技能鉴定统计分析工作是加强职业技能鉴定管理的重要技术手段，便于各级职业技能鉴定管理部门和技术指导部门及时掌握职业技能鉴定的基本数据，为工作决策提供依据。

1. 职业技能鉴定统计 最基本的职业技能鉴定统计报表有：职业技能鉴定机构统计表、

职业技能鉴定综合情况表、职业技能鉴定职业（工种）综合情况统计表、职业技能鉴定统计报表汇总表等。职业技能鉴定统计报表由鉴定站按不同职业（工种）、不同等级的鉴定考核人数和考核结果等信息统计上报。

职业技能鉴定统计按照鉴定管理体系逐级上报。职业技能鉴定站是职业技能鉴定信息统计工作的基层机构，由它们将本机构考核信息及机构基本情况上报到农业部各行业职业技能鉴定指导站。各行业职业技能鉴定指导站再上报至农业部职业技能鉴定指导中心，由其汇总后上报人力资源与社会保障部职业技能鉴定中心。

2. 职业技能鉴定质量分析 职业技能鉴定质量分析是质量管理的重要内容。鉴定考核结束后，职业技能鉴定管理部门除了对考试组织实施过程进行分析，掌握鉴定组织实施效果，总结经验和发现不足外，还必须对考试结果进行必要的数据抽样和命题质量分析，以便从组织和技术两个层面确保职业技能鉴定质量。

考务工作的质量分析与试卷分析一样，是整个考试质量分析工作的组成部分。其重要意义在于，可以通过具体的工作事例发现考试组织实施工作中的重要经验和一些潜在的问题。事实上，每一次大型社会性鉴定活动的结果都包含着许多有意义的鉴定实践和其他有关社会信息，通过对主要因素的相关性分析，可以判定考试的质量，包括考务管理、考场纪律、考生应考水平等方面的质量，使职业技能鉴定工作的质量逐步被准确量化地描述，从而实实在在地达到维护考试的科学性和权威性的目的。

（九）收费管理

按照国家有关规定，申报参加农业职业技能鉴定者应交纳一定的鉴定费用。职业技能鉴定费的主要支出项目包括职业技能鉴定场地、命题、考务、阅卷、考评、检测及原材料、能源、设备消耗等费用。职业技能鉴定收费标准按照中央和地方有关规定执行。

职业技能鉴定作为一项国家考试，根本出发点是为用人单位和劳动者服务。

因此，职业技能鉴定收费也应从当地实情出发，本着一分服务一分收费、取之于民用之于民、有利于鉴定事业发展的原则，收费标准和各项支出要合理合法，要收好、管好、用好职业技能鉴定费。对于那些不讲原则、一味追求经济利益，甚至违法乱纪的收费现象，必须按照有关规定予以坚决制止和纠正。

（十）证书管理

1. 证书印制和使用管理 国家职业资格证书（以下简称证书）是职业技能鉴定结果的证明。为加强证书管理，维护证书的权威性和严肃性，国家职业资格证书由人力资源和社会保障部统一印制和综合管理。各地区、各部门必须使用人力资源和社会保障部统一印制的国家职业资格证书，对伪造、变造证书的行为，要依法惩处。

按照人力资源和社会保障部有关规定，农业部职业技能鉴定指导中心依据鉴定计划和鉴定实施情况，向人力资源和社会保障部申领空白证书，并负责农业行业的证书管理。

2. 证书核发程序 证书核发程序参见第二章第二节相关内容。

取得证书的人员如果发生证书遗失或残缺，需到原鉴定站申报，并声明原证书作废，鉴定站向农业部职业技能鉴定指导中心提出正式补办申请并附原证书有关材料。农业部职业技能鉴定指导中心核实有关情况后，办理补证手续。补办证书的编码按原证书编码。

第三节　农业职业技能鉴定考务工作平台

一、农业职业技能鉴定考务管理系统

（一）农业职业技能鉴定考务管理系统的开发目的

为了满足现代农业发展和农业职业技能人才开发体系建设的总体要求，扎实推进农业职业技能人才鉴定评价工作，加快农业技能人才、农业科技人才和农村实用人才队伍的评价和建设体系建设，大力发挥农业职业技能鉴定工作在提高农村劳动力素质、壮大农业人才队伍、培育新型职业农民以及促进农民增收方面的作用，同时为农业部农业人才决策工作提供全方位的信息支持，提高农业职业技能人才开发体系的信息化水平和为农业技能人才提供服务的能力，农业部职业技能鉴定指导中心遵循"需求导向、高效顺畅、资源共享、服务产业和人才"的原则，建设了农业职业技能鉴定考务管理系统。

本系统可以通过信息技术手段，化解目前农业行业职业技能鉴定考核评价工作中人员不足、工作手段滞后、工作效率低下等矛盾，实现技能人才鉴定考核各环节工作的无缝衔接，解决整个工作体系效率不高、运转不够顺畅和人为因素造成的工作失误等问题，并可将全国各农业行业职业技能鉴定机构的软硬件资源进行有效整合，达到资源共享、效率提高、避免重复建设、节约投资的效果。

（二）农业职业技能鉴定考务管理系统的特点

本系统是以考务管理为核心的管理工作平台，实现工作机构管理、考评人员管理、督导人员管理、专家管理、报考范围管理、申报条件管理、工作计划管理、机构报名管理、资格审核管理、质量督导管理、成绩管理、证书管理、工作流程管理等功能，以规范、完善农业职业技能人才鉴定评价管理工作。

1. 可将工作业务数据整合　将鉴定业务基础数据、组织机构信息、鉴定报考信息、鉴定业务过程数据、鉴定结果数据、证书业务数据以及其他鉴定业务相关的各项信息进行统一汇总。通过后台服务，将各项业务信息进行清洗与整合，剔除冗余重复信息，形成精简、高效、实用的业务数据链并进行归类存储，形成可用于大数据分析的数据资源池。

2. 可对鉴定中的数据进行统计分析

（1）机构鉴定数据统计。以机构为单位进行单机构鉴定业务数据汇总与统计，并形成可直接上报的综合报表，并可实现与农业部职业技能鉴定指导中心统计分析系统进行对接。

严格遵循人力资源和社会保障部职业技能鉴定中心对鉴定统计数据的格式和标准要求，自动生成统计报表。

（2）鉴定机构统计数据查看。可统计查看按照地区鉴定机构统计所属职业技能鉴定所（地方）、鉴定站、所属鉴定机构（实训基地）、考评人员、督导人员五种鉴定数据。

（3）鉴定结果分析。针对周期范围内的职业技能鉴定考核评价结果进行综合分析，包括鉴定数量、获证率、理论考核合格率与优秀率、技能考核合格率与优秀率等各项鉴定结果的数据与报表。

（4）鉴定对象分析。以考生为分析对象，提供多维度的鉴定对象分析应用。包括鉴定对象的职业分布、性别分布、年龄分布、学历分布等多个维度的综合分析，清晰展现鉴定对象的多维度分布曲线，为鉴定业务工作者与社会用人单位提供更加精准的人才信息定位服务。

（5）个人能力综合分析。通过与计算机智能化考试软件对接，自动获取考生的各项考核试卷作答情况，形成针对考生个人的综合分析报告。包括考生的知识掌握情况、能力短板、优势强项等，为考生提供个人能力提升意见与横向分析报告，为考生的各项综合能力在不同维度的能力定位提供分析比较，为人才培养与建设提供依据与导向意见。

3. 可扩展性设计　本系统作为农业技能人才开发建设管理总体规划中的重要基础，采用标准化开发、模块化设计的方式开展，严格遵循国家相关标准，并贴合当前农业部各级机构在用的各项业务平台数据要求，可实现业务数据平稳对接，并充分考虑后期项目的可扩展性，针对各项业务数据标准经过充分论证与设计，可实现未来与各项关联业务体系进行数据对接与扩展。

（三）农业职业技能鉴定考务管理系统的功能

1. 组织机构管理

（1）组织机构。机构信息的管理主要是针对农业部职业技能鉴定相关业务体系内各级机构的基础信息维护，包括机构基本信息、机构所属单位、机构所在地等。并负责受理下级单位上报的机构变更申请，并可对职业技能鉴定职能机构进行新增和撤销工作。

（2）鉴定范围。对各级鉴定机构的职业技能鉴定的鉴定范围、鉴定标准、鉴定方式、鉴定内容进行统筹管理，为农业部农业行业技能人才的职业技能鉴定工作提供理论依据。可灵活协调各级鉴定指导中心、鉴定站等机构的鉴定工作权限。

（3）申报条件。农业部职业技能鉴定指导中心对各鉴定站的鉴定范围所涵盖的职业、工种和鉴定等级进行统一管理，并统一维护各职业工种相应的申报条件信息，可进行增加、删除、编辑等，利用信息化的手段进行管理，避免人工审核的疏漏。

（4）证书号段。农业部职业技能鉴定指导中心对证书号段进行管理及维护，可增加、删除、编辑等操作，可控地查看证书生成的最大号段信息，调整等级的起始号段等。

（5）考点管理。鉴定站可将现有的考点、考场资源信息维护到系统，并对本机构管理下的考点、考场资源统计汇总，包括智能化考场、传统考场等信息，同时为考场的编排工作提供支持。

（6）角色权限管理。农业部职业技能鉴定指导中心可自行维护和划分本级和下级的用户权限，可对功能菜单及流程节点进行取消、增加、删除等权限管理。

（7）用户账户管理。监控各机构的工作人员的基础信息，下属机构可对本单位鉴定工作相关人员信息进行维护管理，可授权流程节点，划分用户权限，对机构用户信息进行维护、删除、更换查看或办理信息等。

2. 考务管理

（1）计划制定。负责鉴定计划的制定，包括鉴定名称、考试时间、报名时间、报名截止时间、鉴定内容等。

（2）考生报名。除传统的现场报名功能外，未来将实现网上报名或移动 APP 应用端向系统进行考生信息的提交，同时生成考生报名表格等功能。并可以用 Excel 表格完成考生信息的录入以及导入工作。

（3）报名审核。通过系统收集、汇总考生的报名信息，根据资格审核要求，对报考的学员进行资格审核。

（4）分配编排。工作机构可根据学员的报名情况、报名地点、考试地点和职业工种，编排选择下属机构的考点。

（5）考场编排。根据学员报名信息，进行考场编排和座位编排。在编排时，可根据实际情况，以鉴定项目或考点为主进行编排，也可以采用以考试方式为主导的考场编排模式、顺排混排双模式、标准、非标准考场等多种考场编排模式。

（6）考评员管理。管理考评员信息，可对考评员信息进行增加、删除与编辑。在鉴定计划中可对考评员进行派遣与指派。

（7）督导员管理。管理督导员信息，可对督导员信息进行增加、删除与编辑。在鉴定计划中可对督导员进行派遣与指派。

（8）监考员管理。管理监考员信息，可对监考员信息进行增加、删除与编辑。在鉴定计划中可对监考员进行派遣与指派。

（9）试卷配发。按照组卷计划，进行试卷的抽取、组卷，并进行试卷的配发。采用线上与线下相结合的试卷配发模式，支持读卡标答。线下时，记录试卷配发数量、装袋数量以及回收数量，并支持客观试题连接读卡机，进行一键评分；线上时，将来会实现与机考对接等功能。

（10）成绩评定。成绩的评定根据理论考试与实操考试，有两种不同的模式：

● 理论考试　若采用传统方式鉴定，通过机读卡或考评员阅卷后，将成绩导入至系统，统一上报至上级单位。未来具备计算机智能考试条件的，可进行计算机在线考试，将考核结果通过系统自动传递至上级机构，并可实现主观题与客观题分数的统计和分析。

● 实操考试　针对实操类考试，考试现场会由考评员针对学员实操成绩进行现场评分，最终将成绩汇总，导入至系统中，未来可实现移动评分实时上报等功能。

（11）成绩汇总。根据不同鉴定项目，系统自动汇总理论主观题、客观题成绩以及技能考核成绩，生成成绩总表，并自动排序。支持批量导入成绩，确保工作无失误的同时又高效完成任务。

（12）证书打印。支持对合格考生的证书的本地打印，证书字体、位置灵活调整，并可保存作为模板，支持批量打印证书。支持数据一键导出，方便上报至国家职业资格证书管理系统中，实现在线打印。

（13）证书核发。对鉴定内容、鉴定过程情况以及鉴定结果进行评定，对合格的考生一键生成证书编号；对不合格的考生设置补考次数，自动添加到补考考生库中，以便下次进行相同鉴定项目时提取补考考生，进行统一安排。

（14）鉴定信息存档。鉴定完成后，进行鉴定结果信息存档，完成鉴定任务。

二、国家职业技能鉴定工作网上支持平台

1. 国家职业资格工作网　国家职业资格工作网（http://www.osta.org.cn/）是国家职业技能鉴定领域的官方工作网站，为全国提供鉴定业务管理系统与国家职业资格证书查询平台，主要包含社会公众服务应用系统、职业分类与职业标准应用系统、培训与鉴定考核应

用系统、国外职业资格证书引进与管理应用系统、国家题库运行管理应用系统、鉴定质量管理应用系统和国家职业资格管理数据库几项主要功能。

2. 中国农业人才网 中国农业人才网（http://www.moahr.cn/）是农业部人力资源开发中心和农业部职业技能鉴定指导中心的官方工作网站，主要涉及人事管理、人才评价、人才交流、职业技能鉴定、国外引智、教育培训、咨询研究、人才对接几部分内容。其中职业技能鉴定栏目为全国农业行业职业技能鉴定工作提供支持与服务，主要包括农业行业职业技能鉴定工作涉及和发布的有关文件通知、农业行业职业技能鉴定已颁布的国家职业标准和质量督导与相关下载等内容。

第四章 农业职业技能鉴定质量管理

第一节 农业职业技能鉴定质量管理

国家职业资格证书制度从无到有，经过十多年的发展，为社会输送了数以千万计的高技能人才，为国民经济建设和社会发展做出了重要贡献。然而，随着社会对高素质、高技能人才需求量的不断增加，在技能人才缺口较大、供需矛盾比较突出的情况下，个别鉴定机构片面追求数量而忽视质量，工作不规范，出现了一些质量问题。产生问题的原因有多个方面。从外部环境看，当前与鉴定工作相关的法律法规尚不健全，体制和制度改革缓慢，监管机制不完备等是重要原因。从内部环境看，大多数鉴定机构尚未建立和实施质量管理体系，没有建立起自我监控、自我约束、自我完善、自我改进的内部管理机制是根本原因。开展质量管理体系建设，提高内部管理能力，是实现"坚持质量第一，提升鉴定水平"的重要途径。

一、职业技能鉴定质量管理体系

质量是职业技能鉴定管理工作的出发点和落脚点，是国家职业资格证书制度的生命线。职业技能鉴定工作的最终结果是给通过考核鉴定工作的鉴定对象颁发职业资格证书，这本证书应该是证书持有人从事某种职业资格的凭证，是上岗就业的"通行证"。只有保证职业技能鉴定工作的质量，职业资格证书才能在社会上有威望、有含金量。

（一）对职业技能鉴定质量的理解

职业技能鉴定是对鉴定对象职业技能水平的评价，只有鉴定对象获取的证书所标明的水平与本人实际工作能力水平相当，与国家职业标准规定的水平基本一致，才能说明证书真正反映了证书持有人具有从事该职业所必备的学识和技能。由此我们可以得出基本判断，这个鉴定结果是可信的，质量是有保障的。

抓职业技能鉴定质量管理，要根据影响鉴定质量的因素采取有针对性的措施，对症下药，才能解决问题，达到规范鉴定行为、保证鉴定质量的目的。

（二）职业技能鉴定工作中存在的主要问题

从全国层面上看，由于立法相对滞后以及一系列体制、机制等原因，一些鉴定机构片面追求经济利益、盲目扩大鉴定规模，致使鉴定工作出现三个突出问题。

一是以假乱真，主要表现为虚假鉴定，即鉴定考试走过场，或根本不组织考核鉴定活动；发假证、卖假证，即不按规定渠道申领和审核、发放资格证书。

二是以乱坏好，主要表现为跨地区鉴定，即 A 地鉴定机构到 B 地组织鉴定考试活动；超范围鉴定，鉴定机构不按照鉴定许可证规定的鉴定范围开展鉴定考试活动，超出规定的职业工种范围；乱收费，即不按照当地物价部门核定的鉴定收费标准收取鉴定费用，对一些热点职业工种随意提高收费标准；乱考评，即不按照国家职业标准或考评规范进行考评，如聘用没有考评资格的人员进行考评，考评人员考评超出规定范围的职业工种等。

三是以低顶高，主要表现为降低职业标准要求，即对职业标准规定的技能领域和水平把握随机性大，随意减少考核范围，任意降低技能水平要求；降低及格分数线，即不按照国家职业标准规定的专业理论知识和实际操作技能两项考核都要达到 60 分以上才为通过鉴定考试的规定；降低申报鉴定人员条件，即不按照国家职业标准规定的培训期限、工作时间以及取得相应资格等方面的申报条件要求进行资格审核。

这些问题虽然出现在少数鉴定机构和人员身上，但对鉴定工作全局的破坏性极大，不仅严重损害了鉴定系统的整体社会形象，并且严重影响了职业资格证书的权威性和公信力，需要引起高度重视，进一步加大鉴定质量建设力度，加快构建质量管理长效机制。

（三）农业职业技能鉴定工作中存在的主要问题

农业职业技能鉴定工作快速发展，在取得显著成绩的同时，也出现了一些不容忽视的问题。一是部分鉴定站仪器设备陈旧，设施简陋，鉴定考核的基础设施需要进一步加强，鉴定考试条件与标准要求还不相符；二是部分考评人员对鉴定考评工作认识不高，考评行为不规范，有的考评技术还有待进一步提高；三是部分鉴定试题内容过时，水平不高，没能反映农业生产技术现状，考核考试内容与农业农村经济发展和各职业岗位对劳动者的要求相互脱节；四是一些鉴定机构和鉴定工作人员对鉴定质量重要性认识不够，主要精力放在宣传、推动和扩面上，在抓考务管理、工作队伍能力建设、质量管理的力度上还不够；五是尚未建立一套真正的行之有效的鉴定质量管理体系，质量督导队伍建设滞后，管理不到位；六是极个别鉴定机构在鉴定个别环节上还存在运作不规范、鉴定考试成绩不真实等现象。上述现象都严重影响鉴定质量，破坏农业职业技能鉴定工作声誉，制约国家职业资格证书制度在农业行业的持续健康发展。

（四）建设质量管理的重要意义

1. 规范鉴定过程和鉴定行为，确保职业技能鉴定的有效性　衡量职业技能鉴定有效性有三个条件：一是鉴定服务规范有效，二是证书真实可信，三是鉴定结果被用人单位承认，社会公信。鉴定机构实施质量管理体系的最终目的是通过体系运行的规范性，确保职业技能鉴定的有效性，增强鉴定有效性也是确保国家职业资格证书制度的权威性和严肃性，扩大职业能力评价工作影响力和诚信度的基础。

2. 完善规章，维护证书的严肃性和权威性　职业技能鉴定是职业资格证书制度的基础，是检查和验证职业教育和培训效果及质量的重要手段。鉴定机构只有建立起完善的质量保证体系，才能维护证书制度的严肃性和权威性，确保我国职业资格证书制度顺利推进和健康发展，不断完善我国职业能力评价体系。

二、职业技能鉴定质量管理基本思路

（一）职业技能鉴定应坚持"两个服务"和紧跟"两个大局"的工作指导思想

近年来，职业技能鉴定事业快速发展，有力推动了技能型人才的培养工作。但由于当前职业技能鉴定工作和职业资格证书建设中存在一些突出问题，就鉴定论鉴定、就证书论证书现象比较普遍，应采取有力措施强化鉴定质量，并逐步形成长效机制。人力资源和社会保障部提出，在新的形势条件下职业技能鉴定工作应坚持服务劳动者、服务用人单位以及紧跟就业培训和经济转型需要的指导思想，把提高鉴定质量作为鉴定工作始终追求的目标和工作抓手，采取切实有效的措施，保证鉴定事业又好又快发展。

（二）职业技能鉴定工作要实现"三个转变"

人力资源和社会保障部在2009年9月召开的全国职业技能鉴定机构质量建设技术交流会上明确提出，职业技能鉴定工作必须扭转当前的一些做法，尽快实现"三个转变"：一是在工作思路上，要由扩大规模、注重质量转到质量第一、兼顾规模上来。要牢固树立质量是职业技能鉴定工作生命线的意识，将"坚持标准、严格考评、规范操作"贯穿于鉴定工作的始终。坚持在提高质量前提下的扩大规模，坚决反对单纯追求扩大规模而降低质量，特别要防止拔高合格率的错误倾向。二是在质量管理手段上，要由治理假乱低问题的应急治标措施转到标本兼治构建质量建设的长效机制上来。改变过去将质量问题的事后处理为事前预防、事中监管与事后处理相结合，从而最大限度地减少质量问题的发生。三是在工作指导思想上，要由社会效益与经济效益兼顾转到明确不营利的公共服务性质，更加突出社会效益第一。只有明确了不营利性质，才能突出社会效益第一，只有实现了这一转变，才能有效防止为牟取经济利益而滋生的假乱低问题，才能使质量建设获得根本上的保证，使鉴定事业走上健康运行的轨道。

实践证明，建立质量建设长效机制的一条有效途径就是通过组织鉴定机构实施质量管理体系建设，对鉴定机构、工作人员及工作全过程进行系统化的梳理、标准化的规范、科学化的评价，为提高鉴定质量提供制度性、机制性保障。所以针对农业行业职业技能鉴定工作中存在的问题，贯彻落实人力资源和社会保障部提出的职业技能鉴定要实现"三个转变"的要求，农业行业各级职业技能鉴定机构应提高思想认识，切实把思想统一到"三个转变"的轨道上来，扭转片面追求数量、盲目扩大规模的工作思路，将质量工作真正放到鉴定工作的第一位。

（三）鉴定质量管理工作思路

质量是职业技能鉴定工作的生命线。质量的内涵就是"客观、公正、科学、规范"八个字。将这八个字落到实处，需要抓住三大核心要素，即建设鉴定工作质量保证系统、鉴定工作质量督导系统和鉴定机构质量管理体系"三大系统"。这三者是提升鉴定质量最重要的因素。抓住这三大要素，就可以通过科学化、系统化、规范化的管理和技术流程，对鉴定工作全过程和各个环节实施质量管理和监督。

1. 鉴定工作质量保证系统建设　包括鉴定机构管理、考评队伍管理、鉴定命题管理、鉴定考务管理和资格证书管理五个方面。

2. 鉴定工作质量督导系统建设　主要是指质量督导制度的建立和贯彻落实，以及对鉴定重要环节、规模较大鉴定的现场督考。

3. 鉴定机构质量管理体系建设　就是以质量管理体系认证为主的质量建设手段，各鉴定机构应按照标准的统一性、管理的规范性、过程的透明性以及结果的公开性等要求，建立并逐步完善质量管理体系。

这三大系统的建立并不断完善，也就标志着职业技能鉴定质量管理体系的建立，这是加强鉴定质量管理的基本思路。

三、职业技能鉴定质量管理体系主要内容

从职业技能鉴定结果来看，影响鉴定质量的因素是多方面的，但主要是鉴定机构的管理和组织实施情况、试题试卷的科学性以及鉴定考评员的考评水平和责任心等方面。因此加强职业技能鉴定质量管理可多措并举，逐步建立并不断完善包括实行质量管理评估制度、签订质量责任书制度、实行职业技能鉴定质量工作通报制度、建立质量投诉咨询自动服务系统、建立职业资格证书全国联网查询系统、建立鉴定质量督导制度、推行鉴定机构质量管理体系认证等在内的质量管理体系，确保鉴定质量，取信于社会。

（一）实行质量管理评估制度

在职业技能鉴定机构中建立质量管理评估制度，不断提升职业技能鉴定机构的管理服务水平，规范职业技能鉴定行为，既是建立职业技能鉴定质量管理体系的重要内容，也是构建职业技能鉴定质量管理长效机制的重要手段之一。

1. 质量管理评估种类　职业技能鉴定机构质量管理评估分为合格评估和示范评估两种。

合格职业技能鉴定站质量管理评估的重点是鉴定站设置的基本要求和实施工作的基本情况，主要指标有岗位设置和规章制度、档案资料管理、鉴定实施要求、质量监督反馈等。

示范职业技能鉴定站质量管理评估重点是鉴定站开展质量管理体系建设和构建质量管理长效机制的情况，主要指标有履行职责、质量管理体系建设、加强质量建设的工作措施等。

2. 质量管理评估工作步骤　各职业技能鉴定站根据工作部署和要求，依据《职业技能所站质量管理评估表（试行）》或《示范职业技能鉴定所站质量管理评估表（试行）》进行自查自评。

在鉴定站自查自评基础上，各地、各行业组织对所属鉴定站进行评估检查，根据评估检查情况向人力资源和社会保障部推荐示范鉴定站名单。人力资源和社会保障部组建由鉴定行政管理人员、质量管理体系审核人员、质量督导人员和高级考评员组成的示范评估工作组，根据示范评估标准，对各地、各行业申请示范评估的鉴定站进行评估，并评选示范鉴定站。

3. 评估结果的确定　在职业技能鉴定站合格评估工作中，若职业技能鉴定站评估得分在 80 分及以上的，可申请参加示范评估；评估得分低于 60 分，评估结果为不合格。若存在以下情况之一的，直接列为不合格：不鉴定发证；伪造证书信息；超范围鉴定；无标准鉴定；因管理不善等原因造成试题泄露或其他重大责任事故等；管理岗位的人员、技术岗位的人员缺失严重；鉴定设施设备不能正常使用；多次出现违规或工作失误，且整改不力。

（二）签订质量责任书制度

签订质量责任书是加强鉴定质量管理的重要举措之一。签订质量责任书主要目的就是增强鉴定机构主要负责人的质量意识，明确各方的质量工作目标和工作要求，以及违反相应规定应承担的责任。农业行业职业技能鉴定管理的质量责任书一般在农业部职业技能鉴定指导

中心主管领导代表农业行业与人力资源和社会保障部职业技能鉴定中心签订后，根据农业行业质量管理的实际情况拟定质量责任书的具体内容，与部各行业职业技能鉴定指导站的负责人签订，部各行业职业技能鉴定指导站再逐一与所属职业技能鉴定站签订。

1. 质量责任书明确的质量目标　建立健全质量管理工作机制，贯彻"科学、客观、公正、规范"的职业技能鉴定工作方针，不断提高职业技能鉴定质量，确保职业技能鉴定的有效性。

遵循"质量第一、社会效益第一"职业技能鉴定质量管理的工作原则，积极贯彻落实国家职业技能鉴定规章制度，规范职业技能鉴定的组织实施，提升技能人才评价的专业化、科学化水平，不断提高企业和劳动者的满意度。

逐步建立质量管理体系，按照《国家职业技能鉴定机构质量管理体系标准》，建立"规范、科学、高效"的质量管理工作规程。

加强职业技能鉴定工作队伍能力建设，提高职业技能鉴定管理人员、考评人员、督导人员和专家队伍素质，确保鉴定质量。

2. 质量责任书确定的质量工作内容　严格按照国家职业标准要求开展职业技能鉴定，对鉴定职业工种不在《职业分类大典》或《工种分类目录》范围内的，应按照规定报请有关部门批准。

组织实施职业技能鉴定考试活动，凡在国家试题库/行业分库已有试题资源的，一律从国家试题库/行业分库抽题组卷，并可根据经济发展、技术进步的需要，按照国家职业标准的要求，对国家试题库的内容进行适当调整，调整比例按照有关规定执行，调整内容须经行业专家严格把关。对尚未开发国家试题库的职业工种，应组织专家依据相应的国家职业标准和命题技术要求命制试卷，并将试卷存档备查。试卷在编制、合成、印制、传递和评阅等过程中要严格做好保密工作。

加强职业技能鉴定机构质量管理体系建设，规范鉴定质量管理。依据《国家职业技能鉴定机构质量管理体系标准》，应用质量管理体系理念、技术和方法，推进鉴定机构管理水平和鉴定服务质量不断提高。

实施职业技能鉴定考评活动，须坚持考评小组评价制度，做好考评记录。考评人员的使用，须执行交叉、回避和轮换制度。

职业技能鉴定机构必须遵循"培考分开"的原则，严格按照鉴定许可规定的范围及等级开展鉴定考评，杜绝无资质、超范围开展鉴定。

严格执行职业技能鉴定质量督导制度，加强职业技能鉴定质量督导队伍建设与管理。在鉴定活动中，按规定派遣质量督导人员进行现场督考。

贯彻落实职业技能鉴定站准入退出机制，加强动态管理，积极推进职业技能鉴定站"红黑榜"制度建设。

加强国家职业资格证书的管理，按规定申领、核发和管理职业资格证书。建立证书信息查询系统，提供证书查询服务。

设立违规举报电话，接受社会的监督。

3. 质量责任书规定的违反有关内容应承当的责任　对本行业发生的违规案件，应积极配合国家主管部门进行严肃查处。

对职业技能鉴定机构工作人员和考评人员、质量督导人员违反相关规定的，按有关规定对当事人进行处理；考评人员和质量督导人员的违规情况还应抄报其所在单位。

对职业技能鉴定机构违反相关规定的，应视具体情况，可给予其限期整改、取消鉴定资质等处理。

（三）实行职业技能鉴定质量工作通报制度

在一定范围内定期通报各地、各行业职业技能鉴定质量工作情况，也是主管部门加强职业技能鉴定质量管理的重要举措。

鉴定质量工作通报制度是在每个季度的前 15 日内，各省、自治区、直辖市和各行业职业技能鉴定指导中心填写好统一规定的《职业技能鉴定质量工作通报指标》，上报人力资源和社会保障部职业技能鉴定中心。人力资源和社会保障部主管部门根据汇总上报的全国鉴定质量情况，做出相应的工作部署安排。

（四）建立质量投诉咨询自动服务系统

为实现全国鉴定质量问题投诉咨询服务的信息化、网络化，逐步建构职业技能鉴定质量建设长效机制，提高鉴定工作质量，人力资源和社会保障部于 2009 年建立了职业技能鉴定质量投诉咨询自动服务系统，并选择部分地区和行业开展系统建设试点工作。

该系统是利用计算机、通信、信息网络和数据管理等现代化的信息技术和手段，搭建的跨部门、综合性的职业技能鉴定服务平台。系统具有自助与人工服务相结合的特点，可实现投诉受理过程控制的信息化、流程化和可视化管理，大大提高投诉处理效率，也可减少人为干预，规范服务程序，同时增加电话接通率，及时处理各类举报，让举报人满意。

该系统可以实现 24 小时自动语音应答、话务员座席服务、独立服务器数据处理、网络远程查询监控四项主要功能，使职业技能鉴定质量监督工作真正实现规范化、信息化和网络化。

（五）建立职业资格证书全国联网查询系统

1. 证书全国联网查询系统建设的目的　主要目的是为用人单位和证书持有人提供方便、快捷和准确的查询服务，既是国家职业技能鉴定工作服务社会、服务公众的重要窗口，是鉴定工作公平、公正、公开的体现，也是防止和减少证书造假的有效手段，是维护国家职业资格证书权威形象的必要措施。该系统全国联网单位包括人力资源和社会保障部职业技能鉴定中心、各级地方鉴定中心、行业鉴定中心以及企业技能人才评价试点企业等。

2. 使用方式和主要功能　每年年底，人力资源和社会保障部职业技能鉴定中心对各地、各行业年度鉴定结果进行审核，审核通过的信息上传到证书全国联网查询系统。其他任何渠道不得向该系统上传鉴定信息。

通过该系统可查询到通过政府认定的职业技能鉴定机构的鉴定考试，并取得相应等级职业资格证书的基本信息以及证书持有人的信息。

3. 使用方法　进入国家职业资格证书全国联网查询系统，在相应栏的空白处输入证件号码、证书编号、准考证号、姓名，以上任意两项内容即可查询。如输入证件号码140402196607292816＋证书编号0805040000403108，选择【查询】键，在新窗口中即显示此考生的正确信息。查询结果包括该考生的基本信息以及所取得的证书信息。

（六）实行鉴定质量督导制度

本章第二节详细叙述。

（七）推行鉴定机构质量管理体系认证

本章第三节详细叙述。

第二节　农业职业技能鉴定质量督导制度

农业职业技能鉴定质量督导制度是农业职业技能鉴定质量管理的重要组成部分，是提高农业职业技能鉴定质量的重要保证。广泛开展鉴定质量督导工作、完善鉴定质量督导制度，对积极推进农业职业技能开发是必要的。而鉴定质量督导技术的灵活掌握与合理运用又是决定质量督导工作到位与否的关键所在。因此，无论是鉴定管理人员、考评人员还是质量督导人员都应了解、掌握鉴定质量督导的技术、方法、步骤与技巧。

一、职业技能鉴定质量督导制度概述

职业技能鉴定质量督导制度是国家对职业技能鉴定工作、职业技能鉴定机构、职业技能鉴定活动等方面质量进行监督检查的一项制度，是加强职业技能鉴定质量和推行国家职业资格证书制度的重要组成部分，具有一定的强制性。

劳动和社会保障部 2003 年制定并颁布的《职业技能鉴定质量督导工作规程》，农业部制定并颁布的《农业职业技能鉴定质量督导办法（试行）》（农人发〔2004〕12 号），建立了农业行业的职业技能鉴定质量督导制度。

农业职业技能鉴定质量督导是指农业行政主管部门向农业职业技能鉴定站派遣质量督导员，对其贯彻执行国家职业技能鉴定法规、政策和国家农业职业标准等情况进行监督、检查的行为。农业职业技能鉴定质量督导分为现场督考和不定期抽查两种形式。

（一）现场督考形式的质量督导

现场督考就是指对农业职业技能鉴定工作现场各个环节的质量进行现场监督、检查的行为，可分为工作现场督考和考试现场督考。

1. 工作内容

（1）工作现场督考是指质量督导员对农业职业技能鉴定站在每次鉴定活动前期、后期的工作现场进行直接观察和检查，主要工作内容包括：检查与督导本批次鉴定活动的实施程序安排、抽查部分考生的申报资格与材料、鉴定考试现场的准备情况、考评小组的组成情况、考试试卷的管理等。一般由农业部人事劳动司、农业部职业技能鉴定指导中心、行业职业技能鉴定指导站或当地农业行业行政主管部门委派质量督导员来实施，以当地农业行业主管部门委派为主。

（2）考试现场督考是指质量督导员对每次鉴定活动进行中的考试现场进行监督、检查，主要工作内容包括检查鉴定现场的组织管理状况、考场的设置与秩序、考生资格的复核、监考人员的配备与监考行为、考评人员的执考行为与考评能力、考场的管理与纪律、试卷的收发管理、执行考试的时间和阅卷的评分程序与评定结果等。

2. 工作流程　鉴定质量检查的现场督考分策划准备、组织实施、总结纠正三个阶段。

（1）策划准备阶段。此阶段首先由派遣单位组建督考组（视督导范围而定，也可直接委派1～2名督导员）并对质量督导员进行业务培训，质量督导员明确督考任务、工作重点并分配任务，熟悉被督导单位的基本情况。

（2）组织实施阶段。工作现场督考主要检查被督导单位质量管理组织情况与工作程序、抽查考生资格申报材料、检查阅卷人员资格、检查试卷运转程序与管理等。

考试现场督考主要监督检查考场管理状况，抽查考生与考评人员资格，观察与检查考场纪律，监督考评与监考人员工作行为，与考生和管理人员交谈交流，与鉴定站站长、管理人员交换督导意见情况等。

（3）总结纠正阶段。督考结束后，质量督导员应分析鉴定质量，撰写现场督考报告，指出存在问题、改进意见或措施等。

3. 技术方法　现场督考主要采用访谈法和现场观察法两种技术方法。

（1）访谈法。访谈法是质量督导员有目的、有计划地以口头交谈方式向被督导单位了解鉴定活动质量情况的一种质量督导方法。由于访谈法是质量督导员与被督导单位的相关人员面对面地进行沟通，因此进行访谈时应开宗明义，直入主题，要善于倾听和引导，尽量避免谈话偏离主题、漫无边际，同时要做好访谈记录，准确、真实地记录被访谈人员的交谈内容，不要提炼概括，避免改变基本信息。

（2）现场观察法。现场观察法是质量督导员有目的地用自己的感觉器官或辅助工具直接地、有针对性地观察、收集与鉴定活动质量有关的现象、资料或证据的一种质量督导方法。由于现场观察法是质量督导员直接对被督导对象的言行、状态及有关环境进行观察，因此在考试现场发现问题时，在质量督导员权限范围内的应及时纠正或当场处理，超出权限范围的要及时报告相关部门。但应注意不能干扰鉴定考试的正常进行；在收集观察资料时，收集的资料或证据要经许可且真实有效，要做好观察记录和登记，特别是一些可能影响鉴定结果的资料或证据，要记录准确无误，防止遗漏和主观加工。

（二）不定期检查形式的质量督导

鉴定质量督导的不定期检查就是指对农业职业技能鉴定站及其执行有关法规和鉴定工作管理质量有关情况进行不定期的监督检查和工作指导，一般由农业部人事劳动司、农业部职业技能鉴定指导中心、各行业职业技能鉴定指导站或当地农业行业行政主管部门根据工作需要，组织质量督导员对鉴定站、工作站的工作情况实施不定期的检查督导。

1. 工作内容　不定期检查属于非现场的质量管理行为，主要工作内容包括对各农业职业技能鉴定站、工作站贯彻执行国家有关鉴定政策、法规和规章的情况实施不定期检查；对各鉴定站、工作站的工作程序、运行条件与环境、鉴定资格与范围、试卷使用与管理、考务管理与程序、证书管理与核发、鉴定档案与管理等情况和内容进行检查评估。

2. 工作流程　鉴定质量督导的不定期检查的工作流程分策划准备、实施检查和评估整改三个阶段。

（1）策划准备阶段。此阶段是指由组织实施部门策划检查方案并进行分工、确定检查评价指标和标准，明确检查方式和检查对象，组建检查组，分配工作任务并提出工作要求。

（2）实施检查阶段。一是全面了解被督导的农业职业技能鉴定站的自查情况，二是实地检查鉴定站执行法规与标准的情况，三是现场抽查鉴定站开展鉴定工作的运行情况，四是抽样检查鉴定环节是否规范，五是抽取部分现场鉴定资料进行查阅和复核，六是与相关人员座谈了解有关情况。

（3）评估整改阶段。质量督导员检查结束后，整理、汇总检查中出现的问题，并与被检查单位交换意见后，公布检查结果，明确整改期限与要求。

3. 技术方法 鉴定质量督导的不定期检查通常采用抽样评估法和问卷法两种技术方法。

（1）抽样评估法。抽样评估法是指从被督导的单位群体中按一定方式抽取一部分作为样本，并以样本督导的结果来推测被督导单位总体鉴定质量情况的一种质量督导方法。

抽样评估法要求抽出的样本具有较小的抽样误差、较高的置信度，因此在确定检查评价指标和标准时要注意指标应具体化和可测量、可评价，易于分析。设计抽样具体方法时要进行周密计划，全面考虑本次鉴定质量督导的目的、预期效果和客观条件等因素。此外，选择样本时应有计划地选择一些具有代表性和覆盖面广的样本。

（2）问卷法。问卷法是预先将调查的内容设计成一系列程序化或标准化的问题，以书面形式要求被督导检查单位填写，据此了解被督导单位相关质量情况的一种质量督导方法。

被督导单位针对问卷上所设定的问题进行回答或填写，质量督导员或不定期检查主管部门分析问卷，确定质量管理情况。因此问卷要求设计得简洁、准确、全面，内容要方便作答，避免歧义，避免倾向性和诱导性的问题，避免用抽象概念。同时，问卷内容应便于统计分析和汇总，避免过多阐述性或主观性的问题。

二、职业技能鉴定质量督导组织管理

1. 组织管理体系 根据《农业职业技能鉴定质量督导办法（试行）》的有关规定，农业部人事劳动司会同农业部有关司局负责全国农业职业技能鉴定质量督导的管理和指导，统筹安排农业行业质量督导员资格培训、考核和认证工作。省级农业行业行政主管部门负责本地区、本行业（系统）职业技能鉴定质量督导工作的组织实施。

农业部职业技能鉴定指导中心受农业部人事劳动司委托负责全国农业职业技能鉴定质量督导技术方法的指导，并负责质量督导员资格培训和考核、管理工作。

2. 质量督导原则 农业职业技能鉴定质量督导工作依据国家法律、法规及有关政策规定，遵循客观公正、科学规范的原则组织实施。

3. 质量督导工作职责

（1）对农业职业技能鉴定站、工作站贯彻执行职业技能鉴定法规和政策的情况实施督导；

（2）对农业职业技能鉴定站的运行条件、鉴定范围、考务管理、考评人员资格、被鉴定人员资格条件审查和职业资格证书管理等情况进行督导；

（3）受委托，对群众举报的职业技能鉴定违规违纪情况进行调查、核实，提出处理意见；

（4）对农业职业技能鉴定工作进行调查研究，向委托部门报告有关情况，提出建议。

4. 现场督导和不定期检查制度 农业职业技能鉴定站实施职业技能鉴定时，应配备由上级或当地农业行业行政主管部门委派的质量督导员，负责现场督考工作。

各级农业行业行政主管部门、农业部职业技能鉴定指导中心、部行业职业技能鉴定指导站根据需要组织质量督导员对农业职业技能鉴定站的工作情况进行不定期检查，听取情况汇报、查阅有关档案资料，并实施现场调查。

三、职业技能鉴定质量督导员管理

（一）质量督导员的资格条件

质量督导员应具备以下条件：

（1）热爱农业职业技能鉴定工作，廉洁奉公，办事公道、作风正派，具有良好的职业道德和敬业精神；

（2）掌握农业职业技能鉴定有关政策、法规和规章，熟悉职业技能鉴定理论和技术方法；

（3）从事农业职业技能鉴定行政管理和技术工作 2 年以上，或从事农业职业技能鉴定考评工作 3 年以上且年度考评合格；

（4）服从安排，能按照派出机构要求完成职业技能鉴定质量督导任务。

（二）质量督导员的职责

（1）质量督导员在现场督考过程中，应对考务管理程序、考评人员资格、申请鉴定人员资格等进行审查；对考评人员的违规行为应予以制止并提出处理意见；遇有严重影响鉴定质量的问题，应提请派出机构进行处理，或经派出机构授权直接进行处理，并把处理结果及时报告派出机构。

（2）质量督导员在现场督考后，应填写农业职业技能鉴定现场督考报告。填好后，由被督导职业技能鉴定站将上述报告报质量督导员派出机构，并报省行业行政主管部门和农业部职业技能鉴定指导中心备案。

（三）质量督导员的权利和义务

● 基本权利

（1）在规定的职权范围内对鉴定活动各环节实施监督和检查活动。

（2）在质量督导工作中，被督导单位及有关人员有下列情形之一的，质量督导员可提请派出机构按有关规定做出处理：

① 拒绝向质量督导员提供有关情况和文件、资料的；

② 阻挠有关人员向质量督导员反映情况的；

③ 对提出的督导意见，拒不采纳、不予改进的；

④ 弄虚作假、干扰职业技能鉴定质量督导工作的；

⑤ 打击、报复质量督导员的；

⑥ 其他影响质量督导工作的行为。

（3）有独立进行督导，并有拒绝任何单位或个人提出更改督导结果的非正当要求的权利。

（4）在督导活动自身权益受到侵害时，有向派出机构提出申诉的权利。

农业行业职业技能鉴定现场督考报告（样式）

被督导鉴定站名称：

基本信息	督导员姓名	
	督导员工作单位	
	委派单位	

督导内容			执行情况
（一）试卷的使用情况	1. 试卷的来源		○部中心提供标准试卷；○传真清样；○网络发送清样；○受部中心委托编制并经审核采用。
	2. 试卷的印刷		○在指定的印刷厂监印；○由鉴定站印刷并有专人监印；○鉴定站复印。
	3. 试卷的运送		○由两人以上专人运送；○由一人运送；○邮寄。
	4. 试卷的交接		○由专人交接并签名、封存；○由专人交接未签名、封存。
	5. 试卷的使用		○试卷在考场现场拆封；○试卷未在考场现场拆封。
	6. 试卷质量分析	1. 考试内容与标准要求关联度	○考试内容全面且符合本职业标准要求；○考试内容基本反映本职业标准规定的内容；○考试内容与标准规定内容相差较远。
		2. 考试内容与当地实际关联度	○基本符合；○大部分符合；○相差较大。
		3. 难易度分析	○较难；○难度适中；○较易。
（二）考场	1. 考场准备	1. 准备依据	○完全按技术准备通知单；○有部分调整；○没有按技术准备通知单。
		2. 场地准备	○良好；○一般；○较差；○混乱。
		3. 设备、仪器准备	○全且符合要求；○一般；○较差；○混乱。
		4. 人员安排准备	○人员充足、分工合理；○人员少且分工不合理。
	2. 鉴定现场情况	1. 鉴定对象安排	○鉴定结束者和未鉴定者有效隔离；○鉴定结束者和未鉴定者没有采取措施分开。
		2. 考场秩序	○良好；○一般；○较差；○混乱。
（三）考评人员情况	1. 考评小组		○按要求组建；○由站长指派；○无考评小组。
	2. 考评人员资格		○完全符合；○部分人员符合；○均不符合。
	3. 考评情况		○考评员佩戴胸卡，严格遵守考评守则；○没有严格遵守考评守则。
（四）被鉴定对象的资格审查	1. 经过审查		○按申报条件严格审查；○审查不严格。
	2. 未经过审查		○由于工作人员疏忽；○鉴定站未安排。
（五）实操考试	1. 场次的确定		○抽签决定；○人为安排；○考生自愿。
	2. 位置的确定		○抽签决定；○人为安排；○考生自愿。
	3. 测评打分		○按要求独立打分；○全部考评员的综合意见；○去掉最高分和最低分后的平均分。
	4. 考核分数的处理		○鉴定后及时整理、汇总成绩；○鉴定后未及时整理、汇总成绩。
（六）出现技术问题后的处理方式	1. 现场处理方式		○由考评小组组长按有关规定现场处理；○由站长处理；○由考评人员协商解决。
	2. 处理结果		○如实记录并上报；○没有记录。
（七）其他情况			

督导员签字：　　　　　　　　督导时间：　　　　　年　　月　　日

● 基本义务

（1）对鉴定机构贯彻执行有关鉴定法规、规章和有关政策的情况实施督导。

（2）受上级主管部门委托，对群众举报的鉴定违规违纪情况进行调查、核实。

（3）在执行督导任务时，应佩戴胸卡，认真履行督导职责，自觉接受主管部门的指导和监督。具有考评人员资格的质量督导员，在执行督导任务时，不能兼任同场次的考评工作，实行回避制度。

（4）对鉴定工作中的重大问题进行调查研究，向上级主管部门报告和反映情况，提出建议。

（四）质量督导员的职业道德

质量督导是鉴定工作的关键环节，其督导行为直接关系整个职业技能鉴定事业的发展。因此质量督导员应严格遵循其职业道德，强化责任心，保证鉴定质量督导工作的公平、公正和科学。

质量督导员职业道德包括以下几个方面：

1. 爱岗敬业，公平公开　质量督导员一般都是兼职的，除了应具有很强的责任心外，还应爱岗敬业，树立职业责任、强化职业责任和提高政策理论水平。公平公开要求质量督导员应按照原则办事，不因个人的偏见、好恶、私心等，区别对待事情和处理问题。对于督导中出现的问题，要能够保持高度的透明度，将督导情况进行公开。

2. 讲究原则，廉洁自律　质量督导员要有原则，严格按章办事，严格遵守和执行督导员的有关规定，自觉加强道德修养，增强法律意识。廉洁自律就是要公私分明，一身清白，自觉约束自己的各种行为，不能接收任何名义上或形式上的馈赠。

3. 尽职尽责，开拓创新　一个合格的质量督导员要树立职业责任感和职业荣誉感，把质量督导工作纳入整个人才队伍建设中去思考，把督导、提高质量变为自觉行动和应尽的义务。同时还要深入思考，开拓创新，不断探索和思考提高鉴定质量和改善考评技术的方法和手段。

4. 遵纪守法，诚实可信　质量督导员应自觉地遵守各项法律和规定，增强法制意识，严格按照规定开展质量督导活动。只要诚实可信，才能真正发挥质量督导"公正之剑"的作用，才能维护鉴定质量督导的信誉。

5. 举止文明，礼貌待人　举止文明、礼貌待人就是要言谈、体态大方得体，对人谦虚恭敬，在督导过程中，要使用礼貌用语，语言表达符合规范要求。

（五）质量督导员资格培训与认证

（1）质量督导员应当接受有关法规、政策、职业道德、职业技能鉴定管理和督导等内容的业务培训。

（2）质量督导员的培训原则上采取集中培训。由各农业职业技能鉴定站所在地农业行业行政主管部门推荐，参加农业部主管部门统一组织实施的培训。

（3）质量督导员培训主要依据质量督导员工作指导手册，内容包括职业技能鉴定的法律法规、政策制度和基本理论；质量督导员的基本概念、工作流程、职业道德及相应规章制度；质量督导员的工作职责和工作方法。

（4）质量督导员的考核采取笔试方式进行，考核合格，颁发统一的职业技能鉴定质量督导员证卡。

职业技能鉴定质量督导员证卡为人力资源和社会保障部统一样式，有效期3年。3年期满后，按照有关规定，重新核发。

（六）质量督导员的管理

1. 实行聘任制和委派制

（1）聘任制。质量督导员具有相应资格后，由当地农业行业行政主管部门或上级有关部门与其签订聘任合同。

（2）委派制。被聘任的质量督导员由聘任机构或上级主管部门根据工作需要，向职业技能鉴定站委派进行质量督导。委派前应明确双方的责任、权利和义务。

2. 轮换工作制　一年内，质量督导员在同一个被督导单位连续从事督导工作不能超过三次。

3. 责任追究制　被委派进行质量督导，质量督导员对本次督导活动结果负责。如被督导单位有问题，督导员没有在督导情况表上如实填写，将视情况严重程度对质量督导员追究责任。

4. 不当行为惩罚情况　质量督导员有下列情况之一的，由本人所在单位给予批准教育或行政处分；情节严重的，由省级农业行业行政主管部门提请农业部人事劳动司批准，取消其质量督导员资格。

（1）因渎职贻误工作的；

（2）违反农业职业技能鉴定有关规定的；

（3）利用职权谋取私利的；

（4）利用职权包庇或打击报复他人，侵害他人合法权益的；

（5）其他妨碍工作正常进行，并造成恶劣影响的。

5. 实行全国统一网络化管理　农业部职业技能鉴定指导中心定期将农业系统质量督导员相关信息汇总整理到中国农业人才网上，便于各地农业行业行政主管部门聘任和派遣。

第三节　职业技能鉴定机构质量管理体系认证制度

为加强对职业技能鉴定机构的管理，规范职业技能鉴定机构质量管理工作，确保职业技能鉴定质量，劳动和社会保障部于2003年5月制定并印发了《职业技能鉴定机构质量管理体系标准（试行）》，并选择天津、福建、湖南、新疆和铁道部、中国石油天然气集团公司的部分职业技能鉴定机构开展质量管理体系认证试点。通过试点，促使试点职业技能鉴定机构建立了有效的自我约束机制，进一步规范了职业技能鉴定行为，增强了质量服务意识，提高了质量管理水平。在试点基础上，劳动和社会保障部重新修订并印发了《职业技能鉴定机构质量管理体系标准》（以下简称《体系标准》）和《职业技能鉴定机构质量管理体系认证工作流程》，同时组织扩大认证试点，农业行业的山西农村能源职业技能鉴定站、山东省饲料监察所职业技能鉴定站被列为扩大试点鉴定机构。下面结合上述两个文件简要介绍质量管理体系标准的相关内容及认证工作的组织实施。

一、《职业技能鉴定机构质量管理体系标准》简介

（一）制定《体系标准》坚持的原则

根据职业技能鉴定工作及职业技能鉴定机构的性质、特点和种类及其管理水平，在制定《体系标准》的过程中主要遵循了以下四项基本原则：

1. 借鉴 GB/T 19000 族国家质量管理体系的理念与模式　参照 GB/T 19000 族标准的 8 项质量管理原则和 12 项技术基础及其术语、定义，形成《体系标准》的基本框架与结构，并保留了 GB/T 19000 族标准 75％左右的内容，较好地体现了其精髓。

2. 紧密结合职业技能鉴定工作过程与流程　充分考虑职业技能鉴定工作及其活动流程、程序和特点，构建《体系标准》体系结构，使其更符合鉴定活动的实际和习惯。同时避免了环节、内容的交叉重复，使其更加精炼和清晰明了。

3. 体现职业技能鉴定机构的类型和特点　充分考虑我国鉴定机构多层次和多类型、职责权限不同以及管理水平的现状与情况，在内容上采用业务分块的描述方法，使各层次或各类型的鉴定机构能够根据自身职责权限对其内容进行合理的取舍，并根据管理现状提出切合实际的要求，使质量管理体系更加符合自身的需要，更加符合实际，更加有效。

4. 采取强调与弱化相结合的做法　针对我国鉴定机构是服务性机构的特点以及采购、开发职能较少的情况，采取了强调重点与弱化非重点（或适当删减）等处理方式，使《体系标准》重点突出、结构紧凑、思路清晰，既体现了鉴定机构的特点，又增强了《体系标准》的适应性和逻辑性。

（二）《体系标准》的框架结构

《体系标准》通过对质量管理体系的建立、内容及要求的总论描述与定位，对质量责任、机构资源与信息管理、鉴定服务实现等方面的分论与要求，形成了独有的条块结合的质量管理体系框架，并按照鉴定过程顺序和全过程的控制技术确定了它的逻辑结构。框架总论方面，主要指对体系的设计与建立，对整个体系的总体要求。《体系标准》的 1、2、7、8 章，对整个体系的架构轮廓、体系要求、持续改进、删减内容和适用范围以及颁布修改等方面提出了规定和要求，贯彻了 GB/T 19000 族国家质量管理体系标准的总体精神和原则，并形成贯穿体系的主线条；分论部分，主要是指对某一部分和某一过程提出了标准与要求。《体系标准》的 3、4、5、6 章，分别对体系的各子系统、质量责任人员、机构资源管理和鉴定服务实现等方面进行规定和明确要求，体现了 GB/T 19000 族国家质量管理体系标准的过程控制的技术基础，并形成充实体系的内容板块。

同时，《体系标准》灵活地运用 GB/T 19000 族标准中以过程为基础的质量管理体系原则，没有照搬企业产品生产过程模式，而是以鉴定活动实施的先后顺序为基础，忠实于职业技能鉴定的工作和活动过程，明确了鉴定工作与活动的综合管理、标准制定、命题管理、实施考核、证书管理、鉴定机构资源管理、鉴定机构信息管理以及考评、质量督导人员工作行为等各环节的质量管理要求，并对各环节的质量责任人员和各环节质量控制要点都做了明确的规定。总之，整个《体系标准》是按照职业技能鉴定工作的自然顺序编写制定的，职业技能鉴定工作和活动顺序构成其内容结构。

二、职业技能鉴定机构质量管理体系认证方法

(一) 认证的目的

在鉴定机构中推行质量管理体系认证，是一种创新，也可以说是一项战略决策。《体系标准》规定的质量管理要求是对职业技能鉴定服务要求的补充。

鉴定机构按《体系标准》建立质量管理体系不仅是要通过认证，更重要的是要规范鉴定服务和提升鉴定服务的管理水平。通过认证，就证明了该机构有能力提供稳定、规范的鉴定服务，提高顾客对鉴定机构提供鉴定服务的满意度和鉴定结果的信度。同时减少鉴定主管部门对鉴定机构鉴定资格和服务质量的检查评定次数，进一步维护职业资格证书的权威性，整体推进国家职业资格证书制度建设和发展。

(二) 认证的原则

1. 认证是由独立的第三方进行的　同第一方（鉴定机构）和第二方（如用人单位）在行政上无隶属关系，经济上无利益关系，由此可保证认证的独立性和公正性。

2. 认证是书面保证形式　认证的含义是指确信和认定，书面保证是通过由第三方认证机构颁发的认证证书，可使有关方面确信经认证的鉴定服务过程符合规定要求。

3. 认证是符合性的证明　经认证的质量管理体系是由第三方认证机构证明该鉴定机构的质量管理体系符合《体系标准》的要求。

(三) 认证方式

1. 文件审查　文件审查是指对鉴定机构的质量管理体系文件的审查，其目的是评价质量管理体系的所有过程是否被确定、过程程序是否形成文件，是现场审核的基础。如果文件审查表明鉴定机构描述的质量管理体系不能满足《体系标准》的要求，应要求鉴定机构修改体系文件，待问题解决以后再进行审核。

2. 现场审核　现场审核时，通过观察、查阅文件和记录、提问与交谈以及实际测定等方法进行调查，通过调查追溯、验证不同来源的信息，以发现问题和获取客观证据。

审核方式主要有顺向追踪即按照体系运作的顺序进行审核和逆向追溯即按照体系运作的反向进行审核。

按部门审核，以主要职能的划分为主对各部门的主要职能、相关职能逐一审核。

为收集证据，在各种审核方式中都会提出大量的问题来获取各种信息。提问的方式主要有：

● 开放式提问　其答案需要说明、解释要展示的问题。

● 封闭式提问　可以用"是"或"否"来回答问题。

● 澄清式提问　将开放式和封闭式结合起来，带有主观导向性，用以需要快速回答或审核员希望支持正确答案时使用。使用这种方式时要慎重。

3. 答卷　围绕鉴定机构建立质量管理体系的各个过程，制定问卷，由受审核鉴定机构最高管理者、管理者代表、各部门负责人以及相关人员进行书面回答，从中了解他们对体系标准和整个体系的理解程度，和对自己或本部门的主要职责、相关接口等的熟悉程度。

三、职业技能鉴定机构质量管理体系认证的实施

（一）认证的实施要求

认证过程中一般控制以下几个方面：

1. 样本策划合理　要保证一定数量，注意分层，适度均衡，并必须做到随机抽样。

2. 识别关键过程　要识别影响鉴定服务和体系运行的关键过程，如理论考试、操作技能考核、证书管理等鉴定服务的关键过程。

3. 评定主要因素　认证过程中应能识别影响过程质量的主要因素并掌握这些因素是否处于受控状态。

4. 重视控制结果　不同的鉴定机构对体系各要素的控制方法也不同，应强调控制效果。鉴定机构的体系控制效果良好或未发生失控现象，认证过程中应给予确认。

5. 注意相关影响　根据鉴定机构不同的部门、鉴定活动的相互关系，分析观察结果的相互影响、因果关系、共性问题等，以便对鉴定机构的质量管理体系的适应、实施、效果等方面做出综合评价。

6. 营造良好的认证气氛　认证过程应始终做到实事求是，确保认证的客观性、公正性。

（二）认证工作流程

1. 申请与受理申请

（1）由鉴定机构向人力资源和社会保障部职业技能鉴定中心提出申请。

（2）申请认证条件。认证条件包括以下几个方面：

● 鉴定机构已按《体系标准》建立了质量管理体系并试运行 3 个月以上；

● 质量管理体系试运行期间鉴定机构能正常开展职业技能鉴定活动，且鉴定职业（工种）、人数达到一定规模；

● 实施内部审核和管理评审，除能提供内部审核和管理评审报告外，能为现场审核提供充分的体系运行客观证据；

● 体系文件按文件审查意见和建议修改后，符合要求；

● 有效期内的"职业技能鉴定许可证"。

（3）申请过程。鉴定机构应在认证前一个月，提交一份正式的、由法定代表人或授权人签署的认证申请表以及上述申请认证条件规定的全部资料。

（4）受理申请。认证机构收到认证申请表后，有关人员应通过信息交流，了解申请机构的基本情况（如认证范围、机构的规模、鉴定现场及其分布、许可证的有效性以及试运行的时间等），对申请表进行审查和评审并保存记录。

认证机构根据对申请表和体系文件的审查结果，做出是否受理申请的决定，于 15 个工作日之内以"认证申请受理通知书"的形式通知申请认证的鉴定机构。

同意受理的，说明审核时间和准备工作要求；不同意受理的，应说明不受理的理由。

2. 申请受理　认证机构同意受理申请后，即成立审核组并任命审核组长。

（三）体系文件审查

1. 体系文件审查的目的　体系文件审查主要是审查鉴定机构提供的质量手册及有关的

体系文件、资料，其目的一是了解鉴定机构的体系文件能否满足《体系标准》的要求，从而确定能否进行现场审核；二是通过对体系文件的审查，了解鉴定机构的质量管理体系情况，为现场审核做准备。

2. 体系文件审查的要求

（1）体系文件内容是否覆盖《体系标准》的所有要求，包括删减的内容及其合理性的说明。

（2）为达到《体系标准》的要求、确保鉴定服务质量所进行的各项活动是否明确相应的控制内容、手段、方法和职责。

（3）体系文件是否现在有效并符合体系文件控制要求。

（4）名词术语是否符合相关标准的要求。

3. 体系文件审查的内容　体系文件审查由审核组长负责完成，主要包括：

（1）质量方针。质量方针由中心主任、站（所）长批准，作为质量的承诺，质量目标是方针的展开和细化，应尽可能量化并形成文件。

（2）质量管理体系要求的描述。应覆盖《体系标准》条款的基本要求，简明切实，对删减的内容加以合理的说明。体系文件审查时对每个条款应做出达标、局部未达标的结论。

（3）质量手册和程序文件的关系问题。质量手册是鉴定机构的代表性文件，必须能展现出整个质量体系，为此手册应说明鉴定机构的组织结构、质量手册和程序文件的关系，这样才能形成完整的体系文件框架。

（4）质量手册的管理。提交认证机构审查的质量手册等体系文件必须是现行有效版本、受控文件，并符合体系文件控制要求。

（5）鉴定机构的基本信息。从质量手册前言和有关章节中了解鉴定机构的规模、职业（工种）、组织机构、服务特点、信誉等基本信息。

4. 审查结论

（1）按"体系文件审查报告"记录审查结果，明确需修改处。

（2）审查结论通常有两种——达标、局部未达标。体系文件审查的审查结论为"局部未达标"的，要求鉴定机构在规定期限内修改完善后，才能进行后续的现场审核工作。

5. 体系文件审查的注意事项

（1）体系文件审查通常由认证机构指定审核组长在现场审核前进行。

（2）体系文件审查的重点是质量手册。如果质量手册描述过于简单，无法了解鉴定机构的质量体系时，要对程序文件进行审查。

（3）体系文件审查时通常需要对通用的法律法规的最初版本进行审查，因为它们是认证不可缺少的要求。

（四）现场审核

现场审核是认证过程的重要环节，是为了审查鉴定机构的质量管理体系和体系文件的执行情况，对体系运行情况是否符合《体系标准》和文件规定做出判断，并据此对鉴定机构能否通过体系认证得出结论。因此，它是一种符合性审核，用以证实鉴定机构在获准认证的范围内已经实施并保持了一个有效的质量管理体系。

1. 现场审核流程　认证机构受理申请后，成立审核组，指定审核组长，确定审核目的、范围、准则和可行性。审核组长对鉴定机构的体系文件（包括申请时提供的信息）进行审查，合格后启动现场审核。

（1）审核前准备。审核组长分工，成员按分工编制审核工作文件，组长编制审核计划。

（2）审核实施。审核组长主持首次会议，收集客观证据并通过查阅资料、个别座谈等形式进行验证，得出审核结论，召开末次会议。

（3）审核报告。审核组长编制审核报告并分发。

现场审核结束后，审核组还要进行未达标项纠正措施的验证。

2. 未达标项和未达标报告

（1）未达标就是没有满足相关规定的要求，或偏离规定要求或缺少相应规定的内容。

（2）未达标项分为严重未达标项和一般未达标项。

● 严重未达标项 指体系运行导致系统性失效、区域性失效或影响鉴定服务、体系运行后果严重的现象。

● 一般未达标项 指对满足体系或体系文件而言，是个别、偶然、孤立、性质轻微的问题，对鉴定服务或体系有效性是次要的问题。

（3）未达标报告的内容。包括未达标事实描述、未达标性质、未达标条款或编号，未达标项事实描述应准确描述观察到的事实，要有可重查性和可追溯性，要尽可能使用行业术语。

3. 审核报告 现场审核结束时，审核组通过对审核记录的汇总整理，在客观证据的基础上，确定未达标项，进而评价鉴定机构的质量管理体系的有效性，最后由审核组长编写审核报告，并在末次会议上宣布。

（五）认证机构评审

（1）现场审核结束后，审核组汇集整理、签署有关文件资料，审核组长向认证机构提交说明受审核方与认证要求符合性的报告。

（2）审核组长对鉴定机构提出的纠正措施完成情况进行跟踪验证，填写"纠正措施验证报告"并报认证机构。

（3）认证机构对"审核报告"、"纠正措施验证报告"和相关资料进行评审，对审核结论的公正性、客观性进行评定，并做出审定结论。

（六）批准机构颁证

认证机构做出审定结论，报人力资源和社会保障部培训就业司批准后，做出准予注册颁证的决定，并以书面形式通知鉴定机构及其鉴定主管部门，在30个工作日内颁发职业技能鉴定机构质量管理体系认证证书。

（七）监督审核和管理

认证机构对获得认证证书的鉴定机构在证书有效期内应定期实施监督和管理，以验证其是否持续满足《体系标准》的要求，这是促使鉴定机构体系有效保持和不断改进的主要手段。

1. 监督审核的要求

（1）在证书有效期内，每年进行一次监督审核；

（2）由正式的审核组按程序进行，但次数可为初次审核的 1/3；

（3）每次监督审核只查若干要求，但 3 年内必须审核到《体系标准》的全部要求；

（4）监督审核的重点是内部审核、顾客申诉、内外部信息反馈、证书使用的符合性等；

2. 监督审核的实施　监督审核由认证机构组织实施。

3. 对问题的处置　监督审核中对所发现的问题，视其轻重程度，分别予以处置。

（1）认证暂停。当发现体系达不到规定要求时，认证机构暂停鉴定机构使用认证证书资格。通过改进，鉴定机构满足要求后，可撤销暂停，否则撤销认证资格，收回认证证书。

（2）认证撤销。当发现体系存在较严重未达标项或暂停后未实施改进或改进未达到规定要求时，认证机构应撤销鉴定机构使用认证证书的资格，收回认证证书。此类鉴定机构一年后方可重新提出认证申请。

（3）认证注销。当证书有效期满或鉴定机构不愿保持等情况时，认证机构应注销鉴定机构使用认证证书的资格，收回认证证书，予以注销。

（4）再次认证。获证鉴定机构的认证证书有效期满，应重新提出认证申请，认证机构受理后重新组织审核组进行再次认证。

第五章　职业资格证书体系及其管理

劳动者通过职业技能鉴定，可从社会权威认证机构获得对自己技能水平和从业资格的认可，其主要形式是职业资格证书。职业资格证书是反映劳动者专业知识和职业技能水平的证明，是劳动者通过职业技能鉴定进入就业岗位的凭证。建立国家职业资格证书制度是我国人力资源管理的重要手段，是劳动力市场建设和发展的重要环节。

1993 年 11 月，党的十四届三中全会通过《中共中央关于建立社会主义市场经济若干问题的决定》，明确提出"要确定各种职业的资格标准和录用标准，实行学历文凭和职业资格两种证书制度"。中共中央制定的这个具有历史意义的决定，首次正式提出了在我国建立职业资格证书制度的设想，从制度建设和政策导向上扭转了我国教育培训事业长期存在的单纯追求学历文凭的偏向。其后，在《劳动法》、《职业教育法》中，都对实行职业资格证书制度做出了明确规定，从国家基本法律层面确立了我国职业资格证书制度的法律地位。

第一节　国家职业资格证书制度简介

一、国家职业资格证书制度概述

（一）职业资格及其分类

职业资格是指对劳动者从事某一职业所必备的学识、技术和能力的基本要求，包括从业资格和执业资格。从业资格是指从事某一职业的专业知识、职业技能和工作能力的起点标准；执业资格是指政府对某些责任较大、社会通用性强，关系公共利益，涉及人身安全、重大财产安全和广大消费者利益的职业实行就业准入控制，是劳动者依法独立开业或者从事某一特定的职业所需的学识、技术和能力的必备标准。

职业资格在职业分类的基础上统一规范设置。对涉及公共安全、人身健康、人民生命财产安全等特定职业（工种），国家依据有关法律、行政法规或国务院决定设置为行政许可类职业资格；对社会通用性强、专业性强、技能要求高的职业（工种），根据经济社会发展的需要，由国务院人力资源和社会保障部门会同国务院有关主管部门制定职业标准，建立能力水平评价制度（非行政许可类职业资格）；对重复交叉设置的职业资格，逐步进行归并。对涉及在我国境内开展的境外各类职业资格相关活动，由国务院人事劳动保障部门会同有关部门制定专门管理办法，报国务院批准。

职业资格反映了劳动者为适应职业岗位的需要运用特定知识和技能的能力。与学历文凭不同，职业资格与职业岗位的具体要求结合密切，能更直接、更准确地反映特定职业实际工作的技术标准和操作规范。

（二）职业资格证书

职业资格证书是表明劳动者具有从事某一职业所必备的学识和技能的证明，是反映劳动者从事该职业所达到实际能力水平的证件。它是劳动者求职、任职、开业的资格凭证，是用人单位招聘、录用劳动者的主要依据，也是境外就业、对外劳务合作人员办理技能水平公证的有效证件。

职业资格证书与学历证书的区别：

教育从内容上可以分为两大方面，即学科性教育和职业性教育。在基础教育完成后，一切教育都将沿着这样两个主要方向发展：一是按照学科体系自身的内在逻辑，在学科领域内发展。二是按照职业活动自身的内在逻辑，在职业领域内发展。学科性方向更侧重于理论、知识和学术的严谨和完整，是推动科学发展的武器。职业性方向更侧重于生产和工作的实际需要，是推动科学转化为现实生产力的武器。我国过去长期只重视学科性教育，忽视职业性教育，导致职业性教育往往照抄照搬学科性教育，没有自己独立的方向。职业导向的教育培训与学科导向的教育培训有完全不同的结构特征：学科导向的教育培训通常是沿袭着"基础—专业基础—专业"的传统结构体系发展，由此也决定了相应结构特征的考核。在这样的体系下，受教育者接受系统性强、符合学科发展需要的知识和技能训练。但是，这种体系由于自身相对独立于经济和生产活动，与实际工作有很大距离。

职业导向的职业培训和考核结构的特征完全不同于学科导向的结构，它以职业活动的实际需要为出发点。近年来，运用职业功能分析方法，研究确定职业教育培训和考核的内容新体系，并已运用到国家职业标准的制定工作中。对应学科性教育和职业性教育的分别是学历证书和职业资格证书，学历证书主要反映证书持有人学习的经历和文化理论知识的水平；职业资格证书主要反映证书持有人为适应职业劳动需要运用相关知识和技能的能力。也就是说，职业资格证书重视的是用而非学。

（三）职业资格证书制度

职业资格证书制度是指按照国家制定的职业标准或任职资格条件，通过政府认定的考核鉴定机构对劳动者的技能水平或职业资格进行客观公正、科学规范的评价和鉴定，对合格者授予相应的国家职业资格证书。这既是国家劳动就业制度的一项重要内容，也是一种特殊形式的国家考试制度。概括地说，我国职业资格证书制度的基本特征如下：

从制度体系上看，我国职业资格和职业技能鉴定体系属于国家证书制度体系；从认证方式上看，我国职业技能鉴定采用了国际上通行的第三方认证的现代认证规则；从考试性质上看，我国职业技能鉴定属于标准参照的考试模式；从鉴定内容上看，我国的职业技能鉴定采用了职业导向的内容体系。

1. 国家证书制度　在我国，职业资格证书制度是国家证书制度的重要组成部分，通过法律、法令或者行政条规的形式，以政府的力量来推行，由政府认定和授权的机构来实施。这是我国职业资格证书和职业技能鉴定工作的制度特征。

2. 第三方认证　现代认证规则的核心是第三方认证。近年来，我国职业技能鉴定工作方式走上社会化管理的轨道。也就是说，从传统的第一、第二方认证，逐步发展到第三方认证。

我国经济体制改革的市场化方向必然大大强化劳动力市场对资源配置的基础作用。在这种经济模式下形成的劳动者之间的竞争、用人单位对人才的选择以及劳动力的流动都要求改变过去由劳动力供给方（即培养人的单位，如家庭、学校、培训中心等，统称为第一方）或者劳动力需求方（即用人单位，统称为第二方）认证的制度，代之以第三方认证的制度。所谓第一方认证或者第二方认证，实质上就是培训机构或者用人单位自行培训、自行考核、自行认证的传统方式，而第三方认证是由独立于供给和需求双方的第三方，即由政府授权的独立鉴定考核机构对劳动者的职业资格做出认证，这也是我们通常所说的"考培分开"的原则。在我国，就是由政府授权的、独立的鉴定考核机构来对劳动者的职业技能水平做出认证。这也是职业技能鉴定实施社会化管理的实质。

第三方认证是我国人力资源认证和管理方式的一个根本性变革，对提高我国人力资源质量评价系统的科学性和权威性有重要作用。这一变革不但完全符合现代市场经济的要求，而且与国际通行的第三方质量认证方式接轨，为我国人力资源开发最终走向国际一体化，参与国际经济竞争创造了条件。第三方认证的主要特点如下：

（1）客观公正。在实行第三方认证的鉴定考核活动中，由于实施鉴定考核的机构与劳动力需求方和劳动力供给方在隶属关系、经济利益上都是分离的独立机构，在实施鉴定和认证过程中能够摆脱当事人身份的影响，也就是说，它不会受到来自任何一方的、由于短期利益要求而对鉴定考核可能提出的不恰当要求或不良影响。同时作为第三方，它又代表了社会的整体利益，其中包括第一方和第二方的根本利益，根据社会统一的标准和规范实施考核鉴定，这样就能够保证鉴定和考核的客观公正。

（2）科学统一。第三方认证由于有专门的工作机构、专门的技术力量、专业化的工作队伍，能够保持较高的工作水平，同时也能够在很大程度上保持与全国标准要求基本一致。根据国外长期实行专业化鉴定考核认证服务的经验，在鉴定考核制度发展完善的国家或地区，都已经出现了专业化水平很高的第三方认证机构，如美国教育考试服务中心（ETS）、英国国家职业资格委员会（NCVQ）、韩国产业人力管理公团等，都属于第三方认证的专业性机构，且专业化工作程度都很高。

（3）降低费用。职业资格证书由专业的职业技能鉴定机构组织实施，有利于降低鉴定考核工作的成本，形成规模效益，比由第一方或第二方单独组织鉴定考核的费用低，而且质量高。因此第三方认证最终将降低劳动力市场的运行成本，有助于推动劳动力市场和整个市场经济体制建设。

（4）有利于与国际接轨和交流。第三方认证是现代市场经济条件下世界各国在人力资源质量认证上采取的通行方式。随着国际间经济交往的加强，对生产标准的要求也逐步趋于同化，对生产人员的要求也越来越一致。因此，按照国际通行的标准和做法，建立人力资源质量认证制度是我国经济进一步实现与国际接轨、参与国际竞争的要求。我国通过实行这种国际惯例的做法，可以加强与世界各国的交流和联系，引进和借鉴先进的标准和经验，提高我国证书的质量，实现我国职业资格证书的国际接轨和多边互认。

3. 标准参照考试模式　按照考试科学的理论，根据参照系的不同，考试（鉴定）通常可以分为两种类型，一类是常模参照性考试，另一类是标准参照考试。

常模参照性考试（Norm Referenced Test，NRT）是以常模作为参照系确定结果的考试。也就是说，这种考试是将每个人的成绩与所选定的群体中的其他人的成绩相比较，主要考察他处于整个群体中的位置。显然，这种考试的成绩具有相对性。比如高等学校招生考试，如果某一年有 200 万人应考，只能录取 50 万人，这次考试的目标就是以 200 万人（常模）作为参照系，比较其中每一个考生所处的位置，并从中选拔录取 50 万人。可以看出，每一个考生在群体中的位置不但取决于自己的成绩，还取决于整个群体的水平。在整个群体水平高的情况下，他的个人位置（成绩）就下降，反之，整个群体水平低，他的个人位置（成绩）就上升。显然每一个考生成绩的高低是由其相对于群体的位置决定的，因而这种考试具有选拔性。

标准参照考试（Criterion Referenced Test，CRT）是以某种既定的标准作为参照系确定结果的考试。也就是说，这种考试是将每个人的成绩与所选定的标准做比较，看看他处于这个标准的什么位置。显然这种考试成绩具有绝对性。职业资格考试就是这样，它以某一个职业中某一等级所需要的知识、技能和操作熟练程度以及职业道德要求等作为标准，衡量这个申请人是否达到了标准规定的要求。申请人的成绩只与本人的水平以及所确定的标准有关，而不与参加申请考核鉴定的人数以及其他人的成绩相关。

从理论上说，标准参照考试可以不考虑通过率，全体申请人可能都通过，也可能都通不过，但都不影响考试的效用和科学性。这类考试不具有选拔性，只具有是否达标性。

4. 职业导向内容体系　我国的职业资格证书制度作为国家职业培训教育体系和资格考试范畴的重要组成部分，在内容上是以职业活动为导向的。职业技能鉴定的内容取决于职业教育培训的内容，同时又反作用于职业教育培训活动，引导职业教育培训向需要的目标发展。

二、国家职业资格证书制度基本属性

1. 依据国家法律建立　我国《劳动法》规定：国家确定职业分类，对规定的职业制定职业技能标准，实行职业资格证书制度，由经过政府批准的考核鉴定机构负责对劳动者实施技能考核鉴定。以《劳动法》为依据，先后颁布了一系列政策法规如《职业教育法》、《农业法》等，确立了各项职业技能鉴定的技术型文件和标准，建立了以政府行政管理体系为依托的各级职业技能鉴定机构，在全社会实行职业技能鉴定的社会化管理，从根本上体现了我国国家职业资格证书制度的基本属性。

2. 依靠政府权威力量推行　世界各国的资格证书制度可以分为两种模式。一种是以行业权威为代表的证书制度，如西方国家在工业化和现代化的过程中，行会组织通过漫长的市场竞争，在资格认证方面形成了各自的权威，而政府却不能发挥什么作用。如美国教育服务中心（ETS）推出的 TOFEL、TOEIC 等考试，以及英国伦敦城市行业协会（C&G）推出的各种职业证书都是很有影响的国际证书。这些证书都不是由政府颁发的。另一种是靠政府权威力量推行的证书体系，主要在东方国家，包括韩国、日本。由于政治文化背景不同，东方国家更重视社会价值和整体观念，而且中央政权对推动国家工业化和现代化发挥了重要作用，因而在资格认证方面，政府发挥着重要作用，职业资格证书还是以国家证书体系为主体。中国的国情不允许我们再去通过漫长的自由竞争形成权威，政府仍是老百姓最信赖的部门。因此，我国的职业资格证书体系要靠政府的力量来推行。这种模式权威性高、推广速度快，容易集中统一管理。

3. 是国家劳动人事制度的重要组成部分　我国的职业资格证书制度是国家劳动就业制度的重要组成部分，并与国家教育培训制度紧密相连，这个体系的运行要以国家劳动人事部门确定的职业分类与职业标准系统为前提，以各级各类职业教育与培训机构为基础，以职业技能鉴定系统以及与市场就业相联系的就业准入控制为手段，最终实现国家对社会劳动力市场的调控，促进劳动者素质的提高和就业目的的实现。

三、国家职业资格证书制度发展现状

（一）国家职业资格证书的作用

职业资格证书作为国家对证书持有人的专业学识、技术和能力的认可，成为寻找工作、单位录用、确定相应工作岗位、确定工资福利待遇和独立开业的重要依据。全面推行国家职业资格证书制度，将使广大劳动者在各自的职业领域获得相应的社会地位、经济收入和就业竞争力，使我国的人力资源得到多层次、全方位地开发利用。具体来说，职业资格证书具有以下的作用：

1. 评价作用　劳动者通过政府或其授权的机构考核、鉴定获得相应资格，取得相应的职业资格证书，这是社会对劳动者的学识、技术和能力达到了某一基准的肯定，是对劳动者个人职业水平的评价。

2. 激励作用　一方面，劳动者获得了职业资格证书可以凭此到社会上去谋职，为获得工作机会和工资福利提供了基础。因此职业资格证书对劳动者有极大的吸引力，激励他们靠自己的真才实学在社会上谋得一席之地。另一方面，职业资格等级的高低会激励劳动者不断进取，劳动者想要获得更高层次的资格，获得更多的收入，就必须不断努力进取。

3. 选拔作用　实施职业资格证书制度，就是"优胜劣汰"制度的具体体现。通过鉴定考核，有真才实学的技能人才获得相应的职业资格，技能水平、能力不够者遭淘汰，从而为社会、用人单位提供了真正的有用人才。

4. 保障作用　从业人员素质的高低直接关系到国家财产和人民生命的安全。农业劳动者的素质同样关系到农业、农村经济的发展，关系到农业科学技术的发展、农业生态资源的合理利用与再生，关系到农产品质量安全水平，也同样关系到国家财产安全和国计民生的大问题。通过职业技能鉴定，农业劳动者获得职业资格证书，达到相应的技能水平，对实现农业、农村发展战略目标提供了有力的人才保障。

（二）推行国家职业资格证书制度的意义

开展职业技能鉴定、推行国家职业资格证书制度，是落实党中央、国务院提出的"科教兴国"战略的重要举措，也是我国人力资源开发的一项战略措施，对提高劳动者素质、促进劳动力市场的建设、促进经济发展都具有重要意义。

1. 是建立技能人才成长的通道，是推动劳动者提高自身素质的需要　技术技能型人才是国家的宝贵财富，是生产效率和产品质量的最终保证。为广大劳动者开辟一条与经济发展和个人发展相结合的成才通道，使他们能够在自己的职业劳动领域内，在自己的本职工作岗位上，不断得到提高，得到社会的承认和尊重。在政治上，对促进社会稳定、社会公正和社会进步具有重要意义；在经济上，可以促使普通劳动力资源逐步转化为符合产业发展需要的人力资本。它可以促进劳动者自觉提高自身素质，增强就业竞争能力和工作能力；增强企业投资于人力资本的自觉性，增强企业的人力资本存量，提高企业竞争力；还可引导社会资金投资于职业教育。

2. 是引导教育方向，特别是引导职业教育培训方向的需要　职业资格证书制度以职业活动的工作内容为导向，以职业活动所必需的能力为核心，这就为教育的内容与方法的改革提供了重要的条件，可以引导职业教育的课程体系直接与职业活动和就业需要相联系，直接为生产和经济的发展需要服务，提高人力资源开发效率。这也为推动职业教育走市场化和社会化的道路奠定了基础。目前，我国正处于经济高速增长的阶段，建立与学历文凭制度并行的职业资格证书制度，大力发展职业教育，使大多数受过基础教育的青少年、下岗失业人员和在职员工都能通过一定方式接受中等层次职业教育，同时根据劳动力市场发展的需要，适时发展一定规模的高等层次的职业教育培训，不仅符合现代进程的历史规律，也符合我国经济发展的实际需要。

3. 是培育和发展统一、开放、竞争、有序劳动力市场的需要　劳动力市场是现代市场体系的重要组成部分，是市场经济体制下劳动者实现就业的主要途径。以劳动者自主择业、企业自主用人、市场调节就业、政府促进就业为主要特征的市场就业机制的形成，必然会大大加快劳动力的流动速度，促进我国劳动力资源配置合理化。职业资格证书制度可以为促进劳动力市场建设发展做出重要贡献，劳动者就业上岗也必须具有一定的职业能力水平。这就要求能够为客观评价劳动者的能力和水平提供社会服务，能够为劳动者和用人单位提供一个权威的资格认证体系，将劳动者与用人单位紧密地联系在一起。这对促进就业，培育和发展劳动力市场具有重要意义。可以说职业资格证书就是劳动力市场的"通行证"。

职业资格证书制度可以规范和促进职业教育事业的发展，促进劳动力市场建设，并使职业教育培训同劳动力市场的人才需求结构、技术结构及其发展趋势相沟通，育人与社会需要相结合；推动职业教育同劳动就业密切联系，为实现供求双方的双向选择提供一个客观公正的评价尺度，使之成为促进劳动就业的有效途径，可以说职业资格证书对于全面提高劳动者素质具有重要作用。它是连接培训与就业的重要桥梁和纽带，是促进就业的重要措施。

第二节　职业资格证书体系及管理

国家职业资格证书制度的建立是我国人力资源开发政策重大战略调整的产物。农业职业资格证书是国家职业资格证书制度的重要组成部分，也是农业职业技能鉴定制度的核心。

一、农业职业资格证书体系

职业资格不仅规定了劳动者在某一职业领域从业或执业时的起点标准或必备标准，在工作岗位上还可以按照实际要求来区分资格等级，即根据各职业活动范围、工作内容的数量和质量、工作责任等要素，将特定职业岗位划分为不同的资格等级，技能型操作人员可划分为初级、中级、高级、技师和高级技师。根据职业资格等级的不同，可对相关就业或执业人员提出相应的知识和技能水平要求。

1998 年我国正式确定了国家职业资格证书制度的等级设置为五个级别，即国家职业资格五级、四级、三级、二级和一级，分别对应初级、中级、高级、技师和高级技师（图 5-1）。

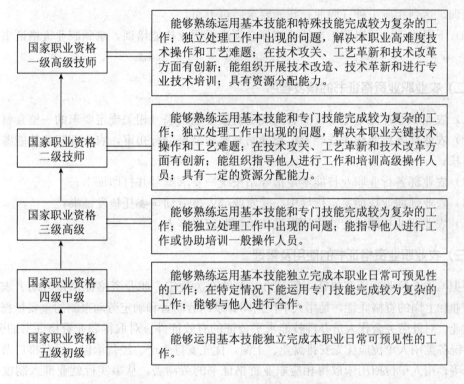

图 5-1 国家职业证书制度的等级设置

二、农业职业资格证书的核发与管理

（一）农业职业资格证书的获取

农业劳动者可通过参加农业职业技能鉴定、业绩评定、职业技能竞赛等方式申请获得职业资格证书。参加职业技能鉴定理论知识考试和操作技能考试均合格者，可获得相应等级的职业资格证书。对有重大发明、技术创新、获取专利以及攻克技术难关等的劳动者，经农业部职业技能鉴定指导中心组织专家评定，可获得或晋升相应等级的职业资格证书。参加国家级和省级职业技能竞赛分别取得前 20 名和前 10 名的人员，以及获得全国技术能手称号的人员，所从事的职业设有高一级职业资格的，经农业部人事劳动司审定后，可相应晋升一个职业等级。

任何劳动者都可以申请获得职业资格证书，具体有以下几类人员：

（1）在职人员。劳动者到实行职业准入的职业范围内就业时，必须具有国家职业资格证书。用人单位和职业介绍机构发布技术工种人员招聘广告时，必须在应聘人员应具备的条件中注明职业资格要求。

（2）新生劳动力。普通高中、职业高中、职业中专、大学应届毕业的新生劳动力，不但要经过职业培训、职业教育，取得毕业证书，还必须取得相应的职业资格证书后才能到实行准入控制的技术工种范围内就业。

（3）转岗人员。对已经有职业资格证书，但是又更换了岗位的在职人员，必须重新参加职业培训，取得现在岗位的职业资格证书再上岗。

（4）政策性安置人员。用人单位安排国家政策性安置人员从事技术工种工作的，应当先组织培训，达到相应工种（职业）技能要求后再上岗。

（5）下岗职工。下岗职工再就业前都必须进行职业技能培训，拿到职业资格证书才能再就业。

（二）农业职业资格证书的核发程序

（1）农业职业技能鉴定站按照有关规定上报鉴定结果（相关规定要求的一整套材料）；

（2）农业部各行业职业技能鉴定指导站对鉴定结果进行初审，农业部职业技能鉴定指导中心复核；

（3）农业部各行业职业技能鉴定指导站按统一要求编号并打印证书；

（4）农业部职业技能鉴定指导中心受农业部人事劳动司委托核发证书；

（5）农业职业技能鉴定站将证书发放给被鉴定者本人。

（三）农业职业资格证书的使用及管理

根据《农业行业职业资格证书管理办法》的有关规定，职业资格证书是劳动者求职、任职、开业和上岗的资格凭证，是用人单位招聘、录用劳动者和确定劳动报酬的重要依据，也是境外就业、对外劳务合作人员办理技能水平公证的有效证件。对取得职业资格证书的劳动者，农业系统各类用人单位应优先安排就业、上岗，优先安排生产、经营承包、示范推广及政府补贴项目等；用人单位招用未取得相应职业资格证书的劳动者，从事实行就业准入制度的职业（工种）工作的，农业行业行政主管部门和当地劳动保障部门应责令限期改正；各级管理部门、用人单位应鼓励获得职业资格证书的劳动者不断提升技能水平，晋升职业资格等级。

农业部《农业行业职业资格证书管理办法》规定：建立职业资格证书追溯制度，逐步完善证书查询系统。农业行业推行职业资格证书复核监查制度。对实行就业准入制度职业的持证人员，应加强业务培训和业绩考核，每三年由原鉴定站复核一次。

对涉及农产品质量安全、规范农资市场秩序，以及技术性强、服务质量要求高、关系广大消费者利益和人民生命财产安全的职业的从业人员，要加强职业资格证书监查。同时规定职业资格证书只限本人使用，不得涂改、转让。因遗失、残损以及对外劳务合作等原因需要补发、换发职业资格证书的，证书持有者可向原鉴定站提出申请，并填写《补（换）发农业行业职业资格证书申请表》，按证书核发程序申请补发、换发证书。严禁伪造、仿制和违规发放职业资格证书，对有上述行为的单位和个人，按有关规定处理。

（四）农业职业资格证书网上查询

2009年，人力资源和社会保障部要求通过各职业技能鉴定站鉴定合格取得相应国家职业资格证书人员的信息，可在"国家职业资格证书全国联网查询"网站查询，网址为http://zscx.nvq.net.cn/。证书持有人、各类用人单位、劳务中介组织以及政府有关部门需要查询证书相关信息，都可登录该网站查询。

查询方式：任意输入两项组合内容即可查询。

（1）证件号码＋证书编号；

（2）证件号码＋准考证号；

（3）证件号码＋姓名；

（4）证书编号＋准考证号；

（5）证书编号＋姓名；

（6）准考证号＋姓名。

如：

（1）输入正确的证件号码：14040219660729××××；

（2）输入正确的证书编号：080504000040××××；

（3）点击【查询】，在新窗口中显示此考生的正确信息。

三、农业职业资格证书的编码规则

证书编码是完善和规范农业职业资格证书核发和管理的有效手段之一，在全国范围内，凡是参加职业技能鉴定合格者，都有唯一的职业资格证书编码，这为防范假证、保证证书的权威性、实现证书查询和管理奠定了基础，也为职业技能鉴定考核信息现代化管理奠定了基础。

（一）证书编码

证书编码方案采用16位数字代码，从左至右的含义是：

（1）第1~2位为证书核发年份代码，取核发年份的后两位数字。

（2）第3~6位为发证地区或行业代码，47为农业行业代码，00为地市级代码，对于农业行业来讲，这两位代码按照农业行业的专业（系统）来确定，如种植业行业确定为01，渔业行业确定为03，农机行业确定为04等。

（3）第7位为鉴定机构标识代码，取值为1~4。依次表示："1"是国家职业技能鉴定所、"2"是地方职业技能鉴定站、"3"是行业特有工种职业技能鉴定站、"4"是工人考核委员会。

（4）第8~10位为鉴定机构编码，编码由三位数字（不足三位时在前面加"0"补足）

组成，该编码由省级劳动部门或行业部委根据鉴定机构类别统一制定。

（5）第11位为证书类别代码，取值为1～5，依次表示："1"是高级技师、"2"是技师、"3"是高级技能、"4"是中级技能、"5"是初级技能。

（6）第12～16位表示证书核发顺序编码，每年度按鉴定机构分等级从00001～99999依次顺序取值。

证书的编码方案举例

2016年农业部第11号鉴定站，颁发的第25号初级（五级）职业资格证书编码如下：16 47 00 3 011 5 00025。他们分别表示为：

● 16——证书核发年份　表示该证书为2016年通过鉴定取得。

● 47——行业代码　按照国家有关规定，鉴定机构依次按照省市、行业划分进行编码，47为农业行业代码。

● 00——地市级代码　对于农业行业来讲，这两位代码按照农业行业的专业（系统）来确定。目前农业部已经按照行业（系统）规定了10个行业（系统）的代码。

● 3——鉴定站标识代码　按照国家规定，凡是行业特有工种职业技能鉴定机构都用3表示，国家所的代码为1。

● 011——鉴定站代码　表示鉴定站的编号，一般按照鉴定站成立的先后顺序，在批准成立鉴定站时规定一个代码，如农业行业的390个鉴定站，鉴定站编码就是按照建站先后顺序从001站到390站编排的。

● 5——证书类别代码　表示该证书持有人的技能水平等级，由低到高依次用5到1的数字表示。"5"代表初级技能。

● 00025——证书序号代码　表示该证书在某个鉴定站当年鉴定中的同一等级的顺序号，证书序号与鉴定的年份、鉴定机构、鉴定等级有关，但与鉴定的职业无关。证书持有人遗失证书后，需要补发证书的，证书编码仍使用原证书编码。

（二）证书填写与验印要求

填写职业资格证书时应当遵守以下规定：

（1）证书必须按照规定要求和格式使用计算机打印，不得手写，否则证书无效；

（2）证书贴照片处须粘贴本人近期二寸免冠照片；

（3）出生日期处应使用阿拉伯数字填写；

（4）职业（工种、专业）名称应按照《职业分类大典》中规定的名称填写，超出范围的，应经批准方可使用；

（5）文化程度处填写：小学、初中、高中、中专、技校、职业高中、大学专科、大学本科；

（6）发证机关处盖发证机关职业技能鉴定专用章（红印），即农业部人事劳动司职业技能鉴定专用章；

（7）发证日期处用阿拉伯数字填写发证机关审验通过的日期；

（8）理论知识考核成绩和操作技能考核成绩分别填写实际取得的分数（百分制），评定成绩根据两项成绩中较低的一项确定为合格、良好、优秀，确定60～79分为合格，80～89分为良好，90～100分为优秀；

（9）职业技能鉴定中心审核处盖农业部职业技能鉴定指导中心印章，审验通过的日期使用阿拉伯数字填写；

（10）照片右下角处须加盖发证机关职业技能鉴定专用钢印，即农业部人事劳动司职业技能鉴定专用章钢印。

第三节　职业准入制度

我国从 1994 年开始实行职业资格制度。从职业资格性质上来讲，一种是准入类职业资格，另一种是水平评价类职业资格。经过 20 多年的发展，我国建立的专业技术人员职业资格 47 项，其中准入类 23 项，水平评价类 24 项。技能人员的职业资格共设置 265 项，其中准入类 3 项，水平评价类 262 项。职业资格制度自建立以来，尤其是准入类职业资格，依照国家有关法律和行政法规设置，在保障人民生命安全、食品安全等方面发挥了重要的作用。对于推动劳动者技术技能提高、促进就业等方面以及我国人力资源开发发挥了很重要的作用，极大地促进了我国人才队伍的建设。

一、国家清理规范职业资格的情况

职业资格制度是社会主义市场经济条件下科学评价人才的一项重要制度。近年来，我国职业资格制度逐步完善，对提高专业技术人员和技能人员的素质、加强人才队伍建设发挥了积极作用。与此同时，这一制度在实施过程中也存在一些突出问题，集中表现为考试太乱、证书太滥：有的部门、地方和机构随意设置职业资格，名目繁多、重复交叉；有些机构和个人以职业资格为名随意举办考试、培训、认证活动，乱收费、滥发证，甚至假冒权威机关名义组织所谓职业资格考试并颁发证书；一些机构擅自承办境外职业资格的考试发证活动，高额收费等，社会对此反应强烈。为有效遏制职业资格设置、考试、发证等活动中的混乱现象，切实维护公共利益和社会秩序，维护专业技术人员和技能人员的合法权益，加强人才队伍建设，确保职业资格证书制度顺利实施，更好地为发展社会主义市场经济和构建社会主义和谐社会服务，2007 年年底，国务院部署对各类职业资格考试活动进行集中清理规范。本次清理整顿的范围包括国务院各部门、各直属机构、各直属事业单位及其下属单位，地方各级人民政府各部门、各直属机构、各直属事业单位及其下属单位，各类行业协会、学会等社会团体设置或组织实施的职业资格及相关考试、发证等活动，各类企业面向社会设置或组织实施的职业资格及相关考试、发证等活动。清理整顿的内容包括：

1. 清理规范职业资格的设置　对涉及公共安全、人身健康、人民生命财产安全等特定职业（工种），国家依据有关法律、行政法规或国务院决定设置行政许可类职业资格；对社会通用性强、专业性强、技能要求高的职业（工种），根据经济社会发展需要，由国务院人事、劳动保障部门会同国务院有关主管部门制定职业标准，建立能力水平评价制度（非行政许可类职业资格）；对重复交叉设置的职业资格，逐步进行归并。对涉及在我国境内开展的境外各类职业资格相关活动，由国务院人事、劳动保障部门会同有关部门制定专门管理办法，报国务院批准。

2. 清理规范职业资格考试、鉴定　全面治理职业资格考试、鉴定等活动中的混乱现象。

组织实施职业资格考试、鉴定活动应与举办单位（机构）的性质和职能一致，不得使用含义模糊的名称或假借行政机关名义开展考试、鉴定活动。开展职业资格的考试、鉴定要按照公开、公平、公正原则，严格程序、规范实施、严肃考风考纪、切实加强管理。在本次清理规范工作中不予保留的职业资格的相关考试、鉴定活动要立即停止。

3. 清理规范职业资格证书的印制、发放 完善各类职业资格证书印制、发放和管理等工作环节的程序和办法，严格规范证书样式和"中国"、"中华人民共和国"、"国家"、"职业资格"等字样和国徽标志的使用。严厉打击违规违法印制、滥发证书等活动。

4. 清理规范职业资格培训、收费 整治各类职业资格培训秩序，严禁强制开展考前培训以及以考试为名推行培训。举办职业资格考试的单位和机构一律不得组织与考试相关的培训。对超越职能范围或不按办学许可证规定乱办培训的要予以查处，对在培训活动中虚假宣传和忽视培训质量的要予以纠正。各类职业资格的考试、鉴定等有关收费，必须符合国家和地方有关收费政策。组织实施各类职业资格相关活动，不得以营利为目的。要认真检查与各类职业资格相关的收费活动，严肃查处和纠正各种违规收费行为。

5. 改革完善职业资格证书制度 在清理规范的基础上，根据社会主义市场经济要求，按照各类人才成长与职业发展的规律，改革完善职业资格证书制度，健全相关法律法规。要根据职称制度改革的总体要求，将专业技术人员职业资格纳入职称制度框架，构建面向全社会、符合各类专业技术人员特点的人才评价体系。要做好技能人员职业资格制度与工人技术等级考核制度的衔接，建立健全面向全体技能劳动者的多元评价机制。国务院人事、劳动保障部门要会同行业和社会组织管理部门，共同研究完善职业资格证书制度，充分发挥行业管理部门和社会组织在组织实施工作中的作用，逐步形成统一规划、规范设置、分类管理、有序实施、严格监管的职业资格管理机制，促进职业资格证书制度健康发展。

新一届政府把简政放权作为第一件大事，减少职业资格许可和认定工作是简政放权的一个重要内容。但同时职业资格制度是人才评价制度，从世界范围看，职业资格制度不是我国所独有的，世界各国特别是发达国家都实行了职业资格制度。取消职业分类分为两种情况，一是取消准入类变为水平评价类，二是取消水平评价类。

取消范围：一是要取消国务院部门设置的没有法律法规或者国务院决定作为依据的准入类职业资格，行业管理确有需要且涉及人数较多的职业，可报国务院人力资源社会保障部门批准后设置为水平评价类。二是要取消国务院部门设置的有法律法规依据但与国家安全、公共安全、公民人身财产安全关系并不密切的职业资格。要通过修订规定，甚至是法律，按照程序修订以后把它取消。三是取消国务院部门和行业协会、学会自行设置的水平评价类的职业资格，清理过程当中认为它确有保留必要的也得经人力资源社会保障部门批准后纳入国家统一规划之中。四是取消地方各级政府及有关部门自行设置的职业资格，确有必要的，在清理的基础上要经过人力资源和社会保障部批准后，作为职业资格的试点，然后再逐步纳入国家统一的框架。

国务院有关部门从 2014 年开始清理整顿职业资格，目前已经公布了 5 批共 268 项职业资格。**第一批**是 2014 年 7 月发布取消 11 项职业资格许可和认定事项（国发〔2014〕27 号），其中没有涉及农业行业的职业资格。**第二批**是 2014 年 10 月发布取消 67 项职业资格许可和认定事项（国发〔2014〕50 号），其中技术类 26 项、技能类的 41 项。**涉及取**

消的农业职业资格有割草机操作工、农产品加工机械操作工、农业技术推广员（水产）、品种试验员、水稻直播机操作工、植物组织培养员、种子贮藏技术人员 7 项。**第三批**是2015 年 2 月发布取消 67 项职业资格许可和认定事项（国发〔2015〕11 号），其中技术类28 项，技能类 39 项，没有涉及农业行业职业资格。**第四批**是 2015 年 10 月发布取消 62项职业资格许可和认定事项（国发〔2015〕41 号），其中技术类 25 项，技能类 37 项。**涉及取消的农业职业资格有农用运输车驾驶员、水生动植物采集工、水产品制片工、饲料粉碎工、饲料制粒工 5 项。**第五批是 2016 年 2 月取消 61 项职业资格许可和认定事项（国发〔2016〕5 号），其中技术类 43 项，技能类 18 项。第六批是 2016 年 5 月取消 47 项职业资格许可和认定事项，**涉及取消的农业职业资格是插花员。**截至 2016 年 6 月共取消了319 项，其中农业类 13 项。

二、就业准入制度

1. 就业准入制度的定义　就业准入制度是指根据《劳动法》和《职业教育法》的有关规定，对从事技术复杂、通用性广，涉及国家财产、人民生命安全和消费者利益的职业（工种）的劳动者，必须经过培训，并取得相应职业资格证书后，方可就业上岗的制度。实行就业准入的职业范围由国家主管部门确定并向社会发布实施。

2. 实行就业准入制度的意义　实施就业准入制度，既是经济社会发展的需要，也是合理开发和配置我国劳动力资源的战略举措。其目的就是要促进劳动者改善素质结构和提高素质水平，进而促进劳动者就业和再就业能力的提高。

实行就业准入控制，推行职业资格证书制度，一是可以规范劳动力市场建设，为劳动者就业创造平等竞争的就业环境；二是可以实现劳动力资源的合理开发和配置，并使其纳入良性发展轨道；三是可以促进劳动者主动提高自身的技术业务素质，使我国的就业从安置型就业转为依靠素质就业，达到使劳动者尽快就业和稳定就业的目的。

3. 推行就业准入制度的现状　劳动和社会保障部在 2000 年 3 月颁布了首批在全国范围内实行就业准入的 90 个职业（工种）目录。2002 年印发的《国务院关于取消第一批行政审批项目的决定》（国发〔2002〕24 号）中决定取消餐厅服务员、家政服务员和保育员 3 个职业的就业准入，因此准入职业现为 87 个。农业部根据有关规定，公布了农业行业 14 个技术性较强、服务质量要求较高和关系消费者利益、人民生命财产安全的职业（工种）实行就业准入。14 个职业（工种）是：农作物种子繁育员、农作物植保员、橡胶制胶工、乳品检验工、动物疫病防治员、动物检疫检验员、水生动物饲养工、渔业生产船员、农机修理工、饲料检验化验员、饲料厂中心控制室操作工、饲料加工设备维修工、沼气生产工和太阳能利用工。在 2015 年 11 月这些文件都已经废止了，目前就业准入的职业只有焊工、农机修理工和家畜繁殖员。

第四节　国外主要国家职业资格证书制度

世界上许多国家，尤其是经济比较发达的国家都建立了适应本国发展需要的国家职业资格证书制度。但由于政治经济体制和历史文化背景的巨大差异，各国的职业资格证书制度不完全一样。为了顺利实施我国的职业资格证书制度，特别是做好农业职业资格证书制度和职业技能鉴定制度的实施工作，将国际上在这方面实施比较好的做法和经验，简单进行介绍，以供参考。

一、国外主要国家职业资格证书制度简介

（一）英国职业资格证书制度

历史上，英国不仅建立了比较完善的工业体系和市场经济制度，还自发产生出数量繁多的职业资格，自发建立了许多证书颁发机构。这些职业资格和证书颁发机构确实对英国的经济和职业教育起到促进作用。然而，在自由竞争条件下产生并形成的这种零散的、标准不一的证书制度已经不能适应英国现代经济发展的需求，并且严重地阻碍了英国劳动力在不同职业和行业之间的流动。

英国于 1986 年提出了要根据国家标准开发一种被雇主认同、以国家为主体的统一的职业资格证书制度，同时与学历资格相并行，这一制度就是国家职业资格制度（National Vocational Qualifications，NVQ）。NVQ 制度基本出发点就是使教育与培训的产出更接近产业的需要，创立一种真正与工作直接相联系的资格，并使之成为向全体劳动者开放的证书体系。《面向 21 世纪的教育与培训》政府教育白皮书中还提出建立主要用于学校职业教育的通用国家职业资格（General National Vocational Qualifications，GNVQ）制度。

英国国家职业资格即 NVQ，设计目的是提供开放的考核途径，促进劳动者的终生教育。它是以国家职业标准为导向，以实际工作表现为考评依据，以证书质量管理为生命。NVQ 主要内容包括：国家职业资格标准体系、职业资格考评体系、证书发放管理和专业人员、机构的质量监督管理体系。NVQ 分五个等级，每一等级有若干单元，每一个单元由可以授予资格的分数组成。NVQ 涵盖了所有职业，包括从刚工作的新手到高级管理人员的所有技能和知识层次。

通用国家职业资格即 GNVQ，它提供与某种职业有关的、最基本的知识和技能，为进入劳动力市场或进入更高级教育做准备，主要在职业院校里实施。参加通用国家职业资格教育的学生经过 2～3 年的学习，获取通用国家职业资格（GNVQ）证书后，既可进入用人单位工作，又可直接升入大学深造，所取得的资格具有与学历、国家职业资格（NVQ）相应等级同等资格效力。GNVQ 同样分为五个等级，但目前只开发和应用了初级、中级和高级三个等级，分别相当于 NVQ 的 1～3 级。

英国政府实施 NVQ 和 GNVQ，排除了社会对职业教育的轻视和偏见，实现了学历教育、职业教育、职业资格三者之间的相互对应、相互交叉及转移。职业资格教育和学历教育享有平等权利，使得经过 11 年义务教育的毕业生能够根据自身的条件、兴趣和志向自由地选择接受继续教育的道路。各级资格证书的培训有最基本的学历要求，获得证书后可插入对应的学校接受学历教育。获得 GNVQ 高级证书者，可以就业，可以免试直接升入大学攻读学位，也可以转读 NVQ 第四、五级证书。获得 NVQ 三级证书者，可以继续攻读 NVQ 四级证书，可以就业，可以免试升入大学攻读学位。三种证书之间的对照关系见表 5-1。

表 5-1 英国 NVQ、GNVQ 与学历资格的对照关系

通用国家职业资格（GNVQ）	国家职业资格（NVQ）	学历资格（AQ）
（5级）	5级	高级学位
（4级）	4级	学位
高级	3级	大学入学水平
中级	2级	中学毕业水平
初级	1级	中学在校水平

为了确保国家职业资格制度成功而又迅速地在全国推行，英国成立由国家职业资格委员会、产业指导机构、证书机构和鉴定站等几个部分组成的工作机构体系。这些机构职责分明、相互配合，为国家职业资格证书制度的推行提供了组织保证和政策保障。

1. 教育与就业部（the Department for Education and Employment，DFEE） DFEE 是由教育部与就业部于 1995 年合并成立的，主要负责职业资格证书制度的政策制定与立法，统一管理全国的职业技术教育和培训工作，实行统一的国家职业资格制度。

2. 资格和课程委员会（Qualifications and Curriculum Authority，QCA） QCA 也成立于 1995 年，其前身为 1986 年成立的国家职业资格委员会（NCVQ），其成员由就业大臣任命，主要由雇主、工会工作者、教育和培训的提供者以及具有颁证实践经验的人组成。QCA 在产业与就业部指导下进行工作，代表政府具体负责推动全国职业资格证书制度的建设。它的主要职责是：改革传统的职业资格证书体系，指导产业指导机构制定国家职业资格标准，开发全国性职业资格，建立国家职业资格证书体系；批准设立证书机构并对其工作质量进行监督和检查；收集、分析并利用有关职业资格的信息，促进职业培训和职业教育的发展；确认证书机构颁发的国家职业资格证书。

3. 产业指导机构（Lead Bodies） 产业指导机构一般都是行业的非政府的民间机构，以产业界的人士为主组成。具体承担本行业国家职业资格标准的制定、维护和改进国家职业标准，使其不断适应生产技术的发展变化，以满足雇主及就业者的需要。各产业指导机构要得到教育与就业部的资质认可，往往也是政府制定培训政策和就业政策的主要咨询对象。其资金主要由 QCA 提供。实际上，许多产业指导机构既制定标准，同时又是证书机构。

4. 证书机构（Awarding Bodies） 证书机构是经 QCA 批准、并在其监督检查下工作的机构。具体负责职业资格鉴定的运作管理、颁发国家职业资格证书。QCA 在审批证书机构时有一套具体严格的评估标准，如雇主和劳动者对该资格的认可程度、该资格对就业有无帮助、该资格开发过程中是否与 QCA 和产业指导机构积极合作、有无质量保证等。QCA 随时对证书机构进行监督和检查以保证证书机构的信誉，一般 3 年左右对证书机构进行复查，重新确定资格。英国大约有 150 多家证书机构，其中不乏具有国际影响力的机构，如伦敦城市行业协会等。

5. 鉴定站（Assessment Centers） 鉴定站由证书机构负责组建和认可，具体承担学员的培训与鉴定考评工作，一般设在企业、大学或培训中心。鉴定站的设立必须达到一定标准，并经过严格的审核。鉴定站设有一定数量的考评员和内督员来完成对考生的考评工作。考评员负责根据操作规则和与能力要素相关的范围规定对应试者进行考评。内督员由鉴定站的工作人员担任，需经过必要的培训，其作用是协调考评员和考评过程，保证国家职业资格证书的单元在鉴定站考评过程中的质量和一致性。设内督人员是英国国家职业资格证书制度的特色之一。

（二）德国职业资格证书制度

德国的职业技术教育一直受世界各国推崇，执行严格的职业资格证书制度是其职业技术教育成功的关键因素之一。其资格证书制度起源较早，可以追溯至中世纪"行会"中所实行的学徒制度，学徒需要经过证书考试才能成为技匠。现代德国的职业证书制度的确立是依据1969年的《职业教育法》，其中明确规定职业证书制度的注意事项及范围，并赋予联邦职业训练署具有拟定证书鉴定政策及方针的权限，行业协会负责职业资格证书的规划与实行、资格鉴定规章、证书颁发等。德国的职业证书遍及13个专业领域、450多种职业种类，深深影响着德国人的就业与生活，促进各行业的积极发展。

在德国职业教育体制中，80％的职业教育是企业办学，政府投入只占20％，企业占主导地位。因此，职业资格考试作为检验学员学习效果和企业（或学校）培训质量，评价学员是否具有从事该职业资格的手段，主要由企业组成的行业协会来组织实施。行业协会是职业资格认证的主体，国家只是对认证制度提供法律上的合法性保障，资格认证的具体执行则是由雇员、雇主和学校三方代表共同组成的考试委员会负责。在德国约有150家行业协会，其中较大的有工商业协会、手工业协会、农业协会、医生协会等。行业协会在职业资格考试中承担的具体职能主要有：

（1）制定培训考试文件，在全联邦培训、考试统一规定基础上，各地区的行业协会可根据自己的特点制定、调整培训考试文件；

（2）提供培训咨询；

（3）组织培训考试和颁发证书；

（4）负责监督检查。

德国的资格鉴定内容以知识和操作考试为形式、以反映生产实际整体要求为核心，是当前德国职业资格鉴定内容的典型特征。德国的职业资格鉴定目前正在进行一场变革，主要是将操作技能部分的考试内容从原来的单纯"典型工件"式的考核内容，改变成以职业活动中的整体活动要求为考核目标，即不只是以单独的考核项目为主体，而是考核职业活动的整个过程，从设计（如包括材料选择、材料计算、成本核算、工艺设计等）到制作（如设备准备、设备调试、加工制作、组装成型等），以及后期的有关工作（如成品检验等）。这种职业活动的整体考核设计可以完整地反映职业活动要求，同时由于采用小组协作式工作，使考生能够更好地适应实际职业中的协同工作要求。

在德国的职业资格认证中，考评人员的组织是由三方代表组成的，以反映各方面的利益。同时，在鉴定考核的执行过程中，如果考生对考试有疑义，考评委员会必须做出合理的解释，尽可能通过协商加以解决。如考生与考评委员会之间达不成一致意见，考生可以诉诸法律解决。

（三）澳大利亚职业资格证书制度

澳大利亚的资格体系是和学历体系在同一个框架下的相互沟通的体系。1995年1月，澳大利亚改革了过去中学、职业教育院校和产业界培训机构各自颁发资格证书的状况，逐步建立了全国统一的学历资格体系（Australia Qualification Framework，AQF）。构建起高中、高等职业教育和普通高等教育之间以及职业技术教育和成人教育之间的"立交桥"，使得各种层次、不同形式的教育相互沟通、补充和交叉，形成具有梯次结构的有机网络。

AQF 由 12 个义务教育后资格等级组成，其中包括六个职业教育资格等级的专业证书：一级证书、二级证书、三级证书、四级证书、文凭和高级文凭。取得了高等级的文凭证书与高级文凭证书，就可免试直升大学二年级攻读学位，同时不同等级的技术技能证书培训是通过学分制的逐步积累完成的。这种灵活多级的培训模式有利于学生根据自身需要和能力条件选择不同等级的技术技能培训，有利于学生分层次分阶段逐步向上攀登，也有利于在职学生各取所需地接受某一等级的继续教育。

澳大利亚国家资格体系的管理组织机构包括政府、专门机构、行业和学校以及各种理事会，其中澳大利亚教育、就业、培训和青年事务部（the Ministerial Council on Education, Employment, Training and Youth Affairs, MCEETYA）作为政府机构，负责统一协调管理，其他机构各行其责，相互联系，保证国家资格体系的高效运行。国家培训局（Australian National Training Authority, ANTA）负责具体组织管理澳大利亚的职业教育和培训，推行国家资格体系。

（四）韩国职业资格证书制度

韩国的职业资格分为国家资格、国家公认民间资格和民间资格三大类。

韩国国家资格由政府推行，一般由政府所属的事业机构或政府委托的民间机构组织实施。国家资格又分为国家执业资格和国家技术资格。国家执业资格是各主管部门按照相关部门法实行的执业资格考试，目前有 120 个职业，如依据《医疗法》实施的医师执业资格、依据《会计师法》实施的会计执业资格等。国家技术资格由劳动部依据《国家技术资格法》统一管理，分别由韩国产业人力管理公团、韩国商工会议所组织实施鉴定，资格种类有 600 多种。

国家公认民间资格是指政府机构（一般是劳动部）通过对民间机构实施的资格认证进行审核认定，将符合条件的纳入国家职业资格体系。

民间资格公认制度是为了使国家职业资格制度更好地适应社会发展的需要而制定的，2000 年开始实行，已有共有 23 家民间机构的 39 种职业资格通过政府认可。民间资格是民间团体和协会根据社会发展的需要而开展的鉴定，没有国家的相关法律法规支持，目前社会上约有 200 多种，如信用分析师、证券分析师等。

韩国国家技术资格制度具有非常完善的法律法规体系，依据三个层次的法律法规组织实施。《国家技术资格法》是议会通过的国家法律，确定技术资格的目的、技术资格取得的原则、技术资格体系、资格证书颁发、对资格证书取得者的优待措施及各种惩罚根据等；《国家技术资格法实施令》以总统令的形式颁布，规定有关技术资格鉴定部门的职责，各职业应试资格等；《国家技术资格法实施细则》以劳动部部长令的形式颁布，规定鉴定计划、命题、报名管理、考试实施、资格证颁发等实施程序。

韩国政府通过一系列法律法规确定国家技术资格的目的、机构、组织实施以及惩处规定等，同时也对国家技术资格获得者制定一系列相应优待政策。按照《国家技术资格法》和《技能奖励法》规定，政府、地方自治团体、企业主对资格取得者给予有关优待政策。政府规定企业主对获得同家技术资格者要有相应待遇，如技术士每月增加津贴 20 万韩元等。韩国推行国家技术资格制度法律和法规层次比较高，充分体现韩国政府对人力资源开发的高度重视。

韩国国家技术资格是由劳动部负责主管，各行业主管部门按照有关法令将相关行业工种鉴定权限委托给劳动部。劳动部负责制定相关法令和制度运行管理，制定鉴定实施计划，组建运行资格制度审议委员会。

韩国国家技术资格鉴定由韩国产业人力公团（劳动部下属机构）和商工会议所组织实施。韩国产业人力公团是韩国技术资格制度的主体，承担国家 26 个技术和技能行业的 570 种职业的资格鉴定，商工会议所则承担服务业中 37 个职业的资格鉴定。

韩国产业人力公团具有覆盖韩国各地区的鉴定分支机构（4 个地区总部和 18 个地方事务所），因此韩国国家技术资格鉴定能够实行高度集中管理，这种体制有效保证国家技术资格制度的专业性和客观性，提高了资格制度的效率。

（五）美国职业资格证书制度

美国的职业资格证书制度根据实施机构的性质、是否强制执行等要素，分为政府的职业监管模式和民间机构的自愿职业资格两种模式。其中政府的职业监管模式又包括联邦政府机构监管和地方政府机构监管模式。政府的职业监管一般都是强制性的，美国联邦政府多个部门总共实行几十个职业资格的监管，有配套的法律条例，如果违反则会受到法律的严厉制裁。民间机构的自愿职业资格模式一般为非强制性，社会公众自行决定是否参与。

1. 政府监管模式　美国政府对职业的监管由来已久。联邦政府、州政府和地方政府决定哪些职业需要监管和采取哪种监管模式。政府实施职业监管的主要目的是为了保护社会公众的健康、道德、安全和普遍利益。政府通过实施职业资格监管主要解决从业者与消费者之间的问题：解决信息不对称、提供一站式捆绑服务保障、减少伤害、处理顾客投诉等。

美国政府对职业进行监管有三种方式：职业许可方式、职业资格鉴定方式、注册登记方式。

（1）职业许可方式（执照方式）。职业许可方式是政府实行的三种职业监管方式中最严厉的一种。政府机构会颁布相应的职业许可法。任何想从事这些职业的人都必须达到法律的要求，违反职业许可法会受到严厉制裁。在一般情况下，劳动者要想获得职业许可，需满足以下几个条件：

参加并完成经授权的培训学习，或者获得一定数量与工作有关的经验；通过书面、口头和（或）实操考试；符合基本的个人条件要求，如年龄等；已经获得美国其他州（职业许可条件要求相当）的职业许可资质；支付许可费用和职业许可更新费用。在美国，职业许可方式常用于那些职业活动能够存在对公众的健康和安全带来严重危害风险的职业领域，如医生、律师等。

（2）职业资格鉴定方式（也称法定职业资格）。职业资格鉴定方式比起职业许可方式，政府监管的程度较为宽松。在职业资格鉴定方式下，美国政府主要负责职业认证称号和头衔的使用监管，负责职业资格鉴定考试和资质的授予。任何人都可以从事这些职业的工作，但是如果没有达到要求，则不得使用这些职业的认证称号或头衔。要获得职业资格鉴定认证，申请人必须参加培训，具备一定的工作经验，同时也需要参加职业资格鉴定考试，缴纳相关费用。职业资格鉴定方式主要用于公众需要区分从业者竞争力，但职业活动不存在对公众健康和安全导致严重风险的职业领域，如导游、汽车机修师等。

（3）注册登记方式。注册登记方式是政府职业监管方式中限制最少的方式，政府只管理从业者的花名册，不限制执业活动，也不限制人们使用职业头衔。在从事职业活动之前，需要向主管机构提交一份申请，需要提交的资料包括姓名、地址、身份材料或其他相关的资格文件等，同时还有可能需要缴纳注册登记费用。注册登记方式常用于职业活动对公众的健康、安全和利益有一些小的影响但没有严重的危害风险的职业领域。

2. 民间自愿模式　在美国除了政府进行强制性的职业监管，很多专业团体也纷纷建立起各专业的职业资格认证。和政府强制性的职业资格认证不同，这些非政府部门建立的职业资格认证通常是非强制性的，社会公众自愿参与。相对于政府强制性的职业监管模式，民间这种自发性的志愿参与的职业资格认证模式也可以称为民间职业资格。民间职业资格一般由行业协会、专业学会等专业团体，大学、研究所等培训教育机构、厂商企业等发起组织，并由这些机构负责考试和证书颁发。美国的民间职业资格主要包括职业资格认证和课程培训认证两种。

（1）职业资格认证。申请人要想获得美国民间职业资格的职业资格认证，需要满足资格认定的基本条件，如学历学位、工作经验等，同时还需要参加职业资格鉴定考试。鉴定考试的内容包括从事这个职业所需的理论知识和实操技能。在这种非强制性的模式下，人们是否持有职业资格认证，都可以自由从事这些职业，但是实际上，由于一些领域的民间职业资格影响力非常大，深受企业的认可，很多企业会把是否具有这种职业资格写进工作描述、职业发展和项目需求中，因此几乎成为从事这些职业的必备条件和事实标准。

（2）课程培训认证。美国的民间职业资格认证还有另外一种模式，就是课程培训认证模式。在这种模式下，申请人需要参加职业领域的全面的课程培训学习，完成作业和达到培训的要求，最后获得资格认证。通常情况下，申请人参加培训课程的学习时间长度介于普通的继续教育计划课程和大学的学历学位的课程之间。

民间职业资格的职业资格认证和课程培训认证最主要的区别在于认证内容方面，前者主要是考核申请人已经拥有的理论知识和实操技能，后者主要培训申请人使其获得相应的知识和技能；后者一般没有对持证人的持续要求，培训资格一旦授予则不再撤销。

根据美国劳工部数据库统计资料显示，参与美国国家职业分类工作的各类行业协会、专业学会机构有近 600 个。美国的民间职业资格证书与民间职业技能培训行业非常繁荣和发达，涌现了很多全球知名的职业资格证书品牌。由于美国的民间职业资格采用完全市场化完全开放的政策，没有准入门槛，也没有专门的政府管理机构，民间职业资格证书分布在美国国家职业分类的所有职业。根据美国劳工部公布的美国国家职业分类 SOC—2006 版，共有 949 个职业，仅计算机程序员这一个职业，就有 38 个协会、学会、企业提供共 277 个不同的职业资格证书。数量庞大的民间职业资格证书体系，是美国政府职业资格证书体系的重要完善和补充，对美国人才队伍建设和经济发展起到了举足轻重的作用。

（六）日本职业资格证书制度

日本非常重视职业资格，持有职业资格证书不仅是谋生手段，更是一种社会荣誉。日本政府对职业资格证书制度的定位是：要求各级行政部门能够在职业技能开发和促进劳动者自身对职业能力的开发进取上有所作为，以提高社会就业率。同时促进低学历的劳动者通过培训获得职业资格证书，从而积极谋求更高的职位和地位，保证他们拥有安定的职业地位，促进本国经济和各项事业发展，达到社会和谐安定的目的。

日本政府对职业能力的开发有相关经费支持，包括一般经费和特别经费（劳动保险特别经费），后者占大部分。国家、都道府县进行的职业能力开发包括公共职业培训、职业能力开发综合大学、可接受实习和职业培训实施计划企业资格的认定等内容。

1. 公共职业培训　是日本国家、都道府县以及在城市、农村设立的职业能力开发机构（公共职业能力开发机构）的种类，培训主体以及开展的培训内容如下：

●**职业技术大学**　职业技术大学由都道府县经过社会劳动保障大臣同意而设立，主要是实施高级职业培训，包括职业类课程及培训等。同时，为适应短期职业技能培训的需求，开设短期高级培训课程。

● 职业技术培训中心　职业技术培训中心由都道府县经过社会劳动保障大臣同意设立。主要实施短期课程的普通职业培训以及专业短期课程的高级职业培训。

● 残疾人职业技术培训学校　残疾人职业技术培训学校由都道府县经过社会劳动保障大臣同意设立。残疾人职业技术培训学校是以残疾人为对象，实施与之能力相适应的职业培训。

2. 职业能力开发综合大学　职业能力开发综合大学是由国家设立，负责培养职业培训指导员，并为提高培训指导员的能力而实施相关的提升培训。同时负责实施职业培训以及提高职业技术培训的调查研究。

3. 可接受实习和职业培训实施计划企业资格的认定　企业想要承担学员实习和职业培训任务，需要提出具体的实施计划，向社会劳动保障大臣提出申请，计划经过审核，达到标准予以认定。接受认定的企业在招聘劳动者时，将许可标志发布在招聘广告上。

日本的企业主可以提供多种多样的职业能力培训，可以实施在职培训，将理论知识与企业实习相结合，同时提供派遣学习、奖励、必要的职业能力信息，为培训人员提供学习和培训时间等，促进职业能力培训的开展。日本政府不仅对企业内部的培训给予技术性援助，同时对企业培训所需要的培训师给予派遣帮助。为帮助并促进企业开展职业能力开发和培训业务，为参加培训的劳动者给予一定的假期，同时给予企业资金援助，以保证培训的顺利实施。

二、国外主要国家职业资格证书制度的特点及借鉴意义

(一)国外主要国家职业资格证书制度的特点

1. 完善的法律法规体系　英、德、澳、韩等国家实行职业资格制度都有明文的法律法规依据。早在1562年，英国就颁布了第一部职业教育的法规《工匠法》。在英国职业教育培训发展的各个历史阶段，政府颁布了众多涉及教育培训和资格证书的法律法规或白皮书。比较有影响的如1964年的《工业训练法》、1973年的《就业与训练法》和1988年的《教育改革法》等。

德国的职业教育培训和资格证书制度有着良好的传统和悠久的历史，其职业教育培训和资格证书立法也比较完善，相关立法主要有1953年的《手工业条例》、1969年的《职业教育法》和1981年的《职业教育促进法》等。《职业教育法》是现代德国职业证书制度确立的法律依据，《职业培训条例》和《考试条例》则是根据《职业教育法》制定的各职业具体培训和考核规范。

韩国作为后来崛起的亚洲经济发达国家，政府非常重视职业教育培训和技术资格制度的立法，重要的有1967年的《职业培训法》、1973年的《国家技术资格法》和1989年的《技能奖励法》等，其中《国家技术资格法》是韩国国家技术资格制度的法律依据。此外，以总统令形式颁布的《国家技术资格法实施令》规定有关技术资格鉴定部门的职责、各职业应试资格等；以劳动部部长令形式颁布的《国家技术资格法实施细则》规定鉴定计划、命题、报名管理、考试实施、资格证颁发等实施程序。

2. 职业资格证书有稳定的质量保证体系　质量是证书的生命线，各国都十分重视职业资格证书的质量建设，从标准制定到考核组织到考评人员管理，都有严格的规范或章程，其

至是国家法规，同时接受社会和舆论的监督。正因为证书的质量有着可靠的保证，才使得其证书有着蓬勃的生命力，在社会上享有很高的公信力。

在英国，参与职业资格质量管理的资格制度运行机构包括资格和教育课程委员会（QCA）、行业组织、证书机构以及课程运行机构（学校、企业、培训中心）等。为保证资格制度的高效运行，这些机构都有各自明确的职责分工，按照相关工作规则有机地结合在一起，接受管理和监督。澳大利亚政府按照国家统一标准对教育培训机构实施评价认证和注册，从制度上为教育培训和资格证书的质量提供了保证。

3. 教育培训和职业资格制度之间的联系紧密 无论是教育培训制度还是资格制度，都是国家人力资源开发的手段，只要是有利于国家人力资源开发，有利于建设终身教育体系，就应该大力发展。即使是英国这样一个具有悠久保守传统的国家也在现实面前采取了强有力的国家干预政策，将教育培训和鉴定考核结合起来，用政府权力推行统一的国家职业资格证书制度。德国一贯就很重视教育培训，工人在德国有着很高的社会地位，不存在贬视资格证书的传统，因此在德国教育培训和资格制度紧密结合是很自然的事情。近年来澳大利亚的教育培训和资格证书制度受欧洲各国特别是英国的影响较大。

4. 民间职业资格证书蓬勃发展 英、德等西方国家实行自由市场经济，长期采取国家不干预政策，这些国家的职业资格证书也是经过长期自由竞争而产生和发展起来的，各国的证书种类和证书机构十分发达。这些国家所谓的国家职业资格制度，是国家按照一定的规则，设立一个统一的国家资格体系框架，将符合条件的民间机构的证书框进这个体系，认可为国家证书。实际上英、德政府部门并不直接颁发证书，证书还是由各证书机构颁发的。

以日、韩为代表的东方国家，其职业资格证书制度采用了非竞争性集中管理方式，即由政府或政府授权的权威机构集中推行和管理职业资格证书。但是开发一种职业资格证书并组织实施鉴定需要很大的投入，国家不可能包揽社会上所有职业的认证，而且国家职业资格证书适应市场变化和技术变化的能力较弱，因此日本和韩国除国家职业资格证书外，民间职业资格证书发展也很迅速，种类也很繁多，如韩国民间资格多达300多种，民间职业资格证书成为国家职业资格证书体系不可忽视的重要补充。日韩政府部门正是基于这种认识，从20世纪末开始对民间资格实行公认或认可制度，将优秀的民间职业资格证书纳入国家职业资格证书体系。

5. 引导企业（行业）积极参与 国家职业资格制度的推行离开企业、行业的参与，必将失去推行的社会价值。英国推行国家职业资格制度的各项改革措施都将重心放在企业，充分发挥企业和行业的积极参与，促进了教育培训与生产实践的结合。德国则通过"双元制"，将企业、行业的资源充分运用到教育培训和鉴定考核当中。澳大利亚设有21个全国性行业培训咨询组织，行业组织在职业标准制定和培训课程开发方面发挥着核心作用。另外，作为国家资格鉴定内容标准的培训包（training package）也是由行业组织开发的。韩国通过"产学协作"等模式积极引导企业和行业参与到国家标准制定、教育课程设计等工作中，使得教育培训和鉴定考核的内容尽可能满足产业实际的需求。

6. 在职业资格制度运行方面强化部门之间的合作 当国家职业资格制度由两个或两个以上的政府部门负责组织实施时，为使资格制度适应产业社会的迅速变化，绝对需要各政府部门之间紧密合作。英国、德国、澳大利亚和韩国的各相关政府部门之间也都形成了良好的合作关系。

7. 技能鉴定方法多样 技能鉴定一般分为理论考试、实操考核和面试三部分，各国根据需要和具体情况采用不同的鉴定方法。在理论考试上，英国认为让考生选择最能表现自己能力的方法来参加考试是十分重要的，因此结合考生的学习和工作经历以及现在的条件，英国准备了符合所鉴定职业特点的多种鉴定方法，如判断题、角色游戏题等；德国理论考试中的多项选择题为5选多题型，另外为能更加准确地掌握考生的实际能力，德国规定理论考试必须命制一定比例的主观试题。各国实操考核的重点放在评估考生是否具备完成相关职业实际操作能力上。如德国以职业活动中的整体活动要求为考核目标，即不只是以单独的考核项目为主体，而是考核职业活动的整个过程，从设计到制作，再到后期的成品检验等。面试则主要考察难以通过理论考试和实操考核来掌握的一些综合性内容，为减少面试委员的主观介入，各国一般将所有提问的要点进行细化。

（二）国外职业资格证书制度的借鉴意义

职业资格证书制度的建立和完善是一项艰巨而长期的任务，而且政策性、科学性很强，特别是在我国市场经济体制建立的过程中，职业资格证书制度的建立和完善应当紧密结合我国国情，从而使这项制度健康、稳定、科学地发展。通过对发达国家的职业资格制度的研究，总结经验，以下几点值得我国职业资格制度借鉴：

1. 加强职业资格证书制度的立法工作 英、德、韩等国家的职业资格证书之所以蓬勃发展，能适应本国政治、经济发展的需要，重要原因之一是这些国家十分重视职业教育和职业资格证书的立法，而且日臻规范、完善。通过立法，使职业教育的发展拥有坚实的法律保障，使得职业资格证书的运作有明确的规范法则。我国要在结合落实《劳动法》和《职业教育法》的基础上，加强职业资格证书制度立法工作，大力支持和积极指导各地的相关立法工作，逐步建立和完善国家法律、行政法规与部门规章、地方法规相衔接的职业资格证书制度和职业技能鉴定法律法规体系。规范从培训到鉴定的各个技术环节，使得各项工作依法进行。同时加大法律法规的宣传力度，加大监督检查力度，保证整体工作标准化、规范化。

2. 改革劳动人事制度，建立国家统一的职业资格证书制度 推行职业资格证书制度已成为我国实施"科教兴国"战略的重要措施，成为我国人力资源开发的重要手段。但是，我国在职业标准体系的制定、职业资格统一管理机构的建立、推行职业资格证书制度的保障机制和保障条件的建立等方面，应该借鉴国外推行国家职业资格证书制度的经验，消除不同类型的职业资格证书相互重复现象，使证书颁发形成一个完整的国家体系。特别是我国劳动人事制度仍然沿袭计划经济体制下的管理体制，人为地将劳动者分为"干部"和"工人"，并以此为基础形成两个相对独立的人力市场，即劳动力市场和人才市场与职业资格体系。这种体制已极不适应市场经济体制下发展和培育劳动力市场的要求，也不适应现代化生产中对人才结构的要求，对我国推行国家职业资格证书制度是一个阻碍。因此，我国劳动和人事部门应加强联系与协作，使现有的技术类和技能类两种职业资格证书制度能够尽快实现沟通与衔接，从人事制度方面达到人才的统一性，沟通人才成长的合理渠道。

3. 改进职业技能鉴定技术方法，加强职业资格证书质量控制 严格的质量管理是推行职业资格证书制度的根本保证，各国都建立了一整套质量控制体系，从标准制定到考核组织到考评人员和督考人员管理，都有严格的制度和章程，从而保证了职业资格证书的科学性、可靠性和权威性。我国自1994年实行国家职业资格证书制度，职业技能鉴定采取社会化管理以来，为保证证书质量，已经建立并运行了统一命题管理、统一考务管理、统一考评人员资格管理、统一鉴定站所条件管理、统一证书管理为核心的"五统一"质量控制体系。但是这"五统一"质量控制体系要根据科学技术的变化，不断引进新的方法和手段。

4. 引导企业（行业）积极参与，提高职业资格证书的生命力　比较东西方国家的职业资格证书特点不难发现，东方国家的职业资格证书制度是凭借国家行政权力来推行的，采取的是非竞争性行政手段；西方国家的职业资格证书主要通过长期自由竞争形成的非政府机构如行业协会或民间机构来承担。两类证书各有优缺点。但是应该看到正是因为西方国家的行业协会积极参与到资格证书体系建设中，才使得西方国家的证书更重视质量，更能够紧密结合经济与生产的实际需要，并且能够适应劳动力市场的变化。职业资格证书真正的生命力在于它是否能够深深植根于劳动者和企业之中，职业资格证书作为提高企业员工素质、生产效率和经济效益的主要手段，应当受到企业的欢迎，有了企业的认可才能调动劳动者学习技能和获取资格证书的积极性。

随着我国市场经济体制的不断完善和政府职能的转换，过去政府管理行业的模式将转变为行业协会管理，行业协会的职能将逐步市场化、服务化。政府要积极引导行业（包括大型国有企业）积极参与到职业资格证书的建设当中，参与国家职业标准开发，参与教育培训课程开发，参与考核评估，并将职业资格证书与工资、待遇等挂钩，提高职业资格证书的生命力，培养具有行业特色的各类专门人才。

从长远考虑，我国职业资格证书制度应该逐步引进竞争机制，在少数需要专控的领域实行国家强制的职业许可和证书制度，而大多数职业资格证书要改造为行业证书，形成国家统一协调管理下的，以国家证书为主、社会证书为辅，多种证书并存的制度。

5. 强化教育培训和资格制度之间的联系，建立终身教育体系　从发达国家的经验来看，欧洲国家基本建立了教育培训和资格之间的衔接关系，如英国的 NVQ 体制、澳大利亚的 AQF 体制，目前我国政府提倡"资格证书"和"学历证书"两种证书并重，但资格证书和学历证书之间还存在明显的鸿沟，这很大程度上阻碍了人才特别是技能人才的继续发展。终身教育意味着多样化学习机会的有机整合与衔接。随着知识社会、学习化社会的来临，人们的学习需求以及与此相适应的教育培训模式和机会也将更加多样化。人们通过多种多样的学习途径所获得的学习成果和由此而形成的技能，无论是在劳动力市场还是在其他教育培训机构中，都应当得到正确的鉴定与评价。同时终身学习的发展要求各种教育机会和模式之间建立更紧密的衔接与沟通，为了促进普通教育与职业教育和培训、学校教育与成人教育、职前教育与职后教育、正规教育与非正规教育之间以及教育机构与劳动力市场的衔接，作为相互沟通的桥梁与中介，一套科学的职业资格证书体系必将起到不可替代的作用。

第六章 农业职业技能鉴定考评人员管理

职业技能鉴定考评人员是鉴定工作队伍的主体，是组织实施鉴定的一线人员，是鉴定活动的主导因素，在鉴定工作的各个方面，特别是在保证鉴定的质量方面起着关键的作用。因此明确考评人员的资格标准、提高考评人员的业务水平和道德素质、加强对考评人员的管理，对于保证职业技能鉴定质量尤为重要。

第一节 鉴定考评人员的资格申报

一、鉴定考评人员定义

职业技能鉴定考评人员是指取得考评人员资格证卡，在规定的职业（工种）及其资格等级范围内，按照国家职业技能鉴定有关规定，对职业技能鉴定对象的知识、技能水平进行考核和评审的人员。

二、鉴定考评人员的申报条件

农业职业技能鉴定考评人员采取自愿申报的原则，同时应具备以下条件：

（1）凡是愿意或者有志从事农业职业技能鉴定的人员；

（2）掌握职业技能鉴定理论和农业行业职业（工种）国家职业技能标准和鉴定考评的技术方法，熟悉国家职业技能鉴定有关政策法规和规章；

（3）热爱农业行业职业技能鉴定工作，具有良好的职业道德和敬业精神，廉洁奉公，办事公道，作风正派；

（4）申报农业行业考评员须具有相关职业（工种）高级资格（国家职业资格三级）及以上资格或具有中级及以上专业技术职称任职资格，熟练掌握本职业（工种）理论知识和操作技能；

（5）申报高级考评员须具有高级技师（国家职业资格一级）资格或高级及以上专业技术职称资格，精熟本职业（工种）理论知识和操作技能，具备本职业（工种）考评员资格并执行考评任务两年以上。

三、鉴定考评人员的申报程序

（1）由本人提出申请；

（2）经所在单位、鉴定站同意，填写农业行业职业技能鉴定考评人员审批登记表，并附本人有关资历证明；

（3）经本省、自治区、直辖市农业（含种植业、畜牧饲料、兽医、兽药、渔业、农机、农业能源、农广校、农垦、乡镇企业等）行业行政主管部门审核同意，向相应的农业部行业职业技能鉴定指导站申报。由农业部职业技能鉴定指导中心审核后报人力资源和社会保障部职业技能鉴定中心核准。

农业行业职业技能鉴定考评人员审批登记表（样表）

姓　　名		性别		出生日期		
所学专业		学历		行政职务		照　片 （1寸）
专业技术 职　　务			从事的 工　作			
拟考评的职业 （工种）						
身份证号		等级	考评员/高级考评员			
工作单位				邮编		
通讯地址				电话		
工 作 简 历						
单位推荐 意　见					盖　　章 年　月　日	
省、自治区、 直辖市行政主管 部门推荐意见					盖　　章 年　月　日	
农业部职业 技能鉴定指导 中心意见					盖　　章 年　月　日	
培训时间			考核成绩			
胸卡编号： 核发时间：　　　　年　　月　　日						

第二节　鉴定考评人员资格认证

考评人员是保证农业职业技能鉴定质量的关键环节，是评价和考核农业技能人才的直接实施者，为此，需对考评人员进行资格培训和认证。对农业职业技能鉴定考评人员实行培训、考核与资格认证制度。

一、鉴定考评人员资格培训要求和形式

农业行业职业技能鉴定考评人员的资格培训按照《农业行业职业技能鉴定考评人员管理办法》规定，原则上采取集中培训的方式进行。一般有两种培训方式：一是分职业（工种）分别进行集中培训，二是分行业由各行业职业技能鉴定指导站组织人员进行集中培训。培训时间一般不少于48学时（不含实习时间）。选择其中任何一种培训方式，都要求集中授课与现场观摩交流相结合。

二、鉴定考评人员资格培训内容

考评人员培训考核的内容包括公共知识要求和职业素质两个部分。公共知识要求以国家法律法规、政策、考评人员道德规范、工作守则等为主要内容。专业知识培训以相关的职业技能标准、新工艺、新技术、新的考试方法为主要内容。

（1）通过国家法律法规和农业行业职业技能鉴定方针、政策法规的培训，使考评人员了解国家职业资格证书制度随社会和经济发展而产生、发展的轨迹规律及存在、发展的社会环境，全面了解农业职业技能鉴定管理体制和管理体系，以及各组织机构的职责与关系，掌握农业职业技能鉴定的有关规定和办法，能够把握职业技能鉴定的有关政策。

（2）通过农业行业职业技能鉴定基础理论和鉴定技术的培训，了解农业职业技能鉴定的运行机制和运行条件，掌握农业职业技能鉴定实施步骤和流程控制，掌握申报考评职业（工种）的职业技能鉴定方式、方法和适用范围。了解鉴定质量分析的一般方法、技术指标和技术手段。

（3）通过专业技术、技能的培训，理解申报考评职业（工种）的职业技能标准，掌握本职业的职业技能鉴定规范和鉴定要素细目表以及本职业的鉴定程序，全面系统地了解和把握申报考评职业的新技术、新工艺、新设备、新品种和新材料以及技术发展的趋势，把握与本职业（工种）鉴定相关的检测仪器和设备的操作要领。

（4）通过考评人员职业道德、工作守则的培训，进一步明确考评人员的职责与任务，培养考评人员的工作责任感，树立良好的职业道德，规范考评行为。

三、鉴定考评人员的考核

考评人员培训结束后，应进行资格考试。

1. 考核内容及方式　考评人员的考核分为公共知识和专业技能两个部分。

（1）公共知识的考核主要包括职业技能鉴定的理论、制度、政策与鉴定方法以及考评人员的职业道德和行为规范，采取笔试闭卷的测试方法进行。

（2）专业技能的考核，采取模拟实际操作的方式进行。

2. 考核评分　公共知识和专业知识都实行百分制，两部分成绩均达到 60 分及以上为考核合格。

3. 考核时限　公共知识的考核时间为 90 分钟，不得超时。专业技能考核时间根据各职业的实际情况确定，不得低于 60 分钟。

4. 考试试题　考试试题应从考评人员题库中抽取，或者由农业部职业技能鉴定指导中心组织编制。

5. 考核管理　各行业职业技能鉴定指导站负责初审本行业通过任职资格考试的考评人员名单，并将考评人员个人信息输入考务管理系统，同时将个人申报材料报农业部职业技能鉴定指导中心复审。审核的主要内容包括培训考核的成绩、任职资格条件、职业道德等情况，经审核合格后，报人力资源和社会保障部职业技能鉴定中心核发合格考评人员资格证卡。

四、鉴定考评人员的资格认证

1. 资格证卡　考评人员证卡是证明考评人员身份的有效证件，由人力资源和社会保障部统一样式和编码。人力资源和社会保障部职业技能鉴定中心统一印制国家职业技能鉴定考评员证卡和国家职业技能鉴定高级考评员证卡。农业部职业技能鉴定指导中心按照规定核发合格农业行业考评人员证（卡）。

2. 农业行业考评人员资格条件　农业职业技能鉴定考评人员分为考评员和高级考评员两个等级。其中考评员可承担初级（五级）、中级（四级）、高级（三级）三个等级的鉴定，高级考评员可承担初级（五级）、中级（四级）、高级（三级）、技师（二级）和高级技师（一级）五个等级的鉴定考评。

3. 任职期限　国家职业技能鉴定考评人员资格证（卡）有效期为 3 年。按证卡标注之日期起计算。

4. 换发证卡　农业行业考评人员资格到期，可申请换发证（卡），具体规定如下：

（1）资格有效期满的考评人员，一般需经再培训，重新取得考评人员资格后，获得考评员资格证（卡）。

（2）在资格有效期内，考评人员符合下列条件之一者可直接换发证（卡）：

① 凡年度评估良好及以上，并每年参加考评工作三次（含三次）以上的；

② 对职业技能鉴定工作有深入研究并公开发表相关文章或论文的；

③ 参与国家职业标准、培训教材、鉴定试题编写工作的。

（3）符合直接换证（卡）条件的考评人员，填写农业行业职业技能鉴定考评人员资格有效期满换证（卡）审批表，附本人资格有效期内的考评工作总结、技术成果复印件和本人考评员原证（卡）、聘任合同等材料，经受聘鉴定站初审，省级农业行业行政主管部门、部行业指导站、部鉴定中心复审，报人力资源和社会保障部核准后，换发新的考评员证（卡）。

农业行业职业技能鉴定考评人员资格有效期满换证（卡）审批表（样表）

姓名		性别		出生年月			贴照片处
工作单位							
考评职业				发证日期			
证书编号			身份证号				
等级			通讯地址				
邮编			电话				
本人鉴定工作简历							年 月 日
农业行业职业技能鉴定站意见							年 月 日
省、自治区、直辖市农业行业主管部门意见		农业部行业职业技能鉴定指导站意见					年 月 日
农业部职业技能鉴定指导中心意见							年 月 日

注：本表上报时需另附本人近期免冠一寸照片一张，用于办证（卡）使用。

第三节 鉴定考评人员职业道德

一、职业道德概述

职业道德是人们在一定职业活动范围内应当遵守的、与其特定职业活动相适应的行为规范的总和。也就是说，职业道德是适应各种职业要求而产生的道德规范，是社会占主导地位的道德在职业生活中的具体体现，是人们在履行本职工作过程中所应遵守的行为规范和准则的总和。职业道德与职业生活紧密联系，对职业内部关系、各职业之间的关系以及个人职业行为都起到调节作用。

农业职业技能鉴定考评人员所从事的工作虽不能称为一种职业，但代表着国家的利益，行使赋予的权力，所以也有相应的职业道德约束其行为。农业职业技能鉴定考评人员的职业道德是指考评人员在从事考评活动的过程中，应该遵循的与其考评活动相适应的行为规范。它要求考评人员忠于职守，公正廉洁，具有强烈的社会责任感和高度的法纪意识。

二、鉴定考评人员职业道德基本内容

(一)考评人员职业道德的特点

1. 廉洁奉公是考评人员职业道德的基础 所谓廉洁奉公就是清白不贪,公私分明。在市场经济条件下,特别是在考评结果直接影响鉴定对象个人利益的前提下,可能会出现部分考评员将等价交换的原则运用到考评人员与鉴定对象的关系上。如果考评人员的素质不高,道德品质较差就会使一些品行不好、技能水平不高的人蒙混过关,结果损害了国家和用人单位的利益,使劳动者的素质下降,毁掉职业技能鉴定事业。

2. 技能精湛是考评人员职业道德的特色 首先,考评人员作为考核和评定鉴定对象职业技能水平和资格的"国家考官",对其本身就要求具有较高的专业技能;其次,鉴定考评工作本身也有业务能力问题,考评人员除必须具有较高的专业技术能力之外,还必须掌握必要的考评技术和方法,这样才能较好地履行考评人员的职责。

3. 奉献是考评人员职业道德的内在精神 考评人员的业务工作非常辛苦,工作时间较长,在本职工作之外增加了工作量,而他们获得的劳动报酬相对并不高。在这种情况下,就需要考评人员具有一定的奉献精神。

(二)考评人员职业道德的基本内容

1. 爱岗敬业,尽职尽责 爱岗敬业、尽职尽责就是热爱自己所从事的职业,忠实地履行职责和义务。在农业职业技能鉴定活动中,鉴定质量是生命线,考评人员忠实地履行职责和任务是提高鉴定质量的前提。一个人对其工作的高度责任感来自于他对所从事职业的热爱。因此只有当考评人员清楚地认识到自己所从事职业的社会价值,并将自己的身心和情感融入到职业活动中去,才能够从为鉴定对象、为社会服务中体验出一种乐趣,一种内心的喜悦,从而发挥聪明才智,忠实、自觉地履行职业责任,尽心尽力地做好考评工作。

其次,要树立强烈的职业责任感。职业责任是考评人员对社会和鉴定对象应承担的社会义务,也就是应该做的工作。一般地说,义务是一种外在的行为要求,是社会要求考评人员应该做到的,而责任是考评人员内心认识到自身应该做到的,并自觉履行的一种义务。如社会要求考评人员应当公正廉洁,而考评人员认识到职业技能鉴定工作赋予自己的光荣使命,自觉地履行自己应尽的义务时,也就树立起了高度的职业责任感。

2. 钻研业务,精益求精 钻研业务是指深入研究本职业(工种)专业技术知识和实际操作技巧,精益求精是指对自己的业务水平追求没有止境。农业职业技能鉴定是一项技术性、政策性都很强的工作,而且随着改革开放的不断深化,科学技术的不断发展,新技术不断地运用到生产之中。同时,农业职业技能鉴定制度也会随着职业技能鉴定实践的发展,不断改进和完善。因此如果考评人员不刻苦钻研技术,使自己的技术知识和实际操作技巧不断提高,就会落伍,甚至被淘汰。

因此,要求考评人员不断加强学习农业职业技能鉴定的基本理论、政策和本职业(专业)的业务知识,熟悉和掌握本职业的职业标准、鉴定规范、鉴定技术与方法,以及有关的理论知识,不断提高自身的技能水平和鉴定技术。

3. 办事公道,廉洁自律 首先要求考评人员严格按照规章制度办事,严格遵守和执行考评人员守则和职业标准。其次，要求考评人员自觉加强道德修养，增强法纪意识，提高自律能力。三是要自觉接受监督。考评人员的职业行为要接受两种监督，一是鉴定对象和鉴定机构的监督，二是上级行政主管部门的监督，包括农业部职业技能鉴定指导中心的监督。

4. 举止文明，礼貌待人　任何一个考评人员在农业职业技能鉴定工作中都要与鉴定机构和其他考评人员、鉴定对象发生联系，这就要求考评人员不仅本身的言谈和行为举止要文明，而且与人交往时，还要礼貌待人。

第四节　鉴定考评人员的管理使用

一、鉴定考评人员工作守则

农业行业职业技能鉴定考评人员应当按照国家职业技能标准、鉴定试题和考评技术方案，按照客观公正、科学规范地原则开展鉴定考评工作，必须遵守以下几个方面的要求：

（1）努力学习农业行业职业技能鉴定有关法律、法规和政策，刻苦钻研鉴定理论和考评技术，不断提高政策水平和考评业务能力。

（2）在核准的考评职业（工种）范围内，对职业技能鉴定对象进行考核和评审，不得超范围考评。

（3）独立完成考评任务，认真履行考评职责，严格执行鉴定规程和考场规则。

（4）考评人员在执行考评任务时应佩戴考评人员证（卡），严肃考风考纪。

（5）严格按照评分标准及要求评定成绩。

（6）保持高度的职业道德水平修养，忠于职守，公道正派，清正廉洁，坚决抵制要求改变正常考评结果的不正当要求，自觉执行回避制度。

（7）严格遵守农业行业职业技能鉴定工作的各项保密规定。

（8）自觉接受人力资源和社会保障部和农业部职业技能鉴定指导中心的监督检查，接受质量督导人员和社会的监督。

二、鉴定考评人员的工作内容

考评人员的主要任务是按照职业技能标准，统一的考场规则和考试方法对考核对象的相应等级知识、技能水平和鉴定结果进行考核和评价。主要包括以下几个方面：

（1）在考核鉴定前，了解鉴定实施方案；熟悉考核鉴定职业（工种）的职业技能标准、职业技能鉴定规范和本次考核鉴定的项目、内容、要求及评分标准等。

（2）在实施鉴定前，负责考核场地、设备、仪器的检查及考核所用材料的检验。

（3）在实施鉴定过程中，独立完成各自负责的任务；遵守考评人员的守则。

（4）严格按照评分标准及要求逐项测评打分，认真填写测评记录并签名。

（5）在实施鉴定的过程中，如发现鉴定对象有违纪行为，视情节轻重可分别给予劝告、警告、终止考核、宣布成绩无效等处理，并将处理结果填写在考场记录上。

（6）每次鉴定结束后，写出工作小结及对鉴定站的意见。

（7）协助相关考务人员做好考务工作。

三、鉴定考评人员的聘用

考评人员实行聘任制度。鉴定站与考评人员须签订聘任合同，明确双方的责任、权利、义务和聘用期限等。考评人员的聘任期限为1~3年，聘任期满，根据考评结果由鉴定站决定是否续聘，并具体实施。考评人员每次实施考评后，鉴定站可参考当地主管部门指定的补贴标准给予津贴补助。

考评人员不能继续承担考评工作任务或鉴定站因工作调整不再组织相应职业（工种）鉴定的，双方可协商提前解除聘约。考评人员业务提升培训不合格或年度考核不合格，鉴定站有权解除聘约，并报农业部职业技能鉴定指导中心取消考评人员资格，收回考评人员证（卡）。

四、鉴定考评人员的使用管理

农业职业技能鉴定考评人员由农业部职业技能鉴定指导中心综合管理，省级农业行业行政主管部门会同行业指导站具体负责考评人员的监督管理。

1. 轮换制度　农业行业考评人员实行轮换工作制度。每个考评人员不能连续3次在同一个职业技能鉴定站从事同一个职业（工种）的考评工作。

2. 回避制度　考评人员在执行考评任务时遇到自己的亲属被鉴定时，应主动提出回避。未申请回避的考评人员，经查实需要回避的，鉴定站不能安排其参加相应的考评工作；已经开展考评的，应立即终止并组织其他考评小组成员进行复评。

3. 派遣制度　鉴定站必须从已取得考评人员资格并已签聘用合同的考评人员中派遣考评人员，组成考评小组执行考评任务。

4. 考核制度

（1）鉴定站对考评人员实行年度考核制度。鉴定站在每次考评工作结束后，对考评人员的工作情况进行总结。每年年终，鉴定站应对在本鉴定站进行过考评工作的考评人员的情况进行全面考核，并填写农业职业技能鉴定考评人员年度考评表。考核等级分为优秀、良好和不合格。

农业职业技能鉴定考评人员年度考评表（样表）

姓名		性别		出生日期	
考评的职业（工种）				级别	
获得考评人员资格证书时间					
个人述职报告					
考评结果				鉴定站盖章 年　月　日	

（2）聘任期满，省行业行政主管部门或鉴定站应对考评人员工作情况进行一次综合考核。根据考核结果提出是否续聘的意见，并报农业部职业技能鉴定指导中心。

5. 考评组长负责制度　每次鉴定要成立考评小组，并指定考评组长。考评组设考评组长一人，全面负责本工作，并最终裁决有争议的技术问题。考评组长应具有一定的组织管理能力和一年以上职业技能鉴定考评工作经验。

6. 质量督导制度　实施职业技能鉴定时，省级农业行业行政主管部门按照有关规定要求，向鉴定现场派质量督导员，对考评人员的考评行为等质量环节进行督导控制，并提出评价意见。

7. 奖惩制度　奖惩是管理的有效方式，对考评人员进行奖惩是提高考评人员素质和纯洁考评人员队伍的需要。对聘期内考核优秀的人员给予表彰奖励，对考核不合格的人员，应解除聘约并收回考评人员证（卡）。

8. 档案管理制度　农业部职业技能鉴定指导中心、行业指导站和鉴定站都应分别建立考评人员数据库。考评人员数据库信息包括考评人员基本信息、培训和考核情况记录、执行考评活动和反馈结果记录、诚信记录、奖惩记录等。

五、鉴定考评人员的基本权利和义务

（一）考评人员的基本权利

1. 考评权利　考评人员有在考评规定的职责范围内实施考评活动的权利。

2. 自由处置权　考评人员有在考评规定的职责范围内对考评现场的违纪行为做出劝告、警告、中止考试和宣布成绩无效等处置的权利；对鉴定对象的违纪行为，应给予严肃处理，视其情节轻重分别给予劝告、警告、中止考核、宣布成绩无效等处理，并将处理结果如实填写和上报主管部门。

3. 独立判分权　考评人员有独立进行考评，并拒绝任何单位或个人提出更改鉴定结果的非正当要求的权利。

4. 津贴补助权　考评人员承担考评活动后有从有关机构获得合理考评津贴的权利。

5. 保护合法权益　各级职业技能鉴定机构应维护考评人员的合法权利。考评人员的权益受到侵害时，可向主管部门提出申诉。

6. 其他权利　有权对鉴定工作提出意见，及时反映鉴定工作中存在的问题并提出合理化的建议。

（二）考评人员的基本义务

1. 核查考场义务　考评人员应严格执行考评人员工作守则和考场规则，按照国家职业技能标准和相关规定的要求，对考核场地、设备、材料、工具和检测仪器等进行核查和检验。对不符合国家职业技能标准或不能满足鉴定要求的，应通知鉴定站予以调整或更换场地。鉴定站不采纳的，考评人员有权拒绝执行考评任务，并在考评报告中予以记录。

2. 评分义务　考评人员应严格按照规定的考核方式、方法和评分标准，完成评分任务，填写考评记录。每次考评工作完成后，在规定的时间内向鉴定机构提交考评报告。

3. 回避义务　考评人员在执行考评任务时，如发现与鉴定对象存在亲属关系或其他利害关系的，应主动向鉴定机构申请回避。

4.接受监督义务　考评人员执行考评任务，必须佩戴考评人员资格证（卡），接受鉴定对象、职业技能鉴定质量督导人员和各级鉴定机构的监督。

5.业务提升义务　考评人员应加强考评技术、职业（工种）的理论知识和技能实际操作业务并积极参加考评技术方法的学习和研究。

6.自律义务　考评人员应加强职业道德修养，廉洁自律、公平公正，自觉维护职业技能鉴定的公正性、严肃性和权威性。

7.接受培训考核义务　考评人员应参加各级鉴定机构组织的培训和考核。

第五节　考评技术

职业技能鉴定考评人员除具备必要的资格条件和职业道德素质外，应当重点掌握本职业的考评技术及方法，才能客观公正、科学规范地完成考评任务。

一、考评工作特征

考评工作是职业技能鉴定的重要组成部分，是一项技术性很强的工作。它是按照职业标准，遵循相关程序与要求，凭借考评技术去实现并完成考评的一种活动。考评则是考评员独立依据考评标准和规定的考评方法与手段，对鉴定对象技能水平进行客观、公正的评价和评定。考评工作的特征是由它在整个鉴定工作中的特殊性和自身的技术性所决定的。除其非常重要的客观公正和科学规范的原则外，还有以下四个主要特征：

1.标准性和规范性　职业技能鉴定是一种标准参照型的考试，涉及上千个职业和广大劳动者切身利益。同时，鉴定场所分散，设备条件千差万别。这就要求考评工作讲程序、守规范，要求每个考评流程都要引标据法，有规有则。但任何一种考试都不可能达到绝对的理想目标，为此，只有用标准和规范加以约束，考评质量才能得到控制。这就注定标准化和规范化是考评工作的特色。

2.技术性和复杂性　考评是一种特殊的评价，它以心理教育测量学和考试学理论为基础，具有一般考试的基本特征、规律和方法手段。同时，职业标准涉及的内容纷繁复杂，技术复杂程度又各不相同。因此，只有根据职业特点，充分认识考评工作的特点和规律，掌握考试理论科学和采用多种考评技术和方法，才能不断提高考评科学性和有效性，适应考评工作的需要。

3.独立性和权威性　考评工作虽然是职业技能鉴定工作的一个组成部分，但由于其对鉴定对象进行客观公正的考评，考试结果不受任何部门、个人的干预，以及考评人员独立行使考评权利和对考评人员采取资格认证的管理制度，使考评工作更加具有独立性和权威性。

4.变化性和创新性　职业是随着科学技术和劳动方式的发展及改变而变化发展的。同时，科学技术的发展也带来劳动场所、工具设备的更新变化。因此，这些变化必然引起考评技术与方法的变化，使得考评工作只有不断创新和发展，考评人员不断学习，探索灵活多样的考评技术与方法，才能满足考评工作的需要。

二、考评技术种类

职业技能鉴定实施对象范围广、鉴定内容复杂、鉴定场所分散。同时，知识经济的到来和科学技术发展及管理水平的提升，改变着职业劳动对劳动者的技能要求，使职业技能的类型更加多样化，使一些职业的知识和技能界线逐步模糊。这一现状要求考评技术种类要多样化并不断创新。

（一）职业标准和技能的分类

职业是人类劳动和科学技术以及管理技术发展变化的产物，任何一种劳动都是以一定的知识为前提的，特别是在科学技术高度发达的今天。因此，了解职业标准的知识和技能的类型及特点是理解和应用考评技术的前提。以下类型主要是依据职业知识和技能的特征进行划分的。我国职业标准分为知识和技能两个部分，从知识部分的特征看，主要有识记和应用两个类型，构成比较单一；而技能则不同，其技术含量和复杂程度的特征各不相同，从特征去划分大致有操作型、心智型和技巧型三个类型，类型构成相对复杂。

1. 识记型 主要是指职业技能所需的知识，即职业标准中的基础知识部分和部分心智技能。认知程度一般分为了解、熟悉和掌握三个等次。

2. 应用型 主要指运用专业知识去认知、分析和解决问题的能力。主要体现在职业标准的知识和部分心智技能及技术技能。认知程度一般分为了解、掌握和应用三个等次。

3. 操作型 主要是指借助动作的力度、协调性及敏捷性等能力进行操作的技能，是职业技能中最常见的一种技能类型。第一、二产业中如机械和种植等职业这类技能居多。这类技能一般分模仿、掌握和熟练三个等次。

4. 心智型 是指需要通过判断、思维等形成能力类的技能。它是职业技能的另一种技能类型，适用于知识与技能界限比较模糊的职业，如新兴的服务类和信息咨询类的职业。这类技能一般分为了解、掌握和应用三个等次。

5. 技术型 是指应用知识转化为能力的技能，适用于技术含量较高的职业，如数控加工和计算机等职业。

（二）考评技术种类

考评技术是根据上述不同职业知识、技能的类别、特点和要求划分的。同时，结合了我国目前职业技能鉴定中大家比较认可的考评技术。目前我国职业技能考评技术大致可分为三个类别。

1. 综合类 是现代考评的主要形式。内容上，广度与深度相结合，以文字、图像作答，这是它的基本特征，适用于规模性和分散个体性的考试。前面提到的识记和应用类知识考试和部分心智技能考试一般采用这种形式。它是通过试卷试题对知识认知程度和心智类技能水平进行测评，并由考评人员对作答试卷进行评分。

2. 操作类 它是职业技能鉴定特有的主要的考评形式，是一种直接的非文字考评，通过现场（全真、半真、模拟）技能操作完成考核项目是它的基本特征。它是通过一个或几个考核项目对上述技能所需的熟练和准确程度进行检测和评定，并由考评人员现场直接评判，它适用于操作类和部分心智类、技术类等技能的考评。

3. 论文类　它是采用以深度为主、广度为辅的办法来全面检查鉴定对象现有技术知识、理论素质、学术水平、技能水平和综合分析解决实际问题的能力，笔试和面试结合是它的基本特点，适用于识记、应用类知识考试和心智类、技术类技能考核以及高等级的鉴定。如技师以上资格的考评，采用论文进行考核的比较多。技师这个等级对理论知识既有面广的要求更有深度的规定，一般采用综合类的问卷方法、操作类的典型作业方法和论文类的笔试与面试相结合的方法。

三、考评方法

考评方法是考评技术的具体体现，考评人员不仅需要把握考评技术，同样也需要掌握不同考评方法与手段。目前我国职业技能鉴定考评主要有以下方法与手段：

(一) 问卷法

问卷法也称文字（书面、机考均可）直接质问法，这种方法是根据职业标准的内容与要求，通过书面文字或图标（音像）组成的试卷对鉴定对象技能所需知识以及应用能力等进行考评。这种方法目前被职业技能鉴定的知识考试和心智类技能考核普遍采用。随着鉴定技术的发展，除在职业技能鉴定中普遍采用书面考评手段外，近几年，也在少数职业的考评中引入了计算机智能化考评方法。一些知识和心智技能特点较突出的职业考试采用这种方法。如公务员和秘书职业已经做了这方面的尝试，得到了大家的认同。

(二) 操演法

操演法也称真实和模拟操作法，这种方法是让鉴定对象按照一定规程，通过一个或者几个项目操作或实物制作等形式来完成考试项目。这种方法主要分为现场实际操作、典型作业操作和模拟操作三种方式。

1. 现场实际操作法　它以真实的工作环境和条件对劳动者实际技能水平进行考评。这种方法强调与现实工作环境和条件一致，采用了全真工作环境的考评手段，是一种比较原始的考评方法。它对考核场地的环境和条件要求比较高，鉴定成本比较大。目前职业技能考评中较少采用。但一些有条件的企业内部鉴定可以选用这种方法。

2. 典型作业法　它是一种以现场考评为基础形成的考评方式，以典型作业的环境代替真实的工作环境，以典型作业考评项目代替实际劳动过程的任务和要求，根据劳动者现场所完成规定项目去测量和评价其技能结构与水平。通过对鉴定对象操作过程行为反应或完成的结果质量评价，实现测评技能水平的目标。这种既与真实工作环境保持一致或相似、便于技能项目考评，又有利于统一、规范的控制考试过程的考评方式，是目前较为普遍的形式。比较适用于操作技能强和技能项目相对独立的职业技能的考核。这种方法是当前我国职业技能鉴定考核中最普遍、最经济的一种方法。

3. 模拟操作法　它是一种半模拟或全模拟真实工作场景或者工作情景下的考评方式，是通过模拟环境、语言、设备、音像及形体等完成技能考核。它通过多种模拟操作考核替代或弥补上述两种方式不能进行的考评和不科学的考评。虽然目前这种方法应用不多，随着科学技术的发展，将会被更广泛的采用。这种方法比较适合心智类、技术类技能和因生产周期长或受高精尖设备、大型设备限制的职业的技能考评。

（三）口试法

口试法是一种考、评双方直接对话式的测试方法，它以论文、抽签题目和音像片等为测试中介题目对鉴定对象测试结果进行评价。这种方法是对劳动者深度性的知识和高超（独创）技能的测试，但人为因素对鉴定结果影响较大，鉴定成本高、规模小。这种方法一般在技师以上高等级资格考评中采用，适合对应用类知识和心智型技能的考评。

（四）阅卷法

阅卷法是一种间接测试方式，它以论文为中介对鉴定对象的能力进行分析、评价，是对劳动者深度知识和高超（独创）技能的测试，一般也在技师以上高等级资格考评中采用，适合对应用类知识和心智型技能的考评。

附　录

农业部关于印发《农业行业职业技能鉴定管理办法》的通知

农人发〔2006〕6 号

各省、自治区、直辖市农业、农机、畜牧、兽医、农垦、乡镇企业、渔业厅（局、委、办），新疆生产建设兵团农业局、劳动局：

为适应农业农村经济发展和社会主义新农村建设的需要，进一步规范农业行业职业技能鉴定管理，全面开发农业劳动者的职业技能，提高农村实用人才以及农业技能人才队伍素质，根据当前农业职业技能鉴定工作的实际和发展趋势，我部对《农业行业特有工种职业技能鉴定实施办法（试行）》进行了修订，形成《农业行业职业技能鉴定管理办法》。现印发给你们，请结合实际遵照执行。

附件：农业行业职业技能鉴定管理办法

二〇〇六年六月一日

农业行业职业技能鉴定管理办法

第一章　总　　则

第一条　为适应农业农村经济发展和社会主义新农村建设的需要，进一步规范农业行业职业技能鉴定管理，全面开发农业劳动者的职业技能，提高农村实用人才以及农业技能人才队伍素质，根据《劳动法》、《职业教育法》、《农业法》等法律，制定本办法。

第二条　本办法所称农业行业职业技能鉴定是指对从事农业行业特有职业（工种）的劳动者所应具备的专业知识、技术水平和工作能力进行考核与评价，并对通过者颁发国家统一印制的职业资格证书的评价活动。

第三条　农业行业职业技能鉴定实行政府指导下的社会化管理体制。农业行政主管部门负责综合管理，业务机构（指农业部职业技能鉴定指导中心和职业技能鉴定指导站，以下分别简称部鉴定中心和部行业指导站）进行技术指导，执行机构（指农业行业职业技能鉴定站，以下简称鉴定站）组织具体实施。

第四条　农业行业推行国家职业资格证书制度。在涉及农产品质量安全、规范农资市场秩序，以及技术性强、服务质量要求高、关系广大消费者利益和人民生命财产安全的职业（领域），逐步推行就业准入制度。

第五条　开展农业行业职业技能鉴定遵循客观、公正、科学、规范的原则，着力为农业农村经济发展和农业劳动者服务。

第六条　各级农业行业行政主管部门要安排必要经费并逐步形成稳定增长的投入机制，不断加强鉴定机构基础设施建设，改善鉴定工作条件，推动农业职业技能培训和鉴定工作健康发展。

第七条　本办法适用于全国种植业、畜牧业、兽医、渔业、农机、农垦、乡镇企业、饲料工业、农村能源等行业（系统）开展职业技能鉴定工作。

第二章　工作职责

第八条　农业部人事劳动司负责综合管理和指导农业行业职业技能鉴定工作。

（一）制定农业行业职业技能鉴定的有关政策、规划和办法，并对实施情况进行监督检查；

（二）管理农业行业职业技能鉴定业务机构和执行机构，并指导开展相关工作；

（三）负责农业行业国家（行业）职业标准、培训教材以及鉴定试题库的编制开发工作；

（四）负责农业行业职业技能鉴定工作队伍建设及职业资格证书的管理工作；

（五）负责农业行业职业技能鉴定质量管理工作。

第九条　农业部各有关司局负责管理和指导本行业（系统）的职业技能鉴定工作。

（一）制定本行业（系统）职业技能培训和鉴定工作的政策、规划和办法；

（二）负责本行业（系统）国家（行业）职业标准、培训教材以及鉴定试题库的编制开发工作；

（三）组织、指导本行业（系统）开展农业职业技能鉴定工作，并对鉴定质量进行监督检查。

第十条　省级农业行业主管部门负责管理和指导本地区、本行业农业行业职业技能鉴定工作。

（一）制定本地区、本行业（系统）职业技能培训与鉴定工作政策、规划和办法；

（二）负责本地区、本行业（系统）鉴定站的建设与管理；

（三）负责本地区、本行业（系统）职业技能鉴定考评人员与质量督导员的管理；

（四）组织、指导本地区、本行业（系统）开展职业技能鉴定工作，并对鉴定质量进行监督检查。

第十一条　部鉴定中心负责农业行业职业技能鉴定业务工作。

（一）组织、指导农业行业职业技能鉴定实施工作；

（二）组织农业行业国家（行业）职业标准、培训教材以及鉴定试题库的编制开发工作，并负责试题库的管理；

（三）负责制定鉴定站设立的总体原则和基本条件，并承担对申请设立鉴定站单位资格的复审；

（四）拟定农业行业职业技能鉴定考评人员的资格条件，并承担质量督导员的资格培训、考核与管理工作，指导考评人员的资格培训、考核并负责考评人员的管理工作；

（五）承担农业行业职业技能鉴定结果的复核和职业资格证书的管理工作，并负责农业行业职业技能鉴定信息统计工作；

（六）参与推动农业行业职业技能竞赛活动，开展职业技能鉴定及有关问题的研究与咨询工作。

第十二条　部行业指导站在部有关司局和部鉴定中心的指导下，负责本行业（系统）职业技能鉴定的业务指导工作。

（一）组织、指导本行业（系统）职业技能鉴定工作；

（二）负责本行业（系统）鉴定站的建设与管理，提出本行业（系统）鉴定站设立的具体条件，并负责资格初审，指导本行业（系统）鉴定站开展工作；

（三）承担本行业（系统）国家（行业）职业标准、培训教材以及鉴定试题库的编制开发工作，并负责本行业（系统）鉴定试题库的运行与维护；

（四）组织本行业（系统）职业技能鉴定考评人员的培训、考核工作；

（五）负责本行业（系统）职业技能鉴定结果的初审和职业资格证书办理的有关工作，并负责本行业（系统）职业技能鉴定信息统计工作；

（六）开展本行业（系统）职业技能鉴定及有关问题的研究与咨询工作。

第三章　鉴定执行机构

第十三条　鉴定站是职业技能鉴定的执行机构，负责实施对劳动者的职业技能鉴定工作。

（一）执行国家和地方农业行业行政主管部门有关农业职业技能鉴定的政策、规定和办法；

（二）负责职业技能鉴定考务工作，并对鉴定结果负责；

（三）按规定及时向上级有关部门提交鉴定情况统计数据和工作报告等材料。

第十四条　鉴定站的设立由省级农业行业行政主管部门审核推荐，经国家行政主管部门批准设立。其设立应具备以下条件：

（一）具有与所鉴定职业（专业）及其等级相适应，并符合国家标准要求的考核场地、检测仪器等设备设施；

（二）有专兼职的组织管理人员和考评人员；

（三）有完善的管理制度。

第十五条 鉴定站实行站长负责制。鉴定站应严格执行各项规章制度和农业行业职业技能鉴定程序，保证工作质量，按规定接受上级有关部门的指导、监督和检查；鉴定站享有独立进行职业技能鉴定的权利，有权拒绝任何组织或个人影响鉴定公正性的要求。

第十六条 对鉴定站实行评估制度。评估工作在《职业技能鉴定许可证》有效期满前进行，具体由农业部人事劳动司会同部内有关司局统一组织。

第四章 考评人员

第十七条 考评人员是对职业技能鉴定对象进行考核、评价的人员，分为考评员和高级考评员两个等级。考评员可以承担对职业资格五级（初级）、四级（中级）、三级（高级）人员的鉴定工作；高级考评员可以承担职业资格各等级的考核、评价工作。

第十八条 考评人员实行培训、考核和资格认证制度。考评资格有效期为三年，资格有效期届满后，须重新考核认证。

第十九条 考评人员实行聘用制。由鉴定站聘用，每个聘期不超过三年。

第二十条 考评人员在执行鉴定考评时需佩戴证卡，并严格遵守考评员工作守则和考场规则。

第五章 组织实施

第二十一条 参加农业行业职业技能鉴定的人员，应符合农业行业国家职业标准中规定的申报条件。

第二十二条 申报参加职业技能鉴定的人员，须向鉴定站提出申请，出具本人身份证、学历证书或其他能证明本人技术水平的证件，填写《职业技能鉴定申报审批表》，凭鉴定站签发的准考证，按规定的时间、方式参加考核或考评。

第二十三条 职业技能鉴定站应受理一切符合申报条件、规定手续人员的职业技能鉴定。

第二十四条 职业技能鉴定分为专业技术知识考试和实际操作技能考核两部分，两项成绩均达到 60 分以上者，即通过职业技能鉴定。技师、高级技师还应通过专家组评审。

第二十五条 职业技能鉴定实行统一命题，试题均由鉴定站从经劳动和社会保障部审定的农业行业职业技能鉴定试题库中提取；未建立试题库的职业，试题由部行业指导站组织专家编制，经部鉴定中心审核确认后使用，未经审核确认的鉴定试题无效。

第二十六条 对职业技能鉴定合格者，农业部颁发国家统一印制的职业资格证书。

第六章 职业资格证书管理

第二十七条 职业资格证书是劳动者职业技能水平的凭证，是劳动者就业、从业、任职和劳务输出法律公证的有效证件。农业劳动者可通过参加职业技能鉴定、业绩评定、职业技能竞赛等方式申请获得职业资格证书。

第二十八条 参加国家级和省级职业技能竞赛分别取得前 20 名和前 10 名的人员，经农业部人事劳动司认定后，且本职业设有高一级职业资格的，可相应晋升一个职业等级。

第二十九条　经农业部核准颁发的职业资格证书在全国范围内有效，其他任何鉴定机构不得重复鉴定。

第三十条　各级农业行政主管部门和用人单位应鼓励劳动者参加职业培训和技能鉴定，不断提升技能水平和技术等级。对实行就业准入制度职业的从业人员，每年应进行必要的业务培训和业绩考核，逐步推行职业资格证书复核制度。

第七章　质量督导

第三十一条　质量督导分为现场督考和不定期检查，由农业部和各地农业行业行政主管部门根据有关规定组织实施。

第三十二条　农业行业职业技能鉴定站实施鉴定时，应有上级或当地农业行政主管部门委派的质量督导员，负责现场督考。

第三十三条　各级农业行政主管部门应组织质量督导员不定期对鉴定站工作情况进行检查，听取情况汇报，查阅有关档案资料，并开展实地调查。

第三十四条　质量督导员应当接受有关法律、法规、政策、职业道德、职业技能鉴定管理和质量督导等内容的培训。

第八章　奖　　惩

第三十五条　农业部建立农业行业职业技能鉴定工作评选表彰制度，设立"全国农业职业技能鉴定先进集体"、"全国优秀农业职业技能鉴定站"和"全国农业职业技能鉴定先进个人"荣誉称号，每五年进行表彰。

各行业、各地区可根据自身情况建立本行业、本地区的职业技能鉴定工作评选表彰制度。

第三十六条　建立农业行业职业技能鉴定工作违规处罚制度。具有下列情形之一的鉴定站，由省级农业行政主管部门视其情节轻重，给予警告、限期整改或停止鉴定的处罚。情节严重的，报国家行政主管部门核准，取消其职业技能鉴定资质。

（一）取得相应鉴定资质后，两年内未开展职业技能鉴定工作的；

（二）超越规定范围开展鉴定工作的；

（三）管理混乱，难以保证鉴定质量，在社会上造成恶劣影响的；

（四）违反国家有关规定，在鉴定过程中有非法牟利、弄虚作假、徇私舞弊、滥收费用、伪造证书等行为的；

（五）在工作中欺上瞒下，不向主管部门提供真实情况的。

第三十七条　农业行业用人单位招用未取得相应职业资格证书的劳动者，从事实行就业准入制度的职业（工种）工作的，农业行业行政主管部门应责令限期改正。

第九章　附　　则

第三十八条　本办法由农业部人事劳动司负责解释。

第三十九条　本办法自发文之日起执行。原《农业行业特有工种职业技能鉴定实施办法（试行）》（农人发〔1996〕2号）自行废止。

农业部办公厅关于印发农业行业职业
技能鉴定站　职业资格证书　职业技能鉴定程序及
职业技能鉴定考评人员管理办法的通知

农办人〔2007〕22号

各省、自治区、直辖市农业、农机、畜牧、兽医、农垦、乡镇企业、渔业厅（局、委、办），新疆生产建设兵团农业局、劳动局：

为进一步规范农业行业职业技能鉴定管理，全面开发农业劳动者的职业技能，提高农村实用人才以及农业技能人才队伍素质，结合当前工作实际，我们对《农业行业特有工种职业技能鉴定站管理办法（试行）》（农人劳〔1997〕13号）进行了修订（修订后农人劳〔1997〕13号同时废止），形成《农业行业职业技能鉴定站管理办法》、《农业行业职业资格证书管理办法》、《农业行业职业技能鉴定程序规范》以及《农业行业职业技能鉴定考评人员管理办法》。现印发给你们，请结合实际遵照执行。

附件：1.《农业行业职业技能鉴定站管理办法》
　　　2.《农业行业职业资格证书管理办法》
　　　3.《农业行业职业技能鉴定程序规范》
　　　4.《农业行业职业技能鉴定考评人员管理办法》

二○○七年四月六日

附件1

农业行业职业技能鉴定站管理办法

第一章　总　　则

第一条　为加强农业行业职业技能鉴定站科学化、规范化管理，根据国家职业技能鉴定有关规定和农业部《农业行业职业技能鉴定管理办法》，制定本办法。

第二条　农业行业职业技能鉴定站（以下简称鉴定站）是经国家主管部门批准设立的实施职业技能鉴定的场所，承担规定范围内的职业技能鉴定活动。

第三条　鉴定站由农业部统一规划和综合管理，农业部职业技能鉴定指导中心（以下简称部鉴定中心）和农业部各行业职业技能鉴定指导站（以下简称部行业指导站）负责业务指导，省级农业（含种植业、农机、农垦、畜牧、兽医、渔业、饲料工业、农村能源行业、乡镇企业等）行政主管部门具体管理。

第二章　设　　立

第四条　鉴定站的设立应根据本地区、本行业农业职业技能开发事业发展的需要合理布局。

第五条　鉴定站应具备以下条件：

（一）具有与所鉴定职业（工种）及其等级相适应的，并符合国家标准要求的考核场地、检测仪器等设备设施；

（二）具有专门的办公场所和办公设备；

（三）具有熟悉职业技能鉴定工作业务的专（兼）职组织管理人员和考评人员；

（四）具有完善的管理办法和规章制度。

第六条　鉴定站设立程序：

申请建立鉴定站的单位，应提交书面申请、可行性分析报告并填写《行业特有工种职业技能鉴定站审批登记表》，经省级农业行业行政主管部门审核后，上报部行业指导站初审，经行业司局同意，部鉴定中心汇总审核后，报农业部人事劳动司审定，由劳动和社会保障部批准并核发《职业技能鉴定许可证》，同时授予全国统一的特有工种职业技能鉴定站标牌。

第三章　管　　理

第七条　鉴定站按照国家有关政策、规定和办法，对劳动者实施职业技能鉴定，负责职业技能鉴定考务工作，并对鉴定结果负责。

第八条　鉴定站实行站长负责制，站长由部行业指导站聘任，报部鉴定中心备案。站长原则上由承建单位主管领导担任。

第九条　鉴定站应建立健全考务管理、档案管理、财务管理以及与农业部有关规定配套的管理制度，并严格执行。

第十条　鉴定站应使用"国家职业技能鉴定考务管理系统"，进行鉴定数据上报、信息统计及日常管理。

第十一条 鉴定站应配备专兼职的财务管理人员，并严格执行所在地区有关部门批准的职业技能鉴定收费项目和标准。职业技能鉴定费用主要用于：组织职业技能鉴定场地、试题试卷、考务、阅卷、考评、检测及鉴定原材料、能源、设备消耗等方面。

第十二条 鉴定站应受理一切符合申报条件、规定手续人员参加职业技能鉴定，并依据国家职业标准，按照鉴定程序组织实施鉴定工作。

鉴定站有独立实施职业技能鉴定的权利，有权拒绝任何组织或个人提出的影响鉴定结果的非正当要求。

第十三条 鉴定站开展鉴定所用试题必须从国家题库中提取，并按有关要求做好试卷的申请、运送、保管和使用。未建立试题库的职业，试题由部行业指导站组织专家编制，经部鉴定中心审核确认后使用，或由部鉴定中心直接组织编制，未经审核确认的鉴定试题无效。

第十四条 鉴定站应从获得《国家职业技能鉴定考评员》资格的人员中聘用考评人员。实行考评人员回避制度。

第十五条 鉴定站应于每年12月20日前将当年工作总结和下年度的工作计划报送省级行业主管部门并抄报部行业指导站。

第十六条 鉴定站应加强质量管理，建立健全质量管理体系，逐步推行鉴定机构质量管理体系认证制度。

第四章 监督检查

第十七条 鉴定站接受部鉴定中心和部行业指导站的业务指导，同时接受上级农业行政主管部门和劳动保障部门的监督检查。

第十八条 对鉴定站实行定期评估制度。评估工作由部鉴定中心与行业指导站共同组织实施，评估内容主要包括鉴定站的管理与能力建设、考务管理、考评人员使用管理、质量管理与违规等几个方面，评估采取自评与抽查相结合的形式。评估结果作为换发鉴定许可证和奖惩的重要依据。

第五章 附 则

第十九条 本办法由农业部人事劳动司负责解释。

第二十条 本办法自颁发之日起施行。

批准文号：（　　）第　　号

编　　号：

行业特有工种职业技能鉴定站

审批登记表

承建单位：　　　　　　　　（盖章）

承建单位负责人：　　　　　（签字）

联系电话：

E - mail：

申请日期：　　　年　　月　　日

劳动和社会保障部培训就业司制

承建单位简况与建站条件

承建单位名称	
承建单位地址	
承建单位性质	
承建单位法人代表	
鉴定站管理 人员配备情况	
鉴定站管理 规章目录	

申请考核鉴定职业（工种）范围

职业（工种）编号	职业（工种）名称	等 级

鉴定场地	合 计	知识考试场地面积	技能考核场地面积

鉴定设备	设备名称、型号	数量	设备名称、型号	数量

检测设备	设备名称、型号	数量	设备名称、型号	数量

推荐与审核、批准

承建单位主管部门 推荐意见	（盖章） 年　　月　　日
省级行业主管部门 推荐意见	（盖章） 年　　月　　日
省级人力资源保障部门 推荐意见	（盖章） 年　　月　　日
行业部门职业技能鉴定 指导中心审查	（盖章） 年　　月　　日
行业主管部门劳动工资机构 审核意见	（盖章） 年　　月　　日
人力资源和社会保障部 核准意见	（盖章） 年　　月　　日
备　注	

附件 2

农业行业职业资格证书管理办法

第一章　总　则

第一条　为规范农业行业职业资格证书（以下简称职业资格证书）管理，维护职业资格证书的严肃性和权威性，根据国家《职业资格证书规定》、《职业技能鉴定规定》及《农业行业职业技能鉴定管理办法》，制定本办法。

第二条　本办法所称职业资格证书是劳动者职业技能水平的凭证，是表明劳动者具有从事某一职业所必备的学识和技能的证明。

第三条　职业资格分为五个等级。即职业资格五级（初级）、职业资格四级（中级）、职业资格三级（高级）、职业资格二级（技师）、职业资格一级（高级技师）。

第四条　农业部人事劳动司负责职业资格证书的综合管理工作，并行使监督、检查的职能。

第二章　获　取

第五条　农业劳动者可通过参加职业技能鉴定、业绩评定、职业技能竞赛等方式申请获得职业资格证书。

第六条　参加职业技能鉴定理论知识考试和操作技能考试均合格者，可获得相应等级的职业资格证书。

第七条　对有重大发明、技术创新、获取专利以及攻克技术难关等的劳动者，经农业部职业技能鉴定指导中心（以下简称部鉴定中心）组织专家评定，可获得或晋升相应等级的职业资格证书。

第八条　参加国家级和省级职业技能竞赛分别取得前 20 名和前 10 名的人员，以及获得全国技术能手称号的人员，所从事职业设有高一级职业资格的，经农业部人事劳动司审定后可晋升一个职业等级。

第九条　职业资格证书核发程序：

（一）鉴定站按照有关规定上报鉴定结果；

（二）农业部行业职业技能鉴定指导站（以下简称部行业指导站）对鉴定结果进行初审，报部鉴定中心复核；

（三）部行业指导站按统一要求编号并打印证书；

（四）部鉴定中心受农业部人事劳动司委托核发证书；

（五）鉴定站将证书发放给被鉴定者本人。

第三章　使　用

第十条　职业资格证书是劳动者求职、任职、开业和上岗的资格凭证，是用人单位招聘、录用劳动者和确定劳动报酬的重要依据，也是境外就业、对外劳务合作人员办理技能水平公证的有效证件。

第十一条　对取得职业资格证书的劳动者，农业系统各类用人单位应优先安排就业、上岗，优先安排生产、经营承包、示范推广及政府补贴项目等。

第十二条　用人单位招用未取得相应职业资格证书的劳动者，从事实行就业准入制度的职业（工种）工作的，农业行业行政主管部门和当地劳动保障部门应责令限期改正。

第十三条　各级管理部门、用人单位应鼓励获得职业资格证书的劳动者不断提升技能水平，晋升职业资格等级。

第四章　管　　理

第十四条　经农业部核准颁发的职业资格证书在全国范围内有效，其他任何鉴定机构不得重复鉴定。

第十五条　专业理论知识和操作技能考核鉴定的单项合格成绩，两年内有效。

第十六条　建立职业资格证书追溯制度，逐步完善证书查询系统。

第十七条　推行职业资格证书复核监查制度。对实行就业准入制度职业的持证人员，应加强业务培训和业绩考核，每三年由原鉴定站复核一次。鉴定站不得额外收取费用。

对涉及农产品质量安全，规范农资市场秩序，以及技术性强、服务质量要求高、关系广大消费者利益和人民生命财产安全的职业的从业人员，要加强职业资格证书监查。

第十八条　职业资格证书只限本人使用，涂改、转让者作废。

第十九条　因遗失、残损以及对外劳务合作等原因需要补发、换发职业资格证书的，证书持有者可向原鉴定站提出申请，并填写《补（换）发农业行业职业资格证书申请表》，按证书核发程序申请补发、换发证书。

第二十条　申请办理、补换发职业资格证书须按照国家有关部门的规定交纳证书工本费。

第二十一条　严禁伪造、仿制和违规发放职业资格证书，对有上述行为的单位和个人，按有关规定处理。

第五章　附　　则

第二十二条　本办法由农业部人事劳动司负责解释。

第二十三条　本办法自颁发之日起施行。

补（换）发农业行业职业资格证书申请表（样表）

姓　名		性别		民族		（照片）
工作单位				电话		
通讯地址						
文化程度				邮编		
身份证号码						
原证书号码				职业（工种）		
申请补（换）发证书理由						
职业技能鉴定站意见	原理论考试成绩			部鉴定中心（部行业指导站）意见		
	原实操考试成绩					
			年　月　日			年　月　日

注：本表上报时须另附本人近期免冠一寸照片一张，用于办证使用。

附件3

农业行业职业技能鉴定程序规范

第一条 为规范农业职业技能鉴定程序和行为，保证鉴定质量，根据《农业行业职业技能鉴定管理办法》，制定本规范。

第二条 本规范适用于全国各农业行业职业技能鉴定站（以下简称鉴定站）。

第三条 制定职业技能鉴定工作方案

鉴定站应于每次鉴定前对鉴定工作进行策划，制定职业技能鉴定工作方案。方案内容包括：本次鉴定的职业名称、等级；预计鉴定的人数；考生来源；鉴定时间、地点；考场的准备；考务人员和拟使用考评人员的计划安排；报名及资格审查。

第四条 发布职业技能鉴定公告

各鉴定站应在每次实施鉴定前30日发布公告或通知。内容包括：

（一）鉴定职业（工种）的名称、等级；

（二）鉴定对象的申报条件；

（三）报名地点、时限，收费项目和标准；

（四）鉴定方法和参考教材；

（五）鉴定时间和地点。

第五条 组织报名

鉴定站自公告或通知发布之日起组织报名。申请人填写《农业行业职业技能鉴定申报审批表》，并附上身份证、学业证明、现等级《职业资格证书》的复印件、本人证件照片3张（小2寸，用于申报审批表、准考证、证书），到指定地点向鉴定站提出申请。

鉴定站根据国家职业标准规定的申报条件，对申请人进行资格审查，将符合条件者的基本信息录入"国家职业技能鉴定考务管理系统"，并将《上报报名数据》报送农业部行业职业技能鉴定指导站（以下简称部行业指导站），同时打印《职业技能鉴定报名花名册》和《准考证》（准考证应贴有本人小2寸证件照片并加盖鉴定站印章）。

第六条 组建考评小组

（一）每次实施考核鉴定前，由鉴定站根据所鉴定的职业（工种）和鉴定对象数量组建若干个考评小组。考评小组成员由获得考评员资格的人员担任，在受聘鉴定站的领导下开展工作。

（二）考评小组至少由3人组成，设组长1名。组长由鉴定站从具有一定组织管理能力和从事三次以上职业技能鉴定工作经验的考评人员中指定。组长全面负责考评小组的工作，并具有最终裁决有争议技术问题的权利。

（三）考评小组成员在同一鉴定站从事同一职业（工种）考评工作不得连续超过三次。

（四）考评小组应接受鉴定站及质量督导员的监督和指导。

第七条 提取职业技能鉴定试卷

鉴定站于实施鉴定前一周，通过《试卷需求报告》向部行业指导站申请提取试卷。试卷一律从国家题库中提取。对于暂未建立和颁布国家题库的职业（工种），由部行业指导站组织编制试卷，经部鉴定中心审定后使用；也可由部鉴定中心直接组织编制试卷。

试卷应采用保密方式以清样形式由专人发送。发送的主要内容为：试卷、标准答案、评分标准和操作技能鉴定技术准备通知单等。

鉴定站要由专人接收和保管试卷，并按国家有关印刷、复制秘密载体的规定由专人印制或监印。

试卷运行的各个环节应严格按照保密规定实行分级管理负责制，一旦发生失密，须立即采取相应补救措施并追究相关人员责任。

第八条 考前准备

依据考生数量及任务要求，鉴定站应按时提供符合鉴定要求的场地及必要的鉴定工作条件。主要包括考场设置、考务人员安排、鉴定所需物品和后勤服务等内容。

鉴定站应提前向上级或当地农业行业行政主管部门申请派遣质量督导员，负责现场督考工作。

第九条 实施鉴定

考生应在规定的时间内，持本人身份证、准考证到指定的场所参加职业技能鉴定。

鉴定分理论知识考试和操作技能考试两项。理论考试采用单人单桌闭卷笔试方式；操作技能考试一般采用现场考核、典型作业项目或模拟操作考试，并辅之以口试答辩等形式。

理论知识考试监考人员须严格遵守有关规定，认真履行职责，并填写《职业技能鉴定理论考试考场简况表》，阅卷采用流水作业形式。操作技能考试考评小组依据考评规范组织考评工作，考评人员根据评分标准进行评分并填写《职业技能鉴定实操考试考场简况表》。

第十条 呈报鉴定结果

鉴定站应在每次鉴定结束10个工作日内，将《上报成绩数据》报送部行业指导站，同时将《鉴定组织实施情况报告单》一式两份报部行业指导站审核。

第十一条 核发职业资格证书

证书的核发按照《农业行业职业资格证书管理办法》规定执行。鉴定站负责打印《职业技能鉴定合格人员名册》和并将证书发给本人。

第十二条 资料归档

每次鉴定完毕，鉴定站须将以下资料归档：

1.《职业技能鉴定合格人员名册》；

2.《鉴定组织实施情况报告单》；

3.《职业技能鉴定理论考试考场简况表》、《职业技能鉴定实操考试考场简况表》；

4.《职业技能鉴定报名花名册》；

5. 申报人员《农业行业职业技能鉴定申报审批表》；

6. 鉴定公告（通知）；

7. 理论知识考试、操作技能考试样卷以及标准答案、评分标准等；

8. 鉴定考生试卷（至少保存两年）。

第十三条 本规范由农业部人事劳动司负责解释。

第十四条 本规范自颁发之日起施行。

农业行业职业技能鉴定申报审批表（样表）

姓　名			性别		民族		
文化程度			出生年月				
身份证号码							
工作单位					电话		
通讯地址					邮编		
参加工作时间					原职业名称		
原证书等级					原证书编号		
申报职业			申报职业工龄			申报等级	

个人工作简历	
参加培训情况	

本人承诺：所提供的个人信息和证明材料真实准确，对因提供有关信息、证件不实或违反有关规定造成的后果，责任自负。
签字：　　　　年　月　日

职业技能鉴定站意见	

填表日期：　　　年　月　日

鉴定组织实施情况报告单（样表）

鉴定站印章：

鉴定机构名称				代码	
鉴定时间					
序号	鉴定职业	鉴定等级	参加鉴定人数	鉴定合格人数	合格率
考评小组组成					
鉴定实施情况					
现场督考情况				督导员签名：　　年　月　日	
备注					

鉴定站负责人（签字）：　　　　　　　　　　　　　　　年　月　日

附件 4

农业行业职业技能鉴定考评人员管理办法

第一章 总 则

第一条 为加强农业行业职业技能鉴定考评人员（以下简称考评人员）队伍的建设和管理，保证职业技能鉴定质量，根据农业部《农业行业职业技能鉴定管理办法》，制定本办法。

第二条 考评人员是指在规定的职业、等级和类别范围内，按照统一标准和规范，对职业技能鉴定对象进行考核、评价的人员。

第三条 考评人员分为考评员和高级考评员两个等级。考评员可以承担国家职业资格五级（初级）、四级（中级）、三级（高级）人员的职业技能鉴定，高级考评员可以承担各等级的考核、评价工作。

第二章 资格认定

第四条 考评人员应热爱本职工作，具有良好的职业道德和敬业精神，廉洁奉公，办事公道，作风正派。

第五条 考评人员应掌握必要的职业技能鉴定理论、技术和方法，熟悉职业技能鉴定的有关法律、规定和政策。

第六条 考评人员应具有二级以上职业资格或者中级专业技术职务以上的资格；高级考评员应具有一级职业资格或副高级以上专业技术职务资格。

第七条 考评人员资格由本人提出申请，所在单位同意，填写《农业行业职业技能鉴定考评人员审批登记表》，经省级农业（含种植业、农机、农垦、畜牧、兽医、渔业、饲料工业、农村能源行业、乡镇企业等）行业行政主管部门审核同意，报农业部职业技能鉴定指导中心（以下简称部鉴定中心）或农业部行业职业技能鉴定指导站（以下简称部行业指导站）。

第八条 考评人员的培训、考核由各行业职业技能鉴定指导站组织，部鉴定中心进行资格认证，报请劳动和社会保障部颁发国家统一的考评员资格证（卡）。

第三章 职 责

第九条 考核鉴定前，考评人员应熟悉本次鉴定职业（工种）的项目、内容、要求及评定标准，查验考核场地、设备、仪器及考核所用材料。

第十条 考评过程中，考评人员应遵守考评人员守则，独立完成各自负责的任务，严格按照评分标准及要求逐项测评打分，认真填写考评记录并签名。

考评人员有权拒绝任何单位和个人提出的非正当要求，对鉴定对象的违纪行为，视情节轻重可给予劝告、警告、终止考核或宣布成绩无效等处理，并及时向上级主管部门报告。

第十一条 鉴定结束后，考评人员应及时反映鉴定工作中存在的问题并提出合理化意见和建议。

第十二条 考评人员应加强职业技能鉴定业务知识、专业理论和操作技能的学习，不断提高鉴定工作水平。

第四章　管　理

第十三条　考评人员由部鉴定中心综合管理，省级农业行业行政主管部门会同行业指导站具体负责考评人员的监督管理。

第十四条　实行聘任制，每个聘期不超过三年。农业行业职业技能鉴定站与考评人员签订聘任合同，明确双方的责任、权利和义务。

第十五条　考评人员每次实施考评后，鉴定站可参考当地主管部门制定的补助标准给予津贴补助。

第十六条　实行轮换工作制度。每个考评人员在同一个鉴定站从事同一个职业（工种）的考评工作不得连续超过三次。

第十七条　实行"培考分开"的原则，考评人员不得对本人参与培训的人员进行鉴定。

第十八条　实行回避制度。考评人员在遇到直系亲属被鉴定时，应主动提出回避。

第十九条　实行年度评估制度。鉴定站应对聘用的考评人员建立考绩档案，并对考评人员进行年度评估。

第五章　换　证

第二十条　考评人员资格有效期为三年，有效期满应申请换发证书（卡）。

第二十一条　资格有效期满的考评人员，一般须经再培训，重新取得考评人员资格后，获得考评员资格证（卡）。

第二十二条　在资格有效期内，考评人员符合下列条件之一者可直接换发证（卡）：

（一）凡年度评估良好及以上，并每年参加考评工作三次（含三次）以上的；

（二）对职业技能鉴定工作有深入研究并公开发表相关文章或论文的；

（三）参与国家职业标准、培训教材、鉴定试题编写工作的。

第二十三条　符合直接换证（卡）条件的考评人员，填写《农业行业职业技能鉴定考评人员资格有效期满换证（卡）审批表》，附本人资格有效期内的考评工作总结、技术成果复印件和本人考评员原证（卡）、聘任合同等材料，经受聘鉴定站初审，省级农业行业行政主管部门、部行业指导站、部鉴定中心复审，报劳动和社会保障部核准后，换发新的考评员证（卡）。

第二十四条　资格有效期满考评员换证（卡）工作每年6月份进行一次。

第六章　奖　惩

第二十五条　对聘期内考核优秀的，给予表彰奖励，并作为推荐全国农业职业技能开发先进个人表彰的依据。

第二十六条　对在工作中违反考评人员工作守则、弄虚作假、徇私舞弊的，视情节轻重，给予警告、通报批评直至取消考评人员资格的处罚，情节严重的，建议其所在单位给予必要的处分。

第七章　附　则

第二十七条　本办法由农业部人事劳动司负责解释。

第二十八条　本办法自颁发之日起施行。

农业行业职业技能鉴定考评人员审批登记表（样表）

姓　　名		性别		出生日期		照片（1寸）
所学专业		学历		行政职务		
专业技术职务		从事的工作				
拟考评的职业（工种）						
身份证号			等级	考评员／高级考评员		
工作单位				邮编		
通讯地址				电话		
工作简历						
单位推荐意见					盖　章　年　月　日	
省、区、市行政主管部门推荐意见					盖　章　年　月　日	
农业部职业技能鉴定指导中心意见					盖　章　年　月　日	
培训时间				考核成绩		
胸卡编号：核发时间：　　　年　月　日						

农业行业职业技能鉴定考评人员
资格有效期满换证（卡）审批表

姓 名		性别		出生年月		贴照片处
工作单位						
考评职业				发证日期		
原证书编号			身份证号			
原等级			通讯地址			
邮 编			电 话			

本人鉴定工作简历	
	年 月 日

农业行业职业技能鉴定站意见	
	年 月 日

省（自治区、直辖市）农业行业主管部门意见		农业部行业职业技能鉴定指导站意见	
			年 月 日

农业部职业技能鉴定指导中心意见	
	年 月 日

注：本表上报时需另附本人近期免冠一寸照片一张，用于办证（卡）使用。

农业部关于印发《农业职业技能鉴定质量
督导办法（试行）》的通知

农人发〔2004〕12 号

各省、自治区、直辖市农业（农林、农牧）、畜牧、饲料、农垦、渔业、乡镇企业、农机化管理厅（委、办、局），各农业行业特有工种职业技能鉴定站：

《农业职业技能鉴定质量督导办法（试行）》业经农业部 2004 年第 19 次常务会议审议通过，现印发给你们，请结合本行业、本单位实际认真贯彻执行。执行中遇有问题请与农业部人事劳动司联系。

附件：农业行业职业技能鉴定现场督考报告（样式）

二〇〇四年六月四日

农业职业技能鉴定质量督导办法

（试　行）

第一条　为加强和规范农业职业技能鉴定工作，进一步提高鉴定质量，根据劳动和社会保障部颁发的《职业技能鉴定规定》，制定本办法。

第二条　农业职业技能鉴定质量督导是指农业行政主管部门向农业职业技能鉴定站派遣质量督导员，对其贯彻执行国家职业技能鉴定法规、政策和国家农业职业标准等情况进行监督、检查的行为。

第三条　农业部人事劳动司会同有关业务司局负责全国农业职业技能鉴定质量督导的管理和指导，统筹安排农业行业质量督导员资格培训、考核和认证工作。省级农业行政主管部门负责本地区、本行业（系统）职业技能鉴定质量督导工作的组织实施。

农业部职业技能鉴定指导中心（以下简称部鉴定中心）受委托负责全国农业职业技能鉴定质量督导技术方法的指导，并承办质量督导员资格培训和考核、管理工作。

第四条　农业职业技能鉴定质量督导工作依据国家法律、法规及有关政策规定，遵循客观公正、科学规范的原则开展。

第五条　农业职业技能鉴定质量督导工作职责：

（一）对农业职业技能鉴定站贯彻执行职业技能鉴定法规和政策的情况实施督导；

（二）对农业职业技能鉴定站的运行条件、鉴定范围、考务管理、考评人员资格、被鉴定人员资格审查和职业资格证书管理等情况进行督导；

（三）受委托，对群众举报的职业技能鉴定违规违纪情况进行调查、核实，提出处理意见；

（四）对农业职业技能鉴定工作进行调查研究，向委托部门报告有关情况，提出建议。

第六条　农业职业技能鉴定质量督导分现场督考和不定期抽查两种形式。

第七条　农业职业技能鉴定站实施职业技能鉴定时，应配备由上级或当地农业行政主管部门委派的质量督导员，负责现场督考工作。

第八条　质量督导员在现场督考过程中，应对考务管理程序、考评人员资格、申请鉴定人员资格等进行审查；对考评人员的违规行为应予以制止并提出处理建议；遇有严重影响鉴定质量的问题，应提请派出机构进行处理，或经派出机构授权直接进行处理，并报告处理结果。

第九条　质量督导员在现场督考后，应填写《农业职业技能鉴定现场督考报告》（以下简称《督考报告》）。由鉴定站将《督考报告》报质量督导员派出机构，并报省农业行政主管部门和部鉴定中心备案。

第十条　部行业职业技能鉴定指导站应组织质量督导员对鉴定站工作情况进行检查，听取情况汇报、查阅有关档案资料，并实施现场调查。

第十一条　质量督导员执行督导任务时，应佩戴胸卡，认真履行督导职责，自觉接受主管部门的指导和监督。具有考评员资格的质量督导员，在执行督导任务时，不能兼任同场次考评工作，实行回避制度。

第十二条　各农业职业技能鉴定站要支持、配合质量督导员开展工作，向督导员提供必要的工作条件和有关资料。

第十三条 在质量督导工作中，被督导单位及有关人员有下列情形之一的，质量督导员可提请派出机构按有关规定作出处理：

（一）拒绝向质量督导员提供有关情况和文件、资料的；

（二）阻挠有关人员向质量督导员反映情况的；

（三）对提出的督导意见，拒不采纳、不予改进的；

（四）弄虚作假、干扰职业技能鉴定质量督导工作的；

（五）打击、报复质量督导员的；

（六）其他影响质量督导工作的行为。

第十四条 质量督导员应具备以下条件：

（一）热爱职业技能鉴定工作，廉洁奉公、办事公道、作风正派，具有良好的职业道德和敬业精神；

（二）掌握职业技能鉴定有关政策、法规和规章，熟悉职业技能鉴定理论和技术方法；

（三）从事农业职业技能鉴定行政管理和技术工作两年以上；或从事职业技能鉴定考评工作三年以上且年度考评合格；

（四）服从安排，能按照派出机构要求完成职业技能鉴定质量督导任务。

第十五条 质量督导员由各鉴定站所在地农业行政主管部门推荐，省级农业行政主管部门审核，经培训和考核合格，由农业部人事劳动司颁发《职业技能鉴定质量督导员》证卡。

《职业技能鉴定质量督导员》证卡为劳动和社会保障部统一样式，有效期三年。期满后，按照有关规定，重新核发。

第十六条 质量督导员应当接受有关法规、政策、职业道德、职业技能鉴定管理和督导等内容的培训。

第十七条 质量督导员资格考核采取笔试方式进行。试题试卷按劳动和社会保障部有关规定统一编制。

第十八条 质量督导员有下列情况之一的，由本人所在单位给予批评教育或行政处分；情节严重的，由省级农业行政主管部门提请农业部人事劳动司批准，取消其质量督导员资格。

（一）因渎职贻误工作的；

（二）违反职业技能鉴定有关规定的；

（三）利用职权谋取私利的；

（四）利用职权包庇或打击报复他人，侵害他人合法权益的；

（五）其他妨碍工作正常进行，并造成恶劣影响的。

第十九条 质量督导员实行全国统一网络化管理。部鉴定中心定期将农业系统质量督导员的相关情况及工作情况报劳动和社会保障部。

第二十条 本试行办法由农业部负责解释。

第二十一条 本试行办法自 2004 年 10 月 1 日起施行。

职业技能鉴定质量督导员审批登记表

姓　名		性　别		出生年月		照片
民　族		政治面貌		健康状况		
学　历		从事职业		技术职称或职业资格		
		年　限				
身份证号				联系电话		
工作单位						
通讯地址				邮　编		
工作简历						
熟悉何种业务与技术，有何业绩、成果和著作						
单位推荐意见						盖　章 年　月　日
省（区、市）农业行政主管部门推荐意见						盖　章 年　月　日
培训时间				考核成绩		

证卡编号：　　　　　　　　　　　　　　　核发时间：　　年　月　日

农业行业职业技能鉴定现场督考报告（样式）

被督导鉴定站名称：

基本信息	督导员姓名	
	督导员工作单位	
	委派单位	

督导内容			执行情况
（一）试卷的使用情况	1. 试卷和来源		○部中心提供标准试卷；○传真清样；○网络发送清样；○受部中心委托编制并经审核采用。
	2. 试卷的印刷		○在指定的印刷厂监印；○由鉴定站印刷并有专人监印；○鉴定站复印。
	3. 试卷的运送		○由两人以上专人运送；○由一人运送；○邮寄。
	4. 试卷的交接		○由专人交接并签名、封存；○由专人交接未签名、封存。
	5. 试卷的使用		○试卷在考场现场拆封；○试卷未在考场现场拆封。
	6. 试卷质量分析	1. 考试内容与标准要求关联度	○考试内容全面且符合本职业标准要求；○考试内容基本反映本职业标准规定的内容；○考试内容与标准规定内容相差较远。
		2 考试内容与当地实际关联度	○基本符合；○大部分符合；○相差较大。
		3. 难易度分析	○较难；○难度适中；○较易。
（二）考场	1. 考场准备	1. 准备依据	○完全按技术准备通知单；○有部分调整；○没有按技术准备通知单。
		2. 场地准备	○良好；○一般；○较差；○混乱。
		3. 设备、仪器准备	○齐全且符合要求；○一般；○较差；○混乱。
		4. 人员安排准备	○人员充足、分工合理；○人员少且分工不合理。
	2. 鉴定现场情况	1. 鉴定对象安排	○鉴定结束者和未鉴定者有效隔离；○鉴定结束者和未鉴定者没有采取措施分开。
		2. 考场秩序	○良好；○一般；○较差；○混乱。
（三）考评人员情况	1. 考评小组		○按要求组建；○由站长指派；○无考评小组。
	2. 考评人员资格		○完全符合；○部分人员符合；○均不符合。
	3. 考评情况		○考评员佩戴胸卡，严格遵守考评守则；○没有严格遵守考评守则。
（四）被鉴定对象的资格审查	1. 经过审查		○按申报条件严格审查；○审查不严格。
	2. 未经过审查		○由于工作人员疏忽；○鉴定站未安排。
（五）实操考试	1. 场次的确定		○抽签决定；○人为安排；○考生自愿。
	2. 位置的确定		○抽签决定；○人为安排；○考生自愿。
	3. 测评打分		○按要求独立打分；○全部考评员的综合意见；○去掉最高分和最低分后的平均分。
	4. 考核分数的处理		○鉴定后及时整理、汇总成绩；○鉴定后未及时整理、汇总成绩。
（六）出现技术问题后的处理方式	1. 现场处理方式		○由考评小组组长按有关规定现场处理；○由站长处理；○由考评人员协商解决。
	2. 处理结果		○如实记录并上报；○没有记录。
（七）其他情况			

督导员签字：　　　　　　督导时间：200　　年　　月　　日　　　　农业部人事劳动司制表

劳动和社会保障部
关于印发《国家职业技能竞赛技术规程》（试行）的通知

劳赛组办发〔2003〕1 号

各省、自治区、直辖市劳动和社会保障厅（局），国务院有关部门（行业组织、集团公司）劳动保障工作机构：

为加强对职业技能竞赛工作的技术指导，规范职业技能竞赛活动，保证其健康、有序地发展，我们研究制定了《国家职业技能竞赛技术规程》（试行），现印发给你们，请在组织职业技能竞赛活动中，按照本规程的要求做好相关工作，并结合本地区、本部门实际情况，制定本地区、本部门的竞赛技术规程。在操作中如有问题，请及时与我办联系。

劳动和社会保障部
全国职业技能竞赛组织委员会办公室
二○○三年五月二十八日

国家职业技能竞赛技术规程

（试　行）

第一章　总　　则

第一条　职业技能竞赛（以下简称"竞赛"）是依据国家职业标准，密切结合生产实际开展的、有组织的群众性职业技术技能比赛活动。为了加强对竞赛的组织管理工作，规范竞赛活动，保证其健康、有序地发展，根据劳动保障部《关于加强职业技能竞赛管理工作的通知》（劳社部发〔2000〕6号）精神，制定本规程。

第二条　本规程适用于国家级竞赛活动及其管理。

第二章　组织机构

第三条　举办竞赛活动须成立临时性组织机构竞赛组织委员会（或竞赛领导小组），全面负责竞赛的组织管理工作，组委会下设办公室（或秘书处）具体负责竞赛的组织实施工作。

第四条　竞赛组织委员会负责竞赛的整体安排和组织管理；指导竞赛办公室和评判委员会的工作；对竞赛期间的重大事项进行决策；对竞赛各项组织和赛务工作进行监督检查。

第五条　竞赛组织委员会办公室（秘书处）在竞赛组织委员会的领导下，具体负责竞赛的组织安排和日常管理工作。主要包括制定竞赛的具体组织方案及实施计划，并组织和监督实施；负责与竞赛各相关单位的日常沟通和协调；负责竞赛期间的各项宣传工作；负责竞赛奖品、物品（包括纪念品、宣传品等）的设计、制作和管理；负责竞赛经费的筹措、使用和管理；负责竞赛的总结和统计分析等工作。

第六条　为做好竞赛的各项技术工作，须成立竞赛评判委员会。评判委员会在组委会的领导下，全面负责竞赛的各项赛务工作。主要包括组织制定竞赛规则、评分标准及相关竞赛技术性文件；负责竞赛复习大纲、辅导资料等的编制；负责参赛选手的培训和辅导；负责竞赛场地、器械、设备（包括对考试试件的检测设备）的检验、检测、确认及分配；负责竞赛各阶段的评判工作；负责竞赛结果的核实、发布，并参与竞赛结果的复核等。为保证竞赛命题的公正和保密性，评判委员会下设命题组，专门负责竞赛命题工作。

第七条　各竞赛机构须在竞赛组织委员会的统一领导下，明确各自的职责任务，分工协作，合力办好竞赛活动。

第三章　组织管理

第八条　国家级一类竞赛由劳动和社会保障部发文组织或会同有关部门共同发文组织实施；国家级二类竞赛由劳动和社会保障部中国就业培训技术指导中心（职业技能鉴定中心）与有关部门、行业（行业组织）等联合发文组织实施。

第九条　各省、自治区、直辖市及各行业有关部门应积极参与国家级一类竞赛活动，并成立相应省、行业竞赛组委会，在全国组委会的领导下，具体组织本地区、本行业的竞赛活动。

第十条　国家级二类竞赛主要由相关行业（行业组织）牵头负责组织，各省、自治区、直辖市劳动保障部门应积极参与此类竞赛活动，并对其进行政策支持、技术指导和监督管理等工作；行业竞赛组委会在具体组织竞赛活动过程中，应主动与省级劳动保障厅（局）竞赛管理机构沟通情况，争取竞赛地区劳动保障部门的政策支持，并接受其监督指导。

第四章　备案立项

第十一条　举办国家级竞赛活动，应首先向劳动保障部竞赛组织管理部门（以下简称竞赛管理部门）提出申请，经备案登记后立项实施。

第十二条　国家级竞赛活动的主办、承办单位应具备下列条件：

（一）能够独立承担民事责任；

（二）有与竞赛组织工作要求相适应的组织机构和管理人员；

（三）有与竞赛水平相适应的专家队伍并能按要求完成相应的赛务工作；

（四）有与竞赛规模相适应的经费支持；

（五）具备竞赛所需的场所、设施和器材。

第十三条　主办单位应按照下列程序办理职业技能竞赛备案手续：

（一）举办单一行业的职业技能竞赛，主办单位应在启动竞赛前30日内向竞赛管理部门报送《职业技能竞赛活动备案表》；竞赛管理部门应当自收到备案表之日起15日内办理备案立项手续。

（二）举办跨省、行业的职业技能竞赛，主办单位应在启动竞赛前60日内向竞赛管理部门报送《职业技能竞赛活动备案表》；竞赛管理部门应当自收到备案表之日起15日内办理备案立项。

第十四条　主办单位办理备案立项手续时，应当提供下列材料：

（一）申请举办竞赛活动的申请报告；

（二）举办竞赛活动备案表；

（三）竞赛活动组织实施方案；

（四）竞赛组委会及组委会办公室成员名单；

（五）竞赛评委会成员名单；

（六）竞赛活动所需场地、设备、技术检测手段等情况简介；

（七）经费预算和运作方案；

（八）主办单位委托符合规定资格条件的中介机构承办竞赛活动，应报送承办单位的资质证明材料。

第十五条　竞赛主办单位拟邀请境外机构和人员参与竞赛活动的，应事先向竞赛管理部门提出申请，经审核后，报劳动保障部备案。

代表中国参加的国际大型技能竞赛活动由劳动保障部商有关部门后统一组织安排。

第十六条　对符合本规程规定条件的主办单位，竞赛管理部门应予以办理职业技能竞赛备案手续，并与其就各方的责、权、利等有关内容签订工作协议，规范各方在竞赛期间的行为。竞赛主办单位应共同下发相关文件，组织开展竞赛活动；对不符合本技术规程规定条件的举办单位，竞赛管理部门不予办理备案登记手续并书面通知主办单位。

第十七条　竞赛活动备案立项后，主办单位如需变更竞赛名称和内容的，应向竞赛管理部门办理变更手续，并通知相关部门。竞赛活动通知下发后，主办单位由于特殊原因确须取消竞赛活动的，应向竞赛管理部门提出书面说明，征得同意后，方可取消竞赛活动，并做好善后处理工作。

第十八条 主办单位有下列情况之一的，竞赛管理部门有权取消其举办资格：

（一）未经有关部门同意，擅自更改竞赛时间、地点的；

（二）未按竞赛规则、组织方案的规定，擅自变更竞赛内容或者取消竞赛活动的；

（三）组织管理不善，在竞赛过程中造成重大事故的；

（四）未按照竞赛规则、竞赛评判标准做到公平、公开、公正，营私舞弊，成绩失实，造成恶劣影响的。

第五章　组织实施

第十九条 举办竞赛活动应坚持社会效益为主，坚持公开、公平、公正的原则，严格执行国家有关法律、法规，并邀请公证部门对竞赛过程及竞赛结果进行公证。

第二十条 确定竞赛工种的一般原则是：通用技术职业（工种）；就业容量大、从业人员多的职业（工种）；苦脏累险的职业（工种）；国家新职业新工种；科技含量高的职业（工种）。特别应优先选择通用性强、就业面较广、社会影响力大、发展较迅速的新职业（工种）组织开展竞赛活动。

第二十一条 举办竞赛活动，应严格按照国家职业标准组织实施，同时可根据竞赛职业（工种）的实际情况，适当参照国际青年奥林匹克技能竞赛的标准组织。国家级竞赛应按照国家职业标准三级（高级工）以上要求实施。

第二十二条 竞赛采取以实际操作比赛为主的原则，并附加理论知识考试。国家级竞赛可根据实际需要组织相关技术专家出题，也可从职业技能鉴定国家题库中随机抽取试题。

第二十三条 竞赛裁判人员的基本要求是：

（一）坚持四项基本原则，热爱本职工作，具有良好的职业道德和心理素质；

（二）从事某职业（工种）工作15年以上，并在该职业（工种）技术、技能方面获得较高声誉；

（三）本职业（工种）技师以上职业资格或本专业中级以上专业技术职务；

（四）原则上年龄应在55周岁以下，身体健康，能够胜任裁判工作；

（五）能够自觉坚持公平、公正原则，秉公执法，不徇私情；

（六）具有较高的裁判理论水平和丰富的实践操作经验，熟练掌握竞赛规则，现场运用准确、得当；

（七）具有较丰富的临场执法经验和组织现场裁决的能力；

（八）具有从事过两次以上全国或省级竞赛活动裁判工作的经历；

（九）参加由劳动保障部职业技能鉴定中心组织的国家级裁判员培训并通过其资格考试。

第二十四条 竞赛裁判人员一般应从竞赛职业（工种）的主管行业中，自下而上选择推荐工程技术人员、职业学校教师和企业具有技师以上技术等级的工人担任；对具有竞赛职业（工种）考评员资格的人员，应优先选用；对已经建立国家职业技能竞赛裁判员队伍的职业（工种），必须从获得国家职业技能竞赛裁判员资格的人员中选用。

第二十五条 竞赛在理论知识和实际操作命题时，应明确其各自所占比例。一般情况下，实际操作成绩应占总成绩的 70% 以上。

第二十六条　竞赛所需场地由竞赛组织机构和技术专家根据竞赛的职业（工种）要求选择确定。其选择原则：一是选手相对集中；二是赛场设备设施完备、先进、安全，具有代表性；三是赛场内外环境适宜；四是交通方便。

第二十七条　竞赛使用材料及设备由技术专家依据竞赛试题的需要确定，由竞赛组委会委托承办单位负责配备，其主要设备要最大限度地利用赛场的设备装置。选手日常使用的简单工具、设施可以允许选手自行携带使用。

第二十八条　竞赛活动经费可从以下途径筹措：

（一）争取国家财政支持；

（二）主办、承办及协办等单位共同出资；

（三）适当收取参赛选手和参赛单位的报名费、参赛费等；

（四）引入市场运作机制。

第二十九条　竞赛主办单位应在竞赛活动结束之日起 30 日内，向竞赛管理部门提交竞赛情况总结（包括选手成绩册和费用结算情况等）。

第六章　活动程序

第三十条　国家级竞赛活动一般应包括开幕式、闭幕式、竞赛过程、宣传工作等基本工作环节。

第三十一条　开幕式的主要内容包括：选手入场式，奏国歌，升国旗（或会旗），领导致开幕词，来宾致辞，裁判宣誓，选手宣誓，宣布竞赛规则和要求，相关宣传庆祝活动等。

第三十二条　竞赛过程在裁判长的主持下由全体裁判人员共同参与执行。包括：确认选手身份；进行赛前教育（向选手说明比赛技术要求等）；对竞赛材料、设备、工具的检验；赛场监考；对竞赛作品、试卷的评判打分；竞赛成绩名次的确认等。

第三十三条　闭幕式的主要内容包括：裁判长宣布比赛成绩，向获奖者颁奖，领导致闭幕词，来宾致辞和相关宣传庆祝活动等。

第七章　宣传和信息交流

第三十四条　宣传工作要适应竞赛期间的形势，与劳动保障中心工作紧密结合，积极争取各级领导对竞赛的重视和支持，充分利用广播、电视、报刊、网络等新闻媒体，建立竞赛新闻发布制度和简报制度，积极扩大宣传覆盖面。宣传工作主要包括：赛事宣传（从不同角度对比赛活动进行宣传，扩大其社会影响），环境宣传（赛场装饰、宣传广告、现场表演等），人物宣传（对获奖者的宣传）和其他宣传（对相关政策、举办地、新产品、新技术、新理念等的宣传）等。

第三十五条　主办单位应根据竞赛活动的目的、内容及工作实际，制订具体的宣传方案和宣传口号等。

第三十六条　建立国家级竞赛活动信息交流制度，劳动保障部全国职业技能竞赛组委会办公室与各省、行业竞赛组织管理机构每季度交流一次竞赛活动信息，主要包括全国、各省、行业举办竞赛活动名称、规模、竞赛职业（工种）、选拔赛时间、决赛时间、宣传方案、活动安排、工作总结、经验材料以及竞赛裁判员信息等。

　　第三十七条　每年 12 月 15 日前，各省级竞赛管理部门应将本年度内省级竞赛活动各职业（工种）前 3 名获奖选手的基本情况报劳动保障部全国职业技能竞赛组委会办公室，经整理后，分类列入全国技术能手后备名录。

　　第三十八条　每年 12 月 15 日前，各行业竞赛管理部门应将本年度内国家级二类竞赛各职业（工种）前 3 名获奖选手基本情况报劳动保障部全国职业技能竞赛组委会办公室汇总，并抄送获奖选手所在省的劳动保障厅（局）竞赛管理部门。

第八章　附　　则

　　第三十九条　省级劳动保障部门和国务院有关部门（行业组织、集团公司）劳动保障工作机构可参照本技术规程，依据本地区、本行业（部门）的实际情况，制定本地区、本行业（部门）的竞赛技术规程。

　　第四十条　本技术规程自下发之日起施行。

国务院关于加强职业培训促进就业的意见

国发〔2010〕36 号

各省、自治区、直辖市人民政府，国务院各部委、各直属机构：

改革开放以来，我国职业培训工作取得了显著成效，职业培训体系初步建立，政策措施逐步完善，培训规模不断扩大，劳动者职业素质和就业能力得到不断提高，对促进就业和经济社会发展发挥了重要作用。与此同时，职业培训工作仍不适应社会经济发展、产业结构调整和劳动者素质提高的需要，职业培训的制度需要进一步健全、工作力度需要进一步加大、针对性和有效性需要进一步增强。为认真落实《国家中长期人才发展规划纲要（2010—2020年）》、《国家中长期教育改革和发展规划纲要（2010—2020年)》要求，全面提高劳动者职业技能水平，加快技能人才队伍建设，现就加强职业培训促进就业提出如下意见：

一、充分认识加强职业培训的重要性和紧迫性

（一）加强职业培训是促进就业和经济发展的重大举措。职业培训是提高劳动者技能水平和就业创业能力的主要途径。大力加强职业培训工作，建立健全面向全体劳动者的职业培训制度，是实施扩大就业的发展战略，解决就业总量矛盾和结构性矛盾，促进就业和稳定就业的根本措施；是贯彻落实人才强国战略，加快技能人才队伍建设，建设人力资源强国的重要任务；是加快经济发展方式转变，促进产业结构调整，提高企业自主创新能力和核心竞争力的必然要求；也是推进城乡统筹发展，加快工业化和城镇化进程的有效手段。

（二）明确职业培训工作的指导思想和目标任务。职业培训工作的指导思想是：深入贯彻落实科学发展观，以服务就业和经济发展为宗旨，坚持城乡统筹、就业导向、技能为本、终身培训的原则，建立覆盖对象广泛、培训形式多样、管理运作规范、保障措施健全的职业培训工作新机制，健全面向全体劳动者的职业培训制度，加快培养数以亿计的高素质技能劳动者。

当前和今后一个时期，职业培训工作的主要任务是：适应扩大就业规模、提高就业质量和增强企业竞争力的需要，完善制度、创新机制、加大投入，大规模开展就业技能培训、岗位技能提升培训和创业培训，切实提高职业培训的针对性和有效性，努力实现"培训一人、就业一人"和"就业一人、培训一人"的目标，为促进就业和经济社会发展提供强有力的技能人才支持。"十二五"期间，力争使新进入人力资源市场的劳动者都有机会接受相应的职业培训，使企业技能岗位的职工得到至少一次技能提升培训，使每个有培训愿望的创业者都参加一次创业培训，使高技能人才培训满足产业结构优化升级和企业发展需求。

二、大力开展各种形式的职业培训

（三）健全职业培训制度。适应城乡全体劳动者就业需要和职业生涯发展要求，健全职业培训制度。要统筹利用各类职业培训资源，建立以职业院校、企业和各类职业培训机构为载体的职业培训体系，大力开展就业技能培训、岗位技能提升培训和创业培训，贯通技能劳动者从初级工、中级工、高级工到技师、高级技师的成长通道。

（四）大力开展就业技能培训。要面向城乡各类有就业要求和培训愿望的劳动者开展多种形式就业技能培训。坚持以就业为导向，强化实际操作技能训练和职业素质培养，使他们达到上岗要求或掌握初级以上职业技能，着力提高培训后的就业率。对农村转移就业劳动者和城镇登记失业人员，要重点开展初级技能培训，使其掌握就业的一技之长；对城乡未继续升学的应届初高中毕业生等新成长劳动力，鼓励其参加1~2个学期的劳动预备制培训，提升技能水平和就业能力；对企业新录用的人员，要结合就业岗位的实际要求，通过师傅带徒弟、集中培训等形式开展岗前培训；对退役士兵要积极开展免费职业技能培训；对职业院校学生要强化职业技能和从业素质培养，使他们掌握中级以上职业技能。鼓励高等院校大力开展职业技能和就业能力培训，加强就业创业教育和就业指导服务，促进高校毕业生就业。

（五）切实加强岗位技能提升培训。适应企业产业升级和技术进步的要求，进一步健全企业职工培训制度，充分发挥企业在职业培训工作中的重要作用。鼓励企业通过多种方式广泛开展在岗职工技能提升培训和高技能人才培训。要结合技术进步和产业升级对职工技能水平的要求，通过在岗培训、脱产培训、业务研修、技能竞赛等多种形式，加快提升企业在岗职工的技能水平。鼓励企业通过建立技能大师工作室和技师研修制度、自办培训机构或与职业院校联合办学等方式，结合企业技术创新、技术改造和技术项目引进，大力培养高技能人才。鼓励有条件的企业积极承担社会培训任务，为参加职业培训人员提供实训实习条件。

（六）积极推进创业培训。依托有资质的教育培训机构，针对创业者特点和创业不同阶段的需求，开展多种形式的创业培训。要扩大创业培训范围，鼓励有创业要求和培训愿望、具备一定创业条件的城乡各类劳动者以及处于创业初期的创业者参加创业培训。要通过规范培训标准、提高师资水平、完善培训模式，不断提高创业培训质量；要结合当地产业发展和创业项目，根据不同培训对象特点，重点开展创业意识教育、创业项目指导和企业经营管理培训，通过案例剖析、考察观摩、企业家现身说法等方式，提高受培训者的创业能力。要强化创业培训与小额担保贷款、税费减免等扶持政策及创业咨询、创业孵化等服务手段的衔接，健全政策扶持、创业培训、创业服务相结合的工作体系，提高创业成功率。

三、切实提高职业培训质量

（七）大力推行就业导向的培训模式。根据就业需要和职业技能标准要求，深化职业培训模式改革，大力推行与就业紧密联系的培训模式，增强培训针对性和有效性。在强化职业技能训练的同时，要加强职业道德、法律意识等职业素质的培养，提高劳动者的技能水平和综合职业素养。全面实行校企合作，改革培训课程，创新培训方法，引导职业院校、企业和职业培训机构大力开展订单式培训、定向培训、定岗培训。面向有就业要求和培训愿望城乡劳动者的初级技能培训和岗前培训，应根据就业市场需求和企业岗位实际要求，开展订单式培训或定岗培训；面向城乡未继续升学的应届初高中毕业生等新成长劳动力的劳动预备制培训，应结合产业发展对后备技能人才需求，开展定向培训。

（八）加强职业技能考核评价和竞赛选拔。各地要切实加强职业技能鉴定工作，按统一要求建立健全技能人才培养评价标准，充分发挥职业技能鉴定在职业培训中的引导作用。各级职业技能鉴定机构要按照国家职业技能鉴定有关规定和要求，为劳动者提供及时、方便、快捷的职业技能鉴定服务。完善企业技能人才评价制度，指导企业结合国家职业标准和企业岗位要求，开展企业内职业技能评价工作。在职业院校中积极推行学历证书与职业资格证书

"双证书"制度。充分发挥技能竞赛在技能人才培养中的积极作用，选择技术含量高、通用性广、从业人员多、社会影响大的职业广泛开展多层次的职业技能竞赛，为发现和选拔高技能人才创造条件。

（九）强化职业培训基础能力建设。依托现有各类职业培训机构及培训设施，加大职业培训资源整合力度，加强职业培训体系建设，提高职业培训机构的培训能力。在产业集中度高的区域性中心城市，提升改造一批以高级技能培训为主的职业技能实训基地；在地级城市，提升改造一批以中、高级技能培训为主的职业技能实训基地；在经济较发达的县市，提升改造一批以初、中级技能培训为主的职业技能实训基地，面向社会提供示范性技能训练和鉴定服务。完善职业分类制度，加快国家职业技能标准和鉴定题库的开发与更新，为职业培训和鉴定提供技术支持。加强职业培训师资队伍建设，依托有条件的大中型企业和职业院校，开展师资培训，加快培养既能讲授专业知识又能传授操作技能的教师队伍。实行专兼职教师制度，建立和完善职业培训教师在职培训和到企业实践制度。根据职业培训规律和特点，加强职业培训特别是高技能人才培训的课程体系、培训计划大纲以及培训教材的开发。

（十）切实加强就业服务工作。加强覆盖城乡的公共就业服务体系建设，为各类劳动者提供完善的职业培训政策信息咨询、职业指导和职业介绍等服务，定期公布人力资源市场供求信息，引导各类劳动者根据市场需求，选择适合自身需要的职业培训。基层劳动就业和社会保障公共服务平台要了解、掌握培训需求，收集、发布培训信息，积极动员组织辖区内各类劳动者参加职业培训和职业技能鉴定，及时提供就业信息和就业指导，协助落实相关就业扶持政策，促进其实现就业。

（十一）鼓励社会力量开展职业培训工作。各地要根据国家有关法律法规规定，明确民办职业培训机构的师资、设备、场地等基本条件，鼓励和引导社会力量开展职业培训，在师资培养、技能鉴定、就业信息服务、政府购买培训成果等方面与其他职业培训机构同等对待。同时，要依法加强对各类民办职业培训机构招生、收费、培训等环节的指导与监管，进一步提高民办职业培训机构办学质量，推动民办职业培训健康发展。

（十二）完善政府购买培训成果机制。各地要建立培训项目管理制度，完善政府购买培训成果机制，按照"条件公开、自愿申请、择优认定、社会公示"的原则，制定承担政府补贴培训任务的培训机构的基本条件、认定程序和管理办法，组织专家进行严格评审，对符合条件的向社会公示。要严格执行开班申请、过程检查、结业审核三项制度。鼓励地方探索第三方监督机制，委托有资质的社会中介组织对培训机构的培训质量及资金使用情况进行评估。

四、加大职业培训资金支持力度

（十三）完善职业培训补贴政策。城乡有就业要求和培训愿望的劳动者参加就业技能培训或创业培训，培训合格并通过技能鉴定取得初级以上职业资格证书（未颁布国家职业技能标准的职业应取得专项职业能力证书或培训合格证书），根据其获得职业资格证书或就业情况，按规定给予培训费补贴；企业新录用的符合职业培训补贴条件的劳动者，由企业依托所属培训机构或政府认定培训机构开展岗前培训的，按规定给予企业一定的培训费补贴。对通过初次职业技能鉴定并取得职业资格证书或专项职业能力证书的，按规定给予一次性职业技能鉴定补贴。对城乡未继续升学的应届初高中毕业生参加劳动预备制培训，按规定给予培训费补贴的同时，对其中农村学员和城市家庭经济困难学员给予一定生活费补贴。

（十四）加大职业培训资金投入。各级政府对用于职业培训的各项补贴资金要加大整合力度，具备条件的地区，统一纳入就业专项资金，统筹使用，提高效益。各级财政要加大投入，调整就业专项资金支出结构，逐步提高职业培训支出比重。有条件的地区要安排经费，对职业培训教材开发、师资培训、职业技能竞赛、评选表彰等基础工作给予支持。由失业保险基金支付的各项培训补贴按相关规定执行。

（十五）落实企业职工教育经费。企业要按规定足额提取并合理使用企业职工教育经费，职工教育经费的60％以上应用于一线职工的教育和培训，企业职工在岗技能提升培训和高技能人才培训所需费用从职工教育经费列支。企业应将职工教育经费的提取与使用情况列为厂务公开的内容，定期或不定期进行公开，接受职工代表的质询和全体职工的监督。对自身没有能力开展职工培训，以及未开展高技能人才培训的企业，县级以上地方人民政府可依法对其职工教育经费实行统筹，人力资源社会保障部门会同有关部门统一组织培训服务。

（十六）加强职业培训资金监管。各地人力资源社会保障部门要会同财政部门加强对职业培训补贴资金的管理，明确资金用途、申领拨付程序和监管措施。2012年年底前，各省（区、市）地级以上城市要依托公共就业服务信息系统建立统一的职业培训信息管理平台，对承担培训任务的培训机构进行动态管理，对参训人员实行实名制管理，不断提高地区之间信息共享程度。要根据当地产业发展规划、就业状况以及企业用人需要，合理确定并向社会公布政府补贴培训的职业（工种），每人每年只能享受一次职业培训补贴。要按照同一地区、同一工种补贴标准统一的原则，根据难易程度、时间长短和培训成本，以职业资格培训期限为基础，科学合理地确定培训补贴标准。根据培训对象特点和培训组织形式，在现有补贴培训机构方式的基础上，积极推进直补个人、直补企业等职业培训补贴方式，有条件的地区可以探索发放培训券（卡）的方式。要采取切实措施，对补贴对象审核、资金拨付等重点环节实行公开透明的办法，定期向全社会公开资金使用情况，审计部门依法加强对职业培训补贴资金的审计，防止骗取、挪用、以权谋私等问题的发生，确保资金安全，审计结果依法向社会公告。监察部门对重大违纪违规问题的责任人进行责任追究，涉及违法的移交司法机关处理。

五、加强组织领导

（十七）完善工作机制。地方各级人民政府、各有关部门要进一步提高对职业培训工作重要性的认识，进一步增强责任感和紧迫感，从全局和战略的高度，切实加强职业培训工作。要把职业培训工作作为促进就业工作的一项重要内容，列入重要议事日程，定期研究解决工作中存在的问题。要建立在政府统一领导下，人力资源社会保障部门统筹协调，发展改革、教育、科技、财政、住房城乡建设、农业等部门各司其职、密切配合，工会、共青团、妇联等人民团体广泛参与的工作机制，共同推动职业培训工作健康协调可持续发展。

（十八）科学制定培训规划。各地要根据促进就业和稳定就业的要求，在综合考虑当地劳动者职业培训实际需求、社会培训资源和能力的基础上，制定中长期职业培训规划和年度实施计划，并纳入本地区经济社会和人才发展总体规划。各地人力资源社会保障部门要结合本地区产业结构调整和发展状况、企业用工情况，对劳动力资源供求和培训需求信息等进行统计分析，并定期向社会发布。充分发挥行业主管部门和行业组织在职业培训工作中的作用，做好本行业技能人才需求预测，指导本行业企业完善职工培训制度，落实职业培训政策措施。

（十九）加大宣传表彰力度。进一步完善高技能人才评选表彰制度，并对在职业培训工作中作出突出贡献的机构和个人给予表彰。充分运用新闻媒体，广泛开展主题宣传活动，大力宣传各级党委、政府关于加强职业培训工作的方针政策，宣传技能成才和成功创业的典型事迹，宣传优秀职业院校和职业培训机构在职业培训方面的特色做法和显著成效，营造尊重劳动、崇尚技能、鼓励创造的良好氛围。

国务院

二〇一〇年十月二十日

人力资源和社会保障部职业技能鉴定中心
关于印发职业技能鉴定国家题库安全
保密工作规程（暂行）的通知

人社鉴发〔2010〕2号

各省、自治区、直辖市人力资源社会保障（劳动保障）厅（局）职业技能鉴定（指导）中心，国务院有关部门（行业组织、集团公司）人事劳动保障工作机构职业技能鉴定（指导）中心，新疆生产建设兵团劳动保障局职业技能鉴定指导中心：

　　为进一步加强职业技能鉴定国家题库安全保密工作，规范职业技能鉴定国家题库运行管理，我们研究制定了《职业技能鉴定国家题库安全保密工作规程（暂行）》，现印发给你们，请遵照执行，并结合本地区本部门实际情况制定实施细则。

二〇一〇年七月十三日

职业技能鉴定国家题库安全保密工作规程（暂行）

第一章　总　　则

第一条　为加强职业技能鉴定国家题库安全保密工作，根据《中华人民共和国保守国家秘密法》，以及原劳动和社会保障部《关于印发劳动和社会保障工作中国家秘密及其密级具体范围的规定的通知》（劳社部发〔2000〕4 号）的有关内容，制定本规程。

第二条　职业技能鉴定国家题库是指人力资源和社会保障部组织有关专家依据国家职业技能标准开发、审定的专用于职业技能鉴定的题库总称。

第三条　职业技能鉴定国家题库安全保密工作坚持"严格管理，积极防范，谁主管谁负责"的原则。

第四条　全国职业技能考核鉴定试题和答案属于机密级国家秘密。职业技能鉴定国家题库属于工作秘密。

第二章　安全保密职责

第五条　各级职业技能鉴定国家题库运行管理机构对本级职业技能鉴定国家题库负有安全保密责任，并接受国家保密工作部门和上级主管单位的指导、监督和检查。

第六条　职业技能鉴定国家题库运行管理机构应当履行下列安全保密工作职责：

（一）严格执行国家有关安全保密工作的各项法律和法规、制度；

（二）负责职业技能鉴定国家题库建设、运行中各个工作环节的安全保密管理；

（三）负责对具体承担职业技能鉴定国家题库建设、运行工作的涉密人员进行管理，并定期开展安全保密教育；

（四）及时向上级主管单位报告职业技能鉴定国家题库安全保密工作中的重要情况。

第三章　保密管理

第七条　职业技能鉴定国家题库运行管理机构应当与承担职业技能鉴定国家题库命题、审定、校对、翻译、录入、传递、技术维护等工作的单位及由关人员签订安全保密责任书，并对所有参与涉密工作的人员登记备案。

第八条　职业技能鉴定国家题库运行管理机构应当将安全保密检查作为经常性和制度性的工作，及时发现安全隐患，并采取有效措施防止发生失密、泄密事件。一旦发生失密、泄密事件，有关单位及人员应当及时将有关情况上报主管单位，并积极配合有关部门的调查。

第九条　职业技能鉴定国家题库运行管理机构应当设置专用于存放职业技能鉴定国家题库的场所，并采取必要的安全防护措施，防止职业技能鉴定国家题库毁损、丢失或泄密。

第十条　职业技能鉴定国家题库运行管理机构必须经过上级主管部门批准，方可公开职业技能鉴定国家题库内容；未经过上级部门批准，不得擅自公开职业技能鉴定国家题库内容。

第十一条　职业技能鉴定国家题库的组卷、编辑、排版、录入、演示等操作必须由专人在与网络实行物理断开的专用计算机上进行，并在专用计算机机身显著位置作出涉密标志。严格禁止将涉密计算机接入互联网或局域网，并不得通过无线输入设备（如无线鼠标、无线键盘等）在涉密计算机上进行操作。涉密计算机的维修、报废应交由专门机构进行安全技术处理。

第十二条 职业技能鉴定国家题库的存储、备份必须使用光盘介质，并在光盘介质表面作出涉密标志。严格禁止使用软盘或带有通用串行接口（USB）的移动储存介质（如：移动硬盘、U 盘等）存储、备份职业技能鉴定国家题库。涉密光盘介质的报废应交由专门机构进行安全技术处理。

第十三条 职业技能鉴定国家题库合成的试卷和答案必须通过机要渠道或其他能够确保安全保密的途径进行传递，严格禁止通过互联网或局域网传递。

第十四条 职业技能鉴定国家题库的调阅、组卷、销毁、存档等工作必须实行登记制度。

第十五条 参加过职业技能鉴定国家题库命题、审定、校对、翻译、录入、试考等工作的单位及个人不得组织、参与或授意他人进行涉及职业技能鉴定国家题库内容的培训、鉴定前辅导等活动；未经人力资源和社会保障部职业技能鉴定指导中心准许，不得擅自撰写、印制、发布或出版涉及职业技能鉴定国家题库内容的各种形式的职业培训资料或鉴定辅导资料。

第四章 法律责任

第十六条 对于违反本规程，故意或者过失泄露全国职业技能鉴定试题和答案的个人，将依法追究其刑事责任。对于违反本规程，尚不构成犯罪的单位或个人，应当由有关部门给予相应的处分。

第五章 附 则

第十七条 本规程由人力资源和社会保障部职业技能鉴定中心负责解释。

第十八条 本规程自发布之日起施行。

人力资源和社会保障部职业技能鉴定中心关于印发
《职业技能鉴定考评人员管理工作规程（试行）》的通知

各省、自治区、直辖市人力资源社会保障厅（局）职业技能鉴定指导中心，国务院有关部门（行业组织、集团公司）人事劳动保障工作机构职业技能鉴定（指导）中心，新疆生产建设兵团劳动保障局职业技能鉴定指导中心：

　　为加强职业技能鉴定考评人员队伍建设和管理，规范考评人员培训和资格认证工作，进一步提高职业技能鉴定质量，我们修订完善了《职业技能鉴定考评人员管理工作规程（试行）》。现印发给你们，请遵照执行。

　　附件：职业技能鉴定考评人员管理工作规程（试行）

二〇一〇年九月二十九日

职业技能鉴定考评人员管理工作规程

（试 行）

第一章 总 则

第一条 【目的和依据】 为加强职业技能鉴定考评人员队伍建设和管理，规范职业技能鉴定工作，保证职业技能鉴定质量，根据《劳动法》、《职业技能鉴定规定》等有关规定，制定本规程。

第二条 【定义】 职业技能鉴定考评人员是指取得考评人员资格证卡，在规定的职业（工种）及其资格等级范围内，按照国家职业技能鉴定有关规定，对职业技能鉴定对象的知识、技能水平进行考核和评审的人员。

第三条 【职责范围】 职业技能鉴定考评人员分为考评员和高级考评员。考评员承担初级技能（国家职业资格五级）、中级技能（国家职业资格四级）、高级技能（国家职业资格三级）的考核和评审；高级考评员负责技师（国家职业资格二级）、高级技师（国家职业资格一级）及其他各级别的考核和评审。

第四条 【工作规则】 职业技能鉴定考评人员实行职业资格培训、考核、认证制度，遵照国家有关政策规定，根据国家职业技能标准，客观公正、科学规范的开展鉴定考评工作。

第二章 考评人员的权利义务

第五条 【独立实施考评权】 考评人员应在考评规定的范围内实施考评活动的权利，有权拒绝任何单位和个人更改鉴定结果的非正当要求。

第六条 【独立处置权】 考评人员对考评现场发生的违纪行为，应视情节轻重给予警告或终止考核，考评人员对可能发生人员伤害和设备毁损的行为有采取紧急处置的权力。

第七条 【保护自身合法权益】 各级职业技能鉴定指导中心应维护考评人员的合法权利。考评人员自身权益受到侵害时，应向上级行政主管部门进行申诉。

第八条 【核查考场义务】 考评人员应严格执行考评人员工作守则和考场规则。按照职业标准和相关规定的要求，对考核场地、设备、材料、工具和检测仪器等进行核查和检验。对不符合职业标准或不能满足鉴定要求的，应通知职业技能鉴定所（站）予以调整或更换场地。职业技能鉴定所（站）不予采纳的，考评人员有权拒绝执行考评任务，并在考评报告中予以记录。

第九条 【评分义务】 考评人员应严格按照规定的考核方式、方法和评分标准，完成评分任务，填写考评记录。

考评组长负责考评工作的组织、协调和最终裁决。每次考评工作完成后，在规定的时间内向职业技能鉴定指导中心提交考评报告。

第十条 【回避义务】 考评人员在执行考评任务时，实行回避制度。考评人员与职业技能鉴定对象存在近亲属关系①或其他利害关系②的，考评人员应主动向职业技能鉴定指导中心申请回避或由职业技能鉴定对象及其他人员提出回避申请。

第十一条【接受监督义务】　考评人员执行考评任务，必须佩戴考评人员资格证卡，并接受职业技能鉴定对象、职业技能鉴定质量督导人员、职业技能鉴定所（站）和职业技能鉴定指导中心的监督。

第十二条【业务提升义务】　考评人员应加强考评技术、职业（工种）的理论知识和技能实际操作业务并积极参加考评技术方法的学习和研究。

第十三条【自律义务】　考评人员应加强职业道德修养，廉洁自律、公平公正，自觉维护职业技能鉴定的公正性、严肃性和权威性。

第十四条【接受培训考核义务】　考评人员应参加职业技能鉴定指导中心组织的培训和考核，接受职业技能鉴定指导中心的派遣执行考评任务，不得无故缺席。

第三章　考评人员资格申报

第十五条【申报条件】　申报考评人员资格证后应具备以下条件：

（一）掌握职业技能鉴定理论和相应职业（工种）国家职业标准和鉴定考评的技术方法，熟悉国家职业技能鉴定有关政策法规和规章。

（二）热爱职业技能鉴定工作，具有良好的职业道德和敬业精神，廉洁奉公，办事公道，作风正派。

（三）考评员须具有本职业（专业）或相关职业（专业）③ 高级技能（国家职业资格三级）及以上资格或具有中级及以上专业技术职务任职资格，熟练掌握本职业（工种）理论知识和操作技能。

高级考评员须具有高级技师（国家职业资格一级）资格④或高级专业技术职务任职资格，精熟本职业（工种）理论知识和操作技能，具备本职业（工种）考评员资格并执行考评任务两年以上。

第十六条【地方考评人员申报程序】　申报通用职业（工种）考评人员资格的，由本人提出申请，经所在单位推荐，填写《职业技能鉴定考评人员资格申报表》，并附本人有关资历证明，向所在地职业技能鉴定主管单位（所、站）申报。由省级职业技能鉴定指导中心审核。

第十七条【行业考评人员申报程序】　申报行业特有工种考评人员资格的，由本人提出申请，经所在单位推荐，填写《职业技能鉴定考评人员资格申报表》，并附本人有关资历证明，向相应的行业职业技能鉴定指导中心申报。由行业职业技能鉴定指导中心审核后报人力资源和社会保障部职业技能鉴定中心核准。

---

①　根据最高人民法院《关于贯彻执行〈中华人民共和国民法通则〉若干问题的意见（试行）》第十二条规定：近亲属包括配偶、父母、子女、兄弟姐妹、祖父母、外祖父母、孙子女、外孙子女。

②　包括师生、师徒等可能影响考评人员公平执考的关系。

③　相关职业（专业）范围由职业标准规定。

④　本职业（专业）或相关职业（专业）未设立高级技师（国家职业资格一级）资格的，取得技师（国家职业资格二级）资格即可。

第四章　考评人员的培训考核

第十七条【培训要求】　考评人员的培训和考核工作分职业（工种）进行，由省级和行业职业技能鉴定指导中心，按人力资源和社会保障部统一制定的教学大纲和教材组织实施。

第十八条【培训内容】　考评人员培训考核的内容包括公共知识要求和职业素质两个部分，公共知识要求以国家法律法规、政策、考评人员道德规范、工作守则等为主要内容。专业知识培训以相关的职业标准、新工艺、新技术、新的考试方法为主要内容。

第十九条【考核方式】　考评人员培训结束后，应进行资格考试。考试按公共知识和专业知识两部分分别进行，均实行百分制，两部分成绩均达到 60 分及以上者为合格。

公共知识考试采用开卷笔试方式，专业知识考试采用现场操作、模拟现场、笔试等方式进行。

第二十条【考核试题】　公共知识考试试题应从考评人员试题库中抽取，试题库由人力资源和社会保障部职业技能鉴定中心负责组织开发。专业知识考试试题（卷库），由省级或行业职业技能鉴定指导中心组织有关专家编制开发，报人力资源和社会保障部职业技能鉴定中心审核备案。

第二十一条【考核管理】　省级和行业职业技能鉴定指导中心负责将通过资格考试的考评人员名单，报人力资源和社会保障部职业技能鉴定中心申请核发资格证卡，各鉴定机构应将考评人员个人信息输入考务管理系统。

第二十二条【资格证卡】　考评人员证卡是证明考评人员身份的有效证件，由人力资源和社会保障部统一样式和编码。

人力资源和社会保障部职业技能鉴定中心统一印制《国家职业技能鉴定考评员》和《国家职业技能鉴定高级考评员》证卡。省级和行业职业技能鉴定指导中心按照规定核发考评人员证卡。

第二十三条【任职期限】　考评人员资格有效期为三年，按证卡标注之日期起计算。

第二十四条【资格培训】　已取得考评员资格证卡的人员，在下述情况必须参加业务提升培训：

①相应职业（工种）的核心技术发生变化；

②职业标准进行修订；

③复核合格，重新赋予考评人员资格的。

第二十五条【资格审查】　考评人员资格到期，由原证卡核发机构向人力资源和社会保障部职业技能鉴定中心提出申请，重新办理考评人员证卡。

考评人员资格复核合格者，可免原考评职业（工种）的任职资格培训及任职资格考试。

第五章　考评人员的使用

第二十七条【派遣】　职业技能鉴定指导中心必须从已经签订聘约的考评人员中派遣考评人员，组成考评小组执行考评任务。

考评小组成员每次轮换不得少于三分之一。考评人员不能连续三次在同一职业技能鉴定所（站）或其他承担鉴定考评工作的组织实施机构从事考评。

第二十八条【轮换】　根据工作职责和管理权限，各级职业技能鉴定指导中心采用轮换方式派遣考评人员，组成考评小组，并指定考评组长。考评组长由具有较高评判水平和组织能力，并有丰富经验的考评人员担任。

第二十九条【回避】　未申请回避的考评人员，经查实需要回避的，鉴定中心不能安排其参加相应的考评工作；已经开展考评的，应立即终止并组织其他考评小组成员进行复评。

第六章　考评人员的管理

第三十条【鉴定主管部门管理权限】　人力资源和社会保障部职业技能鉴定中心负责全国职业技能鉴定考评人员的综合管理工作，制定考评人员管理制度和技术标准，开发考评人员资格考核题库，组织示范性考评人员培训考核。

第三十一条【地方鉴定机构管理权限】　省级职业技能鉴定指导中心负责本地区职业技能鉴定考评人员的培训、考核、使用和管理工作，其工作经费纳入本单位项目经费。

第三十二条【行业鉴定机构管理权限】　行业职业技能鉴定指导中心在人力资源和社会保障部职业技能鉴定中心的统筹指导下，负责本行业特有工种职业技能鉴定考评人员的培训、考核、使用和管理工作，其工作经费在职工教育经费中列支。

第三十三条【聘任】　考评人员实行聘任制。职业技能鉴定指导中心应在本行政区域内取得考评人员资格的人员中，聘用考评员或高级考评员，聘期为一到三年。职业技能鉴定指导中心应与聘用的考评人员签订聘约，明确双方的职责、权利、义务和聘用期限等。聘任期满，聘用单位可以根据需要续聘和解聘。

考评人员不能继续承担考评工作任务或职业技能鉴定指导中心因工作调整不再组织相应职业鉴定的，双方可协商提前解除聘约。

考评人员缺席业务提升培训或年度考核不合格，聘用单位有权解除聘约，并报省或行业鉴定中心取消考评人员资格，收回考评人员证卡。

第三十四条【年度考核】　职业技能鉴定指导中心对聘用的考评人员实施年度考核制度，考核等级分为优秀，良好和不合格。对考核优秀的考评人员给予表彰奖励，对考核不合格的人员，应解除聘约，并报经省中心取消考评人员资格，收回考评人员证卡。

第三十五条【津贴补助】　考评人员实施考评时可给予津贴补助。具体补助标准由省级和行业职业技能鉴定指导中心确定和核发。

第三十六条【档案管理】　省级和行业职业技能鉴定指导中心对考评人员实行资格管理，负责建立和维护考评人员数据库。考评人员数据库信息包括：考评人员基本信息、培训和考核情况记录、执行考评活动和反馈结果记录、诚信记录等。

第三十七条【实施细则】　各省、自治区、直辖市（人力资源社会保障部门）和国务院有关部门（行业组织、集团公司）劳动保障工作机构可根据本规程制定实施细则。

附件：1. 职业技能鉴定考评人员工作守则
　　　2. 职业技能鉴定考评人员资格申报审核表
　　　3. 职业技能鉴定考评人员年度考核记录表
　　　4. 聘约文本（范本）
　　　5. 职业技能鉴定考评人员评价表

附件1

职业技能鉴定考评人员工作守则

第一条 努力学习职业技能鉴定有关法律、法规和政策，刻苦钻研鉴定理论和考评技术，不断提高政策水平和考评业务水平。

第二条 在核准的职业、等级和类别范围内，对职业技能鉴定对象进行考核和评审，不得超范围考评。

第三条 独立完成考评任务，认真履行考评职责，严格执行鉴定规程和考场规则。

第四条 考评人员在执行考评任务时应佩戴考评人员证卡，严肃考风考纪。

第五条 严格按照评分标准及要求评定成绩。

第六条 保持高度的职业道德水平修养，忠于职守，公道正派，清正廉洁，坚决抵制要求改变正常考评结果的不正当要求，自觉执行回避制度。

第七条 严格遵守职业技能鉴定工作的各项保密规定。

第八条 自觉接受业务主管部门的监督检查，接受质量督导人员和考评对象的监督。

附件2

职业技能鉴定考评人员资格申报审核表

姓　名		性别		出生年月		
身份证号				文化程度		
毕业院校				所学专业		贴照片处
工作单位				移动电话		
单位/家庭地址邮编				办公电话		
				住宅电话		
从事职业		职业年限		职业资格/专业职称		
申请职业		申请级别				
从事本职业（工种）工作简历						
任职资格培训记录				任职资格考核记录		
资格申报与审核	所在单位推荐意见		审查机构意见		审核机构意见	
	公　章 年　月　日		公　章 年　月　日		公　章 年　月　日	
考评人员证书编号				有效期	年　月至　年　月	

注：本表一式四份，考评人员及其所在单位、负责审查和审核的职业技能鉴定指导中心各留存一份。

附件3

职业技能鉴定考评人员年度考核记录表（_____年度）

姓　名		考评人员证卡编号	
考评职业		考评人员资格等级	
考生来源		本年度考评人数	

序号	评价指标	考生评价	质量督导人员评价	职业技能鉴定指导中心评价
1	独立完成考评任务，履行考评职责			
2	执行职业技能鉴定规程和考场规则			
3	佩戴考评人员证卡，考场作风严谨			
4	严格执行评分标准，评分准确			
5	公道正派，清正廉洁			
6	自觉执行回避制度			
7	遵守保密规定			
8	政策水平和专业水平符合职业技能鉴定工作要求			
9	具有较高的职业道德水准和良好的服务意识			
10	自觉接受有关部门和人员的监督			

职业技能鉴定中心综合评价意见：

考评人员签字：

注：1. 综合评价意见由职业技能鉴定中心汇总各方反馈意见填写，填写内容包括：优秀、合格、不合格。

　　2. 本表由考评人员签字确认后，由职业技能鉴定指导中心保存。

附件 4

聘约文本（范本）

甲方：×××职业技能鉴定（指导）中心
乙方：（姓名、身份证件号码、考评人员证卡编号）

根据职业技能鉴定有关工作规则，甲乙双方本着平等自愿的原则，经协商同意，签订本协议。

一、协议内容

甲方聘任乙方为×××职业（工种）考评员/高级考评员。

二、协议有效期

从××××年××月××日——××××年××月××日。

三、甲方权利和义务

（一）对乙方开展考评工作提供指导，进行监督。
（二）根据职业技能鉴定工作需要，派遣乙方执行考评任务，并有权决定乙方的轮换和回避。
（三）为乙方开展考评工作提供必要的条件。
（四）对乙方进行必要的培训，保证其具备相应的政策水平和专业水平。
（五）对乙方进行年度考核，并在聘任期满进行综合评价。
（六）根据乙方的工作量，支付相应的津贴。
（七）保障乙方的合法权益。

四、乙方权利义务

（一）乙方的合法权益受甲方保护。
（二）在甲方约定的职业、等级范围内独立实施考评，根据评分标准评定成绩，有权拒绝包括甲方在内的机构和人员关于更改正常考评结果的不正当要求。
（三）遵守考评人员工作规则、鉴定程序和考场规则，维护考场纪律和考评工作秩序，对违纪人员，有权按照有关规定或报请甲方同意后，给予警告、终止考核和宣布成绩无效等处理。
（四）参加职业技能鉴定政策理论和业务提升学习培训。
（五）对提供的考评工作取得相应的津贴报酬。
（六）对甲方的工作提出批评、意见和合理化建议。
（七）接受甲方的工作指导、考核和监督。

五、乙方待遇

甲方按照　　标准，支付乙方考务津贴。

六、协议的中止、续订和解除

（一）在协议有效期内，因客观情况发生变化，无法履行本合同规定的内容，经双方协商一致，可以中止合同。

（二）有效期满，本协议自动终止。双方经协商同意续签合同的，应重新办理聘任手续。

（三）乙方有下列情况之一的，甲方可以解除合同：

1. 连续三次不能完成交办的考评任务；

2. 不遵守考评人员工作守则，存在严重失职、徇私舞弊行为的；

3. 年度考核不合格；

4. 其他违反考评人员相关管理规定的行为。

七、其他

（一）本合同未尽事宜，国家有相应规定的，按有关规定执行；没有规定的，甲乙双方可以协商约定和补充。

（二）国家和甲方关于职业技能鉴定和考评人员管理的各项规章制度，都应视为合同的组成部分。

（三）本合同一经签订，不得涂改，否则视为无效。

（四）因履行本合同发生争议的，可向甲方主管部门申请调解。

（五）本合同一式两份，甲乙双方各持一份。

甲方：   乙方：

（盖章）   （签字）

附件 5

职业技能鉴定考评人员评价表

序号	评价要点	评价尺度				评价分数
		优	良	中	差	
1	加强考评技术方法的业务学习	6	5	4	3	
2	熟悉国家职业技能鉴定的政策法规和规章	6	5	4	3	
3	独立完成考评任务，履行考评职责	6	5	4	3	
4	执行职业技能鉴定规程和考场规则	6	5	4	3	
5	考前对考核现场、设备、材料、工具和检测仪器进行核查	6	5	4	3	
6	考评中发生人员伤害和设备损毁能采取紧急处置措施	6	5	4	3	
7	佩戴考评人员证卡，考场作风严谨	6	5	4	3	
8	严格执行评分标准，评分客观、准确	7	6	5	4	
9	严格按照规定的考核方式、方法和评分标准	7	6	5	4	
10	忠于职守，公道正派，清正廉洁	6	5	4	3	
11	自觉执行回避制度	7	6	5	4	
12	自觉执行轮换制度	6	5	4	3	
13	自觉遵守保密规定	7	6	5	4	
14	政策水平和专业水平符合职业技能鉴定工作要求	6	5	4	3	
15	具有良好的职业道德水准和敬业精神	6	5	4	3	
16	自觉接受有关部门和人员的监督	6	5	4	3	
合　计						

优秀：85 分及以上；良：84～69 分；中：68～53 分；差：52 分及以下。

人力资源和社会保障部办公厅文件

人社厅函〔2011〕33 号

人力资源和社会保障部办公厅关于开展职业技能鉴定所（站）质量管理评估工作的通知

各省、自治区、直辖市人力资源社会保障厅（局），新疆生产建设兵团劳动保障局，国务院有关部门（行业组织、集团公司）人事劳动保障工作机构，军队士兵职业技能鉴定工作办公室：为提升职业技能鉴定所（站）管理服务水平，规范职业技能鉴定行为，构建职业技能鉴定质量管理长效机制，经研究，我部决定在全国范围内开展职业技能鉴定所（站）质量管理评估工作。现将有关事项通知如下：

一、政策依据

职业技能鉴定所（站）质量管理评估工作以《国务院办公厅关于清理规范各类职业资格相关活动的通知》（国办发〔2007〕73 号）、《职业技能鉴定规定》（劳部发〔1993〕134 号）、《职业技能鉴定机构质量管理体系标准》（劳社厅函〔2005〕132 号）及职业技能鉴定工作相关文件为依据。

二、主要内容

职业技能鉴定所（站）质量管理评估工作包括职业技能鉴定所（站）质量管理评估（简称合格评估）和示范职业技能鉴定所（站）质量管理评估（简称示范评估）。

（一）合格评估工作使用《职业技能鉴定所（站）质量管理评估表（试行）》（简称合格评估表，附件2），评估的重点是职业技能鉴定所（站）设置的基本要求和实施鉴定工作的基本情况，主要指标有：岗位设置和规章制度、档案资料管理、鉴定实施要求、质量监督反馈等。

（二）示范评估工作使用《示范职业技能鉴定所（站）质量管理评估表（试行）》（简称示范评估表，附件3），评估的重点是职业技能鉴定所（站）开展质量管理体系建设和构建质量管理长效机制的情况，主要指标有：履行职责、质量管理体系建设、加强质量建设的工作措施等。通过我部组织的职业技能鉴定机构质量管理体系认证的鉴定所（站）可直接参加示范评估。

三、工作步骤

职业技能鉴定所（站）质量管理评估工作可结合各地区、各行业部门年度质量检查工作进行。

（一）自查自评阶段（2011年1月～2011年3月）

各地区、各行业要根据本通知要求，结合工作实际，制定《职业技能鉴定所（站）质量管理合格评估工作实施方案》，并组织本地区、本行业的职业技能鉴定所（站）开展自查自评工作。

（二）合格评估阶段（2011 年 4 月）

各地区、各行业在职业技能鉴定所（站）自查自评工作的基础上，组织开展本地区、本行业的职业技能鉴定所（站）合格评估工作。出现否决项或评估得分低于 60 分的职业技能鉴定所（站），评估结果为不合格；评估得分在 60 分及以上的职业技能鉴定所（站），评估结果为合格，其中评估得分在 80 分及以上的职业技能鉴定所（站），可申请参加示范评估。

（三）示范评估阶段（2011 年 6 月～2011 年 7 月）

我部示范评估工作组（由职业技能鉴定行政管理人员、质量管理体系审核人员、质量督导人员、高级考评员等组成）根据示范评估标准，对各地区、各行业申请示范评估的职业技能鉴定所（站）进行评估。根据评估结果评选示范职业技能鉴定所（站）。

四、工作要求

（一）职业技能鉴定所（站）质量管理评估工作由职业技能鉴定行政管理部门负责组织实施，职业技能鉴定中心负责技术指导和工作协调。

（二）职业技能鉴定所（站）质量管理评估工作是职业技能鉴定质量管理的重要内容。各地区、各行业要高度重视职业技能鉴定所（站）质量管理评估工作，严格遵守有关规定和要求，以有效的文件资料、统计报表、业务原始记录为依据，实事求是地开展评估工作。

（三）合格评估工作结束后，请各地区、各行业于 2011 年 5 月 15 目前将本地区、本行业的合格评估工作总结、申请示范评估的职业技能鉴定所（站）名单及其合格评估表和情况说明、对合格评估表和示范评估表的修改意见建议、不合格鉴定所（站）名单等材料上报我部。

（四）各地区、各行业要认真分析总结所属职业技能鉴定所（站）质量管理工作中出现的问题和不足，提出改进措施。对评估结果不合格的职业技能鉴定所（站），要求其限期整改；整改不力的，由该职业技能鉴定所（站）的审批部门撤销其鉴定资质。

附件：1. 职业技能鉴定所（站）质量管理评估工作的说明
　　　2. 职业技能鉴定所（站）质量管理评估表（试行）
　　　3. 示范职业技能鉴定所（站）质量管理评估表（试行）

人力资源和社会保障部办公厅

二〇一一年一月十四日

附件1

职业技能鉴定所（站）质量管理评估工作的说明

各地区、各行业在开展职业技能鉴定所（站）合格评估工作时，若所属职业技能鉴定所（站）存在以下情况之一的，可将其直接列为不合格：（一）不鉴定发证；（二）伪造证书信息；（三）超范围鉴定；（四）无标准鉴定；（五）因管理不善等原因造成试题泄露或其他重大责任事故等；（六）管理岗位的人员、技术岗位的人员缺失严重；（七）鉴定设施设备不能正常使用；（八）多次出现违规或工作失误，且整改不力。

若所属职业技能鉴定所（站）无上述情况之一的，再行对照《职业技能鉴定所（站）质量管理评估表（试行）》开展合格评估工作。

附件 2

职业技能鉴定所（站）质量管理评估表（试行）

表 1-1

评 估 内 容			评估分值	评估方法和标准	评估结果
大项	中项	小 项			
1. 岗位设置情况 11 分	1.1 领 导岗位情况	所（站）长岗位职责明确	2	查阅文件或任命书（或聘书），现场提问其岗位工作职责。 职责明确且未发现问题得 2分，发现问题不得分。	
	1.2 综 合管理岗位情况	综合管理岗位职责明确	2	查阅单位文件或任命书（或聘书），以及相关规定，现场提问其岗位工作职责。 职责明确且未发现问题得 2分，发现问题不得分。	
	1.3 考 务管理岗位情况	考务管理岗位职责明确	3	查阅单位文件或任命书（或聘书），以及相关规定，现场提问其岗位工作职责。 职责明确且未发现问题得 2分，发现问题不得分。	
	1.4 试 题管理岗位	试题管理岗位职责明确	2	查阅单位文件或任命书（或聘书），以及相关规定，现场提问其岗位工作职责。 职责明确且未发现问题得 2分，发现问题不得分。	
	1.5 技 术支持和财务管理岗位情况	鉴定职业的技术支持人员满足所（站）相关工作需要	1	查阅人员所持技术、技能类证书。 发现问题不得分。	
		计算机和网络技术支持人员满足所（站）相关工作需要	1		
		财务人员应满足所（站）相关工作需要	1	查阅人员所持能力证明（财务证书等）。 发现问题不得分。	

职业技能鉴定所（站）质量管理评估表（试行）

表 1 - 2

评 估 内 容			评估分值	评估内容	评估结果
大项	中项	小 项			
2. 规章制度情况 14 分	2.1 工作场所相关制度/办法的情况	职业技能鉴定考场规则	1	查阅文件（是否符合国家、地方/行业规定），现场提问，发现问题不得分。	
		职业技能鉴定设备设施管理制度	1		
		职业技能鉴定所（站）鉴定服务工作规程（办法）	1		
		鉴定工作收费标准和管理办法	1	查阅文件并对照国家、地方、行业有关规定，发现问题不得分。	
		职业技能鉴定档案资料保管制度	1	查阅是否有此项制度规定，询问落实情况。发现问题不得分。	
		职业技能鉴定试卷\试题保密规定	1		
		职业技能鉴定质量控制有关规定	1	查阅文件。询问负责人员，发现问题不得分。	
		职业技能鉴定设备安全操作规程	1	查阅文件，现场提问，发现问题不得分。	
		职业技能鉴定工作安全保卫制度	1		
		职业技能鉴定工作场所重大问题或突发严重事件的应急处理预案	1	查阅相关材料，询问负责人员，没有预案或发现问题不得分。	
	2.2 人员管理制度办法情况	职业技能鉴定考评人员管理制度	1	查阅文件（是否符合国家、地方/行业规定），抽查有关人员理解掌握的程度，发现问题不得分。	
		职业技能鉴定监考人员管理制度	1		
		职业技能鉴定考务工作人员管理制度	1		
		职业技能鉴定考生守则	1	查阅文件，证明是否采取有效措施向考生明示，发现问题不得分。	

职业技能鉴定所（站）质量管理评估表（试行）

表 1-3

评 估 内 容			评估分值	评估方法和标准	评估结果
大项	中项	小 项			
3. 档案资料管理 14 分	3.1 申报和结果汇总情况	所有批次的职业技能鉴定申报表和鉴定结果汇总表应保存完整	2	查看表格（重点是保管制度落实情况），发现问题不得分。	
	3.2 证书核发	所有批次的职业技能鉴定证书核发表应保存完整	2	查看证书核发表，发现（不完整等）问题不得分。	
	3.3 理论试卷	至少一年内所有批次职业技能鉴定理论试卷要备案保存	2	查看试卷，发现问题不得分。	
	3.4 技能鉴定结果	至少一年内所有批次职业技能鉴定实操鉴定结果要备案保存	2	现场查看记录、资料和考件，发现问题不得分。	
	3.5 鉴定过程记录	职业技能鉴定实施计划安排的表格记录应备案保存	1	查看表单记录，发现问题不得分。	
		职业技能鉴定理论考场安排表格记录应备案保存	1	查看表单记录，发现问题不得分。	
		职业技能鉴定实际操作考场安排表格记录应备案保存	1	查看表单记录，发现问题不得分。	
		职业技能鉴定监考记录和考评记录应备案保存	1	查看监考人员、考评人员的原始记录，发现问题不得分。	
	3.6 质量督导	至少一年内所有批次的职业技能鉴定的质量督导相关资料和信息应备案保存	2	查看巡考人员、质量督导员的原始记录，发现问题不得分。	
4. 设备设施 5 分	4.1 基本要求	设备设施符合所鉴定职业的标准要求且数量充足、运行状况良好	3	现场查看。发现 1 个问题扣 1 分；两个问题扣 2 分；3 个问题以上不得分。	
	4.2 维护更新	维护更新工作满足鉴定需要，与《设备管理制度》一致，台账规范清晰	2	查看台账。定期实施维护、台账规范清晰得 2 分；台账不清、不规范不得分。	

职业技能鉴定所（站）质量管理评估表（试行）

表 1－4

评 估 内 容			评估分值	评估方法和标准	评估结果
大项	中项	小 项			
5. 考核鉴定场地要求 5分	5.1 规范要求	考核鉴定场地环境安全、肃静、整洁，照明、通风等服务设施运行情况良好	2	现场查看。符合要求得2分；发现两个以内一般性问题的得1分；问题超过3个或问题严重的不得分。	
	5.2 相关场地要求	根据工作实际，要设立满足需要的候考室、抽考室等相关场地	2	现场查看。相关场地齐备得2分；有部分相关场地得1分；没有的不得分。	
	5.3 引导标识	考核鉴定场地应有引导标识且清晰合理	1	现场查看。有引导标识且清晰合理的得1分；发现问题不得分。	
6. 鉴定实施要求32分	6.1 鉴定公告	鉴定公告发布及时、表述清晰且须经过上级部门批准	3	查看文件。没有问题的得3分；发布不及时或表述不清晰的扣1～2分；发现未被批准的不得分。	
	6.2 考生资格的审核	鉴定申报表与考生登记表及原始资料记录应一致	3	抽查申报表、考生登记表和原始资料记录。发现不一致的问题不得分。	
		考生资格应符合报考职业标准的相应要求	3	抽查原始资料。发现问题不得分。	

职业技能鉴定所（站）质量管理评估表（试行）

表 1-5

评估内容			评估分值	评估方法和标准	评估结果
大项	中项	小项			
6. 鉴定实施要求 32 分	6.2 考生资格的审核	考生登记表应完整地反映其基本信息，其中：工作简历、职业培训背景、以往获取职业资格证书情况等需要有原始资料证据	2	抽查考生登记表和原始资料证据。发现问题不得分。	
		考生登记表原则上不能改动，特殊情况下确需改动的，应有确认章	2	抽查考生登记表和原始资料证据。发现问题不得分。	
	6.3 试卷管理	鉴定试卷申请表的填写应规范、完整	1	抽查申请表单。发现问题不得分。	
		没有国家题库的职业（工种），其鉴定试卷应经过有关管理部门审批并有专门的标识	3	抽查有关职业（工种）试卷。发现问题不得分。	
		鉴定试卷的保管应符合有关的保密要求	2	现场检查保管记录。发现问题不得分。	
		鉴定试卷应有符合规定的交接记录	1	查阅交接记录单。发现问题不得分。	
		作废试卷的销毁应有符合规定的记录	1	查阅记录单。发现问题不得分。	
		鉴定试卷的运送、传输应符合有关的保密规定	1	查阅记录单。发现问题不得分。	
	6.4 考评人员	考评员应在聘任期内承担鉴定职业的考评工作	2	查阅记录和档案。发现问题不得分。	
		鉴定工作中应按照有关规定组成考评小组并采取轮换制	2	抽查相应的记录。发现问题不得分。	
		考评人员的选派须符合回避制度	2	抽查相应的记录。发现问题不得分。	
		应有考评人员工作表现的反馈单表，并按规定及时送到其派出部门	1	抽查反馈单表。没有的不得分。	
	6.5 阅卷评分	阅卷评分的差错率控制情况	1	抽查试卷。差错率低于3%的得1分；高于3%的不得分。	
		试卷初评、核分、审校及分数加总等环节应有签字确认	1	抽查试卷。发现问题不得分。	

职业技能鉴定所（站）质量管理评估表（试行）

表 1 - 6

评 估 内 容			评估分值	评估方法和标准	评估结果
大项	中项	小 项			
6. 鉴定实施要求 32 分	6.6 督导反馈	应有对质量督导员的工作反馈表单，且能按规定及时地反馈到其派出部门	1	抽查反馈表单。没有反馈的不得分。	
7. 证书发放要求 2 分	7.1 信息上报工作	经鉴定合格的考生信息应及时上报证书管理部门，上报的信息应准确无误	2	抽查有关资料。发现问题不得分。	
8. 能力建设情况 7 分	8.1 队伍建设	定期组织所（站）管理人员、考务人员及有关工作人员的培训工作	2	查阅有关培训记录。没有的不得分。	
		根据承担的鉴定职业需要，组建专家队伍	2	查阅有关资料。没有的不得分。	
	8.2 信息化建设	所（站）应具备包括计算机、打印机、传真机等设备的办公自动化条件	2	现场检查。办公自动化条件较差的不得分。	
		所（站）应采用信息网络工具开展鉴定业务工作	1	现场检查。没有使用的不得分。	
9. 质量监督反馈 10 分	9.1 责任书	所（站）应主动与上级部门签订质量管理责任书	3	查阅责任书。没有的不得分。	
		责任书应有落实方案，并应有专人负责	5	查阅方案、现场提问。落实情况好的得 5 分；有方案但落实不力的得 2 分；无方案的不得分。	
	9.2 投诉咨询电话	所（站）应设立和公布专门的投诉咨询电话，并运行良好、反馈及时	2	现场检查。没有的或运行不好的不得分。	

附件3:

示范职业技能鉴定所（站）质量管理评估表（试行）

表 2 - 1

评 估 内 容			评估分值	评估方法和标准	评估结果
大项	中项	小 项			
1. 岗位职责和能力要求 15分	1.1 所（站）长	组织制定本所（站）的各项规章制度和质量管理的措施办法	1	现场提问、查阅工作记录。50%以上的提问不能回答的、没有工作记录的不得分。	
		从人、财、物和工作措施等方面确保制度执行、工作运行、质量管理等必需的资源条件	1	现场提问、查阅措施文件。50%以上的提问不能回答的、没有措施文件的不得分。	
		定期组织全体人员学习国家和所属地方或行业的政策文件，提高管理、服务水平和质量意识	1	查阅工作记录。没有的不得分。	
	1.2 副所（站）长	定期向所长报告所（站）管理和服务业绩情况，并提出改进意见	1	查阅工作记录。没有的不得分。	
		在职责范围内，定期组织管理、服务和质量方面的专项学习、技术培训和会议，以提高工作人员能力水平，增强鉴定服务质量	1	查阅工作记录。没有的不得分。	
		负责本职范围内工作运行的管理、审核和监督检查	1	查阅工作记录和现场提问。没有的不得分。	
	1.3 综合管理责任人员	负责综合性、协调性、联络性等有关工作的具体组织落实	1	查阅工作记录。没有的不得分。	
		组织编制所（站）有关管理文件办法，组织设计鉴定过程质量的检查程序方案和表格记录并按照领导要求组织验证	1	查阅工作记录。没有的不得分。	
		按照领导要求落实本所（站）人员能力建设工作，例如起草有关报告、组织培训等	1	查阅工作记录和资料。没有的不得分。	
	1.4 考务管理责任人员	负责鉴定考务管理和组织实施工作；负责编制考核鉴定管理、考评人员管理等相关管理办法	1	查阅工作记录和资料。没有的不得分。	
		负责考核鉴定场所的验收，考评人员的使用和管理；确保考核鉴定过程符合国家有关规定	1	查阅工作记录。没有的不得分。	
		定期向领导报告鉴定工作运行、质量控制情况，并提出改进建议	1	查阅工作记录。没有的不得分。	

示范职业技能鉴定所（站）质量管理评估表（试行）

表 2 - 2

评 估 内 容			评估分值	评估方法和标准	评估结果
大项	中项	小 项			
1. 岗位职责和能力要求 15 分	1.5 设施设备管理责任人员	根据鉴定要求提出所需设施、设备、工具以及监视、测量装置等的配备意见，并负责编制设施、设备等管理维护文件和安全使用办法	1	查阅工作记录和有关资料。没有或缺失的不得分。	
		确保上述设备设施正常使用并定期组织实施安全维护工作	1	现场检查并查阅工作记录。发现问题的不得分。	
		定期向领导报告设备设施、工具以及监视、测量装置等的使用、维护和安全情况，并提出改进建议	1	查阅工作记录和有关资料。没有或缺失的不得分。	
2. 管理体系建设基础 30 分	2.1 体系文件	质量管理手册：依据《体系标准》并结合自身实际编制，必须包括组织结构和职能、质量方针、质量目标等	3	查阅文件和表格记录。完整清晰的得 3 分；发现 1 个缺失问题的扣 1 分；发现 2 个缺失问题的扣 2 分；缺失问题 3 个以上的不得分。	
		鉴定服务工作流程（程序）文件：流程控制与记录程序、管理评审程序、内部审核程序、未达标服务项控制程序、纠正措施及预防措施控制程序、持续改进控制程序等	6	查阅文件和表格记录。完整清晰的得 6 分；发现 1 个缺失问题的扣 1 分；发现 2 个缺失问题的扣 2 分；以此类推，缺失问题 6 个以上的不得分。	
		鉴定服务的指导类文件：岗位职责要求、工作规程、制度规定等	3	查阅文件和表格记录。完整清晰的得 3 分；发现 1 个缺失问题的扣 1 分；发现 2 个缺失问题的扣 2 分；缺失问题 3 个以上的不得分。	
		鉴定服务的表格和记录：根据所（站）服务工作实际，与 2、3 项质量管理内容要求相结合	7	查阅文件和表格记录。完整清晰的得 7 分；视缺失问题情况扣分，直至不得分。	

示范职业技能鉴定所（站）质量管理评估表（试行）

表 2 - 3

评 估 内 容			评估分值	评估方法和标准	评估结果
大项	中项	小 项			
2. 管理体系建设基础 30分	2.2 文件管理	体系文件发布前应得到所（站）长的批准	4	现场检查. 证明体系文件管理完全符合以上要求给4分，每不符合一项扣1分，直至不得分。	
		体系文件内容清晰，容易查阅			
		体系文件的更改或修订应有明确的规定要求			
		留存的作废文件应进行明确的标识			
	2.3 表格和记录	表格和记录的标识方法、贮存条件、保存期限等有明确的规定	1	现场查看. 有规定且符合要求的得1分，发现问题不得分。	
		鉴定服务相关的表格和记录保持完整清晰、易于识别和检索	2	抽查表格和记录，符合要求的得2分，内容不清晰或放置混乱的不得分。	
	2.4 重要资料的保存	鉴定申报表和鉴定结果汇总表要永久保存	1	查阅表格和记录. 符合要求的得1分，发现问题不得分。	
		职业技能鉴定证书核发表及有关记录应永久保存	1		
		考核鉴定结果要保存三年以上	1	抽查试卷和鉴定结果. 符合要求得1分，发现问题不得分。	
		考评员、质量督导员填写的有关资料和信息要保存三年以上	1	查阅有关资料. 符合要求的得1分，发现问题不得分。	
3. 场地和设备设施 15分	3.1 办公场地和设备设施	所（站）的办公场所应环境适宜，除文件档案、试卷保密、信息网络、安全保卫等场所外，人均实际办公面积应达到8平方米以上	2	现场检查. 达到8平方米的得2分，4~6平方米得1分，低于4平方米或环境较差的不得分。	
		所（站）的鉴定业务管理和工作人员均有与相应的办公设施和设备且运行良好；还应具备信息网络化办公条件	2	现场检查. 符合要求的得2分，仅无网络化办公的得1分，出现其他问题不得分。	
		办公场地的安全设备完整	2	现场检查. 发现问题的不得分。	

示范职业技能鉴定所（站）质量管理评估表（试行）

表 2 - 4

评估内容			评估分值	评估方法和标准	评估结果
大项	中项	小项			
3. 场地和设备设施 15分	3.2 考核鉴定场所和设备设施	所（站）组织理论考试的考场应为标准考场（30人），单人单桌单行排列，四方向间距大于80厘米，且具备全方位、多角度的自动监控录像设备和图像存储设备	2	对所（站）所属或长期协议的考场进行现场检查。发现问题的不得分。	
		所（站）组织实操鉴定的考场应具备与鉴定工作相适应的设施和设备、监视和测量装置、工具等，且运行状态良好	3	现场检查。根据发现问题情况，评分档次为3分、2分、1分和不得分。	
		理论知识考场的安全设备完整	2	现场检查。发现问题不得分。	
		实操鉴定考场的安全设备完整，且完全符合国家环保、消防和安全等的规定要求	2	现场检查。发现问题不得分。	
4. 队伍建设 10分	4.1 管理人员培训	所（站）应根据自身的服务水平提升需要，组织开展管理岗位人员的培训	5	查阅资料。开展此项工作的得5分；未开展培训的不得分。	
	4.2 技术人员培训	所（站）应根据自身的服务水平提升需要，组织开展技术岗位人员的培训	5	查阅资料。开展此项工作的得5分；未开展培训的不得分。	
5. 持续改进工作措施 25分	5.1 统计分析工作	所（站）应制订鉴定服务重要工作环节和问题等的统计分析工作制度（如：考生情况、试卷分析、质量投诉咨询等）并定期实施	2	查阅资料。开展工作准确、及时得2分，执行不力得1分，有制度未执行或无制度的不得分。	
	5.2 内部审核	所（站）应制订定期开展内部审核工作的计划	1	查阅有关资料。有计划的得1分；无计划的不得分。	
		建立培养有内部审核知识和能力人员的机制和具体工作方案	1	查阅有关资料。有培训计划、落实培训工作得1分；没有开展培训不得分。	
		按照内部审核计划、标准要求实施审核	1	查阅有关资料。按照计划实施的得1分；未实施不得分。	
		审核工作记录保存完整	1	查阅有关记录。保存完整的得1分；有记录但不完整不得分。	

示范职业技能鉴定所（站）质量管理评估表（试行）

表 2-5

评 估 内 容			评估分值	评估方法和标准	评估结果
大项	中项	小 项			
5. 持续改进工作措施 25分	5.3 管理评审	所（站）应制订管理评审计划，并按要求由所（站）长主持评审工作	2	查看有关资料。计划和落实各得1分。	
		评审前资料准备		对管理评审会前应准备的资料进行查阅。1～6项内容中发现问题，则该项不得分。	
		内部审核的结果（包括质量管理体系自我审核的结果；鉴定质量审核，如质量督导、年检等结果）	2		
		考生、用人单位的意见（满意度调查结果）	2		
		实际鉴定过程与规定的符合程度（对过程监控的结果）	2		
		纠正和预防措施的状况（包括对内部审核和日常发现的未达标项采取的纠正和预防措施的实施结果）	2		
		过去的管理评审跟踪措施的实施结果	1		
		改进质量管理体系的建议	2		
		评审结果应包括		对管理评审会后结果进行审核。1～3项内容中发现缺失情况，则该项不得分。	
		对所（站）质量管理体系的改进（包括任何决定和措施）	2		
		与考生、用人单位的要求有关的鉴定服务的改进（包括任何决定和措施）	2		
		评审后新提出的工作资源需求（包括人员、经费、设备设施等）	2		
6. 诚信建设 5分	6.1 服务反馈	建立所（站）全体工作人员服务情况/服务态度的反馈制度，确保服务工作质量不断提高	2	查阅资料。建立反馈制度的得2分；未建立的不得分。	
	6.2 诚信档案	建立所（站）全体工作人员的诚信档案	3	查阅资料。全部人员建立诚信档案的得3分；60%以上人员建立的得2分；30%～60%人员建立的得1分；低于30%的不得分。	

人力资源和社会保障部办公厅关于做好"十二五"期间职业技能鉴定工作的意见

人社厅函〔2012〕181号

各省、自治区、直辖市及新疆生产建设兵团人力资源社会保障厅（局），国务院有关部门（行业组织、集团公司）人事劳动保障工作机构：

为贯彻落实《国务院关于加强职业培训促进就业的意见》（国发〔2010〕36号）和《高技能人才队伍建设中长期规划（2010—2020年）》，提高劳动者技能水平，加快技能人才队伍建设，现就做好"十二五"期间职业技能鉴定工作提出如下意见。

一、进一步认识做好职业技能鉴定工作的重要意义

（一）做好职业技能鉴定工作是促进就业和经济发展的重要举措。职业技能鉴定工作是职业能力建设工作的重要组成部分，是技能人才队伍建设的重要环节，对职业教育培训起着重要的推动和促进作用。鉴定引导培训，培训提升素质，素质决定就业质量。加强职业技能鉴定，健全技能人才评价体系，推动职业资格证书制度发展，是贯彻落实人才强国战略，加快技能人才队伍建设，建设人力资源强国的重要任务；是实施就业优先战略，促进技能劳动者就业和稳定就业的基本措施；是适应经济发展方式转变，加快产业结构调整，提高企业自主创新能力和核心竞争力的必然要求；是推进城乡统筹发展，加快工业化和城镇化进程的有效手段。

（二）明确职业技能鉴定工作的指导思想和目标任务。做好职业技能鉴定工作的指导思想是：深入贯彻落实科学发展观，以"公益为旨、服务为本、质量优先、高端带动、制度保障、技术支撑"为指导方针，以加强高技能人才队伍建设为主线，以提高职业技能鉴定质量为重点，推动鉴定工作科学化，促进鉴定考务规范化，实现鉴定机构公益性，确保鉴定工作公正性，维护职业资格证书权威性。

"十二五"期间，职业技能鉴定工作的主要任务是：加强顶层设计，完善政策法规，创新工作思路，夯实工作基础，推动职业资格证书制度科学规范发展，为促进就业和经济社会发展提供有力的技能人才支持。到2015年，力争使9 000万人次接受职业技能鉴定服务，7 000万名技能劳动者取得职业资格证书，高级工以上的高技能人才达到3 400万人（高级技师140万人、技师630万人、高级工2 630万人）。同时，修订完成《中华人民共和国职业分类大典》，建成科学规范的职业分类体系。大力开发职业技能标准，形成结构较为完整、覆盖经济社会发展所需主要职业的技能标准体系。加快鉴定题库建设，构建100个精品职业技能鉴定国家题库。做好100个国有大型企业的技能人才评价工作，培育1 000个国家级示范性职业技能鉴定所（站），培养10 000名优秀职业技能鉴定考评人员。

二、坚持高端引领，完善技能人才多元评价体系

（三）充分发挥评价的引领作用。深入实施国家高技能人才振兴计划，以高技能人才评价为重点，梯次带动，全面推进职业技能鉴定工作。进一步突破年龄、资历、身份和比例限制，以职业能力和工作业绩为导向，健全高技能人才评价体系。在抓好传统产业技能人才鉴定的同时，注重做好节能、生物、新能源、新材料、装备制造、航天航空等领域的技能人才评价工作。研究探索高技能人才与工程技术人才职业发展贯通办法，积极拓宽高技能人才职业发展通道。

（四）完善技能人才多元评价体系。结合生产和服务岗位要求，通过完善社会化职业技能鉴定、推进企业技能人才评价、规范院校职业资格认证和开展专项职业能力考核，进一步完善符合技能人才特点的多元评价体系，为劳动者提供及时、方便、快捷的职业技能鉴定服务，促进技能人才队伍发展壮大。

（五）做好社会化职业技能鉴定工作。按照统一所（站）标准、统一考评人员资格、统一命题管理、统一考务管理和统一证书管理的原则，做好社会化职业技能鉴定服务工作。鼓励广大劳动者和院校学生积极参加社会化职业技能鉴定。突出技能特色，积极开展国家职业资格全国统一鉴定工作，打造全国统一鉴定品牌职业。

（六）推进企业技能人才评价工作。积极推进企业建立健全以职业能力为导向，以工作业绩为重点，注重职业道德和职业素质的技能人才评价机制。在国家职业技能标准的统一框架基础上，企业可根据其生产技术、工艺装备和产品类型等不同要求，采取考核鉴定、考评结合、业绩评审等灵活多样的方式，重点评价企业职工执行操作规程、解决生产问题、完成工作任务的能力，并按有关规定晋升相应职业资格。对于在企业生产一线掌握高超技能、业绩突出的职工，可破格或越级参加技师、高级技师考评。

（七）规范院校职业资格认证工作。建立科学规范的院校职业资格考核鉴定方式。推动院校教学内容与职业技能标准相衔接，发挥职业技能标准在院校专业设置、教学计划制定、教材和教学课程改革等方面的导向作用，提高职业教育培训的针对性和有效性。通过院校鉴定管理平台的推广使用，加强院校学生职业技能鉴定管理，严格执行考评回避制度，提高院校职业技能鉴定质量。研究制定过程化考核办法，促进一体化教学课程改革。

（八）开展专项职业能力考核工作。适应经济社会发展和人力资源市场需要，选择就业需求量大、操作技能简单易学的就业技能，组织开展专项职业能力考核。各地要按照《专项职业能力考核规范编写要求》，制定专项职业能力考核规范，报我部备案和统一公布后组织实施。统筹做好职业技能鉴定与专项职业能力考核工作，建立职业资格证书与专项职业能力考核证书之间相互衔接的核发管理机制。

三、强化监督管理，建立质量保证长效机制

（九）增强职业技能鉴定质量意识。坚持"质量第一、社会效益第一"原则，构建职业技能鉴定质量建设长效机制，推动实现职业技能鉴定工作由治理假乱低问题的应急治标向标本兼治转变；由扩大规模、注重质量向质量第一、兼顾规模转变。严格规范职业资格设置管理，坚决查处擅自设置各类职业资格并开展鉴定的违规行为。采取有效措施，明晰地方、行业的职责和工作范围，逐步解决地方、行业鉴定范围重复交叉的问题。

（十）加大职业技能鉴定违纪行为查处力度。以社会化职业技能鉴定和院校职业技能鉴定为重点，强化职业技能鉴定质量督导。建成覆盖各地区和重点行业的职业技能鉴定质量投诉和咨询系统，及时处理职业技能鉴定质量问题和相关案件，重点查处虚假鉴定、跨地区鉴定和超范围鉴定等问题。建立应急机制和应急预案，监控安全隐患，防范有关职业资格的重大事件和群体性事件发生。

（十一）强化职业技能鉴定所（站）管理。强化职业技能鉴定所（站）审批设立，加强对职业技能鉴定所（站）日常检查工作，明确检查内容，注重对组织管理、岗位设置、人员配备、鉴定过程控制等环节的检查评估，有效规范其鉴定行为，提升服务水平和质量。细化职业技能鉴定所（站）评估标准，培育国家级示范性职业技能鉴定所（站）。健全职业技能鉴定所（站）工作流程，完善质量监督制约机制，推进职业技能鉴定机构质量管理体系认证，构建质量管理长效机制。

（十二）严格职业资格证书管理。完善职业资格证书核发管理办法。要加大职业资格证书查询系统建设工作力度，加快已发证书数据整理入网进度，实现所有已发职业资格证书网上查询。要建立空白职业资格证书管理系统，实现空白职业资格证书申领、发放及库存管理信息化。要根据规定的职业和本地本行业季度鉴定合格人数，按照实名制原则，严格职业资格证书的发放，加强对职业资格证书的监督管理。

四、加强统筹规划，积极做好国内国际职业技能竞赛工作

（十三）改革完善职业技能竞赛制度。在坚持现有基本制度的基础上，进一步改进和完善职业技能竞赛制度。要加紧梳理现有制度，制定符合形势发展和要求的制度规定，形成一整套竞赛工作政策体系，用制度保证竞赛工作科学持续发展。要加强统筹规划和统一管理，强化人力资源社会保障行政部门的职能作用，加强组织领导。要密切与有关部门、企业、院校的联系，搞好协调配合，建立更为高效顺畅的组织协调机制。要完善表彰激励机制，进一步研究制定国内外技能大赛表彰奖励政策。

（十四）全面推动国内国际职业技能竞赛协调发展。紧密对接国内竞赛与世界技能大赛，使两者相互促进，相辅相成，共同发展。国内职业技能竞赛在坚持行业特色和产业发展需要的前提下，要设置一些与世界技能大赛项目相关的职业（工种）。要进一步熟悉并掌握世界技能大赛规则标准，促进国内竞赛规则标准与其相衔接。要借鉴世界技能大赛的组织程序规则和开放办赛办法，改进我国职业技能竞赛组织模式，促进国内竞赛更加科学、规范和开放。要依托国内竞赛活动，为参加世界技能大赛培养和选拔优秀选手。

（十五）积极做好世界技能大赛参赛各项工作。要完善世界技能大赛选拔集训制度。要总结经验，进一步完善选手、专家、教练和技术翻译的选拔、训练基地的确定、集训方案制定的条件和程序，形成良性竞争机制，确保质量。要有目的、有意识地加大世界技能大赛参赛选手培养力度，建立后备人才队伍。要建立竞赛成果转化和共享机制，确保竞赛成果转化为职业教育培训和技能、技术标准，促进生产力提高，促进人才成长。

五、加强基础建设，为鉴定工作提供可靠的技术支撑

（十六）加强职业分类、职业技能标准等鉴定基础资源的研发工作。完成《中华人民共和国职业分类大典》修订工作，建设中国职业信息网，建立职业信息动态更新和维护机制。组织开展职业发展研究，探索职业变化规律，预测职业发展趋势，为职业培训、就业指导提供参考依据。加强职业技能标准开发技术研究，规范国家职业技能标准开发编制工作，完善修订工作机制，提高开发效率和质量，缩短更新周期，形成科学动态的国家职业技能标准体系。建立国家职业技能标准数据库，实现国家职业技能标准网上发布。

（十七）加大职业技能鉴定题库建设开发力度。建立完善职业技能鉴定题库动态更新和新题库试考机制。有重点地开发职业技能鉴定题库，提高试题质量，建设精品职业技能鉴定国家题库。推动职业技能鉴定国家题库行业分库和地市级分库建设，对已批准的职业技能鉴定国家题库地市级分库试点机构组织开展评估。探索职业技能鉴定题库建设的新思路、新技术，整合职业技能鉴定题库资源，修订鉴定规模大、内容更新快的题库。加快少数民族语言题库建设。修订国家题库开发技术规程和命题技术标准，推动命题技术科学化。完善国家题库服务功能，推动考试内容标准化。加强国家题库的安全保密工作。

（十八）加强职业技能鉴定系统队伍建设。有计划、有重点地加强职业技能鉴定管理人员、考评人员、质量督导人员的培训，提升职业素养和专业化水平。完善考评人员工作守则和管理办法，强化准入和退出机制，培养优秀考评人员，逐步建立责权明晰、奖惩分明、动态管理的考评人员管理体系。规范专家选用工作流程，建立专家档案库，提高专家队伍整体水平。

（十九）完善职业技能鉴定有关法规制度。推动《职业培训和技能鉴定条例》出台，修订《职业技能鉴定规定》，明确行业和地方职责分工，促进地方和行业形成有效协作机制。规范职业资格设置管理，完善职业资格相关活动管理办法。根据职业技能鉴定工作实际，梳理现有职业技能鉴定规章制度，重点修改完善职业技能标准、命题、考务管理以及队伍建设等方面的有关规定。结合机关事业单位工勤人员岗位设置特点，研究制定机关事业单位工勤人员职业技能鉴定考核办法，稳步推进机关事业单位工勤人员考核评价工作。

（二十）加强职业技能鉴定信息化建设。推广职业技能鉴定在线考务管理系统，提高职业技能鉴定管理质量和水平。开展职业技能鉴定信息资源分析研究，制定并实施全面推进信息化建设工作规划。建成职业技能鉴定统计数据平台，实现实时统计，优化统计指标，加强统计分析，更好地服务于实际工作需要。开发国家职业资格全国统一鉴定网上报名系统，实现统一鉴定网上报名。加强职业资格证书管理系统建设，实现职业资格证书信息化管理。

（二十一）开展技术理论应用研究和新闻宣传。探索新理论、新技术在职业技能鉴定实际工作中的应用，专题研究职业技能鉴定体制机制、技能人才多元评价机制等重点课题，提高职业技能鉴定的科学化和规范化水平。充分利用广播、电视、报刊、网络等多种新闻媒体和宣传途径，大力宣传职业技能鉴定在技能人才工作中的重要作用，宣传职业技能鉴定工作的政策措施和经验做法，同时要将国内技能大赛和世界技能大赛作为技能人才工作的重大宣传点，完善宣传方案，丰富宣传形式，使宣传内容更加深入人心、更加具有影响力，为推动职业资格证书制度健康有序发展营造良好的社会氛围。

人力资源和社会保障部办公厅

二〇一二年四月十六日

国务院办公厅关于清理规范
各类职业资格相关活动的通知

国办发〔2007〕73 号

各省、自治区、直辖市人民政府，国务院各部委、各直属机构：

职业资格制度是社会主义市场经济条件下科学评价人才的一项重要制度。近年来，我国职业资格制度逐步完善，对提高专业技术人员和技能人员素质、加强人才队伍建设发挥了积极作用。与此同时，这一制度在实施过程中也存在一些突出问题，集中表现为考试太乱、证书太滥：有的部门、地方和机构随意设置职业资格，名目繁多、重复交叉；有些机构和个人以职业资格为名随意举办考试、培训、认证活动，乱收费、滥发证，甚至假冒权威机关名义组织所谓职业资格考试并颁发证书；一些机构擅自承办境外职业资格的考试发证活动，高额收费等，社会对此反应强烈。为有效遏制职业资格设置、考试、发证等活动中的混乱现象，切实维护公共利益和社会秩序，维护专业技术人员和技能人员的合法权益，加强人才队伍建设，确保职业资格证书制度顺利实施，更好地为发展社会主义市场经济和构建社会主义和谐社会服务，经国务院同意，近期对各类职业资格有关活动进行集中清理规范。现将有关事项通知如下：

一、清理规范的原则和范围

（一）清理规范的原则。坚持以科学发展观为统领，以科学人才观为指导；坚持清理规范、依法管理与改革完善、有序发展相结合；坚持统一领导、分工负责，分类清理、分步实施。

（二）清理规范的范围。国务院各部门、各直属机构、各直属事业单位及其下属单位，地方各级人民政府各部门、各直属机构、各直属事业单位及其下属单位，各类行业协会、学会等社会团体设置或组织实施的职业资格及相关考试、发证等活动，各类企业面向社会设置或组织实施的职业资格及相关考试、发证等活动。

二、清理规范的主要内容

（一）清理规范职业资格的设置。职业资格必须在职业分类的基础上统一规划、规范设置。对涉及公共安全、人身健康、人民生命财产安全等特定职业（工种），国家依据有关法律、行政法规或国务院决定设置行政许可类职业资格；对社会通用性强、专业性强、技能要求高的职业（工种），根据经济社会发展需要，由国务院人事、劳动保障部门会同国务院有关主管部门制定职业标准，建立能力水平评价制度（非行政许可类职业资格）；对重复交叉设置的职业资格，逐步进行归并。对涉及在我国境内开展的境外各类职业资格相关活动，由国务院人事、劳动保障部门会同有关部门制订专门管理办法，报国务院批准。

凡是依据有关法律、行政法规或国务院决定设置的行政许可类职业资格，予以保留并向社会公布；除此以外的其他各种行政许可类职业资格予以取消，如确有必要保留，由国务院人事、劳动保障部门会同有关部门统筹研究，按程序通过修改相关法律、行政法规或形成国务院决定予以解决，或调整为非行政许可类职业资格。

凡经国务院人事、劳动保障部门会同有关部门批准设置的非行政许可类职业资格，要在清理规范的基础上确定保留的项目并向社会公布。其他各类非行政许可类职业资格都要分类进行清理：国务院其他部门、各直属机构、各直属事业单位及下属单位自行设置的要及时清理，确有必要的，经国务院人事、劳动保障部门会同有关部门审批后纳入国家统一管理，并向社会公布，其他的一律停止；全国性行业协会、学会等社会团体自行设置的应及时清理，确有必要的，经业务主管单位审核同意，报国务院人事、劳动保障部门会同有关部门审批后纳入国家统一管理，并向社会公布，其他的一律停止或调整为专业培训；地方各级人民政府及有关部门和单位原则上不得设置职业资格，已经设置且确有必要的，经国务院人事、劳动保障部门批准后作为职业资格工作试点，逐步纳入统一的职业资格管理，其他的应立即停止；各类企业不得自行开展冠以职业资格名称的相关活动。

（二）清理规范职业资格考试、鉴定。全面治理职业资格考试、鉴定等活动中的混乱现象。组织实施职业资格考试、鉴定活动应与举办单位（机构）的性质和职能一致，不得使用含义模糊的名称或假借行政机关名义开展考试、鉴定活动。开展职业资格的考试、鉴定要按照公开、公平、公正原则，严格程序、规范实施、严肃考风考纪、切实加强管理。在本次清理规范工作中不予保留的职业资格的相关考试、鉴定活动要立即停止。

（三）清理规范职业资格证书的印制、发放。完善各类职业资格证书印制、发放和管理等工作环节的程序和办法，严格规范证书样式和"中国"、"中华人民共和国"、"国家"、"职业资格"等字样和国徽标志的使用。严厉打击违规违法印制、滥发证书等活动。

（四）清理规范职业资格培训、收费。整治各类职业资格培训秩序，严禁强制开展考前培训以及以考试为名推行培训。举办职业资格考试的单位和机构一律不得组织与考试相关的培训。对超越职能范围或不按办学许可证规定乱办培训的要予以查处，对在培训活动中虚假宣传和忽视培训质量的要予以纠正。

各类职业资格的考试、鉴定等有关收费，必须符合国家和地方有关收费政策。组织实施各类职业资格相关活动，不得以营利为目的。要认真检查与各类职业资格相关的收费活动，严肃查处和纠正各种违规收费行为。

（五）改革完善职业资格证书制度。要在清理规范的基础上，根据社会主义市场经济要求，按照各类人才成长与职业发展的规律，改革完善职业资格证书制度，健全相关法律法规。要根据职称制度改革的总体要求，将专业技术人员职业资格纳入职称制度框架，构建面向全社会、符合各类专业技术人员特点的人才评价体系。要做好技能人员职业资格制度与工人技术等级考核制度的衔接，建立健全面向全体技能劳动者的多元评价机制。国务院人事、劳动保障部门要会同行业和社会组织管理部门，共同研究完善职业资格证书制度，充分发挥行业管理部门和社会组织在组织实施工作中的作用，逐步形成统一规划、规范设置、分类管理、有序实施、严格监管的职业资格管理机制，促进职业资格证书制度健康发展。

三、清理规范的方法步骤

（一）国务院各部门和各省、自治区、直辖市人民政府要按照职责权限和管辖范围，认真组织对本系统和本行政区域内的各类职业资格设置、考试、鉴定、培训、收费和发证等活动进行清理规范。各类行业协会、学会等社会团体设置或组织实施的职业资格及相关考试、发证等活动，由其业务主管单位负责清理规范，民政部门予以配合。

（二）职业资格相关活动的清理规范工作要于 2008 年 4 月 30 日前完成。国务院人事、劳动保障部门要按本通知要求，及时部署清理规范工作。国务院各有关部门和各省、自治区、直辖市人民政府要将清理规范工作情况及时报送国务院人事、劳动保障部门。

（三）国务院人事、劳动保障部门要对国务院有关部门和各省、自治区、直辖市人民政府报送的清理规范工作情况进行汇总，会同有关部门认真处理，分期分批向社会公告批准保留的职业资格的名称、设置依据、类别、实施承办的部门和机构。同时声明，未经批准并公告的不得继续开展与职业资格相关的考试、发证等活动。

四、清理规范的工作要求

（一）加强组织领导。清理规范职业资格相关活动涉及面广，政策性强，情况复杂，各地区、各部门要提高对清理规范工作重要性、必要性的认识，切实加强领导，将清理规范工作与清理行政法规规章、改革行政审批制度和推进行业协会商会改革发展工作结合起来，统筹安排，精心组织，周密部署，确保按时高质量地完成清理规范工作任务。

（二）明确职责分工。职业资格的清理规范工作由国务院人事、劳动保障部门牵头，会同发展改革、公安、监察、教育、民政、财政、工商和行业主管部门组织实施。财政和发展改革部门负责对各类职业资格考试、鉴定、培训、发证等收费活动进行全面清理，查处和纠正各种违规收费行为。工商部门负责查处各类违法广告、虚假宣传、超范围经营行为。公安部门负责依法严厉打击伪造、变造或者买卖公文、证件、证明文件、印章和冒用职业资格之名进行诈骗等各类违法犯罪行为。民政部门和各有关业务主管单位要对社会团体开展的有关活动加强指导和监督。

（三）积极稳妥实施。要正确处理清理规范与改革、发展、稳定的关系，杜绝边清理边继续违规设置职业资格的行为，加强思想政治工作和宣传教育工作，确保清理规范工作有序进行，促进社会的和谐稳定。

国务院办公厅

二〇〇七年十二月三十一日

国务院关于取消和调整一批
行政审批项目等事项的决定

国发〔2014〕27 号

各省、自治区、直辖市人民政府，国务院各部委、各直属机构：

经研究论证，国务院决定，取消和下放 45 项行政审批项目，取消 11 项职业资格许可和认定事项，将 31 项工商登记前置审批事项改为后置审批。另建议取消和下放 7 项依据有关法律设立的行政审批事项，将 5 项依据有关法律设立的工商登记前置审批事项改为后置审批，国务院将依照法定程序提请全国人民代表大会常务委员会修订相关法律规定。《国务院关于取消和下放 50 项行政审批项目等事项的决定》（国发〔2013〕27 号）和《国务院关于取消和下放一批行政审批项目的决定》（国发〔2013〕44 号）中提出的涉及修改法律的行政审批项目，有 8 项国务院已按照法定程序提请全国人民代表大会常务委员会修改了相关法律，现一并予以公布。

附件：1. 国务院决定取消和下放管理层级的行政审批项目目录（共计 53 项）
　　　2. 国务院决定取消的职业资格许可和认定事项目录（共计 11 项）
　　　3. 国务院决定改为后置审批的工商登记前置审批事项目录（共计 31 项）

国务院
2014 年 7 月 22 日

（此件公开发布）

附件1

国务院决定取消和下放管理层级的
行政审批项目目录

（共计 53 项）

序号	项目名称	审批部门	其他共同审批部门	设定依据	处理决定	备注
1	高等学校博士学科点专项科研基金审批	教育部	无	《高等学校博士学科点专项科研基金管理办法》（财教〔2002〕123 号）	取消	
2	高等学校新农村发展研究院审批	教育部	科技部	《教育部 科技部关于开展高等学校新农村发展研究院建设工作的通知》（教技〔2012〕1 号）	取消	
3	设立互联网域名注册服务机构审批	工业和信息化部	无	《国务院对确需保留的行政审批项目设定行政许可的决定》（国务院令第 412 号）	下放至省级通信管理局	
4	无线电设备发射特性核准检测机构认定	工业和信息化部	无	《国务院对确需保留的行政审批项目设定行政许可的决定》（国务院令第 412 号）	取消	
5	中央医药储备资金安排和动用审批	工业和信息化部	无	《国务院办公厅关于保留部分非行政许可审批项目的通知》（国办发〔2004〕62 号） 《国务院办公厅关于印发工业和信息化部主要职责内设机构和人员编制规定的通知》（国办发〔2008〕72 号）	取消	
6	港澳台律师事务所驻内地或大陆代表机构设立许可	司法部	无	《外国律师事务所驻华代表机构管理条例》（国务院令第 338 号） 《香港、澳门特别行政区律师事务所驻内地代表机构管理办法》（司法部令 2002 年第 70 号）	下放至省级人民政府司法行政主管部门	
7	港澳台律师事务所驻内地或大陆代表机构派驻代表执业许可	司法部	无	《外国律师事务所驻华代表机构管理条例》（国务院令第 338 号） 《香港、澳门特别行政区律师事务所驻内地代表机构管理办法》（司法部令 2002 年第 70 号）	下放至省级人民政府司法行政主管部门	
8	以折股方式缴纳探矿权采矿权价款审批	财政部	国土资源部	《以折股方式缴纳探矿权采矿权价款管理办法（试行）》（财建〔2006〕695 号） 《财政部、国土资源部关于探矿权采矿权有偿取得制度改革有关问题的补充通知》（财建〔2008〕22 号）	取消	今后不得以折股方式缴纳探矿权采矿权价款

序号	项目名称	审批部门	其他共同审批部门	设定依据	处理决定	备注
9	跨省、自治区、直辖市销售的矿泉水的注册登记	国土资源部	无	《国土资源部关于开展矿泉水注册登记工作的通知》（国土资发〔2003〕327号）	取消	
10	外商与中方打捞人合作打捞审批	交通运输部	无	《关于外商参与打捞中国沿海水域沉船沉物管理办法》（国务院令第102号）	取消	
11	国家重点水运建设项目竣工验收	交通运输部	无	《中华人民共和国港口法》《港口工程竣工验收办法》（交通部令2005年第2号）	下放至省级人民政府交通运输行政主管部门	
12	国家公路运输枢纽总体规划审批	交通运输部	无	《公路运输枢纽总体规划编制办法》（交规划发〔2007〕365号）	取消	只取消交通运输部审批，地方人民政府交通运输行政主管部门的审批仍然保留
13	引航员任职资格审批	交通运输部	无	《中华人民共和国船员条例》（国务院令第494号）《中华人民共和国引航员管理办法》（交通运输部令2013年第20号）	下放至直属海事系统分支机构	
14	从事海员外派业务审批	交通运输部	无	《对外劳务合作管理条例》（国务院令第620号）《中华人民共和国海员外派管理规定》（交通运输部令2011年第3号）	下放至直属海事管理机构	
15	江河故道、旧堤、原有工程设施等填堵、占用、拆毁审批	水利部	无	《中华人民共和国河道管理条例》（国务院令第3号）	取消	
16	大型灌区续建配套和节水改造项目年度投资计划审批	水利部	无	《国务院办公厅关于保留部分非行政许可审批项目的通知》（国办发〔2004〕62号）	取消	
17	节水灌溉增效示范项目年度投资计划审批	水利部	无	《国务院办公厅关于保留部分非行政许可审批项目的通知》（国办发〔2004〕62号）	取消	
18	牧区草原生态保护水资源保障项目年度计划审批	水利部	无	《国家发展改革委、水利部关于改进中央补助地方小型水利项目投资管理方式的通知》（发改农经〔2009〕1981号）	取消	

（续）

序号	项目名称	审批部门	其他共同审批部门	设定依据	处理决定	备注
19	大型灌溉排水泵站更新改造项目年度计划审批	水利部	无	《大型排涝泵站更新改造项目建设管理办法》（发改投资〔2007〕1907 号）《关于印发全国大型灌溉排水泵站更新改造方案的通知》（发改农经〔2011〕1075 号）	取消	
20	全国水电农村电气化建设项目年度计划审批	水利部	无	《关于下达农村小水电项目 2012 年中央预算内投资计划的通知》（发改投资〔2012〕799 号）	取消	
21	小水电代燃料生态保护工程年度计划审批	水利部	无	《关于下达农村小水电项目 2012 年中央预算内投资计划的通知》（发改投资〔2012〕799 号）	取消	
22	水土保持生态建设项目年度计划审批	水利部	无	《水土保持工程建设管理办法》（发改投资〔2011〕1703 号）	取消	
23	建设项目水资源论证机构资质认定	水利部	无	《国务院对确需保留的行政审批项目设定行政许可的决定》（国务院令第 412 号）	取消	
24	鼓励类外商投资企业项目确认审批	商务部	发展改革委	《国务院关于调整进口设备税收政策的通知》（国发〔1997〕37 号）《国家计委、国家经贸委、外经贸部、海关总署关于落实国务院调整进口设备税收政策有关问题的通知》（计规划〔1998〕250 号）	取消	
25	人体器官移植医师执业资格认定	国家卫生计生委	无	《卫生部办公厅关于对人体器官移植技术临床应用规划及拟批准开展人体器官移植医疗机构和医师开展审定工作的通知》（卫办医发〔2007〕38 号）	下放至省级人民政府卫生计生行政主管部门	
26	报关单修改、撤销审批	海关总署	无	《中华人民共和国海关法》	取消	
27	报关员资格核准	海关总署	无	《中华人民共和国海关法》	取消	
28	享受小型微利企业所得税优惠的核准	税务总局	无	《国家税务总局关于小型微利企业预缴企业所得税有关问题的公告》（税务总局公告 2012 年第 14 号）	取消	

（续）

序号	项目名称	审批部门	其他共同审批部门	设定依据	处理决定	备注
29	对吸纳下岗失业人员达到规定条件的服务型、商贸企业和对下岗失业人员从事个体经营减免税的审批	税务总局	无	《财政部　国家税务总局关于支持和促进就业有关税收政策的通知》（财税〔2010〕84号）《国家税务总局、财政部、人力资源社会保障部、教育部关于支持和促进就业有关税收政策具体实施问题的公告》（税务总局公告2010年第25号）	取消	
30	制造、销售和进口国务院规定废除的非法定计量单位的计量器具和国务院禁止使用的其他计量器具审批	质检总局	无	《中华人民共和国计量法》	下放至省级人民政府计量行政主管部门	
31	电子出版物出版单位与境外机构合作出版电子出版物审批	新闻出版广电总局	无	《国务院对确需保留的行政审批项目设定行政许可的决定》（国务院令第412号）	取消	
32	电影制片单位设立、变更、终止审批	新闻出版广电总局	无	《电影管理条例》（国务院令第342号）	下放至省级人民政府新闻出版广电行政主管部门	
33	使用有毒物品作业场所职业卫生安全许可	安全监管总局	无	《使用有毒物品作业场所劳动保护条例》（国务院令第352号）《关于职业卫生监管部门职责分工的通知》（中央编办发〔2010〕104号）	取消	
34	矿山救护队资质认定	安全监管总局	无	《国务院对确需保留的行政审批项目设定行政许可的决定》（国务院令第412号）	取消	
35	煤矿特种作业人员（含煤矿矿井使用的特种设备作业人员）操作资格认定	安全监管总局	无	《中华人民共和国安全生产法》	下放至省级人民政府煤炭行业管理部门或省级人民政府指定的部门	
36	药品委托生产行政许可	食品药品监管总局	无	《中华人民共和国药品管理法》	下放至省级人民政府食品药品监管部门	

（续）

序号	项目名称	审批部门	其他共同审批部门	设定依据	处理决定	备注
37	建设工程征占用林地预审	国家林业局	无	《国务院批转国家林业局关于各地区"十一五"期间年森林采伐限额审核意见的通知》（国发〔2005〕41号）《建设项目占用征用林地预审办法》（林资发〔2008〕247号）	取消	
38	重点国有林区森林采伐限额审核	国家林业局	无	《中华人民共和国森林法实施条例》（国务院令第278号）	取消	该项审批取消后，重点国有林区森林采伐限额直接上报国务院审批
39	外商投资旅行社业务许可	国家旅游局	商务部	《旅行社条例》（国务院令第550号）	下放至省级人民政府旅游行政主管部门	
40	旅行社经营边境游资格审批	国家旅游局	无	《中华人民共和国旅游法》《国务院对确需保留的行政审批项目设定行政许可的决定》（国务院令第412号）	下放至边境游地区省级人民政府旅游行政主管部门	
41	边境旅游项目审批	国家旅游局	公安部、外交部、海关总署	《国务院对确需保留的行政审批项目设定行政许可的决定》（国务院令第412号）	取消	
42	烟草新品种审定	国家烟草局	无	《中华人民共和国烟草专卖法》	取消	
43	介绍外国文教专家来华工作的境外组织资格认可	国家外专局	无	《国务院对确需保留的行政审批项目设定行政许可的决定》（国务院令第412号）	取消	
44	外国人进入国家级海洋自然保护区审批	国家海洋局	无	《中华人民共和国自然保护区条例》（国务院令第167号）	下放至省级人民政府海洋行政主管部门	
45	海洋石油勘探开发溢油应急计划审批	国家海洋局	无	《中华人民共和国海洋环境保护法》	取消	
46	海岸工程建设项目环境影响报告书审核	国家海洋局	无	《中华人民共和国海洋环境保护法》	取消	仅取消国家海洋局的审核，环境保护部的审批仍然保留

（续）

序号	项目名称	审批部门	其他共同审批部门	设定依据	处理决定	备注
47	铁路企业国有资产产权变动审批	国家铁路局	无	《国务院办公厅关于保留部分非行政许可审批项目的通知》（国办发〔2004〕62号）	取消	
48	铁路企业公司改制事项审批	国家铁路局	无	《国务院办公厅关于保留部分非行政许可审批项目的通知》（国办发〔2004〕62号）	取消	
49	铁路运价里程和货运计费办法审批	国家铁路局	无	《国务院办公厅关于保留部分非行政许可审批项目的通知》（国办发〔2004〕62号）	取消	
50	开办集邮票品集中交易市场许可	国家邮政局	无	《国务院对确需保留的行政审批项目设定行政许可的决定》（国务院令第412号）	取消	原由省级邮政行政主管部门实施
51	境外机构和团体拍摄考古发掘现场审批	国家文物局	无	《国务院对确需保留的行政审批项目设定行政许可的决定》（国务院令第412号）	下放至省级人民政府文物行政主管部门	
52	外国公民、组织和国际组织参观未开放的文物点和考古发掘现场审批	国家文物局	无	《中华人民共和国考古涉外工作管理办法》（1990年12月31日国务院批准，1991年2月22日国家文物局令第1号发布）	下放至省级人民政府文物行政主管部门	
53	海洋大型拖网、围网作业的渔业捕捞许可证核发（不含涉外渔业）	农业部	无	《中华人民共和国渔业法》	下放至省级人民政府渔业行政主管部门	此项为"捕捞许可证核发"的子项

附件 2

国务院决定取消的职业资格
许可和认定事项目录

（共计 11 项）

序号	项目名称	实施部门（单位）	其他共同实施部门	设定依据	处理决定
1	房地产经纪人	住房和城乡建设部	人力资源和社会保障部	《房地产经纪人员职业资格制度暂行规定》（人发〔2001〕128 号）	取消
2	注册税务师	税务总局	人力资源和社会保障部	《注册税务师资格制度暂行规定》 （人发〔1996〕116 号）	取消
3	质量专业技术人员	质检总局	人力资源和社会保障部	《质量专业技术人员职业资格考试暂行规定》（人发〔2000〕123 号）	取消
4	土地登记代理人	国土资源部	人力资源和社会保障部	《土地登记代理人职业资格制度暂行规定》（人发〔2002〕116 号）	取消
5	矿业权评估师	国土资源部	人力资源和社会保障部	《矿业权评估师执业资格制度暂行规定》（人发〔2000〕82 号）	取消
6	国际商务专业人员	商务部	人力资源和社会保障部	《国际商务专业人员职业资格制度暂行规定》（人发〔2002〕70 号）	取消
7	注册资产评估师	财政部	人力资源和社会保障部	《注册资产评估师执业资格制度暂行规定》（人职发〔1995〕54 号）	取消
8	企业法律顾问	国务院国资委	司法部、人力资源和社会保障部	《企业法律顾问执业资格制度暂行规定》（人发〔1997〕26 号）	取消
9	建筑业企业项目经理	中国冶金建设协会	无	《建筑施工企业项目经理资质管理办法》（建建〔1995〕1 号）	取消
10	水利工程质量与安全监督员	水利部	无	《水利工程质量监督管理规定》（水建〔1997〕339 号） 《水利工程建设安全生产管理规定》（水利部令 2005 年第 26 号）	取消
11	品牌管理师	中国商业联合会	无	《品牌管理专业人员技术条件（SB/T 10761—2012）》（商务部公告 2012 年第 58 号）	取消

附件3

国务院决定改为后置审批的工商
登记前置审批事项目录

（共计 31 项）

序号	部门	项目名称	实施机关	设定依据	处理决定	备注
1	教育部	自费出国留学中介服务机构资格认定	省级人民政府教育行政主管部门	《国务院对确需保留的行政审批项目设定行政许可的决定》（国务院令第412号） 《国务院关于第六批取消和调整行政审批项目的决定》（国发〔2012〕52号）	改为后置审批	
2	国土资源部	煤炭开采审批	国土资源部或省级人民政府国土资源行政主管部门	《矿产资源开采登记管理办法》（国务院令第241号） 《国务院办公厅关于进一步做好关闭整顿小煤矿和煤矿安全生产工作的通知》（国办发〔2001〕68号） 《国土资源部关于规范勘查许可证采矿许可证权限有关问题的通知》（国土资发〔2005〕200号）	改为后置审批	
3	环境保护部	废弃电器电子产品处理许可	设区的市级人民政府环境保护行政主管部门	《废弃电器电子产品回收处理管理条例》（国务院令第551号）	改为后置审批	
4	交通运输部	国际海上运输业务及海运辅助业务经营审批	交通运输部	《中华人民共和国国际海运条例》（国务院令第335号）	改为后置审批	
5	交通运输部	国际船舶管理业务经营审批	省级人民政府交通运输行政主管部门	《中华人民共和国国际海运条例》（国务院令第335号）	改为后置审批	
6	交通运输部	国内水路运输、水路运输业务经营审批	交通运输部及流域管理机构和设区的市级以上地方人民政府负责水路运输管理的部门	《国内水路运输管理条例》（国务院令第625号） 《国务院关于第六批取消和调整行政审批项目的决定》（国发〔2012〕52号） 《国务院关于取消和下放一批行政审批项目的决定》（国发〔2014〕5号）	改为后置审批	
7	交通运输部	港口经营许可	港口行政管理部门	《中华人民共和国港口法》	改为后置审批	
8	农业部	兽药生产许可证核发	农业部	《兽药管理条例》（国务院令第404号）	改为后置审批	

（续）

序号	部门	项目名称	实施机关	设定依据	处理决定	备注
9	农业部	拖拉机驾驶培训学校、驾驶培训班资格认定	省级人民政府农业（农业机械）行政主管部门	《中华人民共和国道路交通安全法》《中华人民共和国道路运输条例》（国务院令第406号）	改为后置审批	
10	农业部	兽药经营许可证核发	县级以上地方人民政府兽医行政主管部门	《兽药管理条例》（国务院令第404号）	改为后置审批	
11	农业部	农业机械维修技术合格证书核发	县级人民政府农业机械化行政主管部门	《农业机械安全监督管理条例》（国务院令第563号）	改为后置审批	
12	文化部	中外合资经营、中外合作经营演出经纪机构设立审批	文化部	《营业性演出管理条例》（国务院令第528号）	改为后置审批	
13	文化部	中外合资经营、中外合作经营演出场所经营单位设立审批	文化部	《营业性演出管理条例》（国务院令第528号）	改为后置审批	
14	文化部	港、澳投资者在内地投资设立合资、合作、独资经营的演出经纪机构审批	省级人民政府文化行政主管部门	《营业性演出管理条例》（国务院令第528号）《国务院关于取消和下放一批行政审批项目的决定》（国发〔2013〕44号）	改为后置审批	
15	文化部	港、澳投资者在内地投资设立合资、合作、独资经营的演出场所经营单位审批	省级人民政府文化行政主管部门	《营业性演出管理条例》（国务院令第528号）《国务院关于取消和下放一批行政审批项目的决定》（国发〔2013〕44号）	改为后置审批	
16	文化部	台湾地区投资者在内地投资设立合资、合作经营的演出经纪机构审批	省级人民政府文化行政主管部门	《营业性演出管理条例》（国务院令第528号）《国务院关于取消和下放一批行政审批项目的决定》（国发〔2013〕44号）	改为后置审批	
17	文化部	台湾地区投资者在内地投资设立合资、合作经营的演出场所经营单位审批	省级人民政府文化行政主管部门	《营业性演出管理条例》（国务院令第528号）《国务院关于取消和下放一批行政审批项目的决定》（国发〔2013〕44号）	改为后置审批	
18	文化部	设立内资演出经纪机构审批	省级人民政府文化行政主管部门	《营业性演出管理条例》（国务院令第528号）	改为后置审批	

（续）

序号	部门	项目名称	实施机关	设定依据	处理决定	备注
19	文化部	设立中外合资、合作经营的娱乐场所审批	省级人民政府文化行政主管部门	《娱乐场所管理条例》（国务院令第458号）	改为后置审批	
20	文化部	设立内资文艺表演团体审批	县级人民政府文化行政主管部门	《营业性演出管理条例》（国务院令第528号）	改为后置审批	
21	文化部	设立内资娱乐场所审批	县级人民政府文化行政主管部门	《娱乐场所管理条例》（国务院令第458号）	改为后置审批	
22	文化部	设立互联网上网服务营业场所经营单位审批	县级以上地方人民政府文化行政主管部门	《互联网上网服务营业场所管理条例》（国务院令第363号）	改为后置审批	
23	国家卫生计生委	公共场所卫生许可（不含公园、体育场馆、公共交通工具卫生许可）	县级以上地方人民政府卫生行政主管部门	《国务院关于发布〈公共场所卫生管理条例〉的通知》（国发〔1987〕24号）《国务院关于第六批取消和调整行政审批项目的决定》（国发〔2012〕52号）	改为后置审批	
24	工商总局	外商投资广告企业设立分支机构审批	省级人民政府工商行政管理部门及符合规定的有外商投资企业核准登记权的工商行政管理部门	《国务院对确需保留的行政审批项目设定行政许可的决定》（国务院令第412号）《国务院关于第六批取消和调整行政审批项目的决定》（国发〔2012〕52号）《外商投资广告企业管理规定》（工商总局、商务部令第35号）	改为后置审批	
25	质检总局	口岸卫生许可证核发	质检总局	《中华人民共和国国境卫生检疫法实施细则》（国务院令第574号）	改为后置审批	
26	质检总局	进出口商品检验鉴定业务的检验许可	质检总局	《中华人民共和国进出口商品检验法实施条例》（国务院令第447号）	改为后置审批	
27	新闻出版广电总局	电影发行单位设立、变更业务范围或者兼并、合并、分立审批	新闻出版广电总局或省级人民政府新闻出版广电行政主管部门	《电影管理条例》（国务院令第342号）	改为后置审批	
28	新闻出版广电总局	电影放映单位设立、变更业务范围或者兼并、合并、分立审批	县级人民政府广播电影电视行政主管部门	《电影管理条例》（国务院令第342号）《国务院关于第六批取消和调整行政审批项目的决定》（国发〔2012〕52号）	改为后置审批	

（续）

序号	部门	项目名称	实施机关	设定依据	处理决定	备注
29	国家旅游局	旅行社经营出境旅游业务资格审批	国家旅游局或者其委托的省级人民政府旅游行政主管部门	《旅行社条例》（国务院令第550号）	改为后置审批	
30	国家旅游局	外商投资旅行社业务许可	省级人民政府旅游行政主管部门	《旅行社条例》（国务院令第550号）	改为后置审批	
31	国家旅游局	旅行社业务经营许可证核发	省级人民政府旅游行政主管部门或者其委托的设区的市级人民政府旅游行政主管部门	《旅行社条例》（国务院令第550号）	改为后置审批	

国务院关于取消和调整一批
行政审批项目等事项的决定

国发〔2014〕50 号

各省、自治区、直辖市人民政府，国务院各部委、各直属机构：

经研究论证，国务院决定，取消和下放 58 项行政审批项目，取消 67 项职业资格许可和认定事项，取消 19 项评比达标表彰项目，将 82 项工商登记前置审批事项调整或明确为后置审批。另建议取消和下放 32 项依据有关法律设立的行政审批和职业资格许可认定事项，将 7 项依据有关法律设立的工商登记前置审批事项改为后置审批，国务院将依照法定程序提请全国人民代表大会常务委员会修订相关法律规定。

附件：1. 国务院决定取消和下放管理层级的行政审批项目目录（共计 58 项）
2. 国务院决定取消的职业资格许可和认定事项目录（共计 67 项）
3. 国务院决定取消的评比达标表彰项目目录（共计 19 项）
4. 国务院决定调整或明确为后置审批的工商登记前置审批事项目录（共计 82 项）

国务院
2014 年 10 月 23 日

（此件公开发布）

附件1

国务院决定取消和下放管理层级的
行政审批项目目录

（共计 58 项）

序号	项目名称	审批部门	其他共同审批部门	设定依据	处理决定	备注
1	商业银行承办记账式国债柜台交易审批	中国人民银行	财政部	《国务院对确需保留的行政审批项目设定行政许可的决定》（国务院令第412号）	取消	
2	贷款卡发放核准	中国人民银行	无	《国务院对确需保留的行政审批项目设定行政许可的决定》（国务院令第412号）	取消	原由中国人民银行及其分支行实施，此次一并取消
3	个人携带黄金及其制品进出境审批	中国人民银行	无	《国务院对确需保留的行政审批项目设定行政许可的决定》（国务院令第412号）	取消	
4	境外上市外资股项下境外募集资金调回结汇审批	国家外汇局	无	《国务院对确需保留的行政审批项目设定行政许可的决定》（国务院令第412号）	取消	原由国家外汇局及其分支局实施，此次一并取消
5	合格境外机构投资者托管人资格审批	证监会	国家外汇局、银监会	《国务院对确需保留的行政审批项目设定行政许可的决定》（国务院令第412号）	取消	
6	期货公司变更法定代表人、住所或者营业场所，设立或者终止境内分支机构，变更境内分支机构经营范围的审批	证监会	无	《期货交易管理条例》（国务院令第627号）	取消	原由证监会派出机构实施
7	证券公司行政重组审批及延长行政重组期限审批	证监会	无	《证券公司风险处置条例》（国务院令第523号）	取消	
8	证券金融公司变更名称、注册资本、股东、住所、职责范围，制定或者修改公司章程，设立或者撤销分支机构审批	证监会	无	《转融通业务监督管理试行办法》（证监会令2011年第75号）	取消	
9	转融通互保基金管理办法审批	证监会	无	《转融通业务监督管理试行办法》（证监会令2011年第75号）	取消	

（续）

序号	项目名称	审批部门	其他共同审批部门	设定依据	处理决定	备注
10	转融通业务规则审批	证监会	无	《转融通业务监督管理试行办法》（证监会令2011年第75号）	取消	
11	证券公司融资融券业务监控规则审批	证监会	无	《转融通业务监督管理试行办法》（证监会令2011年第75号）	取消	
12	从事证券相关业务的证券类机构借入或发行、偿还或兑付次级债审批	证监会	无	《证券公司次级债管理规定》（证监会公告2012年第51号）	取消	
13	在营企业完成改组改制、符合豁免条件的东北老工业基地企业历史欠税豁免审批	税务总局	辽宁、吉林、黑龙江省和大连市财政部门	《财政部　国家税务总局关于豁免东北老工业基地企业历史欠税有关问题的通知》（财税〔2006〕167号）《财政部　国家税务总局关于豁免东北老工业基地企业历史欠税问题的批复》（财税〔2009〕58号）	取消	
14	葡萄酒消费税退税审批	税务总局	无	《葡萄酒消费税管理办法（试行）》（国税发〔2006〕66号）	取消	
15	销货退回的消费税退税审批	税务总局	无	《中华人民共和国消费税暂行条例实施细则》（财政部、税务总局令2008年第51号）	取消	
16	出口应税消费品办理免税后发生退关或国外退货补缴消费税审批	税务总局	无	《中华人民共和国消费税暂行条例实施细则》（财政部、税务总局令2008年第51号）	取消	
17	收入全额归属中央的企业下属二级及二级以下分支机构名单的备案审核	税务总局	无	《国家税务总局关于中国工商银行股份有限公司等企业企业所得税有关征管问题的通知》（国税函〔2010〕184号）	取消	
18	汇总纳税企业组织结构变更审核	税务总局	无	《跨地区经营汇总纳税企业所得税征收管理办法》（税务总局公告2012年第57号）	取消	
19	以上市公司股权出资不征证券交易印花税的认定	税务总局	无	《财政部　国家税务总局关于以上市公司股权出资有关证券（股票）交易印花税政策问题的通知》（财税〔2010〕7号）	取消	
20	一级注册建筑师执业资格认定	住房和城乡建设部	无	《中华人民共和国建筑法》《中华人民共和国注册建筑师条例》（国务院令第184号）	取消	

（续）

序号	项目名称	审批部门	其他共同审批部门	设定依据	处理决定	备注
21	在国家级风景名胜区内修建缆车、索道等重大建设工程项目选址方案核准	住房和城乡建设部	无	《风景名胜区条例》（国务院令第474号）	下放至省级人民政府住房城乡建设行政主管部门	
22	外商投资企业从事城市规划服务资格证书核发	住房和城乡建设部	商务部	《中华人民共和国城乡规划法》《国务院对确需保留的行政审批项目设定行政许可的决定》（国务院令第412号）《外商投资城市规划服务企业管理规定》（建设部令2003年第116号）	取消	
23	经营港口理货业务许可	交通运输部	无	《中华人民共和国港口法》《港口经营管理规定》（交通运输部令2009年第13号）	下放至省级人民政府交通运输行政主管部门	
24	国家重点公路工程施工许可	交通运输部	无	《中华人民共和国公路法》《公路建设市场管理办法》（交通运输部令2011年第11号）	下放至省级人民政府交通运输行政主管部门	
25	内河运输危险化学品船舶污染损害责任保险证书或者财务担保证明核发	交通运输部	无	《危险化学品安全管理条例》（国务院令第591号）	取消	
26	船员适任证书核发	交通运输部	无	《中华人民共和国船员条例》（国务院令第494号）	下放至省级及以下海事管理机构	
27	农作物种子质量检验机构资格认定	农业部	无	《中华人民共和国种子法》《农作物种子质量检验机构考核管理办法》（农业部令2008年第12号）	下放至省级人民政府农业行政主管部门	
28	保税工厂设立	海关总署	无	《中华人民共和国海关对加工贸易保税工厂的管理办法》（〔1988〕署货字第343号）	取消	原由直属海关审批
29	进料加工保税集团登记	海关总署	无	《中华人民共和国海关对进料加工保税集团管理办法》（海关总署令1993年第41号）	取消	原由直属海关审批

（续）

序号	项目名称	审批部门	其他共同审批部门	设定依据	处理决定	备注
30	进口旧机电产品备案	质检总局	无	《中华人民共和国进出口商品检验法实施条例》（国务院令第447号）	取消	
31	广播电视播出机构赴境外租买频道、办台审批	新闻出版广电总局	无	《国务院办公厅关于保留部分非行政许可审批项目的通知》（国办发〔2004〕62号）	取消	
32	生产第一类中的药品类易制毒化学品审批	食品药品监管总局	无	《易制毒化学品管理条例》（国务院令第445号）	下放至省级人民政府食品药品监管部门	
33	东北、内蒙古重点国有林区年度木材生产计划审批	国家林业局	无	《中华人民共和国森林法》《中华人民共和国森林法实施条例》（国务院令第278号）《国务院批转林业局关于全国"十二五"期间年森林采伐限额审核意见的通知》（国发〔2011〕3号）	取消	
34	重点国有林区木材运输证核发	国家林业局	无	《中华人民共和国森林法》《中华人民共和国森林法实施条例》（国务院令第278号）	下放至省级人民政府林业主管部门	
35	在重点国有林区经营（含加工）木材审批	国家林业局	无	《中华人民共和国森林法实施条例》（国务院令第278号）	下放至省级人民政府林业主管部门	
36	防雷产品使用备案核准	中国气象局	无	《防雷减灾管理办法》（中国气象局令第24号）	取消	原由省级气象主管机构实施
37	外地防雷工程专业资质备案核准	中国气象局	无	《防雷工程专业资质管理办法》（中国气象局令第25号）	取消	原由省级气象主管机构实施
38	为教学和科学研究等开展的临时气象观测备案核准	中国气象局	无	《气象行业管理若干规定》（中国气象局令第12号）	取消	原由省级气象主管机构实施
39	国家重点建设水电站项目和国家核准（审批）水电站项目竣工验收	国家能源局	无	《水库大坝安全管理条例》（国务院令第77号）《国务院办公厅关于加强基础设施工程质量管理的通知》（国办发〔1999〕16号）《国务院办公厅关于印发国家能源局主要职责内设机构和人员编制规定的通知》（国办发〔2013〕51号）	下放至省级人民政府能源主管部门	

（续）

序号	项目名称	审批部门	其他共同审批部门	设定依据	处理决定	备注
40	跨区域电网输配电价审核	国家能源局	国家发展改革委	《国务院办公厅关于印发国家能源局主要职责内设机构和人员编制规定的通知》（国办发〔2013〕51号）	取消	
41	中央政府专项资金使用审批：能源领域技术研发资金、行业规划和行业标准经费	国家能源局	无	《中华人民共和国标准化法》《中华人民共和国标准化法实施条例》（国务院令第53号）《国务院办公厅关于印发国家能源局主要职责内设机构和人员编制规定的通知》（国办发〔2013〕51号）	取消	
42	发电机组进入及退出商业运营审核	国家能源局	无	《发电机组进入及退出商业运营管理办法》（电监市场〔2011〕32号）	取消	
43	发电机组并网安全性评价	国家能源局	无	《电力监管条例》（国务院令第432号）《发电机组进入及退出商业运营管理办法》（电监市场〔2011〕32号）《电网运行规则（试行）》（电监会令2006年第22号）	取消	
44	重要商品年度计划审批：煤层气商品量分配计划	国家能源局	无	《中华人民共和国矿产资源法》《国家发展改革委关于取消、调整和保留行政审批项目的通知》（发改政研〔2004〕3008号）《国务院办公厅关于印发国家能源局主要职责内设机构和人员编制规定的通知》（国办发〔2013〕51号）	取消	
45	研究堆操纵人员资格审核	国家国防科工局	无	《中华人民共和国民用核设施安全监督管理条例》（1986年10月29日国务院发布）	取消	
46	设立烟叶收购站（点）审批	国家烟草局	无	《中华人民共和国烟草专卖法》《中华人民共和国烟草专卖法实施条例》（国务院令第223号）	下放至设区的市级烟草专卖行政主管部门	
47	烟草专卖品中外合资、合作项目及中外合资企业变更事项审批	国家烟草局	无	《中华人民共和国烟草专卖法》《国务院办公厅关于保留部分非行政许可审批项目的通知》（国办发〔2004〕62号）	取消	

（续）

序号	项目名称	审批部门	其他共同审批部门	设定依据	处理决定	备注
48	测绘行业特有工种职业技能鉴定	国家测绘地信局	无	《职业技能鉴定规定》（劳部发〔1993〕134号）《测绘行业特有工种职业技能鉴定实施办法（试行）》（国测人字〔1997〕12号）	取消	
49	商业非运输运营人、私用大型航空器运营人、航空器代管人运行合格证核发	中国民航局	无	《国务院对确需保留的行政审批项目设定行政许可的决定》（国务院令第412号）	下放至民航地区管理局	
50	民用航空器地面教员执照核发	中国民航局	无	《国务院对确需保留的行政审批项目设定行政许可的决定》（国务院令第412号）《国务院关于第六批取消和调整行政审批项目的决定》（国发〔2012〕52号）	取消	原由民航地区管理局审批
51	民用航空器噪声合格证和涡轮发动机飞机排放物合格认可	中国民航局	无	《国务院对确需保留的行政审批项目设定行政许可的决定》（国务院令第412号）	取消	
52	运输机场专业工程验收许可	中国民航局	无	《民用机场管理条例》（国务院令第553号）	下放至民航地区管理局	
53	民用航空器改装设计批准（MDA）	中国民航局	无	《中华人民共和国民用航空器适航管理条例》（1987年5月4日国务院发布）	下放至民航地区管理局	
54	民用航空器生产检验系统批准（APIS）	中国民航局	无	《国务院对确需保留的行政审批项目设定行政许可的决定》（国务院令第412号）	取消	
55	民用航空器零部件制造人批准（PMA）	中国民航局	无	《国务院对确需保留的行政审批项目设定行政许可的决定》（国务院令第412号）	下放至民航地区管理局	
56	民用航空器零部件适航批准	中国民航局	无	《国务院对确需保留的行政审批项目设定行政许可的决定》（国务院令第412号）	下放至民航地区管理局	
57	撤销提供邮政普遍服务的邮政营业场所审批	国家邮政局	无	《中华人民共和国邮政法》	下放至省(区、市)邮政管理局和市(地)邮政管理局	
58	邮政企业停止办理或者限制办理邮政普遍服务业务和特殊服务业务审批	国家邮政局	无	《中华人民共和国邮政法》	下放至省(区、市)邮政管理局和市(地)邮政管理局	

附件 2

国务院决定取消的职业资格许可和认定事项目录

（共计 67 项）

一、取消的专业技术人员职业资格许可和认定事项（共计 26 项，其中准入类 14 项，水平评价类 12 项）

序号	项目名称	实施部门（单位）	资格类别	设定依据	处理决定	备注
1	土地估价师资格	国土资源部	准入类	《土地估价师资格考试管理办法》（国土资源部令 2006 年第 35 号）	取消	
2	机动车驾驶员培训机构教学负责人、机动车驾驶员培训结业考核人员从业资格	交通运输部	准入类	《道路运输从业人员管理规定》（交通部令 2006 年第 9 号）	取消	
3	公路水运工程试验检测人员资格	交通运输部	准入类	《公路水运工程试验检测管理办法》（交通部令 2005 年第 12 号）	取消	
4	理货人员从业资格	交通运输部	准入类	《关于印发〈理货人员从业资格管理办法〉等三个办法的通知》（交水发〔2007〕575 号）	取消	
5	水土保持监测人员上岗资格	水利部	准入类	《水土保持生态环境监测网络管理办法》（水利部令 2000 年第 12 号）	取消	
6	拍卖行业从业人员资格	中国拍卖行业协会	准入类	《拍卖管理办法》（商务部令 2004 年第 24 号）	取消	
7	机械工业质量管理咨询师	中国机械工业质量管理协会	准入类	《关于试行机械工业质量管理咨询诊断师证书的暂行规定》（84 机质字 242 号）	取消	原实施单位为国资委管理的行业协会
8	机械工业标准复核人员资格	中国机械工业标准化技术协会	准入类	《机械工业标准复核人员管理细则（试行）》（机科标〔1994〕38 号）	取消	
9	机械工业企业标准化人员资格	中国机械工业标准化技术协会	准入类	《关于开展机械工业企业标准化培训工作的通知》（机科标〔1995〕93 号）	取消	
10	出入境检验检疫报检员资格	质检总局	准入类	《国务院对确需保留的行政审批项目设定行政许可的决定》（国务院令第 412 号）《中华人民共和国进出口商品检验法实施条例》（国务院令第 447 号）	取消	

（续）

序号	项目名称	实施部门（单位）	资格类别	设定依据	处理决定	备注
11	外国证券类机构驻华代表机构首席代表资格核准	证监会	准入类	《国务院对确需保留的行政审批项目设定行政许可的决定》（国务院令第412号）	取消	
12	保荐代表人资格	证监会	准入类	《国务院对确需保留的行政审批项目设定行政许可的决定》（国务院令第412号）	取消	
13	保险公司精算专业人员资格认可	保监会	准入类	《中华人民共和国保险法》	取消	
14	保险公估机构高级管理人员任职资格核准	保监会	准入类	《国务院对确需保留的行政审批项目设定行政许可的决定》（国务院令第412号）	取消	
15	注册企业培训师	国家发展改革委	水平评价类	无	取消	原由中国人力资源开发研究会具体实施
16	中国职业经理人	国家发展改革委	水平评价类	无	取消	原由中国人力资源开发研究会具体实施
17	商业企业价格人员岗位资格行业认证	国家发展改革委	水平评价类	《价格认证管理办法》（计价格〔1999〕1074号）《商业企业价格人员岗位资格行业认证办法（试行）》（发改价证认〔2004〕36号）	取消	原由国家发展改革委价格认证中心具体实施
18	机械工业企业价格人员岗位资格行业认证	国家发展改革委	水平评价类	《价格认证管理办法》（计价格〔1999〕1074号）《全国机械工业企业价格人员岗位资格行业认证办法（试行）》（中机联人〔2006〕56号）	取消	原由国家发展改革委价格认证中心具体实施
19	建设项目水资源论证上岗资格	水利部	水平评价类	《建设项目水资源论证管理办法》（水利部、国家发展计划委员会令2002年第15号）《水文水资源调查评价资质和建设项目水资源论证资质管理办法（试行）》（水利部令2003年第17号）	取消	
20	内部审计人员岗位资格	审计署	水平评价类	《内部审计人员岗位资格证书实施办法》（中内协发〔2003〕22号）《审计署关于内部审计工作的规定》（审计署令2003年第4号）	取消	

（续）

序号	项目名称	实施部门（单位）	资格类别	设定依据	处理决定	备注
21	特许经营管理师	中国商业联合会	水平评价类	《特许经营管理师》协会标准（CGCC/Z 0005—2007）	取消	原实施单位为国资委管理的行业协会
22	QC小组活动诊断师	中国机械工业质量管理协会	水平评价类	无	取消	
23	机械工业质量管理奖评审员	中国机械工业质量管理协会	水平评价类	无	取消	
24	知识产权管理工程师	国家知识产权局	水平评价类	无	取消	
25	金融理财师	原由中国人民银行中国金融教育发展基金会实施，2009年后由社会机构自行实施	水平评价类	无	取消	
26	国际金融理财师	原由中国人民银行中国金融教育发展基金会实施，2009年后由社会机构自行实施	水平评价类	无	取消	

二、取消的技能人员职业资格许可和认定事项（共计41项，其中准入类1项，水平评价类40项）

序号	项目名称	实施部门（单位）	资格类别	设定依据	处理决定	备注
1	中央储备粮保管、检验、防治人员资格认定	国家粮食局	准入类	《中央储备粮管理条例》（国务院令第388号）	取消	
2	长途电话交换机务员	工业和信息化部	水平评价类	《邮电通信行业职业技能标准（试行）》（邮部联〔1996〕515号）《关于颁发〈国家职业技能鉴定规范（邮电营业员等五十七职业）〉（考核大纲）的通知》（邮部联〔1996〕1060号）	取消	
3	市内电话交换机务员	工业和信息化部	水平评价类	《邮电通信行业职业技能标准（试行）》（邮部联〔1996〕515号）《关于颁发〈国家职业技能鉴定规范（邮电营业员等五十七职业）〉（考核大纲）的通知》（邮部联〔1996〕1060号）	取消	

（续）

序号	项目名称	实施部门（单位）	资格类别	设定依据	处理决定	备注
4	邮电业务营销员	工业和信息化部	水平评价类	《邮电通信行业职业技能标准（试行）》（邮部联〔1996〕515号）《关于颁发〈国家职业技能鉴定规范（邮电营业员等五十七职业）〉（考核大纲）的通知》 （邮部联〔1996〕1060号）	取消	
5	割草机操作工	农业部	水平评价类	无	取消	
6	农产品加工机械操作工	农业部	水平评价类	无	取消	
7	农业技术推广员（水产）	农业部	水平评价类	无	取消	
8	品种试验员	农业部	水平评价类	无	取消	
9	水稻直播机操作工	农业部	水平评价类	无	取消	
10	植物组织培养员	农业部	水平评价类	无	取消	
11	种子贮藏技术人员	农业部	水平评价类	无	取消	
12	健康教育指导师资格	国家卫生计生委	水平评价类	《全国健康教育与健康促进工作规划纲要（2005—2010年)》（卫妇社发〔2005〕11号）	取消	
13	中国保健行业心理保健师资格	国家卫生计生委	水平评价类	无	取消	
14	中国保健行业营养保健师资格	国家卫生计生委	水平评价类	无	取消	
15	安全评价人员资格	安全监管总局	水平评价类	《安全评价人员资格登记管理规则》（安监总规划字〔2005〕108号）	取消	
16	松香包装工	国家林业局	水平评价类	《中华人民共和国工种分类目录》（1992）	取消	
17	木材搬运工	国家林业局	水平评价类	《中华人民共和国工种分类目录》（1992）	取消	
18	挂杆复烤工	国家烟草局	水平评价类	《中华人民共和国职业分类大典》（1999）	取消	

（续）

序号	项目名称	实施部门（单位）	资格类别	设定依据	处理决定	备注
19	不间断电源机务员	中国民航局	水平评价类	《关于印发民航行业飞机维护机械员等 79 个工种〈国家职业技能鉴定规范〉的通知》（劳社培就司发〔1999〕60 号）	取消	
20	测距设备机务员	中国民航局	水平评价类	《关于印发民航行业飞机维护机械员等 79 个工种〈国家职业技能鉴定规范〉的通知》（劳社培就司发〔1999〕60 号）	取消	
21	电话交换机机务员	中国民航局	水平评价类	《关于印发民航行业飞机维护机械员等 79 个工种〈国家职业技能鉴定规范〉的通知》（劳社培就司发〔1999〕60 号）	取消	
22	电讯材料员	中国民航局	水平评价类	《关于印发民航行业飞机维护机械员等 79 个工种〈国家职业技能鉴定规范〉的通知》（劳社培就司发〔1999〕60 号）	取消	
23	二次雷达机务员	中国民航局	水平评价类	《关于印发民航行业飞机维护机械员等 79 个工种〈国家职业技能鉴定规范〉的通知》（劳社培就司发〔1999〕60 号）	取消	民航行业已依照有关规章实施人员内部管理
24	飞机（苏式）维护电气员	中国民航局	水平评价类	《关于印发民航行业飞机维护机械员等 79 个工种〈国家职业技能鉴定规范〉的通知》（劳社培就司发〔1999〕60 号）	取消	
25	飞机（苏式）维护无线电、雷达员	中国民航局	水平评价类	《关于印发民航行业飞机维护机械员等 79 个工种〈国家职业技能鉴定规范〉的通知》（劳社培就司发〔1999〕60 号）	取消	
26	飞机（苏式）维护仪表员	中国民航局	水平评价类	《关于印发民航行业飞机维护机械员等 79 个工种〈国家职业技能鉴定规范〉的通知》（劳社培就司发〔1999〕60 号）	取消	
27	飞机电气修理工	中国民航局	水平评价类	《关于印发民航行业飞机维护机械员等 79 个工种〈国家职业技能鉴定规范〉的通知》（劳社培就司发〔1999〕60 号）	取消	
28	飞机机械附件修理工	中国民航局	水平评价类	《关于印发民航行业飞机维护机械员等 79 个工种〈国家职业技能鉴定规范〉的通知》（劳社培就司发〔1999〕60 号）	取消	

（续）

序号	项目名称	实施部门（单位）	资格类别	设定依据	处理决定	备注
29	飞机结构修理工	中国民航局	水平评价类	《关于印发民航行业飞机维护机械员等79个工种〈国家职业技能鉴定规范〉的通知》（劳社培就司发〔1999〕60号）	取消	
30	飞机气动、救生设备修理工	中国民航局	水平评价类	《关于印发民航行业飞机维护机械员等79个工种〈国家职业技能鉴定规范〉的通知》（劳社培就司发〔1999〕60号）	取消	
31	飞机维护电气员	中国民航局	水平评价类	《关于印发民航行业飞机维护机械员等79个工种〈国家职业技能鉴定规范〉的通知》（劳社培就司发〔1999〕60号）	取消	
32	飞行计划处理设备机务员	中国民航局	水平评价类	《关于印发民航行业飞机维护机械员等79个工种〈国家职业技能鉴定规范〉的通知》（劳社培就司发〔1999〕60号）	取消	
33	归航机/指点标机机务员	中国民航局	水平评价类	《关于印发民航行业飞机维护机械员等79个工种〈国家职业技能鉴定规范〉的通知》（劳社培就司发〔1999〕60号）	取消	民航行业已依照有关规章实施人员内部管理
34	航管计算机外围设备机务员	中国民航局	水平评价类	《关于印发民航行业飞机维护机械员等79个工种〈国家职业技能鉴定规范〉的通知》（劳社培就司发〔1999〕60号）	取消	
35	航管计算机硬件机务员	中国民航局	水平评价类	《关于印发民航行业飞机维护机械员等79个工种〈国家职业技能鉴定规范〉的通知》（劳社培就司发〔1999〕60号）	取消	
36	航空材料员	中国民航局	水平评价类	《关于印发民航行业飞机维护机械员等79个工种〈国家职业技能鉴定规范〉的通知》（劳社培就司发〔1999〕60号）	取消	
37	航空电信报（话）务员	中国民航局	水平评价类	《关于印发民航行业飞机维护机械员等79个工种〈国家职业技能鉴定规范〉的通知》（劳社培就司发〔1999〕60号）	取消	

（续）

序号	项目名称	实施部门（单位）	资格类别	设定依据	处理决定	备注
38	航空发动机附件修理工	中国民航局	水平评价类	《关于印发民航行业飞机维护机械员等79个工种〈国家职业技能鉴定规范〉的通知》（劳社培就司发〔1999〕60号）	取消	民航行业已依照有关规章实施人员内部管理
39	航空发动机修理工	中国民航局	水平评价类	《关于印发民航行业飞机维护机械员等79个工种〈国家职业技能鉴定规范〉的通知》（劳社培就司发〔1999〕60号）	取消	
40	航管内话通信机务员	中国民航局	水平评价类	《关于印发民航行业飞机维护机械员等79个工种〈国家职业技能鉴定规范〉的通知》（劳社培就司发〔1999〕60号）	取消	
41	航空摄影测绘员	中国民航局	水平评价类	《关于印发民航行业飞机维护机械员等79个工种〈国家职业技能鉴定规范〉的通知》（劳社培就司发〔1999〕60号）	取消	

附件3

国务院决定取消的评比达标表彰项目目录

（共计 19 项）

序号	项目名称	主办单位	处理决定
1	全国民族体育先进集体、先进个人和民族体育科学论文评选	国家民委	取消
2	全国民委系统信息工作先进集体、先进个人和优秀信息表彰	国家民委	取消
3	创建"文明样板航道"	交通运输部	取消
4	交通运输综合统计工作评比	交通运输部	取消
5	文化发展统计分析报告优秀稿件评比	文化部	取消
6	文化部文化艺术科学优秀成果奖	文化部	取消
7	全国工商系统法制宣传教育先进集体和先进个人	工商总局	取消
8	全国工商系统法治工商建设先进单位和先进个人	工商总局	取消
9	全国广播影视系统法制宣传教育先进集体和先进个人	新闻出版广电总局	取消
10	全国投入产出调查先进集体和先进个人	国家统计局	取消
11	国家林业局高等职业教育精品课程评选	国家林业局	取消
12	国家林业局高等职业教育示范性实训基地评选	国家林业局	取消
13	全国知识产权系统杰出青年和优秀青年	国家知识产权局	取消
14	优秀专利代理机构和优秀专利代理人	国家知识产权局	取消
15	保监会系统文明单位	保监会	取消
16	全国粮食行业技术能手、全国粮食行业技能人才培育突出贡献奖	国家粮食局	取消
17	全国火力发电可靠性金牌机组和全国供电可靠性金牌企业表彰	国家能源局	取消
18	政务信息工作先进个人	国家外汇局	取消
19	国际收支统计之星先进单位及个人	国家外汇局	取消

附件4

国务院决定调整或明确为后置审批的
工商登记前置审批事项目录

（共计82项）

序号	项目名称	实施机关	设定依据	处理决定
1	价格评估机构资质认定	国家发展改革委或省级人民政府发展改革（物价主管）部门	《国务院对确需保留的行政审批项目设定行政许可的决定》（国务院令第412号） 《国务院关于第六批取消和调整行政审批项目的决定》（国发〔2012〕52号） 《价格评估机构资质认定管理办法》（国家发展改革委令2005年第32号）	改为后置审批
2	保安培训许可证核发	省级人民政府公安机关	《保安服务管理条例》（国务院令第564号）	改为后置审批
3	资产评估机构设立审批	省级人民政府财政行政主管部门	《国有资产评估管理办法》（国务院令第91号） 《国务院关于第三批取消和调整行政审批项目的决定》（国发〔2004〕16号） 《资产评估机构审批和监督管理办法》（财政部令2011年第64号）	改为后置审批
4	会计师事务所及其分支机构设立审批	省级人民政府财政行政主管部门	《中华人民共和国注册会计师法》 《会计师事务所审批和监督暂行办法》（财政部令第24号） 《国务院关于取消和下放一批行政审批项目的决定》（国发〔2013〕44号）	改为后置审批
5	中介机构从事会计代理记账业务审批	县级以上地方人民政府财政行政主管部门	《中华人民共和国会计法》 《代理记账管理办法》（财政部令第27号）	改为后置审批
6	中外合作职业技能培训机构设立审批	省级人民政府人力资源社会保障行政主管部门	《中华人民共和国中外合作办学条例》（国务院令第372号） 《中外合作职业技能培训办学管理办法》（劳动和社会保障部令第27号）	改为后置审批
7	设立人才中介服务机构及其业务范围审批	县级以上人民政府人力资源社会保障行政主管部门	《国务院对确需保留的行政审批项目设定行政许可的决定》（国务院令第412号） 《人才市场管理规定》（人事部、工商总局令2005年第4号）	改为后置审批
8	危险废物经营许可	省级人民政府环境保护行政主管部门	《中华人民共和国固体废物污染环境防治法》 《危险废物经营许可证管理办法》（国务院令第408号） 《国务院关于取消和下放一批行政审批项目的决定》（国发〔2013〕44号）	改为后置审批
9	拆船厂设置环境影响报告书审批	县级以上地方人民政府环境保护行政主管部门	《防止拆船污染环境管理条例》（1988年5月18日国务院发布）	改为后置审批

（续）

序号	项目名称	实施机关	设定依据	处理决定
10	经营港口理货业务许可	省级人民政府交通运输行政主管部门	《中华人民共和国港口法》 《港口经营管理规定》（交通运输部令 2009 年第 13 号）	改为后置审批
11	从事国际道路运输审批	省级人民政府道路运输管理机构	《中华人民共和国道路运输条例》（国务院令第 406 号）	改为后置审批
12	道路运输站（场）经营业务许可证核发	县级人民政府道路运输管理机构	《中华人民共和国道路运输条例》（国务院令第 406 号）	改为后置审批
13	机动车维修经营业务许可证核发	县级人民政府道路运输管理机构	《中华人民共和国道路运输条例》（国务院令第 406 号）	改为后置审批
14	机动车驾驶员培训业务许可证核发	县级人民政府道路运输管理机构	《中华人民共和国道路运输条例》（国务院令第 406 号）	改为后置审批
15	国家重点保护水生野生动物驯养繁殖许可证核发	农业部或省级人民政府渔业行政主管部门	《中华人民共和国野生动物保护法》 《中华人民共和国水生野生动物保护实施条例》（农业部令 1993 年第 1 号）	改为后置审批
16	设立饲料添加剂、添加剂预混合饲料生产企业审批	省级人民政府饲料管理部门	《饲料和饲料添加剂管理条例》（国务院令第 609 号） 《国务院关于取消和下放一批行政审批项目的决定》（国发〔2013〕44 号）	改为后置审批
17	生猪定点屠宰证书核发	设区的市级人民政府生猪定点屠宰管理部门	《生猪屠宰管理条例》（国务院令第 525 号）	改为后置审批
18	石油成品油批发经营资格审批	商务部或省级人民政府商务行政主管部门	《国务院对确需保留的行政审批项目设定行政许可的决定》（国务院令第 412 号） 《国务院办公厅转发国家经贸委等部门关于进一步整顿和规范成品油市场秩序意见的通知》（国办发〔2001〕72 号）	改为后置审批
19	石油成品油零售经营资格审批	省级人民政府商务行政主管部门	《国务院对确需保留的行政审批项目设定行政许可的决定》（国务院令第 412 号） 《国务院办公厅转发国家经贸委等部门关于进一步整顿和规范成品油市场秩序意见的通知》（国办发〔2001〕72 号）	改为后置审批
20	设立旧机动车鉴定评估机构审批	设区的市级人民政府商务行政主管部门	《国务院对确需保留的行政审批项目设定行政许可的决定》（国务院令第 412 号） 《国务院关于第四批取消和调整行政审批项目的决定》（国发〔2007〕33 号） 《国务院关于第六批取消和调整行政审批项目的决定》（国发〔2012〕52 号） 《二手车流通管理办法》（商务部、公安部、工商总局、税务总局令 2005 年第 2 号）	改为后置审批

（续）

序号	项目名称	实施机关	设定依据	处理决定
21	鲜茧收购资格认定	省级人民政府商务行政主管部门或茧丝绸生产行政主管部门	《国务院对确需保留的行政审批项目设定行政许可的决定》（国务院令第 412 号） 《国务院办公厅转发国家经贸委关于深化蚕茧流通体制改革意见的通知》（国办发〔2001〕44 号）	改为后置审批
22	设立经营性互联网文化单位审批	省级人民政府文化行政主管部门	《国务院对确需保留的行政审批项目设定行政许可的决定》（国务院令第 412 号） 《国务院关于第五批取消和下放管理层级行政审批项目的决定》（国发〔2010〕21 号）	改为后置审批
23	港、澳服务提供者在内地设立互联网上网服务营业场所	省级人民政府文化行政主管部门	《〈内地与香港关于建立更紧密经贸关系的安排〉补充协议九》 《〈内地与澳门关于建立更紧密经贸关系的安排〉补充协议九》	改为后置审批
24	港、澳服务提供者在内地设立内地方控股合资演出团体审批	县级人民政府文化行政主管部门	《〈内地与香港关于建立更紧密经贸关系的安排〉补充协议九》 《〈内地与澳门关于建立更紧密经贸关系的安排〉补充协议九》	改为后置审批
25	营利性医疗机构设置审批	县级以上人民政府卫生计生行政主管部门	《医疗机构管理条例》（国务院令第 149 号） 《卫生部、国家中医药管理局、财政部、国家发展计划委员会关于印发〈关于城镇医疗机构分类管理的实施意见〉的通知》（卫医发〔2000〕233 号）	改为后置审批
26	经营流通人民币审批	中国人民银行	《中华人民共和国人民币管理条例》（国务院令第 280 号）	改为后置审批
27	装帧流通人民币审批	中国人民银行	《中华人民共和国人民币管理条例》（国务院令第 280 号）	改为后置审批
28	设立认证机构审批	质检总局	《中华人民共和国认证认可条例》（国务院令第 390 号）	改为后置审批
29	从事出版物批发业务许可	省级人民政府新闻出版行政主管部门	《出版管理条例》（国务院令第 594 号）	改为后置审批
30	从事出版物零售业务许可	县级人民政府新闻出版行政主管部门	《出版管理条例》（国务院令第 594 号）	改为后置审批
31	设立从事包装装潢印刷品和其他印刷品印刷经营活动的企业审批	设区的市级人民政府新闻出版行政主管部门	《印刷业管理条例》（国务院令第 315 号） 《国务院关于第六批取消和调整行政审批项目的决定》（国发〔2012〕52 号）	改为后置审批
32	印刷业经营者兼营包装装潢和其他印刷品印刷经营活动审批	设区的市级人民政府新闻出版行政主管部门	《印刷业管理条例》（国务院令第 315 号） 《国务院关于第六批取消和调整行政审批项目的决定》（国发〔2012〕52 号）	改为后置审批
33	音像制作单位设立审批	省级人民政府新闻出版行政主管部门	《音像制品管理条例》（国务院令第 595 号）	改为后置审批

（续）

序号	项目名称	实施机关	设定依据	处理决定
34	电子出版物制作单位设立审批	省级人民政府新闻出版行政主管部门	《音像制品管理条例》（国务院令第595号）	改为后置审批
35	音像复制单位设立审批	省级人民政府新闻出版行政主管部门	《音像制品管理条例》（国务院令第595号） 《国务院关于取消和下放50项行政审批项目等事项的决定》（国发〔2013〕27号）	改为后置审批
36	电子出版物复制单位设立审批	省级人民政府新闻出版行政主管部门	《音像制品管理条例》（国务院令第595号） 《国务院关于取消和下放50项行政审批项目等事项的决定》（国发〔2013〕27号）	改为后置审批
37	设立可录光盘生产企业审批	省级人民政府新闻出版行政主管部门	《中央宣传部、新闻出版署、国家计划委员会、对外贸易经济合作部、海关总署、国家工商行政管理局、国家版权局关于进一步加强光盘复制管理的通知》（中宣发〔1996〕7号） 《国务院关于第三批取消和调整行政审批项目的决定》（国发〔2004〕16号）	改为后置审批
38	烟花爆竹批发许可	设区的市级人民政府安全生产监督管理部门	《烟花爆竹安全管理条例》（国务院令第455号） 《国务院关于第六批取消和调整行政审批项目的决定》（国发〔2012〕52号）	改为后置审批
39	烟花爆竹零售许可	县级人民政府安全生产监督管理部门	《烟花爆竹安全管理条例》（国务院令第455号）	改为后置审批
40	互联网药品交易服务企业审批	食品药品监管总局或省级人民政府食品药品监管部门	《国务院对确需保留的行政审批项目设定行政许可的决定》（国务院令第412号）	改为后置审批
41	药品、医疗器械互联网信息服务审批	省级人民政府药品监督管理部门	《互联网信息服务管理办法》（国务院令第292号）	改为后置审批
42	化妆品生产企业卫生许可	省级人民政府食品药品监管部门	《化妆品卫生监督条例》（1989年9月26日国务院批准，1989年11月13日卫生部令第3号发布）	改为后置审批
43	食品生产许可	县级以上地方人民政府食品药品监管部门	《中华人民共和国食品安全法》 《中华人民共和国食品安全法实施条例》（国务院令第557号） 《国务院办公厅关于印发国家食品药品监督管理总局主要职责内设机构和人员编制规定的通知》（国办发〔2013〕24号）	改为后置审批
44	食品流通许可	县级以上地方人民政府食品药品监管部门	《中华人民共和国食品安全法》 《中华人民共和国食品安全法实施条例》（国务院令第557号） 《国务院办公厅关于印发国家食品药品监督管理总局主要职责内设机构和人员编制规定的通知》（国办发〔2013〕24号）	改为后置审批

（续）

序号	项目名称	实施机关	设定依据	处理决定
45	餐饮服务许可	县级以上地方人民政府食品药品监管部门	《中华人民共和国食品安全法》 《中华人民共和国食品安全法实施条例》（国务院令第 557 号） 《国务院办公厅关于印发国家食品药品监督管理总局主要职责内设机构和人员编制规定的通知》（国办发〔2013〕24 号）	改为后置审批
46	在林区经营（加工）木材审批	县级以上人民政府林业行政主管部门	《中华人民共和国森林法实施条例》（国务院令第 278 号）	改为后置审批
47	出售、收购国家二级保护野生植物审批	省级人民政府林业行政主管部门	《中华人民共和国野生植物保护条例》（国务院令第 204 号）	改为后置审批
48	国家重点保护陆生野生动物驯养繁殖许可证核发	省级以上人民政府林业行政主管部门及其委托的同级相关部门	《中华人民共和国陆生野生动物保护实施条例》（1992 年 2 月 10 日国务院批准，1992 年 3 月 1 日林业部发布）	改为后置审批
49	专利代理机构设立审批	国家知识产权局	《专利代理条例》（国务院令第 76 号）	改为后置审批
50	旅行社经营边境游资格审批	边境游地区省级人民政府旅游行政主管部门	《国务院对确需保留的行政审批项目设定行政许可的决定》（国务院令第 412 号） 《国务院关于取消和调整一批行政审批项目等事项的决定》（国发〔2014〕27 号）	改为后置审批
51	粮食收购资格认定	县级以上人民政府粮食行政主管部门	《粮食流通管理条例》（国务院令第 407 号） 《国务院关于进一步深化粮食流通体制改革的意见》（国发〔2004〕17 号）	改为后置审批
52	承装（承修、承试）电力设施许可证核发	国家能源局	《电力供应与使用条例》（国务院令第 196 号）	改为后置审批
53	铁路运输企业准入许可	国家铁路局	《国务院对确需保留的行政审批项目设定行政许可的决定》（国务院令第 412 号）	改为后置审批
54	民用航空器维修单位维修许可	中国民航局	《中华人民共和国民用航空法》	改为后置审批
55	经营邮政通信业务审批	国家邮政局或省级邮政行政主管部门	《国务院对确需保留的行政审批项目设定行政许可的决定》（国务院令第 412 号）	改为后置审批
56	拍卖企业经营文物拍卖许可	国家文物局	《中华人民共和国文物保护法》	改为后置审批
57	文物商店设立审批	省级人民政府文物行政主管部门	《中华人民共和国文物保护法》 《国务院关于第四批取消和调整行政审批项目的决定》（国发〔2007〕33 号）	改为后置审批
58	投资咨询机构、财务顾问机构、资信评级机构从事证券服务业务审批	证监会	《中华人民共和国证券法》	改为后置审批

（续）

序号	项目名称	实施机关	设定依据	处理决定
59	设立保险公估机构审批	保监会	《国务院对确需保留的行政审批项目设定行政许可的决定》（国务院令第 412 号）《保险公估机构监管规定》（保监会令 2009 年第 7 号）	改为后置审批
60	新建棉花加工企业审批	省级人民政府发展改革部门、工商行政管理部门、棉花质量监督机构	《棉花质量监督管理条例》（国务院令第 470 号）《棉花加工资格认定和市场管理暂行办法》（国家发展改革委令 2006 年第 49 号）	改为后置审批
61	城镇集体所有制企业设立、合并、分立、停业、迁移或者主要登记事项变更审批	省级人民政府规定的审批部门	《中华人民共和国城镇集体所有制企业条例》（国务院令第 88 号）	改为后置审批
62	假肢和矫形器（辅助器具）生产装配企业资格认定	省级人民政府民政行政主管部门	《国务院对确需保留的行政审批项目设定行政许可的决定》（国务院令第 412 号）《民政部、国家工商行政管理局关于对假肢和矫形器生产装配企业实行资格审查和登记管理有关问题的通知》（民福函〔1995〕248 号）	改为后置审批
63	会计师事务所从事证券相关业务审批	财政部、证监会	《中华人民共和国证券法》《财政部、证监会关于会计师事务所从事证券期货相关业务有关问题的通知》（财会〔2012〕2 号）	明确为后置审批
64	会计师事务所从事期货相关业务审批	财政部、证监会	《中华人民共和国证券法》《财政部、证监会关于会计师事务所从事证券期货相关业务有关问题的通知》（财会〔2012〕2 号）	明确为后置审批
65	资产评估机构从事证券服务业务审批	财政部、证监会	《中华人民共和国证券法》	明确为后置审批
66	民用核安全设备设计、制造、安装和无损检验单位许可证核发	环境保护部	《民用核安全设备监督管理条例》（国务院令第 500 号）	明确为后置审批
67	从事城市生活垃圾经营性清扫、收集、运输、处理服务审批	所在城市的市人民政府市容环境卫生行政主管部门	《国务院对确需保留的行政审批项目设定行政许可的决定》（国务院令第 412 号）	明确为后置审批
68	从事内地与我国台湾、港澳间海上运输业务许可	交通运输部	《国务院对确需保留的行政审批项目设定行政许可的决定》（国务院令第 412 号）	明确为后置审批
69	设立引航及验船机构审批	交通运输部或交通运输部海事局	《国务院对确需保留的行政审批项目设定行政许可的决定》（国务院令第 412 号）	明确为后置审批
70	从事海洋船舶船员服务业务审批	交通运输部海事局	《中华人民共和国船员条例》（国务院令第 494 号）《国务院关于取消和下放一批行政审批项目等事项的决定》（国发〔2013〕19 号）	明确为后置审批

（续）

序号	项目名称	实施机关	设定依据	处理决定
71	转基因农作物种子生产许可证核发	农业部	《农业转基因生物安全管理条例》（国务院令第304号）	明确为后置审批
72	消毒产品生产企业（一次性使用医疗用品的生产企业除外）卫生许可	省级人民政府卫生行政主管部门	《国务院对确需保留的行政审批项目设定行政许可的决定》（国务院令第412号）	明确为后置审批
73	饮用水供水单位卫生许可	设区的市级、县级人民政府卫生行政主管部门	《中华人民共和国传染病防治法》 《国务院对确需保留的行政审批项目设定行政许可的决定》（国务院令第412号） 《国务院关于第六批取消和调整行政审批项目的决定》（国发〔2012〕52号）	明确为后置审批
74	特种设备生产单位许可	质检总局或省级人民政府质量技术监督部门	《中华人民共和国特种设备安全法》 《特种设备安全监察条例》（国务院令第549号） 《国务院关于取消和下放一批行政审批项目的决定》（国发〔2014〕5号）	明确为后置审批
75	特种设备检验检测机构核准	质检总局或省级人民政府质量技术监督部门	《中华人民共和国特种设备安全法》 《特种设备安全监察条例》（国务院令第549号） 《国务院关于第六批取消和调整行政审批项目的决定》（国发〔2012〕52号）	明确为后置审批
76	免税商店设立审批	海关总署	《中华人民共和国海关法》	明确为后置审批
77	举办健身气功活动及设立站点审批	县级以上人民政府体育行政主管部门	《国务院对确需保留的行政审批项目设定行政许可的决定》（国务院令第412号） 《国务院关于第五批取消和下放管理层级行政审批项目的决定》（国发〔2010〕21号）	明确为后置审批
78	生产、经营第一类中的非药品类易制毒化学品审批	省级人民政府安全生产监督管理部门	《易制毒化学品管理条例》（国务院令第445号）	明确为后置审批
79	从事测绘活动的单位资质认定	国家测绘地信局或省级人民政府测绘行政主管部门	《中华人民共和国测绘法》	明确为后置审批
80	银行、农村信用社、兑换机构等结汇、售汇业务市场准入、退出审批	国家外汇局	《中华人民共和国外汇管理条例》（国务院令第532号）	明确为后置审批
81	保险、证券公司等非银行金融机构外汇业务市场准入、退出审批	国家外汇局	《中华人民共和国外汇管理条例》（国务院令第532号）	明确为后置审批
82	非金融机构经营结汇、售汇业务审批	国家外汇局	《中华人民共和国外汇管理条例》（国务院令第532号）	明确为后置审批

国务院关于取消和调整一批
行政审批项目等事项的决定

国发〔2015〕11 号

各省、自治区、直辖市人民政府，国务院各部委、各直属机构：

经研究论证，国务院决定，取消和下放 90 项行政审批项目，取消 67 项职业资格许可和认定事项，取消 10 项评比达标表彰项目，将 21 项工商登记前置审批事项改为后置审批，保留 34 项工商登记前置审批事项。同时，建议取消和下放 18 项依据有关法律设立的行政审批和职业资格许可认定事项，将 5 项依据有关法律设立的工商登记前置审批事项改为后置审批，国务院将依照法定程序提请全国人民代表大会常务委员会修订相关法律规定。《国务院关于取消和下放一批行政审批项目的决定》（国发〔2014〕5 号）中提出的涉及修改法律的行政审批事项，有 4 项国务院已按照法定程序提请全国人民代表大会常务委员会修改了相关法律，现一并予以公布。

各地区、各部门要继续坚定不移推进行政审批制度改革，加大简政放权力度，健全监督制约机制，加强对行政审批权运行的监督，不断提高政府管理科学化规范化水平。要认真落实工商登记改革成果，除法律另有规定和国务院决定保留的工商登记前置审批事项外，其他事项一律不得作为工商登记前置审批。企业设立后进行变更登记、注销登记，依法需要前置审批的，继续按有关规定执行。

　　附件：1. 国务院决定取消和下放管理层级的行政审批项目目录（共计 94 项）

　　　　　2. 国务院决定取消的职业资格许可和认定事项目录（共计 67 项）

　　　　　3. 国务院决定取消的评比达标表彰项目目录（共计 10 项）

　　　　　4. 国务院决定改为后置审批的工商登记前置审批事项目录（共计 21 项）

　　　　　5. 国务院决定保留的工商登记前置审批事项目录（共计 34 项）

国务院

2015 年 2 月 24 日

（此件公开发布）

附件1

国务院决定取消和下放管理层级的
行政审批项目目录

（共计 94 项）

序号	项目名称	审批部门	其他共同审批部门	设定依据	处理决定	备注
1	物业管理师注册执业资格认定	住房和城乡建设部	无	《物业管理条例》（国务院令第 504 号）《物业管理师制度暂行规定》（国人部发〔2005〕95 号）	取消	
2	期货交易场所上市、修改或者终止合约审批	证监会	无	《期货交易管理条例》（国务院令第 627 号）	取消	
3	期货交易场所变更住所或者营业场所审批	证监会	无	《期货交易管理条例》（国务院令第 627 号）	取消	
4	期货交易场所合并、分立或者解散审批	证监会	无	《期货交易管理条例》（国务院令第 627 号）	取消	
5	全国中小企业股份转让系统公司新增股东或原股东转让所持股份审批	证监会	无	《全国中小企业股份转让系统有限责任公司管理暂行办法》（证监会令第 89 号）	取消	
6	证券交易所、证券登记结算收费审批	证监会	无	《中华人民共和国证券法》《证券交易所管理办法》（证监会令第 4 号）《证券登记结算管理办法》（证监会令第 65 号）	取消	
7	证券交易所风险基金、证券结算风险基金使用审批	证监会	无	《中华人民共和国证券法》《证券交易所风险基金管理暂行办法》（证监发〔2000〕22 号）《证券结算风险基金管理办法》（证监发〔2006〕65 号）	取消	
8	证券交易所上市新的交易品种审批	证监会	无	《证券交易所管理办法》（证监会令第 4 号）	取消	
9	全国中小企业股份转让系统上市新的交易品种审批	证监会	无	《全国中小企业股份转让系统有限责任公司管理暂行办法》（证监会令第 89 号）	取消	
10	上市公司收购报告书审核	证监会	无	《中华人民共和国证券法》	取消	
11	保险公司股权转让及改变组织形式审批	保监会	无	《国务院对确需保留的行政审批项目设定行政许可的决定》（国务院令第 412 号）	取消	

（续）

序号	项目名称	审批部门	其他共同审批部门	设定依据	处理决定	备注
12	保险公司从事机动车交通事故责任强制保险业务审批	保监会	无	《机动车交通事故责任强制保险条例》（国务院令第630号）	取消	
13	投资连结保险的投资账户设立、合并、分立、关闭、清算等事项审批	保监会	无	《国务院对确需保留的行政审批项目设定行政许可的决定》（国务院令第412号）	取消	
14	保险公司资本保证金处置审批	保监会	无	《中华人民共和国保险法》《保险公司资本保证金管理办法》（保监发〔2011〕39号）	取消	
15	保险公司可投资企业债券的信用评级机构核准	保监会	无	《国务院对确需保留的行政审批项目设定行政许可的决定》（国务院令第412号）	取消	
16	外资保险公司再保险关联交易审批	保监会	无	《中华人民共和国外资保险公司管理条例》（国务院令第636号）	取消	
17	保险机构经营农业保险业务审批	保监会	无	《农业保险条例》（国务院令第629号）	取消	
18	铬化合物生产建设项目审批	工业和信息化部	无	《国务院对确需保留的行政审批项目设定行政许可的决定》（国务院令第412号）《铬化合物生产建设许可管理办法》（工业和信息化部令第15号）	下放至省级人民政府工业和信息化行政主管部门	
19	软件企业和集成电路设计企业认定及产品的登记备案	工业和信息化部	无	《国务院关于印发鼓励软件产业和集成电路产业发展若干政策的通知》（国发〔2000〕18号）《软件产品管理办法》（工业和信息化部令第9号）《软件企业认定管理办法》（工信部联软〔2013〕64号）《集成电路设计企业认定管理办法》（工信部联电子〔2013〕487号）	取消	
20	对财政有影响的临时特案减免税审批	财政部	税务总局	《国务院办公厅关于保留部分非行政许可审批项目的通知》（国办发〔2004〕62号）	取消	
21	中央财政农业综合开发有偿资金呆账核销和延期还款审批	财政部	无	《农业综合开发财政有偿资金管理办法》（财发〔2008〕4号）《农业综合开发财政有偿资金呆账核销和延期还款办法》（财发〔2008〕61号）	取消	

（续）

序号	项目名称	审批部门	其他共同审批部门	设定依据	处理决定	备注
22	豁免国有创业投资机构和国有创业投资引导基金国有股转持义务审核	财政部	无	《财政部　国资委证监会社保基金会关于豁免国有创业投资机构和国有创业投资引导基金国有股转持义务有关问题的通知》（财企〔2010〕278号）	取消	
23	政府采购代理机构甲级资格认定	财政部	无	《中华人民共和国政府采购法》《政府采购代理机构资格认定办法》（财政部令第61号）	取消	
24	境外（包括港澳台）会计师事务所在境内设立常驻代表处审批	财政部	无	《中华人民共和国注册会计师法》	取消	
25	对增值税一般纳税人资格认定审批	税务总局	无	《中华人民共和国增值税暂行条例》（国务院令第538号）《国务院办公厅关于保留部分非行政许可审批项目的通知》（国办发〔2004〕62号）	取消	
26	申请开具红字增值税专用发票审核	税务总局	无	《国家税务总局关于修订〈增值税专用发票使用规定〉的通知》（国税发〔2006〕156号）《国家税务总局关于在全国开展营业税改征增值税试点有关征收管理问题的公告》（税务总局公告2013年第39号）	取消	
27	对承担粮食收储任务的国有粮食购销企业免征增值税审核	税务总局	同级财政、粮食部门	《财政部　国家税务总局关于粮食企业增值税征免问题的通知》（财税字〔1999〕198号）	取消	
28	对承担粮食收储任务的国有粮食购销企业和经营免税项目的粮食经营企业以及有政府储备食用植物油销售业务的企业增值税免税资格审核	税务总局	无	《财政部　国家税务总局关于粮食企业增值税征免问题的通知》（财税字〔1999〕198号）	取消	
29	拍卖行拍卖免征增值税货物审批	税务总局	无	《国家税务总局关于拍卖行取得的拍卖收入征收增值税、营业税有关问题的通知》（国税发〔1999〕40号）	取消	
30	营改增后随军家属优惠政策审批	税务总局	无	《财政部　国家税务总局关于将铁路运输和邮政业纳入营业税改征增值税试点的通知》（财税〔2013〕106号）	取消	

（续）

序号	项目名称	审批部门	其他共同审批部门	设定依据	处理决定	备注
31	营改增后军队转业干部优惠政策审批	税务总局	无	《财政部　国家税务总局关于将铁路运输和邮政业纳入营业税改征增值税试点的通知》（财税〔2013〕106号）	取消	
32	营改增后城镇退役士兵优惠政策审批	税务总局	民政部门	《财政部　国家税务总局关于将铁路运输和邮政业纳入营业税改征增值税试点的通知》（财税〔2013〕106号）	取消	
33	消费税税款抵扣审核	税务总局	无	《国家税务总局关于进一步加强消费税纳税申报及税款抵扣管理的通知》（国税函〔2006〕769号）	取消	
34	成品油消费税征税范围认定	税务总局	无	《国家税务总局关于消费税有关政策问题的公告》（税务总局公告2012年第47号）	取消	
35	主管税务机关对非居民企业适用行业及所适用的利润率审核	税务总局	无	《非居民企业所得税核定征收管理办法》（国税发〔2010〕19号）	取消	
36	非境内注册居民企业选择主管税务机关批准	税务总局	无	《境外注册中资控股居民企业所得税管理办法（试行）》（税务总局公告2011年第45号）	取消	
37	境外注册中资控股居民企业主管税务机关变更审批	税务总局	无	《境外注册中资控股居民企业所得税管理办法（试行）》（税务总局公告2011年第45号）	取消	
38	国防专利申请权、专利权转让及实施审批	国家国防科工局	无	《国防专利条例》（国务院、中央军委令第418号）	取消	
39	全国性社会团体筹备审批	民政部	需要业务主管单位审查同意	《社会团体登记管理条例》（国务院令第250号）	取消	
40	社会福利基金资助项目审批	民政部	无	《国务院办公厅关于保留部分非行政许可审批项目的通知》（国办发〔2004〕62号）《社会福利基金使用管理暂行办法》（财社字〔1998〕124号）	取消	
41	兽药生产许可证核发	农业部	无	《兽药管理条例》（国务院令第404号）	下放至省级人民政府兽医行政主管部门	

（续）

序号	项目名称	审批部门	其他共同审批部门	设定依据	处理决定	备注
42	水文、水资源调查评价机构资质认定	水利部	无	《国务院对确需保留的行政审批项目设定行政许可的决定》（国务院令第412号）《中华人民共和国水文条例》（国务院令第496号）	取消	
43	病险水库除险加固项目年度计划审批	水利部	无	《关于进一步加强病险水库除险加固工程管理有关问题的通知》（发改办农经〔2005〕806号）	取消	
44	农村饮水安全工程年度计划审批	水利部	无	《关于加强农村饮水安全工程建设和运行管理工作的通知》（发改农经〔2007〕1752号）	取消	
45	银行间债券市场债券交易流通审批	中国人民银行	无	《国务院对确需保留的行政审批项目设定行政许可的决定》（国务院令第412号）《全国银行间债券市场债券交易流通审核规则》（中国人民银行公告〔2004〕19号）	取消	
46	国家重点工程建设或重大自然灾害临时增加采伐限额审批	国家林业局	无	《国务院批转林业局关于全国"十二五"期间年森林采伐限额审核意见的通知》（国发〔2011〕3号）	取消	
47	进入林业部门管理的国家级自然保护区从事教学实习、参观考察、拍摄影片、登山等活动审批	国家林业局	无	《森林和野生动物类型自然保护区管理办法》（1985年6月21日国务院批准，1985年7月6日林业部发布）	下放至省级人民政府林业行政主管部门	
48	启动实施一级突发林业有害生物事件应急预案审批	国家林业局	无	《突发林业有害生物事件处置办法》（国家林业局令第13号）	取消	
49	天保工程公益林建设任务调整审批	国家林业局	国家发展改革委	《国家发展改革委、国家林业局关于下达天然林资源保护工程二期2011年中央预算内投资计划的通知》（发改投资〔2011〕1620号）	取消	
50	天保工程森林培育建设任务调整审批	国家林业局	国家发展改革委	《国家发展改革委、国家林业局关于下达天然林资源保护工程二期2011年中央预算内投资计划的通知》（发改投资〔2011〕1620号）	取消	
51	跨区域重点推广示范项目审批	国家林业局	无	《中央财政林业科技推广示范资金管理暂行办法》（财农〔2009〕289号）	取消	

（续）

序号	项目名称	审批部门	其他共同审批部门	设定依据	处理决定	备注
52	省级退耕还林年度实施方案审核	国家林业局	无	《退耕还林条例》（国务院令第367号）	取消	
53	巩固退耕还林成果专项规划审批	国家林业局	国家发展改革委、财政部、农业部、水利部	《国务院关于完善退耕还林政策的通知》（国发〔2007〕25号）《巩固退耕还林成果专项规划建设项目管理办法》（发改西部〔2010〕1382号）《巩固退耕还林成果专项资金使用和管理办法》（财农〔2007〕327号）	取消	
54	国家级自然保护区生态旅游规划审批	国家林业局	无	《森林和野生动物类型自然保护区管理办法》（1985年6月21日国务院批准，1985年7月6日林业部发布）《自然保护区生态旅游规划技术规程》（GB/T 20416—2006）《国务院办公厅关于做好自然保护区管理有关工作的通知》（国办发〔2010〕63号）《国家林业局关于加强自然保护区建设管理工作的意见》（林护发〔2005〕55号）	取消	
55	海域海岸带整治修复项目（海域类）审批	国家海洋局	无	《国务院关于全国海洋功能区划（2011—2020年）的批复》（国函〔2012〕13号）	取消	
56	国务院批准的用岛项目建筑物和设施登记核准	国家海洋局	无	《无居民海岛使用权登记办法》（国海岛字〔2010〕775号）《无居民海岛使用申请审批试行办法》（国海岛字〔2011〕225号）	取消	
57	海岛整治修复项目实施方案审批	国家海洋局	无	《海域使用金使用管理暂行办法》（财建〔2009〕491号）《无居民海岛使用金征收使用管理办法》（财综〔2010〕44号）	取消	
58	海岛整治修复项目验收	国家海洋局	无	《海域使用金使用管理暂行办法》（财建〔2009〕491号）	取消	
59	教育部科技查新机构认定	教育部	无	《教育部办公厅关于进一步规范教育部科技查新机构工作的意见》（教技发厅〔2004〕1号）	取消	

（续）

序号	项目名称	审批部门	其他共同审批部门	设定依据	处理决定	备注
60	地质资料延期汇交审批	国土资源部	无	《地质资料管理条例》（国务院令第349号）	取消	
61	土地调查实施方案核准	国土资源部	无	《土地调查条例》（国务院令第518号）	取消	
62	矿产地储备区域矿产资源开发利用审批	国土资源部	无	《国务院办公厅关于印发国土资源部主要职责内设机构和人员编制规定的通知》（国办发〔2008〕71号）《国土资源部关于印发〈关于开展矿产地储备试点工作的意见〉的通知》（国土资发〔2011〕128号）	取消	
63	县级以上人民政府有关部门查阅保护期内的地质资料审查	国土资源部	无	《地质资料管理条例》（国务院令第349号）《地质资料管理条例实施办法》（国土资源部令第16号）	取消	
64	省、自治区、直辖市矿山地质环境保护规划审核	国土资源部	无	《矿山地质环境保护规定》（国土资源部令第44号）	取消	
65	重点保护古生物化石产地名录审批	国土资源部	无	《古生物化石保护条例》（国务院令第580号）《古生物化石保护条例实施办法》（国土资源部令第57号）	取消	
66	国土资源部科技平台建设审批	国土资源部	无	《国务院关于加强地质工作的决定》（国发〔2006〕4号）《关于组织开展国土资源部野外科学观测研究基地命名和建设的通知》（国土资发〔2010〕213号）《国土资源部关于进一步加强科技创新工作的意见》（国土资发〔2013〕72号）	取消	
67	整装勘查区设置审批	国土资源部	无	《国务院办公厅关于转发国土资源部等部门找矿突破战略行动纲要（2011—2020年）的通知》（国办发〔2011〕57号）《国土资源部关于加快推进整装勘查实现找矿重大突破的通知》（国土资发〔2012〕140号）	取消	
68	调整矿产勘查风险分类审批	国土资源部	无	《国土资源部关于进一步完善矿业权管理促进整装勘查的通知》（国土资发〔2011〕55号）	取消	

（续）

序号	项目名称	审批部门	其他共同审批部门	设定依据	处理决定	备注
69	船舶污染物清除作业单位资质认定	交通运输部	无	《防治船舶污染海洋环境管理条例》（国务院令第561号）	取消	
70	船舶油污损害民事责任保险证书或者财务保证证书核发	交通运输部	无	《防治船舶污染海洋环境管理条例》（国务院令第561号）	下放至省级及以下海事机构	
71	水运工程监理甲级企业资质认定	交通运输部	无	《建设工程质量管理条例》（国务院令第279号）《公路水运工程监理企业资质管理规定》（交通部令2004年第5号）	下放至省级人民政府交通运输行政主管部门	
72	外资企业、中外合资经营企业、中外合作经营企业经营中华人民共和国沿海、江河、湖泊及其他通航水域水路运输审批	交通运输部	无	《国内水路运输管理条例》（国务院令第625号）	下放至省级人民政府交通运输行政主管部门	
73	危险化学品水路运输人员资格认可	交通运输部	无	《危险化学品安全管理条例》（国务院令第591号）	子项"装卸管理人员资格认可"下放至省级人民政府交通运输行政主管部门。子项"申报人员资格认可"和"集装箱现场检查员资格认可"下放至省级及以下海事管理机构	
74	放射防护器材和含放射性产品检测机构、医疗机构放射性危害评价（甲级）机构认定	国家卫生计生委	无	《中华人民共和国职业病防治法》《关于职业卫生监管部门职责分工的通知》（中央编办发〔2010〕104号）	下放至省级人民政府卫生计生行政主管部门	
75	高致病性病原微生物有关科研项目审查	国家卫生计生委	无	《病原微生物实验室生物安全管理条例》（国务院令第424号）	取消	
76	关税及进口环节海关代征税延期缴纳审批	海关总署	无	《中华人民共和国进出口关税条例》（国务院令第392号）《国务院关于取消和下放一批行政审批项目的决定》（国发〔2013〕44号）	取消	原由直属海关审批
77	关税及进口环节海关代征税滞纳金减免审批	海关总署	无	《海关税款滞纳金减免暂行规定》（署税发〔2012〕437号）	取消	

（续）

序号	项目名称	审批部门	其他共同审批部门	设定依据	处理决定	备注
78	计量检定员资格核准	质检总局	无	《中华人民共和国计量法》《中华人民共和国计量法实施细则》（1987年1月19日国务院批准，1987年2月1日国家计量局发布）	下放至省级人民政府质监部门	
79	设备监理单位甲级资格证书核发	质检总局	无	《国务院对确需保留的行政审批项目设定行政许可的决定》（国务院令第412号）《国务院关于第六批取消和调整行政审批项目的决定》（国发〔2012〕52号）	下放至省级人民政府质监部门	
80	涉及人身财产安全健康的重要出口商品注册登记	质检总局	无	《中华人民共和国进出口商品检验法实施条例》（国务院令第447号）	取消	
81	国家级裁判员审批	体育总局	无	《体育竞赛裁判员管理办法（试行）》（体竞字〔1999〕153号）	取消	
82	民用航空器（发动机、螺旋桨）生产许可（PC）	中国民航局	无	《中华人民共和国民用航空法》《中华人民共和国民用航空器适航管理条例》（1987年5月4日国务院发布）	下放至民航地区管理局	
83	民航计量检定员资格认可	中国民航局	无	《中华人民共和国计量法》《中华人民共和国计量法实施细则》（1987年1月19日国务院批准，1987年2月1日国家计量局发布）	下放至民航地区管理局	
84	航空营运人运输危险品资格批准	中国民航局	无	《国务院对确需保留的行政审批项目设定行政许可的决定》（国务院令第412号）	下放至民航地区管理局	
85	民用航空器特许飞行资格认可	中国民航局	无	《国务院对确需保留的行政审批项目设定行政许可的决定》（国务院令第412号）	下放至民航地区管理局	
86	航空安全员资格认定	中国民航局	无	《国务院对确需保留的行政审批项目设定行政许可的决定》（国务院令第412号）	下放至民航地区管理局	
87	民航企业及机场联合、重组和改制审核	中国民航局	无	《国务院对确需保留的行政审批项目设定行政许可的决定》（国务院令第412号）《国务院关于第六批取消和调整行政审批项目的决定》（国发〔2012〕52号）	下放至民航地区管理局	

（续）

序号	项目名称	审批部门	其他共同审批部门	设定依据	处理决定	备注
88	民用航空器地址编码指配	中国民航局	无	《国务院办公厅关于保留部分非行政许可审批的通知》（国办发〔2004〕62号）	取消	
89	军工产品储存库一级风险等级认定和技术防范工程方案审核及工程验收	公安部	国家国防科工局	《国务院对确需保留的行政审批项目设定行政许可的决定》（国务院令第412号）	下放至省级人民政府公安机关	
90	航行港澳船舶证明书核发	公安部	无	《国务院对确需保留的行政审批项目设定行政许可的决定》（国务院令第412号）	取消	
91	一级文物系统风险单位安全技术防范工程设计方案审批和工程验收	公安部	无	《国务院办公厅关于保留部分非行政许可审批项目的通知》（国办发〔2004〕62号）《文物系统博物馆风险等级和安全防护级别的规定》（GA 27—2002）	取消	
92	麻醉药品、第一类精神药品和第二类精神药品原料药定点生产审批	食品药品监管总局	无	《麻醉药品和精神药品管理条例》（国务院令第442号）	下放至省级人民政府食品药品监管部门	
93	新建、扩建、改建建设工程避免危害国家基准气候站、基本气象站气象探测环境审批	中国气象局	无	《中华人民共和国气象法》《气象设施和气象探测环境保护条例》（国务院令第623号）	下放至省级气象主管机构	
94	商用密码科研单位审批	国家密码局	无	《商用密码管理条例》（国务院令第273号）	取消	

附件 2

国务院决定取消的职业资格许可和认定事项目录

（共计 67 项）

一、取消的专业技术人员职业资格许可和认定事项（共计 28 项，其中准入类 4 项，水平评价类 24 项）

序号	项目名称	实施部门（单位）	资格类别	设定依据	处理决定	备注
1	矿山建设工程质量监督工程师	中国煤炭建设协会	准入类	《建设工程质量管理条例》（国务院令第 279 号）《建设工程质量监督工程师资格管理暂行规定》（建人教〔2001〕162 号）	取消	原实施单位为国资委管理的行业协会
2	冶金监理工程师	中国冶金建设协会	准入类	《关于印发〈冶金工业部工程建设监理（试行）办法〉等三个文件的通知》（（1994）冶建字第 451 号）	取消	
3	危险物品的生产、经营、储存单位以及矿山主要负责人和安全生产管理人员的安全资格认定	安全监管总局	准入类	《中华人民共和国安全生产法》	取消	
4	期货公司董事、监事和高级管理人员任职资格核准	证监会	准入类	《期货交易管理条例》（国务院令第 627 号）	取消	
5	建筑保温工程项目经理	住房和城乡建设部	水平评价类	《关于进一步加强项目经理职业化建设的指导意见》（建协〔2006〕7 号）	取消	
6	地面供暖工程项目经理	住房和城乡建设部	水平评价类	《关于进一步加强项目经理职业化建设的指导意见》（建协〔2006〕7 号）	取消	
7	建筑防水工程项目经理	住房和城乡建设部	水平评价类	《关于进一步加强项目经理职业化建设的指导意见》（建协〔2006〕7 号）	取消	
8	古建园林工程项目经理	住房和城乡建设部	水平评价类	《关于进一步加强项目经理职业化建设的指导意见》（建协〔2006〕7 号）	取消	
9	装饰（住宅）监理（师）	住房和城乡建设部	水平评价类	《关于开展建筑装饰装修从业资格培训的通知》（中装协〔2003〕21 号）	取消	

（续）

序号	项目名称	实施部门（单位）	资格类别	设定依据	处理决定	备注
10	装饰项目经理	住房和城乡建设部	水平评价类	《关于开展建筑装饰装修从业资格培训的通知》（中装协〔2003〕21号）	取消	
11	装饰材料管理师	住房和城乡建设部	水平评价类	《关于开展建筑装饰装修从业资格培训的通知》（中装协〔2003〕21号）	取消	
12	装饰资料管理师	住房和城乡建设部	水平评价类	《关于开展建筑装饰装修从业资格培训的通知》（中装协〔2003〕21号）	取消	
13	装饰施工管理师	住房和城乡建设部	水平评价类	《关于开展建筑装饰装修从业资格培训的通知》（中装协〔2003〕21号）	取消	
14	装饰质量管理师	住房和城乡建设部	水平评价类	《关于开展建筑装饰装修从业资格培训的通知》（中装协〔2003〕21号）	取消	
15	建筑装饰设计师（含室内陈设、家具与厨卫、幕墙设计）	住房和城乡建设部	水平评价类	《关于开展建筑装饰装修从业资格培训的通知》（中装协〔2003〕21号）	取消	
16	建筑表现制作师	住房和城乡建设部	水平评价类	《关于开展建筑装饰装修从业资格培训的通知》（中装协〔2003〕21号）	取消	
17	民族（古）建筑维护师	住房和城乡建设部	水平评价类	无	取消	
18	民族（古）建筑修缮师	住房和城乡建设部	水平评价类	无	取消	
19	中国古建营造师	住房和城乡建设部	水平评价类	无	取消	
20	民族建筑设计师	住房和城乡建设部	水平评价类	无	取消	
21	室内设计师	住房和城乡建设部	水平评价类	《关于重新印发〈全国室内设计师资格评定暂行办法〉的通知》（中室协〔2007〕026号）	取消	
22	景观设计师	住房和城乡建设部	水平评价类	《关于开展全国景观设计师技术岗位能力考核认证工作的通知》（中装协〔2007〕007号）	取消	

（续）

序号	项目名称	实施部门（单位）	资格类别	设定依据	处理决定	备注
23	建设行业专业技术管理职业资格	住房和城乡建设部	水平评价类	无	取消	
24	建筑业企业法务总监（法务经理）、法务助理	住房和城乡建设部	水平评价类	《关于推进建筑业企业法务工作的指导意见》（建协〔2007〕16号）	取消	
25	房地产置业法律顾问（咨询师）	住房和城乡建设部	水平评价类	无	取消	
26	全国电气智能应用水平考试	住房和城乡建设部	水平评价类	无	取消	
27	水土保持方案编制上岗资格	水利部	水平评价类	《水土保持方案编制资格证单位考核办法》（水利部水保〔1997〕410号）	取消	
28	农村水电安全监察员资格	水利部	水平评价类	《关于建立农村水电安全监察员制度和进行培训发证工作的通知》（电生字〔1994〕7号）	取消	

二、取消的技能人员职业资格许可和认定事项（共计39项，均为水平评价类）

序号	项目名称	实施部门（单位）	资格类别	设定依据	处理决定	备注
1	航空摄影冲洗员	中国民航局	水平评价类	《关于印发民航行业飞机维护机械员等79个工种〈国家职业技能鉴定规范〉的通知》（劳社培就司发〔1999〕60号）	取消	
2	航空摄影照相设备员	中国民航局	水平评价类	《关于印发民航行业飞机维护机械员等79个工种〈国家职业技能鉴定规范〉的通知》（劳社培就司发〔1999〕60号）	取消	
3	计算机系统及网络设备机务员	中国民航局	水平评价类	《关于印发民航行业飞机维护机械员等79个工种〈国家职业技能鉴定规范〉的通知》（劳社培就司发〔1999〕60号）	取消	民航行业已依照有关规章实施人员内部管理
4	空调设备机务员	中国民航局	水平评价类	《关于印发民航行业飞机维护机械员等79个工种〈国家职业技能鉴定规范〉的通知》（劳社培就司发〔1999〕60号）	取消	
5	气象传真设备机务员	中国民航局	水平评价类	《关于印发民航行业飞机维护机械员等79个工种〈国家职业技能鉴定规范〉的通知》（劳社培就司发〔1999〕60号）	取消	

（续）

序号	项目名称	实施部门（单位）	资格类别	设定依据	处理决定	备注
6	气象电传设备机务员	中国民航局	水平评价类	《关于印发民航行业飞机维护机械员等79个工种〈国家职业技能鉴定规范〉的通知》（劳社培就司发〔1999〕60号）	取消	
7	气象对空广播员	中国民航局	水平评价类	《关于印发民航行业飞机维护机械员等79个工种〈国家职业技能鉴定规范〉的通知》（劳社培就司发〔1999〕60号）	取消	
8	气象雷达设备机务员	中国民航局	水平评价类	《关于印发民航行业飞机维护机械员等79个工种〈国家职业技能鉴定规范〉的通知》（劳社培就司发〔1999〕60号）	取消	
9	气象填图员	中国民航局	水平评价类	《关于印发民航行业飞机维护机械员等79个工种〈国家职业技能鉴定规范〉的通知》（劳社培就司发〔1999〕60号）	取消	
10	气象卫星云图接收设备机务员	中国民航局	水平评价类	《关于印发民航行业飞机维护机械员等79个工种〈国家职业技能鉴定规范〉的通知》（劳社培就司发〔1999〕60号）	取消	
11	气象无线电设备机务员	中国民航局	水平评价类	《关于印发民航行业飞机维护机械员等79个工种〈国家职业技能鉴定规范〉的通知》（劳社培就司发〔1999〕60号）	取消	
12	气象自动观测系统机务员	中国民航局	水平评价类	《关于印发民航行业飞机维护机械员等79个工种〈国家职业技能鉴定规范〉的通知》（劳社培就司发〔1999〕60号）	取消	
13	气象自动填图设备机务员	中国民航局	水平评价类	《关于印发民航行业飞机维护机械员等79个工种〈国家职业技能鉴定规范〉的通知》（劳社培就司发〔1999〕60号）	取消	
14	全向信标机务员	中国民航局	水平评价类	《关于印发民航行业飞机维护机械员等79个工种〈国家职业技能鉴定规范〉的通知》（劳社培就司发〔1999〕60号）	取消	
15	甚高频收、发信机务员	中国民航局	水平评价类	《关于印发民航行业飞机维护机械员等79个工种〈国家职业技能鉴定规范〉的通知》（劳社培就司发〔1999〕60号）	取消	

（续）

序号	项目名称	实施部门（单位）	资格类别	设定依据	处理决定	备注
16	塔台集中控制机务员	中国民航局	水平评价类	《关于印发民航行业飞机维护机械员等79个工种〈国家职业技能鉴定规范〉的通知》（劳社培就司发〔1999〕60号）	取消	
17	通用航空报（话）务员	中国民航局	水平评价类	《关于印发民航行业飞机维护机械员等79个工种〈国家职业技能鉴定规范〉的通知》（劳社培就司发〔1999〕60号）	取消	
18	无线电短波收、发信机务员	中国民航局	水平评价类	《关于印发民航行业飞机维护机械员等79个工种〈国家职业技能鉴定规范〉的通知》（劳社培就司发〔1999〕60号）	取消	
19	显示设备机务员	中国民航局	水平评价类	《关于印发民航行业飞机维护机械员等79个工种〈国家职业技能鉴定规范〉的通知》（劳社培就司发〔1999〕60号）	取消	
20	一次雷达机务员	中国民航局	水平评价类	《关于印发民航行业飞机维护机械员等79个工种〈国家职业技能鉴定规范〉的通知》（劳社培就司发〔1999〕60号）	取消	
21	仪表着陆系统机务员	中国民航局	水平评价类	《关于印发民航行业飞机维护机械员等79个工种〈国家职业技能鉴定规范〉的通知》（劳社培就司发〔1999〕60号）	取消	
22	油机机务员	中国民航局	水平评价类	《关于印发民航行业飞机维护机械员等79个工种〈国家职业技能鉴定规范〉的通知》（劳社培就司发〔1999〕60号）	取消	
23	有线机务员	中国民航局	水平评价类	《关于印发民航行业飞机维护机械员等79个工种〈国家职业技能鉴定规范〉的通知》（劳社培就司发〔1999〕60号）	取消	
24	着陆雷达机务员	中国民航局	水平评价类	《关于印发民航行业飞机维护机械员等79个工种〈国家职业技能鉴定规范〉的通知》（劳社培就司发〔1999〕60号）	取消	
25	自动转报机务员	中国民航局	水平评价类	《关于印发民航行业飞机维护机械员等79个工种〈国家职业技能鉴定规范〉的通知》（劳社培就司发〔1999〕60号）	取消	

（续）

序号	项目名称	实施部门（单位）	资格类别	设定依据	处理决定	备注
26	自动转报控制席报务员	中国民航局	水平评价类	《关于印发民航行业飞机维护机械员等79个工种〈国家职业技能鉴定规范〉的通知》（劳社培就司发〔1999〕60号）	取消	
27	飞机维护机械员	中国民航局	水平评价类	《关于印发民航行业飞机维护机械员等79个工种〈国家职业技能鉴定规范〉的通知》（劳社培就司发〔1999〕60号）	取消	
28	木地板导购员	中国物流与采购联合会	水平评价类	无	取消	
29	木地板工程监理师	中国物流与采购联合会	水平评价类	无	取消	
30	化工操作工	中国石油和化学工业联合会	水平评价类	无	取消	
31	化学清洗防腐蚀工	中国石油和化学工业联合会	水平评价类	无	取消	
32	旋涡炉工	中国有色金属工业协会	水平评价类	《中华人民共和国工种分类目录》（1992）	取消	
33	陈设艺术设计师	中国轻工业联合会	水平评价类	无	取消	
34	罐头封口技能师	中国轻工业联合会	水平评价类	无	取消	
35	罐头杀菌技能师	中国轻工业联合会	水平评价类	无	取消	
36	室内装饰材料师	中国轻工业联合会	水平评价类	无	取消	
37	室内装饰监理师	中国轻工业联合会	水平评价类	无	取消	
38	室内装饰施工企业项目经理	中国轻工业联合会	水平评价类	无	取消	
39	中国轻工业设计师	中国轻工业联合会	水平评价类	无	取消	

附件3

国务院决定取消的评比达标表彰项目目录

（共计10项）

序号	项目名称	主办单位	处理决定
1	保监会系统五一劳动奖状	保监会	取消
2	保监会系统五一劳动奖章	保监会	取消
3	保监会系统女职工文明示范岗	保监会	取消
4	保监会系统五一巾帼标兵	保监会	取消
5	保监会系统青年五四奖章	保监会	取消
6	保监会系统青年文明号	保监会	取消
7	保监会系统青年岗位能手	保监会	取消
8	保监会系统优秀团员、团干部、五四红旗团组织	保监会	取消
9	民航优秀工程设计奖	中国民航局	取消
10	全国民航文明单位	中国民航局	取消

附件 4

国务院决定改为后置审批的工商登记前置审批事项目录

（共计 21 项）

序号	项目名称	实施机关	设定依据
1	外商投资经营电信业务审批	工业和信息化部	《外商投资电信企业管理规定》（国务院令第 534 号）
2	开办农药生产企业审批	工业和信息化部	《农药管理条例》（国务院令第 326 号）
3	食盐定点生产、碘盐加工企业许可	省级人民政府盐业行政主管部门	《食盐专营办法》（国务院令第 197 号） 《食盐加碘消除碘缺乏危害管理条例》（国务院令第 163 号） 《国务院关于取消和下放一批行政审批项目的决定》（国发〔2013〕44 号）
4	电信业务经营许可	工业和信息化部或省、自治区、直辖市电信管理机构	《中华人民共和国电信条例》（国务院令第 291 号）
5	因私出入境中介服务机构资格认定	省级人民政府公安机关	《国务院对确需保留的行政审批项目设定行政许可的决定》（国务院令第 412 号） 《国务院关于第六批取消和调整行政审批项目的决定》（国发〔2012〕52 号） 《国务院关于加强出入境中介活动管理的通知》（国发〔2000〕25 号）
6	公章刻制业特种行业许可证核发	县级以上地方人民政府公安机关	《国务院对确需保留的行政审批项目设定行政许可的决定》（国务院令第 412 号） 《国务院关于第三批取消和调整行政审批项目的决定》（国发〔2004〕16 号） 《印铸刻字业暂行管理规则》（1951 年 8 月 15 日公安部发布）
7	典当业特种行业许可证核发	县级以上地方人民政府公安机关	《国务院对确需保留的行政审批项目设定行政许可的决定》（国务院令第 412 号） 《典当管理办法》（商务部、公安部令 2005 年第 8 号）
8	旅馆业特种行业许可证核发	县级以上地方人民政府公安机关	《国务院对确需保留的行政审批项目设定行政许可的决定》（国务院令第 412 号） 《旅馆业治安管理办法》（1987 年 11 月 10 日公安部发布）
9	燃气经营许可证核发	县级以上地方人民政府燃气管理部门	《城镇燃气管理条例》（国务院令第 583 号）
10	出租汽车经营资格证核发	县级以上地方人民政府交通运输行政主管部门	《国务院对确需保留的行政审批项目设定行政许可的决定》（国务院令第 412 号）

（续）

序号	项目名称	实施机关	设定依据
11	道路客运经营许可证核发	设区的市级和县级人民政府道路运输管理机构	《中华人民共和国道路运输条例》（国务院令第406号）
12	道路货运经营许可证核发	设区的市级和县级人民政府道路运输管理机构	《中华人民共和国道路运输条例》（国务院令第406号）
13	广播电视节目制作经营单位设立审批	新闻出版广电总局或省级人民政府新闻出版广电行政主管部门	《广播电视管理条例》（国务院令第228号）
14	内资电影制片单位设立审批	省级人民政府新闻出版广电行政主管部门	《电影管理条例》（国务院令第342号）
15	电影制片单位以外的单位独立从事电影摄制业务审批	省级人民政府新闻出版广电行政主管部门	《电影管理条例》（国务院令第342号）《国务院关于第六批取消和调整行政审批项目的决定》（国发〔2012〕52号）
16	经营高危险性体育项目许可	省级以下地方人民政府体育行政主管部门	《全民健身条例》（国务院令第560号）
17	期货公司设立审批	证监会	《期货交易管理条例》（国务院令第627号）
18	公募基金管理公司设立审批	证监会	《中华人民共和国证券投资基金法》
19	证券金融公司设立审批	证监会	《证券公司监督管理条例》（国务院令第522号）《转融通业务监督管理试行办法》（证监会令第75号）
20	保险资产管理公司及其分支机构设立审批	保监会	《国务院对确需保留的行政审批项目设定行政许可的决定》（国务院令第412号）
21	保险集团公司及保险控股公司设立审批	保监会	《国务院对确需保留的行政审批项目设定行政许可的决定》（国务院令第412号）

附件5

国务院决定保留的工商登记前置审批事项目录

（共计 34 项）

序号	项目名称	实施机关	设定依据
1	民用爆炸物品生产许可	工业和信息化部	《民用爆炸物品安全管理条例》（国务院令第 466 号）
2	爆破作业单位许可证核发	县级人民政府公安机关	《民用爆炸物品安全管理条例》（国务院令第 466 号）
3	民用枪支（弹药）制造、配售许可	公安部	《中华人民共和国枪支管理法》
4	制造、销售弩或营业性射击场开设弩射项目审批	省级人民政府公安机关	《国务院对确需保留的行政审批项目设定行政许可的决定》（国务院令第 412 号） 《公安部国家工商行政管理局关于加强弩管理的通知》（公治〔1999〕1646 号）
5	保安服务许可证核发	省级人民政府公安机关	《保安服务管理条例》（国务院令第 564 号）
6	外商投资企业设立及变更审批	商务部、国务院授权的部门或地方人民政府	《中华人民共和国中外合资经营企业法》 《中华人民共和国中外合作经营企业法》 《中华人民共和国台湾同胞投资保护法》 《中华人民共和国外资企业法》 《中华人民共和国中外合资经营企业法实施条例》（国务院令第 311 号） 《中华人民共和国外资企业法实施细则》（国务院令第 301 号） 《中华人民共和国台湾同胞投资保护法实施细则》（国务院令第 274 号） 《国务院关于鼓励华侨和香港澳门同胞投资的规定》（国务院令第 64 号） 《中华人民共和国中外合作经营企业法实施细则》（对外贸易经济合作部令 1995 年第 6 号）
7	设立典当行及分支机构审批	省级人民政府商务行政主管部门	《国务院对确需保留的行政审批项目设定行政许可的决定》（国务院令第 412 号） 《国务院关于第六批取消和调整行政审批项目的决定》（国发〔2012〕52 号） 《典当管理办法》（商务部、公安部令 2005 年第 8 号）
8	设立经营个人征信业务的征信机构审批	中国人民银行	《征信业管理条例》（国务院令第 631 号）
9	卫星电视广播地面接收设施安装许可审批	新闻出版广电总局	《卫星电视广播地面接收设施管理规定》（国务院令第 129 号） 《关于进一步加强卫星电视广播地面接收设施管理的意见》（广发外字〔2002〕254 号）

（续）

序号	项目名称	实施机关	设定依据
10	设立出版物进口经营单位审批	新闻出版广电总局	《出版管理条例》（国务院令第594号）
11	设立出版单位审批	新闻出版广电总局	《出版管理条例》（国务院令第594号）
12	境外出版机构在境内设立办事机构审批	新闻出版广电总局、国务院新闻办	《国务院对确需保留的行政审批项目设定行政许可的决定》（国务院令第412号） 《外国企业常驻代表机构登记管理条例》（国务院令第584号）
13	境外广播电影电视机构在华设立办事机构审批	新闻出版广电总局、国务院新闻办	《国务院对确需保留的行政审批项目设定行政许可的决定》（国务院令第412号） 《外国企业常驻代表机构登记管理条例》（国务院令第584号）
14	设立中外合资、合作印刷企业和外商独资包装装潢印刷企业审批	省级人民政府新闻出版广电行政主管部门	《印刷业管理条例》（国务院令第315号） 《国务院关于第三批取消和调整行政审批项目的决定》（国发〔2004〕16号）
15	设立从事出版物印刷经营活动的企业审批	省级人民政府新闻出版广电行政主管部门	《印刷业管理条例》（国务院令第315号）
16	危险化学品经营许可	县级、设区的市级人民政府安全生产监督管理部门	《危险化学品安全管理条例》（国务院令第591号）
17	新建、改建、扩建生产、储存危险化学品（包括使用长输管道输送危险化学品）建设项目安全条件审查	设区的市级以上人民政府安全生产监督管理部门	《危险化学品安全管理条例》（国务院令第591号）
18	烟花爆竹生产企业安全生产许可	省级人民政府安全生产监督管理部门	《烟花爆竹安全管理条例》（国务院令第455号）
19	外航驻华常设机构设立审批	中国民航局	《外国企业常驻代表机构登记管理条例》（国务院令第584号） 《国务院关于管理外国企业常驻代表机构的暂行规定》（国发〔1980〕272号）
20	通用航空企业经营许可	中国民航局	《中华人民共和国民用航空法》 《国务院关于第六批决定取消和调整行政审批项目的决定》（国发〔2012〕52号）
21	民用航空器（发动机、螺旋桨）生产许可	中国民航局	《中华人民共和国民用航空法》
22	快递业务经营许可	国家邮政局或省级邮政管理机构	《中华人民共和国邮政法》

（续）

序号	项目名称	实施机关	设定依据
23	外资银行营业性机构及其分支机构设立审批	银监会	《中华人民共和国银行业监督管理法》 《中华人民共和国外资银行管理条例》（国务院令第478号）
24	外国银行代表处设立审批	银监会	《中华人民共和国银行业监督管理法》 《中华人民共和国外资银行管理条例》（国务院令第478号）
25	中资银行业金融机构及其分支机构设立审批	银监会	《中华人民共和国银行业监督管理法》 《中华人民共和国商业银行法》
26	非银行金融机构（分支机构）设立审批	银监会	《中华人民共和国银行业监督管理法》 《金融资产管理公司条例》（国务院令第297号）
27	外国证券类机构设立驻华代表机构核准	证监会	《国务院对确需保留的行政审批项目设定行政许可的决定》（国务院令第412号） 《国务院关于管理外国企业常驻代表机构的暂行规定》（国发〔1980〕272号）
28	设立期货专门结算机构审批	证监会	《期货交易管理条例》（国务院令第627号）
29	设立期货交易场所审批	证监会	《期货交易管理条例》（国务院令第627号）
30	证券交易所设立审核、证券登记结算机构设立审批	证监会	《中华人民共和国证券法》
31	专属自保组织和相互保险组织设立审批	保监会	《国务院对确需保留的行政审批项目设定行政许可的决定》（国务院令第412号）
32	保险公司及其分支机构设立审批	保监会	《中华人民共和国保险法》
33	外国保险机构驻华代表机构设立审批	保监会	《中华人民共和国保险法》 《国务院对确需保留的行政审批项目设定行政许可的决定》（国务院令第412号） 《国务院关于管理外国企业常驻代表机构的暂行规定》（国发〔1980〕272号）
34	融资性担保机构设立审批	省级人民政府确定的部门	《国务院对确需保留的行政审批项目设定行政许可的决定》（国务院令第412号） 《国务院关于修改〈国务院对确需保留的行政审批项目设定行政许可的决定〉的决定》（国务院令第548号） 《融资性担保公司管理暂行办法》（银监会令2010年第3号）

国务院关于取消一批
职业资格许可和认定事项的决定

国发〔2015〕41 号

各省、自治区、直辖市人民政府，国务院各部委、各直属机构：

经研究论证，国务院决定取消 62 项职业资格许可和认定事项，现予公布。

减少职业资格许可和认定事项是推进简政放权、放管结合、优化服务的重要内容。各地区、各部门要进一步加大工作力度，继续集中取消职业资格许可和认定事项。对国务院部门设置实施的没有法律法规依据的准入类职业资格，以及国务院部门和全国性行业协会、学会自行设置的水平评价类职业资格一律取消；有法律法规依据，但与国家安全、公共安全、公民人身财产安全关系不密切或不宜采取职业资格方式管理的，按程序提请修订法律法规后予以取消。要抓紧建立国家职业资格管理长效机制，制定公布国家职业资格目录清单，在目录之外不得开展职业资格许可和认定工作。要转变管理理念，简化程序，通过建立科学的国家职业资格体系，促进各类人才脱颖而出，提升更多产业、岗位的劳动和工作品质，推动大众创业、万众创新，让广大劳动者更好施展创业创新才能。

附件：国务院决定取消的职业资格许可和认定事项目录（共计 62 项）

国务院

2015 年 7 月 20 日

（此件公开发布）

附件

国务院决定取消的职业资格许可和认定事项目录

（共计 62 项）

一、取消的专业技术人员职业资格许可和认定事项（共计 25 项，其中准入类 1 项，水平评价类 24 项）

序号	项目名称	实施部门	其他共同实施部门	资格类别	设定依据	处理决定
1	假肢与矫形器制作师	民政部	人力资源和社会保障部	准入类	《国务院对确需保留的行政审批项目设定行政许可的决定》（国务院令第412号）	取消
2	电子工程建设概预算人员资格	工业和信息化部	无	水平评价类	《关于电子工程建设概预算人员持证上岗的通知》（机电建（电）〔1992〕1473号）	取消
3	通信工程师职业资格	工业和信息化部	无	水平评价类	《关于试行通信工程师职业资格制度的通知》（信部人〔2003〕70号）《关于印发通信工程师资格认证管理办法的通知》（信人函〔2003〕150号）	取消
4	信息产业电子标准化专业知识资格	工业和信息化部	无	水平评价类	《关于开展电子标准化专业知识培训工作的通知》（信科〔1999〕146号）	取消
5	注册电子贸易师	工业和信息化部	无	水平评价类	无	取消
6	网络广告经纪人	工业和信息化部	无	水平评价类	无	取消
7	IC设计师职业资格	工业和信息化部	无	水平评价类	《关于授权中国电子企业协会在全国IC设计从业人员中开展IC设计师、单片机设计师技术培训的批复》（信电职监字〔2006〕41号）	取消
8	国际货运代理从业人员资格	商务部	无	水平评价类	《中华人民共和国国际货物运输代理业管理规定实施细则》（商务部公告2003年第82号）	取消
9	医药代表资格	商务部	无	水平评价类	《中国外商投资企业协会章程》	取消
10	国际商务单证员	商务部	无	水平评价类	《中国对外贸易经济合作企业协会章程》	取消
11	国际贸易业务员	商务部	无	水平评价类	《中国对外贸易经济合作企业协会章程》	取消
12	外贸会计	商务部	无	水平评价类	《中国对外贸易经济合作企业协会章程》	取消
13	外贸英语	商务部	无	水平评价类	《中国对外贸易经济合作企业协会章程》	取消
14	国际商务会展员	商务部	无	水平评价类	《中国对外贸易经济合作企业协会章程》	取消
15	全国外贸跟单员	商务部	无	水平评价类	《中国国际贸易学会章程》	取消

（续）

序号	项目名称	实施部门	其他共同实施部门	资格类别	设定依据	处理决定
16	全国国际商务英语	商务部	无	水平评价类	《中国国际贸易学会章程》	取消
17	全国外贸业务员	商务部	无	水平评价类	《中国国际贸易学会章程》	取消
18	全国商务文员	商务部	无	水平评价类	《中国国际贸易学会章程》	取消
19	全国国际商务秘书	商务部	无	水平评价类	《中国国际贸易学会章程》	取消
20	全国外贸物流员	商务部	无	水平评价类	《中国国际贸易学会章程》	取消
21	电气产品质量检验师	质检总局	无	水平评价类	无	取消
22	卫生注册评审员	质检总局	无	水平评价类	《质量许可和卫生注册评审员管理办法》（国家出入境检验检疫局令第 15 号）	取消
23	专职兽医	质检总局	无	水平评价类	《出口禽肉及其制品检验检疫要求（试行）》（国质检食〔2003〕212 号）	取消
24	植保员	质检总局	无	水平评价类	《关于对出口蔬菜种植基地实行检验检疫备案管理的通知》（国质检食函〔2005〕811 号）	取消
25	质量检验员	国家铁路局	无	水平评价类	《铁路工业产品质量监督管理办法》（铁科教〔2001〕29 号）	取消

二、取消的技能人员职业资格许可和认定事项（共计 37 项，均为水平评价类）

序号	项目名称	实施部门（单位）	资格类别	设定依据	处理决定
1	中小型机械操作工	交通运输部	水平评价类	《中华人民共和国职业分类大典》（1999）	取消
2	汽车客运行包装卸工	交通运输部	水平评价类	《中华人民共和国职业分类大典》（1999）	取消
3	公路货运装卸工	交通运输部	水平评价类	《中华人民共和国职业分类大典》（1999）	取消
4	港口装卸工	交通运输部	水平评价类	《中华人民共和国职业分类大典》（1999）	取消
5	农用运输车驾驶员	农业部	水平评价类	《中华人民共和国职业分类大典》（1999）	取消
6	水生动植物采集工	农业部	水平评价类	《中华人民共和国职业分类大典》（1999）	取消
7	水产品剖片工	农业部	水平评价类	《中华人民共和国职业分类大典》（1999）	取消
8	饲料粉碎工	农业部	水平评价类	《中华人民共和国职业分类大典》（1999）	取消
9	饲料制粒工	农业部	水平评价类	《中华人民共和国职业分类大典》（1999）	取消
10	计算机乐谱制作师	文化部	水平评价类	《中华人民共和国职业分类大典》（2006 年增补本）	取消
11	雕塑翻制工	文化部	水平评价类	《中华人民共和国职业分类大典》（1999）	取消
12	壁画制作工	文化部	水平评价类	《中华人民共和国职业分类大典》（1999）	取消

（续）

序号	项目名称	实施部门（单位）	资格类别	设定依据	处理决定
13	低压电器焊接工	中国机械工业联合会	水平评价类	无	取消
14	人造宝石制造工	中国机械工业联合会	水平评价类	《中华人民共和国工种分类目录》（1992）	取消
15	应变片制作工	中国机械工业联合会	水平评价类	《中华人民共和国工种分类目录》（1992）	取消
16	轴尖工	中国机械工业联合会	水平评价类	《中华人民共和国工种分类目录》（1992）	取消
17	特种合金制（修）模工	中国机械工业联合会	水平评价类	《中华人民共和国工种分类目录》（1992）	取消
18	火花塞瓷体制造工	中国机械工业联合会	水平评价类	《中华人民共和国工种分类目录》（1992）	取消
19	氮化钛涂层工	中国机械工业联合会	水平评价类	《中华人民共和国工种分类目录》（1992）	取消
20	棉花机械肋条工	中国机械工业联合会	水平评价类	《中华人民共和国工种分类目录》（1992）	取消
21	电镀、油漆检查工	中国机械工业联合会	水平评价类	《中华人民共和国工种分类目录》（1992）	取消
22	化油器装调工	中国机械工业联合会	水平评价类	《中华人民共和国工种分类目录》（1992）	取消
23	钨触头（白金）制造工	中国机械工业联合会	水平评价类	《中华人民共和国工种分类目录》（1992）	取消
24	脂肪酸工	中国轻工业联合会	水平评价类	《中华人民共和国职业分类大典》（1999）	取消
25	洗衣粉成型工	中国轻工业联合会	水平评价类	《中华人民共和国职业分类大典》（1999）	取消
26	巧克力制造工	中国轻工业联合会	水平评价类	《中华人民共和国职业分类大典》（1999）	取消
27	草酸工	中国有色金属工业协会	水平评价类	无	取消
28	丁黄酸丙腈脂工	中国有色金属工业协会	水平评价类	无	取消
29	二硫化碳工	中国有色金属工业协会	水平评价类	无	取消
30	二乙胺工	中国有色金属工业协会	水平评价类	无	取消
31	黑药工	中国有色金属工业协会	水平评价类	无	取消
32	黄药工	中国有色金属工业协会	水平评价类	无	取消
33	聚丙酰胺工	中国有色金属工业协会	水平评价类	无	取消
34	醚醇工	中国有色金属工业协会	水平评价类	无	取消
35	羟肟酸工	中国有色金属工业协会	水平评价类	无	取消
36	松醇油工	中国有色金属工业协会	水平评价类	无	取消
37	乙硫氮工	中国有色金属工业协会	水平评价类	无	取消

国务院关于取消一批职业资格许可
和认定事项的决定

国发〔2016〕5 号

各省、自治区、直辖市人民政府，国务院各部委、各直属机构：

经研究论证，国务院决定取消 61 项职业资格许可和认定事项，现予公布。同时，建议取消 1 项依据有关法律设立的职业资格许可和认定事项，国务院将依照法定程序提请全国人民代表大会常务委员会修订相关法律规定。

各地区、各部门要切实转变管理理念和管理方式，加强对职业资格实施的评估检查，建立事中事后监管机制，营造更好激励人才发展的环境，推动大众创业、万众创新。人力资源和社会保障部要会同有关部门抓紧制定公布国家职业资格目录清单并实行动态调整，在目录之外不得开展职业资格许可和认定工作，逐步建立科学合理的国家职业资格体系，让广大劳动者更好施展创业创新才能。

附件：国务院决定取消的职业资格许可和认定事项目录（共计 61 项）

国务院

2016 年 1 月 20 日

（此件公开发布）

附件

国务院决定取消的职业资格许可和认定事项目录

（共计 61 项）

一、取消的专业技术人员职业资格许可和认定事项（共计 43 项，其中准入类 5 项，水平评价类 38 项）

序号	项目名称	实施部门（单位）	资格类别	设定依据	处理决定	备注
1	公路水运工程造价人员资格	交通运输部	准入类	《建设工程勘察设计管理条例》（国务院令第 293 号）	取消	
2	潜水人员从业资格	交通运输部	准入类	《中华人民共和国潜水员管理办法》（交通部令 1999 年第 3 号）	取消	
3	中央在京直属企业所属远洋渔业船员资格	农业部	准入类	《中华人民共和国船员条例》（国务院令第 494 号）《中华人民共和国渔业船员管理办法》（农业部令 2014 年第 4 号）	取消	
4	民航计量检定员资格	中国民航局	准入类	《中华人民共和国计量法实施细则》（1987 年 1 月 19 日国务院批准，1987 年 2 月 1 日国家计量局发布）《中国民用航空计量管理规定》（民航总局令第 55 号）	取消	
5	考古发掘领队资格	国家文物局	准入类	《中华人民共和国文物保护法实施条例》（国务院令第 377 号）	取消	
6	中国物流职业经理资格	国家发展改革委	水平评价类	《关于促进我国现代物流业发展的意见》（发改运行〔2004〕1617 号）	取消	
7	中英合作采购与供应管理职业资格	国家发展改革委	水平评价类	《关于促进我国现代物流业发展的意见》（发改运行〔2004〕1617 号）	取消	
8	注册人力资源管理师	国家发展改革委	水平评价类	《中国人力资源开发研究会章程》	取消	
9	中国工程建设职业经理人	国家发展改革委	水平评价类	《中国施工企业管理协会章程》	取消	
10	人力资源测评师	国家发展改革委	水平评价类	《中国人力资源开发研究会章程》	取消	
11	电子行业质量体系内部审核员资格	工业和信息化部	水平评价类	无	取消	
12	单片机设计师职业资格	工业和信息化部	水平评价类	《关于授权中国电子企业协会在全国 IC 设计从业人员中开展 IC 设计师、单片机设计师技术培训的批复》（信电职监字〔2006〕41 号）	取消	

（续）

序号	项目名称	实施部门（单位）	资格类别	设定依据	处理决定	备注
13	城市雕塑创作设计资格	住房城乡建设部	水平评价类	《关于当前城市雕塑建设中几个问题的规定》（（86）城雕 0008 号）《城市雕塑建设管理办法》（文艺发〔1993〕40 号）	取消	
14	勘察设计行业工程总承包项目经理	住房城乡建设部	水平评价类	《关于在全国工程勘察设计行业开展工程项目经理资格考评工作的通知》（中设协字〔2007〕第 12 号）	取消	
15	全国建设工程造价员资格	住房城乡建设部	水平评价类	《关于统一换发概预算人员资格证书事宜的通知》（建办标函〔2005〕558 号）《全国建设工程造价员管理办法》（中价协〔2011〕21 号）	取消	
16	道路运输经理人资格	交通运输部	水平评价类	《道路运输从业人员管理规定》（交通部令 2006 年第 9 号）	取消	
17	水文、水资源调查评价上岗资格	水利部	水平评价类	《中华人民共和国水文条例》（国务院令第 496 号）《水文水资源调查评价资质和建设项目水资源论证资质管理办法（试行）》（水利部令第 17 号）	取消	
18	尘肺诊断医师资格	国家卫生计生委	水平评价类	《关于进一步加强职业病诊断鉴定管理工作的通知》（卫法监发〔2003〕350 号）	取消	
19	职业中毒诊断医师资格	国家卫生计生委	水平评价类	《关于进一步加强职业病诊断鉴定管理工作的通知》（卫法监发〔2003〕350 号）	取消	整合为"职业病诊断医师职业资格"
20	物理因素职业病诊断医师资格	国家卫生计生委	水平评价类	《关于进一步加强职业病诊断鉴定管理工作的通知》（卫法监发〔2003〕350 号）	取消	
21	全国职业性放射病诊断医师资格	国家卫生计生委	水平评价类	《关于加强职业病诊断医师培训工作的通知》（卫监督卫便函〔2004〕3 号）	取消	
22	化学品毒性鉴定专家	国家卫生计生委	水平评价类	《化学品毒性鉴定管理规范》（卫法监发〔2000〕420 号）《关于开展化学品毒性鉴定机构资质认证有关问题的通知》（卫法监发〔2001〕167 号）	取消	

（续）

序号	项目名称	实施部门（单位）	资格类别	设定依据	处理决定	备注
23	职业卫生专家	国家卫生计生委	水平评价类	《职业卫生技术服务机构管理办法》（卫生部令第 31 号）《卫生部关于印发〈卫生部职业卫生技术服务机构资质审定工作程序〉等文件的通知》（卫监督发〔2005〕318 号）	取消	
24	职业卫生技术服务专业人员	国家卫生计生委	水平评价类	《职业卫生技术服务机构管理办法》（卫生部令第 31 号）《卫生部关于印发〈卫生部职业卫生技术服务机构资质审定工作程序〉等文件的通知》（卫监督发〔2005〕318 号）	取消	
25	建设项目职业病危害放射防护评价报告书编制资格	国家卫生计生委	水平评价类	《职业卫生技术服务机构管理办法》（卫生部令第 31 号）《关于开展职业卫生技术服务机构资质审定工作的通知》（卫法监发〔2002〕309 号）《关于职业卫生监管部门职责分工的通知》（中央编办发〔2010〕104 号）	取消	
26	金融专业英语	中国人民银行	水平评价类	《关于建立〈金融专业英语证书考试制度〉的通知》（银发〔1994〕107 号）	取消	
27	煤炭行业监理工程师	中国煤炭建设协会	水平评价类	《煤炭建设监理工程师资格考试及注册实施细则（试行）》（煤规字〔1995〕第 51 号）	取消	
28	煤炭建筑施工企业项目经理	中国煤炭建设协会	水平评价类	《煤炭建筑施工企业项目经理资质管理办法》（煤规字〔1995〕第 172 号）	取消	
29	物流师和采购师	中国物流与采购联合会	水平评价类	《关于开展物流师职业资格认证的通知》（物联培字〔2003〕116 号）《关于开展采购与供应链管理国际资格认证和注册采购师资格认证的通知》（物联培字〔2005〕35 号）	取消	原实施单位为国务院国资委管理的行业协会
30	铸造工程师	中国铸造协会	水平评价类	无	取消	
31	汽车营销师	中国汽车工业协会	水平评价类	《关于试行〈汽车营销师职业标准〉的通知》（中汽协字〔2005〕34 号）	取消	
32	冶金行业造价师	中国钢铁工业协会	水平评价类	《关于由中国建设工程造价管理协会归口做好建设工程概预算人员行业自律工作的通知》（建标〔2005〕69 号）《全国建设工程造价员管理办法》（中价协〔2011〕21 号）	取消	

（续）

序号	项目名称	实施部门（单位）	资格类别	设定依据	处理决定	备注
33	石油和化工行业健康安全环境管理师	中国石油和化学工业联合会	水平评价类	无	取消	
34	石油和化工行业能源管理师	中国石油和化学工业联合会	水平评价类	《关于在石油和化工行业试行能源管理师制度的实施意见》（中石化协人发〔2006〕307号）	取消	
35	电力行业监理工程师、总监理工程师	中国电力建设企业协会	水平评价类	《全国电力行业监理工程师和总监理工程师管理办法》（中电建协〔2005〕25号）	取消	原实施单位为国务院国资委管理的行业协会
36	电力施工建设企业项目经理岗位资格	中国电力建设企业协会	水平评价类	《电力工程项目经理职业岗位资格管理办法》	取消	
37	电力建设工程调试职业资格	中国电力建设企业协会	水平评价类	《电力工程调试能力资格管理办法（2013版）》（中电建协调〔2013〕7号）	取消	
38	产权交易职业资格	中国企业国有产权交易机构协会	水平评价类	《企业国有产权转让管理暂行办法》（国务院国资委、财政部令第3号）	取消	
39	广告师、助理广告师	工商总局、人力资源和社会保障部	水平评价类	《关于印发广告专业技术人员职业资格制度规定和助理广告师、广告师职业资格考试实施办法的通知》（人社部发〔2014〕25号）	取消	
40	升放无人驾驶自由气球或者系留气球作业人员资格	中国气象局	水平评价类	《施放气球管理办法》（中国气象局令第9号）《关于防雷专业技术和施放气球作业人员资格认定转变管理方式的通知》（气办发〔2004〕19号）	取消	
41	人工影响天气作业人员资格	中国气象局	水平评价类	无	取消	
42	文物进出境责任鉴定员	国家文物局	水平评价类	《中华人民共和国文物保护法实施条例》（国务院令第377号）	取消	
43	铁路建设工程监理员	中国铁路总公司	水平评价类	《铁路建设工程监理员执业资格管理办法》（建协〔2003〕13号）	取消	

二、取消的技能人员职业资格许可和认定事项（共计 18 项，均为水平评价类）

序号	项目名称	实施部门 （单位）	资格类别	设定依据	处理决定
1	糖果工艺师	人力资源和 社会保障部	水平 评价类	《中华人民共和国职业分类大典》 （2006 增补本）	取消
2	珠心算教练师	人力资源和 社会保障部	水平 评价类	《中华人民共和国职业分类大典》 （2005 增补本）	取消
3	商品储运员	人力资源和 社会保障部	水平 评价类	《中华人民共和国职业分类大典》 （1999）	取消
4	咖啡师	人力资源和 社会保障部	水平 评价类	《中华人民共和国职业分类大典》 （2006 增补本）	取消
5	厨政管理师	人力资源和 社会保障部	水平 评价类	《中华人民共和国职业分类大典》 （2007 增补本）	取消
6	冲印师	人力资源和 社会保障部	水平 评价类	《中华人民共和国职业分类大典》 （1999）	取消
7	影视木偶制作员	新闻出版广电 总局	水平 评价类	《中华人民共和国职业分类大典》 （1999）	取消
8	影视设备机械员	新闻出版广电 总局	水平 评价类	《中华人民共和国职业分类大典》 （1999）	取消
9	舞台音响效果工	新闻出版广电 总局	水平 评价类	《中华人民共和国职业分类大典》 （1999）	取消
10	拷贝检片员	新闻出版广电 总局	水平 评价类	《中华人民共和国职业分类大典》 （1999）	取消
11	拷贝字幕员	新闻出版广电 总局	水平 评价类	《中华人民共和国职业分类大典》 （1999）	取消
12	营林试验工	国家林业局	水平 评价类	《中华人民共和国职业分类大典》 （1999）	取消
13	装卸归楞工	国家林业局	水平 评价类	《中华人民共和国职业分类大典》 （1999）	取消
14	木材防腐师	国家林业局	水平 评价类	《中华人民共和国职业分类大典》 （2006 增补本）	取消
15	木材及家具检验工	国家林业局	水平 评价类	《中华人民共和国职业分类大典》 （1999）	取消
16	旅店服务员	中国商业联合会	水平 评价类	《中华人民共和国职业分类大典》 （1999）	取消
17	浴池服务员	中国商业联合会	水平 评价类	《中华人民共和国职业分类大典》 （1999）	取消
18	人造花制作工	中国轻工业联合会	水平 评价类	《中华人民共和国职业分类大典》 （1999）	取消

国务院关于取消一批
职业资格许可和认定事项的决定

国发〔2016〕35 号

各省、自治区、直辖市人民政府，国务院各部委、各直属机构：

经研究论证，国务院决定取消 47 项职业资格许可和认定事项，现予公布。

取消不必要的职业资格许可和认定事项，是降低制度性交易成本、推进供给侧结构性改革的重要举措，也是为大中专毕业生就业创业和去产能中人员转岗创造便利条件。各地区、各部门要从大局出发，进一步提高认识，主动开展自我清查，人力资源和社会保障部要对照职业分类大典对现有准入类和水平评价类职业资格许可和认定事项进行全面清理，持续降低就业创业门槛。只要不涉及国家安全、公共安全、公民人身财产安全的职业，原则上要放宽市场准入。水平评价类职业资格要真正市场化，不能影响就业创业。今后没有法律法规依据的准入类职业资格一律不得新设。人力资源和社会保障部要会同有关部门在继续取消职业资格许可和认定事项的同时，抓紧公布实施国家职业资格目录清单，接受社会监督，清单之外一律不得许可和认定职业资格，清单之内除准入类职业资格外一律不得与就业创业挂钩。要依法依规加强对职业资格设置和实施的监管，逐步构建国家职业资格框架体系，推动职业资格科学设置、规范运行、依法监管。在推进职业教育结构调整时，要更加突出以用为本，提升学生实践能力，让实际工作对职业技能的需求真正成为职业教育和选人用人的导向。

附件：国务院决定取消的职业资格许可和认定事项目录（共计 47 项）

国务院

2016 年 6 月 8 日

（此件公开发布）

附件

国务院决定取消的职业资格许可和认定事项目录

（共计 47 项）

一、取消的专业技术人员职业资格许可和认定事项（共计 9 项，其中准入类 8 项，水平评价类 1 项）

序号	项目名称	实施部门（单位）	资格类别	设定依据	处理决定	备注
1	价格鉴证师	国家发展改革委、人力资源和社会保障部	准入类	《国务院对确需保留的行政审批项目设定行政许可的决定》（国务院令第 412 号）《价格鉴证师执业资格制度暂行规定》（人发〔1999〕66 号）.	取消	
2	招标师	国家发展改革委、人力资源和社会保障部	准入类	《中华人民共和国招标投标法实施条例》《招标师职业资格制度暂行规定》（人社部发〔2013〕19 号）	取消	
3	矿产储量评估师	国土资源部、人力资源和社会保障部	准入类	《矿产储量评估师执业资格制度暂行规定》（人发〔1999〕33 号）	取消	
4	物业管理师	住房和城乡建设部、人力资源和社会保障部	准入类	《物业管理师制度暂行规定》（国人部发〔2005〕95 号）	取消	
5	珠宝玉石质量检验师	质检总局、人力资源和社会保障部	准入类	《珠宝玉石质量检验专业技术人员执业资格制度暂行规定》（人发〔1996〕79 号）	取消	
6	棉花质量检验师	质检总局、人力资源和社会保障部	准入类	《棉花质量检验师执业资格制度暂行规定》（人发〔2000〕70 号）	取消	
7	计量检定员	质检总局	准入类	《中华人民共和国计量法实施细则》《计量检定人员管理办法》（质检总局令第 105 号）	取消	与注册计量师合并实施
8	地震安全性评价工程师	中国地震局、人力资源和社会保障部	准入类	《国务院对确需保留的行政审批项目设定行政许可的决定》（国务院令第 412 号）《地震安全性评价工程师制度暂行规定》（国人部发〔2005〕72 号）	取消	
9	水利工程造价工程师	水利部	水平评价类	《水利工程造价工程师注册管理办法》（水建管〔2007〕83 号）	取消	作为一个专业纳入造价工程师职业资格统筹实施

二、取消的技能人员职业资格许可和认定事项（共计 38 项，均为水平评价类）

序号	项目名称		实施部门（单位）	资格类别	设定依据	处理决定
	小类	细类（职业）				
1	其他社会服务和居民生活服务人员	灾害信息员	民政部	水平评价类	《中华人民共和国职业分类大典》（2007 增补本）	取消
2	林业工程技术人员	花艺环境设计师	人力资源和社会保障部	水平评价类	《中华人民共和国职业分类大典》（2006 增补本）	取消
3	安全工程技术人员	安全防范设计评估师	人力资源和社会保障部	水平评价类	《中华人民共和国职业分类大典》（2006 增补本）	取消
4	电影电视制作及舞台专业人员	录音师	人力资源和社会保障部	水平评价类	《中华人民共和国职业分类大典》（1999）	取消
5	废旧物资回收利用人员	轮胎翻修工	人力资源和社会保障部	水平评价类	《中华人民共和国职业分类大典》（2006 增补本）	取消
6	商品监督和市场管理人员	市场管理员	人力资源和社会保障部	水平评价类	《中华人民共和国职业分类大典》（1999）	取消
7	河道、水库管养人员	水域环境养护保洁员	人力资源和社会保障部	水平评价类	《中华人民共和国职业分类大典》（2006 增补本）	取消
8	电子设备装配调试人员	集成电路测试员	人力资源和社会保障部	水平评价类	《中华人民共和国职业分类大典》（2006 增补本）	取消
9	电气工程技术人员	照明设计师、霓虹灯制作员	人力资源和社会保障部	水平评价类	《中华人民共和国职业分类大典》（2006 增补本）	取消
10	广播电影电视工程技术人员	数字视频合成师	人力资源和社会保障部	水平评价类	《中华人民共和国职业分类大典》（2006 增补本）	取消
11	环境保护工程技术人员	室内环境治理员	人力资源和社会保障部	水平评价类	《中华人民共和国职业分类大典》（2006 增补本）	取消
12	编辑	网络编辑员	人力资源和社会保障部	水平评价类	《中华人民共和国职业分类大典》（2005 增补本）	取消
13	采购人员	采购师	人力资源和社会保障部	水平评价类	《中华人民共和国职业分类大典》（1999）	取消
14	其他饭店、旅游及健身娱乐场所服务人员	水生哺乳动物驯养师	人力资源和社会保障部	水平评价类	《中华人民共和国职业分类大典》（2005 增补本）	取消
15	检验人员	合成材料测试员、室内装饰装修质量检验员、玻璃分析检验员	人力资源和社会保障部	水平评价类	《中华人民共和国职业分类大典》（2007 增补本）	取消
16	机泵操作人员	混凝土泵工	人力资源和社会保障部	水平评价类	《中华人民共和国职业分类大典》（1999）	取消
17	美术品制作人员	装饰美工	人力资源和社会保障部	水平评价类	《中华人民共和国职业分类大典》（1999）	取消

（续）

序号	项目名称		实施部门（单位）	资格类别	设定依据	处理决定
	小类	细类（职业）				
18	广播影视舞台设备安装调试及运行操作人员	音响师	人力资源和社会保障部	水平评价类	《中华人民共和国职业分类大典》（1999）	取消
19	日用机电产品维修人员	照相器材维修工、钟表维修工	人力资源和社会保障部	水平评价类	《中华人民共和国职业分类大典》（1999）	取消
20	物业管理人员	物业管理员	人力资源和社会保障部	水平评价类	《中华人民共和国职业分类大典》（1999）	取消
21	旅游及公共游览场所服务人员	插花员	人力资源和社会保障部	水平评价类	《中华人民共和国职业分类大典》（1999）	取消
22	推销、展销人员	营销师、服装模特	人力资源和社会保障部	水平评价类	《中华人民共和国职业分类大典》（1999）	取消
23	水上运输服务人员	港口客运员	交通运输部	水平评价类	《中华人民共和国职业分类大典》（1999）	取消
24	公路道路运输服务人员	汽车货运理货员	交通运输部	水平评价类	《中华人民共和国职业分类大典》（1999）	取消
25	水产品加工人员	水产品原料处理工	农业部	水平评价类	《中华人民共和国职业分类大典》（1999）	取消
26	人造板生产人员	人造板饰面工	国家林业局	水平评价类	《中华人民共和国职业分类大典》（1999）	取消
27	原烟复烤人员	打叶复烤工、烟叶回潮工	国家烟草局	水平评价类	《中华人民共和国职业分类大典》（1999）	取消
28	卷烟生产人员	烟叶制丝工、膨胀烟丝工、烟草薄片工、卷烟卷接工	国家烟草局	水平评价类	《中华人民共和国职业分类大典》（1999）	取消
29	烟用醋酸纤维丝束滤棒制作人员	滤棒工	国家烟草局	水平评价类	《中华人民共和国职业分类大典》（1999）	取消
30	其他机械制造加工人员	电焊条、焊丝制造工	中国机械工业联合会	水平评价类	《中华人民共和国职业分类大典》（1999）	取消
31	五金制品制作装配人员	铝制品制作工	中国轻工业联合会	水平评价类	《中华人民共和国职业分类大典》（1999）	取消
32	塑料制品加工人员	塑料制品配料工	中国轻工业联合会	水平评价类	《中华人民共和国职业分类大典》（1999）	取消
33	搪瓷制品生产人员	搪瓷瓷釉制作工、搪瓷坯体制作工、搪瓷涂搪烧成工、搪瓷花版饰花工	中国轻工业联合会	水平评价类	《中华人民共和国职业分类大典》（1999）	取消

（续）

序号	项目名称		实施部门（单位）	资格类别	设定依据	处理决定
	小类	细类（职业）				
34	日用机械电器制造装配人员	空调器装配工、电冰箱（柜）装配工、洗衣机装配工、小型家用电器装配工	中国轻工业联合会	水平评价类	《中华人民共和国职业分类大典》（1999）	取消
35	印染人员	坯布检查处理工	中国纺织工业联合会	水平评价类	《中华人民共和国职业分类大典》（1999）	取消
36	合成橡胶生产人员	顺丁橡胶生产工、丁苯橡胶生产工	中国石油化工集团公司	水平评价类	《中华人民共和国职业分类大典》（1999）	取消
37	基本有机化工产品生产人员	环烃生产工、烃类衍生物生产工	中国石油化工集团公司	水平评价类	《中华人民共和国职业分类大典》（1999）	取消
38	化学纤维生产人员	湿纺原液制造工、纺丝凝固浴液配制工	中国石油化工集团公司	水平评价类	《中华人民共和国职业分类大典》（1999）	取消

农业部关于统筹开展新型职业农民和农村
实用人才认定工作的通知

农人发〔2015〕3 号

各省（自治区、直辖市）、计划单列市农业（农牧、农村经济）厅（委、局），新疆生产建设兵团农业局，黑龙江省农垦总局、广东省农垦总局：

根据党中央、国务院有关部署要求，为深入推进新型职业农民和农村实用人才队伍建设，加快完善教育培训、认定管理、政策扶持"三位一体"工作制度，结合前几年的试点实践，经研究，决定在全国统筹开展新型职业农民和农村实用人才认定工作。现就有关事项通知如下。

一、充分认识统筹开展新型职业农民和农村实用人才认定工作的重要性和紧迫性

大力培养新型职业农民和农村实用人才，是党中央、国务院为加快农业农村发展，解决"谁来种地、怎样种好地"问题而提出的一项战略决策。为切实做好新型职业农民培育工作，农业部于 2012 年启动新型职业农民培育试点，探索建立教育培训、认定管理、政策扶持"三位一体"培育制度，着力培养有文化、懂技术、会经营的新型职业农民，取得了积极成效。农村实用人才是为农业农村经济发展提供服务、做出贡献、起到示范和带头作用的农村劳动者，是广大农民的优秀代表。在农业领域，培养农村实用人才的主要任务就是加快培育新型职业农民。中办、国办联合印发的《关于引导农村土地经营权有序流转发展农业适度规模经营的意见》（中办发〔2014〕61 号）明确要求，努力构建新型职业农民和农村实用人才培养、认定、扶持体系，为统筹开展新型职业农民和农村实用人才认定工作指明了方向。

认定工作是衔接教育培训和政策扶持的关键环节，有利于引导新型职业农民和农村实用人才接受教育培训，有利于落实新型职业农民和农村实用人才扶持政策，有利于培养和壮大新型职业农民和农村实用人才队伍。当前，由于条件保障不足、工作基础薄弱、工作中缺乏必要统筹，一些地方还存在认定工作积极性不高、认定主体和标准不明确、认定程序不规范、管理服务不到位等问题，影响了新型职业农民和农村实用人才队伍建设进程，迫切需要进一步提高思想认识，明确工作要求，建立科学有效、系统规范的认定方法和路径，为建立完善新型职业农民培育和农村实用人才培养制度积累经验。根据统筹开展认定工作需要，将农村实用人才调整为新型职业农民、技能带动型和社会服务型三类，同时将新型职业农民调整为生产经营型、专业技能型和专业服务型三类。

二、指导思想和原则

（一）指导思想

统筹开展认定工作要按照党中央、国务院的有关部署要求，以服务深化农村改革、加快推进农业现代化为主线，以精准培育为导向，以精细管理为手段，以政策扶持为保障，推进认定工作的科学化、规范化，建立完善新型职业农民培育和农村实用人才培养制度，加快推动新型职业农民和农村实用人才队伍建设，为现代农业发展和新农村建设提供强有力的人才支撑。

（二）基本原则

1. 政府主导，农民自愿。新型职业农民和农村实用人才队伍建设的公益性、基础性和社会性，要求认定工作必须坚持政府主导，加强统筹协调，出台相关政策，加大扶持力度，提高认定的含金量和吸引力，确保取得实效。要充分尊重农民意愿，着力通过政策吸引和宣传引导，调动农民的积极性和主动性，不得强制和限制农民参加认定。

2. 突出重点，统筹推进。坚持把新型职业农民作为农村实用人才认定的重点，把生产经营型职业农民作为新型职业农民认定的重点，兼顾专业技能型与专业服务型职业农民。把新型职业农民培育示范县和农村实用人才认定试点县作为当前的重点地区，逐步巩固认定工作基础，扩大认定工作覆盖范围。

3. 因地制宜，分类认定。新型职业农民和农村实用人才认定工作必须结合各地实际，围绕现代农业发展对从业者的素质和能力要求明确认定条件，细化认定标准，科学分类评价。鼓励各地探索建立初、中、高三级贯通的认定体系，为实现精准化培育奠定基础。对专业技能型和专业服务型职业农民建立培训制度和统计制度。

三、主要任务

（一）制定认定办法。原则上由县级以上（含）人民政府发布认定管理办法，对认定条件、认定标准、认定程序、认定主体、承办机构、相关责任等进行明确。县级认定管理办法按层级报市级和省级农业行政主管部门备案。

（二）明确认定标准。各地要在充分调研论证的基础上，根据当地产业发展水平和生产要求，以职业素养、教育培训情况、知识技能水平、生产经营规模和生产经营效益等为参考要素，提出生产经营型职业农民认定条件，并根据实际逐步建立初、中、高三个等级的认定标准。

（三）规范认定程序。农民自愿提出认定申请，并填写认定信息采集表（附件1）。县级农业主管部门按照认定管理办法要求，组织开展认定工作。对符合条件和标准的农民要进行公示，公示无异议后，认定为新型职业农民。农业广播电视学校（农民科技教育培训中心）等公共服务机构作为承办机构，具体负责受理审核、建档立册、证书发放、信息库管理及相关组织服务等认定事务，确保认定工作规范开展。

（四）做好专业技能型和专业服务型职业农民统计工作。鼓励专业技能型和专业服务型职业农民参加培训获得培训证书，同时引导他们参加职业技能鉴定获得国家职业资格证书。各地要根据工作实际明确专业技能型和专业服务型职业农民统计标准和指标体系。县级农业行政主管部门要组织做好符合条件农民的统计信息采集（统计信息表见附件2）入库工作。生产经营型职业农民与专业技能型、专业服务型职业农民不重复统计。

（五）做好证书发放。按照既尊重历史又创新发展的原则，完善"绿色证书"制度，对认定的生产经营型职业农民颁发新型职业农民证书（简称"新绿证"），作为享受扶持政策的有效凭证。新型职业农民证书由农业部统一证书式样（附件3），原则上由县级以上（含）人民政府或授权农业行政主管部门颁发和管理。

（六）加强管理服务。生产经营型职业农民实行动态管理，按年度进行复核。各地要做好新型职业农民信息档案建立工作，登录中国新型职业农民网（www.zhynm.cn），将认定和统计信息采集表录入新型职业农民信息库，实行电子化管理。承办机构要指定专人负责信息采集、录入和更新工作，确保信息采集质量。各级农业行政主管部门要加强信息员培训，定期对入库人员情况进行核查、统计和更新，确保信息及时准确。

四、保障措施

（一）加强组织领导。各省（自治区、直辖市）农业行政主管部门要高度重视，精心组织，明确责任部门，采取有效措施，加强对基层工作的指导和支持。县级农业行政主管部门要牵头建立相应工作协调机构，出台相关政策，加大扶持力度，确保工作实效。认定管理经费由县级农业行政主管部门从新型职业农民培育工程经费中列支。

（二）构建扶持政策体系。农业部将会同有关部门研究制定专门政策，扶持新型职业农民和农村实用人才。各地要充分利用当前全面深化农村改革、加快发展现代农业的良好契机，争取组织、人社、发改、财政、金融等部门的支持，探索构建新型职业农民和农村实用人才扶持政策体系，把财政补贴资金、示范推广项目、土地流转政策、金融社保支持等与新型职业农民和农村实用人才认定工作挂钩，提高认定的吸引力、含金量和认可度。同时，要建立健全新型职业农民的表彰奖励机制，调动农民参与认定的积极性和主动性。

（三）做好总结宣传。各地要加强认定工作的总结和交流，充分利用广播、电视、报刊、网络等媒体，积极宣传有效做法和成功经验，广泛宣传认定的新型职业农民和农村实用人才典型事迹，努力营造认定工作的良好社会氛围。

请各省（自治区、直辖市）农业行政主管部门在 2015 年 6 月 30 日前，将负责认定工作的具体部门及联系人上报农业部农业农村人才工作领导小组办公室。

附件：1. 生产经营型职业农民认定信息采集表
　　　2. 专业技能型和专业服务型职业农民统计信息采集表
　　　3. 新型职业农民证书式样

农业部
2015 年 6 月 12 日

附件1

生产经营型职业农民认定信息采集表

填表日期：_____年___月___日

姓　名		性别		照片 （一寸）
出生年月		民族		
文化程度	□小学及以下　□初中　□高中　□中专　□大专　□大学及以上			
专业		政治面貌		
身份证号				
手机号码		电子邮箱		
QQ号		微信号		
家庭人口		户籍所在地		
通讯地址				
人员类别	□专业大户　□家庭农场主　□农民合作社带头人　□其他			
专业学习 培训经历	是否参加过新型职业农民培训　□是　□否，参加其他农业培训_____次/年。			
获得 证书情况	□农民技术职称_____级 □国家职业资格证书　职业（工种）名称：_____等级：_____ □新型职业农民培训证书　□绿色证书			

产业生产 经营基本 情况	产业所在地		_____省（区、市）_____市（州、盟）_____县（市、区、旗）			
	家庭从事产业人数			带动农民数量		
	地区类型	□平原　□丘陵　□山区	经济区域类型	□农区 □林区 □牧区 □渔区 □其他		
	主体产业：粮油作物、果树、蔬菜、畜牧养殖、水产养殖、休闲农业、农产品加工、其他					
	主体产业1		产业规模		从事年限	
	主体产业2		产业规模		从事年限	
	主体产业3		产业规模		从事年限	
	上年度产业收入（万元）			上年度家庭收入（万元）		

认定时间		认定等级	
认定部门			
农业行政 主管部门 审核意见	（盖章） 　　　年　月　日		

填　表　说　明

1. 信息采集表由生产经营型职业农民在初次认定和每次复核时，按个人实际情况填写。

2. 中专、大专、大学及以上文化程度请填写专业。

3. 获取证书情况可多选。

4. 专业学习培训经历可在空白处添加相关内容，字数不超过 300 字。

5. 主体产业共分为八类：粮油作物、果树、蔬菜、畜牧养殖、水产养殖、休闲农业、农产品加工、其他。可选择 1～3 项填写，产业规模和年限对应所选主体产业分别填写。

6. 上年度产业收入和上年度家庭收入，初次填写为认定年度上一年的收入，之后填写为审核年度上一年的收入。

7. 认定时间、认定等级和认定部门由认定部门填写，认定时间请填写具体的年、月、日，认定部门请填写部门全称。

附件2

专业技能型和专业服务型职业农民统计信息采集表

填表日期：_____年___月___日

姓　名		性别		照片（一寸）
出生年月		民族		
文化程度	□小学及以下 □初中 □高中 □中专 □大专 □大学及以上			
专业		政治面貌		
身份证号				
手机号码		电子邮箱		
QQ号		微信号		
家庭人口		户籍所在地		
通讯地址				
从事工种/岗位		从业年限	个人从事该工种/岗位年收入（万）	
从业单位类别	□种养大户 □家庭农场 □农民合作社 □农业企业 □农业园区 □其他			
工作地点	_____省（区、市） _____市（州、盟） _____县（市、区、旗）			
获得证书情况	□新型职业农民培训证书 □绿色证书 □国家职业资格证书（与从事工种/岗位相关证书） 职业（工种）名称1：_____ 等级：_____ 职业（工种）名称2：_____ 等级：_____			
专业学习培训经历	是否参加过新型职业农民培训 □是 □否，参加其他农业培训_____次/年。			
农业行政主管部门审核意见	（盖章） 年　月　日			

填表说明

1. 信息采集表由专业技能型和专业服务型新型职业农民在统计时，按个人实际情况填写。

2. 个人从事该工种年收入为统计年度的上一年收入。

3. 专业学习培训经历可在空白处添加相关内容，字数不超过 300 字。

4. 专业技能型职业农民从事工种分类按下列种类进行填写。

（1）农艺工：粮食作物栽培工、棉花作物栽培工、油料作物栽培工、糖料作物栽培工、麻、烟类作物栽培工、啤酒花栽培工、牧草栽培工、其他农艺工；

（2）园艺工：蔬菜园艺工、菌类园艺工、果树园艺工、花卉园艺工、茶园园艺工、蚕桑园艺工、其他园艺工；

（3）牧草工：牧草种子繁育工、牧草种子检验工、牧草栽培工、牧草产品加工工、其他牧草工；

（4）热带作物生产工：橡胶育苗工、橡胶栽培工、橡胶割胶工、橡胶制胶工、其他天然橡胶生产工、剑麻栽培工、剑麻制品工、剑麻纤维生产工、热带作物初制工；

（5）家畜繁殖员：家畜繁殖员；

（6）家畜饲养员：牛羊饲养员、生猪饲养员、其他家畜饲养员；

（7）家禽繁殖员：家禽繁殖员；

（8）家禽饲养员：鸡的饲养员、水禽饲养员、其他家禽饲养员；

（9）特种动物饲养员：特种禽类饲养员、特种经济动物繁育员、药用动物养殖员、蜜蜂饲养员，其他特种动物饲养员；

（10）实验动物养殖员：实验动物养殖员；

（11）渔业生产船员：海洋普通渔业船员、内陆渔业船员、渔船驾驶人员、渔船电机员、渔船无线电操作员、渔船机驾长、渔船轮机人员；

（12）水生动物苗种繁育工：淡水鱼苗种繁育工，淡水虾、蟹、贝类苗种繁育工，海水鱼苗种繁育工，海水虾、蟹、贝类苗种繁育工，珍稀水生动物苗种繁育工，其他水生动物苗种繁育工；

（13）水生植物苗种培育工：海藻育苗工、淡水水生植物苗种培育工、其他水生植物苗种培育工；

（14）水生动物饲养工：淡水成鱼饲养工，淡水虾、蟹、贝类饲养工，海水成鱼饲养工，海水虾、蟹、贝类饲养工，珍稀水生动物饲养工，其他水生动物饲养工；

（15）水生植物栽培工：水生植物栽培工；

（16）珍珠养殖工：淡水育珠工、海水育珠工；

（17）水产捕捞工：淡水捕捞工、海水捕捞工、水生动植物采集工；

（18）其他：农产品贮藏加工人员、其他人员。

5. 专业服务型职业农民从事岗位分类按下列种类进行填写。

（1）种植服务：肥料配方员、种子经销员、农药经销员、农作物植保员、农作物种子繁育员、种苗繁育员、其他种植服务人员；

（2）畜牧服务：村级动物防疫员、兽药经销员、饲料检验化验员、动物检疫检验员、其

他畜牧服务人员;

(3) 渔业服务:水生植物病害防治员、水生动物病害防治员、水生植物疫病检疫员、水生动物检疫防疫员、水产技术指导员、其他渔业服务人员;

(4) 农业机械服务:农业机械操作人员、农业机械维修人员、农机营销员、农机技术指导员、农机服务经纪人、其他农业机械服务人员;

(5) 其他:农村经纪人、农村信息员、村级资产管理员、村级奶站管理员、农村土地承包仲裁员、测土配方施肥员、沼气生产工、沼气物管员、农村传统手工业人员、休闲农业服务员、农产品检测员、农村环境保护工、农村节能员、太阳能利用工、微水电利用工、小风电利用工、其他人员。

附件 **3**

新型职业农民证书式样

<table>
<tr><td>（封底）</td><td>（封面）</td></tr>
<tr><td rowspan="2"></td><td>**新型职业农民证书**</td></tr>
<tr><td>
中华人民共和国农业部</td></tr>
</table>

（内页一）　　　　　　　　　　（内页二）

<table>
<tr>
<td>

　　为加快培养高素质现代农业生产经营者队伍，依据《××新型职业农民认定管理办法》，认定为新型职业农民。
　　特发此证。

　　　　　　　　　　（盖章）
　　　　　　年　月　日

</td>
<td>

（照片）

姓　　名＿＿＿＿性别＿＿＿＿
出生日期＿＿＿年＿＿月＿＿日
文化程度＿＿＿＿＿＿＿＿＿＿
身份证号＿＿＿＿＿＿＿＿＿＿
户籍所在地＿＿＿＿＿＿＿＿＿
产业所在地＿＿＿＿＿＿＿＿＿
主要产业＿＿＿＿＿＿＿＿＿＿
证书编号＿＿＿＿＿＿＿＿＿＿

</td>
</tr>
</table>

(内页三)

认定级别

初级	（盖章） 年　月　日
中级	（盖章） 年　月　日
高级	（盖章） 年　月　日

(内页四)

复核记录

日期	复核结果	复核单位

(内页五)

复核记录

日期	复核结果	复核单位

(内页六)

证书使用说明

1. 本证加盖发证机关公章后生效。

2. 本证是新型职业农民凭证，不作其他证明。

3. 持证人员可在发证机关所辖区域内按规定享受有关权利并承担义务。

4. 本证应妥善保管，并按规定接受复核。

5. 本证各项填写内容涂改无效。

农业部办公厅关于印发《2011—2020 年农业职业 技能开发工作规划》的通知

部机关各司局、各直属单位，各省、自治区、直辖市及计划单列市农业（农牧、农村经济）、农机、畜牧、兽医、农垦、乡镇企业、渔业厅（局、委、办），新疆生产建设兵团农业局：

为贯彻落实《农村实用人才和农业科技人才队伍建设中长期规划（2010—2020 年）》和《高技能人才队伍建设中长期规划（2010—2020 年）》要求，扎实推进农业职业技能开发工作，加快促进农业技能人才队伍建设，我们研究制定了《2011—2020 年农业职业技能开发工作规划》，现印发给你们。请结合实际遵照执行，充分发挥农业职业技能开发工作在提高农村劳动力素质、壮大农村实用人才队伍、培育新型职业农民以及促进农民增收等方面的重要作用，为现代农业发展和社会主义新农村建设提供有力的人才支撑。

农业部办公厅

2013 年 4 月 27 日

附件：2011—2020年农业职业技能开发工作规划

2011—2020年农业职业技能开发工作规划

根据《农村实用人才和农业科技人才队伍建设中长期规划（2010—2020年)》和《高技能人才队伍建设中长期规划（2010—2020年)》总体要求，为扎实推进农业职业技能开发工作发展，加快促进农业技能人才队伍建设，制定本规划。

一、发展现状和面临形势

（一）发展现状

近年来，各级农业主管部门围绕农业农村经济中心工作，按照农业部关于农业农村人才工作的总体部署，广泛开展职业培训和职业技能鉴定，有力促进了农业技能人才队伍建设，为现代农业发展、社会主义新农村建设做出了积极贡献。

1. 农业职业技能开发工作基础不断完善。截至2012年年底，共制修订103项农业行业国家（行业）职业标准、编写45套培训教材、开发46个职业的鉴定试题库（卷库），为农业技能人才工作奠定了坚实基础。

2. 农业职业技能开发工作队伍不断壮大。采取业务培训、继续教育、现场观摩、研讨交流、拍摄教学片和论文评选等多种形式，培养了一支由500多人组成的政策理论水平高、开拓创新意识强、工作经验丰富的管理人员队伍，一支由6 000多人组成涵盖农业行业主体职业领域、专业水平高的师资和考评人员队伍，一支由800多人组成的能够把握政策、规范鉴定考评行为、确保鉴定质量的督导人员队伍，一支由300多人组成的精通专业技术和掌握职业标准制修订、培训教材编写、鉴定试题库开发的专家队伍。

3. 农业职业技能开发工作体系不断完善。初步形成了由各级农业人事劳动部门综合管理，农业部职业技能鉴定指导中心和10家行业职业技能鉴定指导站业务指导和技术支持，分布在全国各地的390家农业职业技能鉴定站组织实施，以及各鉴定站根据需要在所在地区设立若干鉴定工作站承担鉴定考务工作的农业职业技能开发工作组织实施体系。

4. 农业职业技能开发工作硬件条件不断加强。根据农业职业技能开发工作发展的需要，农业部从2007年开始，先后实施了3期职业技能鉴定站基本建设项目，为鉴定站更新、补充部分鉴定仪器设备，以改善培训鉴定硬件条件。截至2012年年底，共投入6 400万元为190家农业职业技能鉴定站配备了7 300多台套仪器设备，有力提升了培训鉴定机构服务能力。

5. 农业技能人才队伍规模不断扩大，素质结构不断改善。截至2012年年底，农业行业共组织409万人次职业技能培训，通过考核鉴定并取得不同等级职业资格证书的人员达到370万人，其中高技能人才比例占17.2%。农业技术指导员、肥料配方师、动物疫病防治员、沼气生产工等主体职业的技能人才比例在逐步增加，保障了农业重点工程项目的顺利实施。

（二）面临形势

随着人才强农战略和科教兴国战略深入实施，农业职业技能开发工作面临新情况新机遇，充分认识面临的新形势，对做好今后一个时期的农业职业技能开发工作具有重要意义。

1. 在工业化、信息化、城镇化深入发展中同步推进农业现代化对农业职业技能开发工作提出了更高的要求。党的十八大报告明确指出，坚持走中国特色新型工业化、信息化、城镇化、农业现代化道路，促进工业化、信息化、城镇化、农业现代化同步发展。目前，我国农业劳动生产率和比较效益较低，与其他"三化"相比，农业现代化明显滞后。加快推进农业现代化进程，实现"四化同步"，切实把农业发展方式转到依靠科技进步、劳动者素质提高和管理创新的轨道上来，就必须培育一大批高素质的农村实用人才和新型职业农民。强化农业职业技能开发，大力开展农业生产、经营、管理和服务等专业知识和技能培训，培养造就一支服务农业农村经济社会发展的有文化、懂技术、会经营、善管理、能创业的农村实用人才和现代职业农民队伍，为粮食持续增产、农业持续增效、农民持续增收提供强有力的智力支持，这是新形势下农业职业技能开发工作面临的艰巨任务。

2. 加快推动城乡发展一体化对农业职业技能开发工作提出了更高的要求。党的十八大报告提出，加快完善城乡发展一体化体制机制，着力在城乡规划、基础设施、公共服务等方面推进一体化，促进城乡要素平等交换和公共资源均衡配置，形成以工促农、以城带乡、工农互惠、城乡一体的新型工农、城乡关系。在城乡之间实现生产要素的合理流动和生产力的合理分布，逐步缩小直至消灭城乡差别，首要任务是促进农村劳动力平等就业。推动农村劳动力就地就近转移就业和创业，提高劳动者的素质和技能至关重要。加强农业职业技能开发工作，加快建立并不断完善城乡统筹的职业技能培训体系、新型农民科技培训体系和就业服务体系，全面提升农村劳动力就业能力和创业能力，促进农村劳动力就业由体能型向技能型转变、由以第一产业为主向一、二、三产业广渠道就业转变，不断提高农业农村经济社会发展水平，已成为推动城乡发展一体化的重要举措。

3. 全面开发农村人力资源对农业职业技能开发工作提出了更高的要求。党的十八大报告明确提出，加快确立人才优先发展战略布局，造就规模宏大、素质优良的人才队伍，推动我国由人才大国迈向人才强国。作为我国人才资源的重要组成部分，长期以来，农村人力资源虽然数量众多，但文化程度较低、职业能力不高。全面开发农村人力资源，大幅度提升农村劳动力整体素质，把巨大的农村人力资源转变为人力资本优势，建设一支规模宏大的农业农村人才队伍，对于支撑现代农业发展、服务新农村建设至关重要。扎实推进农业职业技能开发工作，大力开展农业职业技能培训，促进各类农业技能人才脱颖而出，为农业农村经济发展培养留得住、用得上的专门人才。同时加快农村人力资源开发和农村劳动力素质的全面提高，也是消除农村贫困，增加农民收入，推进农业可持续发展的内在动力。

二、指导思想和发展目标

（一）指导思想

深入贯彻落实科学发展观和科学人才观，紧紧围绕发展现代农业、建设社会主义新农村重大历史任务，牢牢把握提高农业劳动者职业技能水平这一核心，始终面向农村、服务农民，以加强组织体系和工作队伍建设为基础，以不断完善农业技能人才工作体系为主线，以不断提升农业职业技能开发工作质量为重点，建立健全农业职业技能开发工作长效机制，全面推进农业技能人才工作大发展，为现代农业发展和社会主义新农村建设提供智力支持和人才保障打下坚实基础。

（二）发展目标

到 2020 年农业职业技能开发工作的总体目标是：农业职业技能开发工作制度体系初步建立；农业职业技能开发工作体系更加健全，工作队伍人员数量、素质不断提高，新职业工种、国家职业标准、培训教材、鉴定试题库等开发机制更加完善，培训和鉴定硬件条件明显改善；农业职业资格证书制度覆盖农业行业主体职业领域；农业技能人才数量稳步提高，专业结构、等级结构逐步改善，农民持证人数大幅度增加，农业职业资格证书的社会公信力、影响力逐步提高。

具体目标为：

1. 健全基础体系。制修订100项农业行业国家职业技能标准，修订或新开发一批职业技能培训大纲和教材、实训指导手册，开发100个主要职业工种的鉴定试题库、卷库。

2. 提升工作能力。稳定现有工作队伍总体规模，采取多种措施，对5 000名鉴定质量督导员、考评员进行知识更新再培训，着力提升各类工作人员业务能力和工作水平。适当增加新职业领域考评和师资人员数量。

3. 完善组织体系。根据农业产业发展需要，调整优化鉴定机构在区域、行业间布局，规范职业技能鉴定工作站管理，进一步健全农业职业技能开发工作体系。2015年前建设50家国家农业技能人才培养基地；2016—2020年，再建设150家国家农业技能人才培养基地。

4. 创新工作机制。指导农业职业院校、农技推广机构、职业培训机构和各类用人单位，不断探索农业职业技能开发工作新机制，大力推进职业培训和技能鉴定工作与"三农"中心工作紧密结合、协调发展。

5. 提升工作质量。坚持"质量第一、社会效益第一"原则，推动农业职业培训和技能鉴定数量、质量并重，逐步构建质量建设长效机制，不断提升职业资格证书含金量和技能人才培养质量。

6. 稳定培训鉴定规模。到2020年，力争提供450万人次职业技能培训和考核鉴定服务，400万名农业劳动者取得职业资格证书，其中高级资格以上等级占20%。农业技术指导员、肥料配方师、动物疫病防治员、沼气生产工、农产品质量安全检测员等主体职业鉴定人数达到总数的50%以上。

三、工作重点

（一）进一步推进农业职业资格证书制度

按照《国务院办公厅关于清理规范各类职业资格相关活动的通知》（国办发〔2007〕73号）和《职业资格清理规范第一批公告目录》（人社部公告〔2012〕1号）有关要求，梳理农业行业职业工种种类，严格按照规定设立农业职业资格，规范开展职业资格相关活动，确保农业职业资格证书制度顺利实施。充分发挥职业资格证书在人力资源管理中的作用，实行职业资格证书与工资待遇及各种优惠政策相挂钩。对从事涉及农产品质量安全、规范农资市场等关系农业农村经济持续健康发展的相关职业领域，随着农业多功能拓展而产生的涉及农村二、三产业的新职业领域，以及技术性强、服务质量要求高和关系到广大消费者利益、人民生命财产安全的职业领域劳动者加大培训力度，使其具有相应职业资格。大力推行学历证书和职业资格证书"双证书"并重制度，促进各类农业职业教育培训与鉴定评价工作的有机结合。

（二）推进技能人才开发工作与中心工作紧密结合

大力推进职业技能开发与基层农技推广服务体系改革与建设、重大技术推广项目的有机结合，促进农技推广队伍技术指导和服务能力的不断提高；加强职业技能开发与农业标准化建设的有效衔接，促进人才技能水平与农产品技术标准相适应；加强职业技能开发与场

（地）认定相结合，把主要岗位从业人员的职业资格作为商品粮油基地、大型农产品批发市场、科技示范场以及无公害农产品、绿色食品、有机农产品基地认定的基本条件；加强职业技能开发与重大工程项目和强农惠农富农政策的结合，在农业产业技术体系建设、优质粮食产业工程、测土配方施肥、农村清洁工程、农村沼气、生态农业、农机具购置补贴、畜禽良种补贴、水产健康养殖示范区建设和农产品产地初加工、休闲农业、农民培训等项目和政策的实施过程中，逐步提高项目实施人员参加职业技能培训和鉴定的比例，促进项目的顺利实施和惠农政策的贯彻落实。

（三）扎实做好重点职业领域的技能人才培训和鉴定工作

适应农业产业化、标准化、信息化、专业化发展需要，以提高职业技能为核心，着力抓好动物防疫员、植保员、农村信息员、农产品质量安全检测员、肥料配方师、农机驾驶操作和维修能手、农村能源工作人员以及农产品加工仓储运输人员、畜禽饲养繁殖服务人员等职业领域的培训和技能鉴定。完善以职业院校、广播电视学校、技术推广服务机构等为主体，学校教育与企业、农民专业合作组织紧密联系的农业技能人才培养体系，创新培养方式，探索在大型农产品加工等涉农企业开展企业内技能人才评价等鉴定新模式，为培育新型职业农民和重点职业领域农业技能人才创造条件。

（四）夯实农业职业技能开发工作基础

加大与发展现代农业、建设新农村等密切关联的涉农新职业工种研究开发力度，及时申请设立推广成果转化交易服务经纪人等农业农村经济发展急需的新职业，并研究制定相应的职业标准，满足农业农村经济发展对各类技能人才的需求。按照职业标准、培训教材、鉴定题库"三位一体"开发的工作模式，适应农业科技进步和行业发展的要求，着力做好国家职业标准修订工作，积极探索职业技能鉴定国家试题库实训指导手册开发，不断完善培训教材体系。加快试题库建设，注重实际操作技能试题库开发，大力开发技师、高级技师鉴定试题库（试卷库），把主体职业试题库打造成精品国家题库。

选择有一定工作基础和硬件条件的培训或鉴定机构，结合农业职业技能鉴定站建设项目的实施，建设一批设施设备齐全的农业技能人才培养基地，重点开展技能人才培训、技术交流和职业技能竞赛等活动。加强实训基地培训条件建设，注重发挥基地的资源优势和功能，增强实训的有效性，强化人才培养质量，提升实训基地服务技能人才培养的能力。

（五）建立健全职业技能鉴定质量管理体系

进一步完善质量管理规章制度，研究制定职业技能鉴定工作站管理办法。不断完善职业技能鉴定质量督导制度，落实现场督考委派制，推行交叉督考并开展随机抽查督考。各鉴定机构要严格按照人社部关于职业技能鉴定所（站）质量管理评估的要求，强化自身建设，进一步完善岗位设置、规章制度、档案资料、鉴定实施要求、质量监督反馈等关键环节的规范化管理，确保农业行业所有鉴定站都达到合格以上的评估标准。

加强职业技能鉴定机构质量管理体系研究，鼓励鉴定站参加质量管理体系认证；推行鉴定机构红黑榜制度，探索建立鉴定机构信用等级制度，并将鉴定机构相应信息向社会公布。继续执行考评人员、质量督导人员诚信考评和督导制度。对培训鉴定机构加大监督检查力度，从组织形式、工作内容到业务流程实现监督检查的经常化和制度化。完善质量责任书制度，明确工作具体要求和工作目标；建立质量工作通报制度；所核发证书数据按照要求和程序全部上传《国家职业资格证书全国联网查询系统》，维护国家职业资格证书的权威和形象。

积极构建质量管理长效机制，不断提升农业职业技能开发工作水平。

（六）广泛开展农业职业技能竞赛活动

在总结农机修理、农机田间作业、橡胶割胶、沼气池建设等职业技能大赛成功经验基础上，各行业、各地区围绕本行业主体职业或与当地主导产业密切相关的职业工种，开展各种形式的岗位练兵和职业技能竞赛等活动，为发现和选拔高素质农业技能人才创造条件。对职业技能竞赛中涌现出来的优秀农业技能人才，在给予精神和物质奖励的同时，可按有关规定直接晋升一个职业资格等级，同时大力宣传优秀农业技能人才典型人物和事迹，营造尊重劳动、崇尚技能、鼓励创新的有利于农业技能人才成长的良好社会氛围。对符合条件的，积极推荐参加中华技能大奖和全国技术能手的评选表彰。

四、保障措施

（一）加强领导和组织实施

加强对农业职业技能开发工作的统筹规划、协调指导和宏观管理，各地、各行业农业行政主管部门要统筹协调、精心组织、分类指导，将农业职业技能开发工作列入重要议事日程。要加强农业技能人才培养方式和鉴定考评技术等基础研究，探索培训教材编写新体例、新模式，研究鉴定试题库命题模块化开发的新方法，总结推广仿真模拟操作、智能化考试等先进鉴定评价方法和技术，以及在一定区域范围内的统一鉴定考试形式，为职业技能开发工作的健康发展提供理论支撑。

（二）加大投入和经费保障力度

各级农业部门要健全政府、用人单位、社会和个人多元化的农业职业技能开发投入机制，落实国家相关政策要求，积极争取中央和地方财政预算资金，专项用于农业职业技能开发。把职业技能培训和鉴定机构条件改善纳入基本建设投资中，把职业标准制修订和新职业、培训教材、试题库开发工作列入财政预算。在有关工程、计划和建设项目中，安排一定经费用于培训鉴定，并形成长效机制。对农业技能人才培训、鉴定、评选表彰等工作给予必要的经费支持，不断改善实训基地和鉴定机构条件。

（三）加强宣传和舆论引导

借助报刊、网络、影视等多种媒体，采取专刊、专栏、专版、专访等多种形式，大力宣传职业资格证书制度、优秀农业技能人才以及农业职业技能开发工作的作用和成效，扩大职业技能开发工作的社会影响力，营造良好的舆论氛围。调动农业行业各类用人单位和更多劳动者参与职业技能培训和鉴定的积极性和主动性，提升农业职业资格证书制度在全社会的认知度。

国务院关于加快发展现代职业教育的决定

国发〔2014〕19 号

各省、自治区、直辖市人民政府，国务院各部委、各直属机构：

近年来，我国职业教育事业快速发展，体系建设稳步推进，培养培训了大批中高级技能型人才，为提高劳动者素质、推动经济社会发展和促进就业作出了重要贡献。同时也要看到，当前职业教育还不能完全适应经济社会发展的需要，结构不尽合理，质量有待提高，办学条件薄弱，体制机制不畅。加快发展现代职业教育，是党中央、国务院作出的重大战略部署，对于深入实施创新驱动发展战略，创造更大人才红利，加快转方式、调结构、促升级具有十分重要的意义。现就加快发展现代职业教育作出以下决定。

一、总体要求

（一）指导思想。以邓小平理论、"三个代表"重要思想、科学发展观为指导，坚持以立德树人为根本，以服务发展为宗旨，以促进就业为导向，适应技术进步和生产方式变革以及社会公共服务的需要，深化体制机制改革，统筹发挥好政府和市场的作用，加快现代职业教育体系建设，深化产教融合、校企合作，培养数以亿计的高素质劳动者和技术技能人才。

（二）基本原则。

——政府推动、市场引导。发挥好政府保基本、促公平作用，着力营造制度环境、制定发展规划、改善基本办学条件、加强规范管理和监督指导等。充分发挥市场机制作用，引导社会力量参与办学，扩大优质教育资源，激发学校发展活力，促进职业教育与社会需求紧密对接。

——加强统筹、分类指导。牢固确立职业教育在国家人才培养体系中的重要位置，统筹发展各级各类职业教育，坚持学校教育和职业培训并举。强化省级人民政府统筹和部门协调配合，加强行业部门对本部门、本行业职业教育的指导。推动公办与民办职业教育共同发展。

——服务需求、就业导向。服务经济社会发展和人的全面发展，推动专业设置与产业需求对接，课程内容与职业标准对接，教学过程与生产过程对接，毕业证书与职业资格证书对接，职业教育与终身学习对接。重点提高青年就业能力。

——产教融合、特色办学。同步规划职业教育与经济社会发展，协调推进人力资源开发与技术进步，推动教育教学改革与产业转型升级衔接配套。突出职业院校办学特色，强化校企协同育人。

——系统培养、多样成才。推进中等和高等职业教育紧密衔接，发挥中等职业教育在发展现代职业教育中的基础性作用，发挥高等职业教育在优化高等教育结构中的重要作用。加强职业教育与普通教育沟通，为学生多样化选择、多路径成才搭建"立交桥"。

（三）目标任务。到 2020 年，形成适应发展需求、产教深度融合、中职高职衔接、职业教育与普通教育相互沟通，体现终身教育理念，具有中国特色、世界水平的现代职业教育体系。

——结构规模更加合理。总体保持中等职业学校和普通高中招生规模大体相当，高等职业教育规模占高等教育的一半以上，总体教育结构更加合理。到 2020 年，中等职业教育在校生达到 2 350 万人，专科层次职业教育在校生达到 1 480 万人，接受本科层次职业教育的学生达到一定规模。从业人员继续教育达到 3.5 亿人次。

——院校布局和专业设置更加适应经济社会需求。调整完善职业院校区域布局，科学合理设置专业，健全专业随产业发展动态调整的机制，重点提升面向现代农业、先进制造业、现代服务业、战略性新兴产业和社会管理、生态文明建设等领域的人才培养能力。

——职业院校办学水平普遍提高。各类专业的人才培养水平大幅提升，办学条件明显改善，实训设备配置水平与技术进步要求更加适应，现代信息技术广泛应用。专兼结合的"双师型"教师队伍建设进展显著。建成一批世界一流的职业院校和骨干专业，形成具有国际竞争力的人才培养高地。

——发展环境更加优化。现代职业教育制度基本建立，政策法规更加健全，相关标准更加科学规范，监管机制更加完善。引导和鼓励社会力量参与的政策更加健全。全社会人才观念显著改善，支持和参与职业教育的氛围更加浓厚。

二、加快构建现代职业教育体系

（四）巩固提高中等职业教育发展水平。各地要统筹做好中等职业学校和普通高中招生工作，落实好职普招生大体相当的要求，加快普及高中阶段教育。鼓励优质学校通过兼并、托管、合作办学等形式，整合办学资源，优化中等职业教育布局结构。推进县级职教中心等中等职业学校与城市院校、科研机构对口合作，实施学历教育、技术推广、扶贫开发、劳动力转移培训和社会生活教育。在保障学生技术技能培养质量的基础上，加强文化基础教育，实现就业有能力、升学有基础。有条件的普通高中要适当增加职业技术教育内容。

（五）创新发展高等职业教育。专科高等职业院校要密切产学研合作，培养服务区域发展的技术技能人才，重点服务企业特别是中小微企业的技术研发和产品升级，加强社区教育和终身学习服务。探索发展本科层次职业教育。建立以职业需求为导向、以实践能力培养为重点、以产学结合为途径的专业学位研究生培养模式。研究建立符合职业教育特点的学位制度。原则上中等职业学校不升格为或并入高等职业院校，专科高等职业院校不升格为或并入本科高等学校，形成定位清晰、科学合理的职业教育层次结构。

（六）引导普通本科高等学校转型发展。采取试点推动、示范引领等方式，引导一批普通本科高等学校向应用技术类型高等学校转型，重点举办本科职业教育。独立学院转设为独立设置高等学校时，鼓励其定位为应用技术类型高等学校。建立高等学校分类体系，实行分类管理，加快建立分类设置、评价、指导、拨款制度。招生、投入等政策措施向应用技术类型高等学校倾斜。

（七）完善职业教育人才多样化成长渠道。健全"文化素质＋职业技能"、单独招生、综合评价招生和技能拔尖人才免试等考试招生办法，为学生接受不同层次高等职业教育提供多种机会。在学前教育、护理、健康服务、社区服务等领域，健全对初中毕业生实行中高职贯通培养的考试招生办法。适度提高专科高等职业院校招收中等职业学校毕业生的比例、本科高等学校招收职业院校毕业生的比例。逐步扩大高等职业院校招收有实践经历人员的比例。建立学分积累与转换制度，推进学习成果互认衔接。

（八）积极发展多种形式的继续教育。建立有利于全体劳动者接受职业教育和培训的灵活学习制度，服务全民学习、终身学习，推进学习型社会建设。面向未升学初高中毕业生、残疾人、失业人员等群体广泛开展职业教育和培训。推进农民继续教育工程，加强涉农专业、课程和教材建设，创新农学结合模式。推动一批县（市、区）在农村职业教育和成人教育改革发展方面发挥示范作用。利用职业院校资源广泛开展职工教育培训。重视培养军地两用人才。退役士兵接受职业教育和培训，按照国家有关规定享受优待。

三、激发职业教育办学活力

（九）引导支持社会力量兴办职业教育。创新民办职业教育办学模式，积极支持各类办学主体通过独资、合资、合作等多种形式举办民办职业教育；探索发展股份制、混合所有制职业院校，允许以资本、知识、技术、管理等要素参与办学并享有相应权利。探索公办和社会力量举办的职业院校相互委托管理和购买服务的机制。引导社会力量参与教学过程，共同开发课程和教材等教育资源。社会力量举办的职业院校与公办职业院校具有同等法律地位，依法享受相关教育、财税、土地、金融等政策。健全政府补贴、购买服务、助学贷款、基金奖励、捐资激励等制度，鼓励社会力量参与职业教育办学、管理和评价。

（十）健全企业参与制度。研究制定促进校企合作办学有关法规和激励政策，深化产教融合，鼓励行业和企业举办或参与举办职业教育，发挥企业重要办学主体作用。规模以上企业要有机构或人员组织实施职工教育培训、对接职业院校，设立学生实习和教师实践岗位。企业因接受实习生所实际发生的与取得收入有关的、合理的支出，按现行税收法律规定在计算应纳税所得额时扣除。多种形式支持企业建设兼具生产与教学功能的公共实训基地。对举办职业院校的企业，其办学符合职业教育发展规划要求的，各地可通过政府购买服务等方式给予支持。对职业院校自办的、以服务学生实习实训为主要目的的企业或经营活动，按照国家有关规定享受税收等优惠。支持企业通过校企合作共同培养培训人才，不断提升企业价值。企业开展职业教育的情况纳入企业社会责任报告。

（十一）加强行业指导、评价和服务。加强行业指导能力建设，分类制定行业指导政策。通过授权委托、购买服务等方式，把适宜行业组织承担的职责交给行业组织，给予政策支持并强化服务监管。行业组织要履行好发布行业人才需求、推进校企合作、参与指导教育教学、开展质量评价等职责，建立行业人力资源需求预测和就业状况定期发布制度。

（十二）完善现代职业学校制度。扩大职业院校在专业设置和调整、人事管理、教师评聘、收入分配等方面的办学自主权。职业院校要依法制定体现职业教育特色的章程和制度，完善治理结构，提升治理能力。建立学校、行业、企业、社区等共同参与的学校理事会或董事会。制定校长任职资格标准，推进校长聘任制改革和公开选拔试点。坚持和完善中等职业学校校长负责制、公办高等职业院校党委领导下的校长负责制。建立企业经营管理和技术人员与学校领导、骨干教师相互兼职制度。完善体现职业院校办学和管理特点的绩效考核内部分配机制。

（十三）鼓励多元主体组建职业教育集团。研究制定院校、行业、企业、科研机构、社会组织等共同组建职业教育集团的支持政策，发挥职业教育集团在促进教育链和产业链有机融合中的重要作用。鼓励中央企业和行业龙头企业牵头组建职业教育集团。探索组建覆盖全产业链的职业教育集团。健全联席会、董事会、理事会等治理结构和决策机制。开展多元投资主体依法共建职业教育集团的改革试点。

（十四）强化职业教育的技术技能积累作用。制定多方参与的支持政策，推动政府、学校、行业、企业联动，促进技术技能的积累与创新。推动职业院校与行业企业共建技术工艺和产品开发中心、实验实训平台、技能大师工作室等，成为国家技术技能积累与创新的重要载体。职业院校教师和学生拥有知识产权的技术开发、产品设计等成果，可依法依规在企业作价入股。

四、提高人才培养质量

（十五）推进人才培养模式创新。坚持校企合作、工学结合，强化教学、学习、实训相融合的教育教学活动。推行项目教学、案例教学、工作过程导向教学等教学模式。加大实习实训在教学中的比重，创新顶岗实习形式，强化以育人为目标的实习实训考核评价。健全学生实习责任保险制度。积极推进学历证书和职业资格证书"双证书"制度。开展校企联合招生、联合培养的现代学徒制试点，完善支持政策，推进校企一体化育人。开展职业技能竞赛。

（十六）建立健全课程衔接体系。适应经济发展、产业升级和技术进步需要，建立专业教学标准和职业标准联动开发机制。推进专业设置、专业课程内容与职业标准相衔接，推进中等和高等职业教育培养目标、专业设置、教学过程等方面的衔接，形成对接紧密、特色鲜明、动态调整的职业教育课程体系。全面实施素质教育，科学合理设置课程，将职业道德、人文素养教育贯穿培养全过程。

（十七）建设"双师型"教师队伍。完善教师资格标准，实施教师专业标准。健全教师专业技术职务（职称）评聘办法，探索在职业学校设置正高级教师职务（职称）。加强校长培训，实行五年一周期的教师全员培训制度。落实教师企业实践制度。政府要支持学校按照有关规定自主聘请兼职教师。完善企业工程技术人员、高技能人才到职业院校担任专兼职教师的相关政策，兼职教师任教情况应作为其业绩考核评价的重要内容。加强职业技术师范院校建设。推进高水平学校和大中型企业共建"双师型"教师培养培训基地。地方政府要比照普通高中和高等学校，根据职业教育特点核定公办职业院校教职工编制。加强职业教育科研教研队伍建设，提高科研能力和教学研究水平。

（十八）提高信息化水平。构建利用信息化手段扩大优质教育资源覆盖面的有效机制，推进职业教育资源跨区域、跨行业共建共享，逐步实现所有专业的优质数字教育资源全覆盖。支持与专业课程配套的虚拟仿真实训系统开发与应用。推广教学过程与生产过程实时互动的远程教学。加快信息化管理平台建设，加强现代信息技术应用能力培训，将现代信息技术应用能力作为教师评聘考核的重要依据。

（十九）加强国际交流与合作。完善中外合作机制，支持职业院校引进国（境）外高水平专家和优质教育资源，鼓励中外职业院校教师互派、学生互换。实施中外职业院校合作办学项目，探索和规范职业院校到国（境）外办学。推动与中国企业和产品"击出去"相配套的职业教育发展模式，注重培养符合中国企业海外生产经营需求的本土化人才。积极参与制定职业教育国际标准，开发与国际先进标准对接的专业标准和课程体系。提升全国职业院校技能大赛国际影响。

五、提升发展保障水平

（二十）完善经费稳定投入机制。各级人民政府要建立与办学规模和培养要求相适应的财政投入制度，地方人民政府要依法制定并落实职业院校生均经费标准或公用经费标准，改善职业院校基本办学条件。地方教育附加费用于职业教育的比例不低于 30％。加大地方人民政府经费统筹力度，发挥好企业职工教育培训经费以及就业经费、扶贫和移民安置资金等各类资金在职业培训中的作用，提高资金使用效益。县级以上人民政府要建立职业教育经费绩效评价制度、审计监督公告制度、预决算公开制度。

（二十一）健全社会力量投入的激励政策。鼓励社会力量捐资、出资兴办职业教育，拓宽办学筹资渠道。通过公益性社会团体或者县级以上人民政府及其部门向职业院校进行捐赠的，其捐赠按照现行税收法律规定在税前扣除。完善财政贴息贷款等政策，健全民办职业院校融资机制。企业要依法履行职工教育培训和足额提取教育培训经费的责任，一般企业按照职工工资总额的 1.5％ 足额提取教育培训经费，从业人员技能要求高、实训耗材多、培训任务重、经济效益较好的企业可按 2.5％ 提取，其中用于一线职工教育培训的比例不低于 60％。除国务院财政、税务主管部门另有规定外，企业发生的职工教育经费支出，不超过工资薪金总额 2.5％ 的部分，准予扣除；超过部分，准予在以后纳税年度结转扣除。对不按规定提取和使用教育培训经费并拒不改正的企业，由县级以上地方人民政府依法收取企业应当承担的职业教育经费，统筹用于本地区的职业教育。探索利用国（境）外资金发展职业教育的途径和机制。

（二十二）加强基础能力建设。分类制定中等职业学校、高等职业院校办学标准，到 2020 年实现基本达标。在整合现有项目的基础上实施现代职业教育质量提升计划，推动各地建立完善以促进改革和提高绩效为导向的高等职业院校生均拨款制度，引导高等职业院校深化办学机制和教育教学改革；重点支持中等职业学校改善基本办学条件，开发优质教学资源，提高教师素质；推动建立发达地区和欠发达地区中等职业教育合作办学工作机制。继续实施中等职业教育基础能力建设项目。支持一批本科高等学校转型发展为应用技术类型高等学校。地方人民政府、相关行业部门和大型企业要切实加强所办职业院校基础能力建设，支持一批职业院校争创国际先进水平。

（二十三）完善资助政策体系。进一步健全公平公正、多元投入、规范高效的职业教育国家资助政策。逐步建立职业院校助学金覆盖面和补助标准动态调整机制，加大对农林水地矿油核等专业学生的助学力度。有计划地支持集中连片特殊困难地区内限制开发和禁止开发区初中毕业生到省（市、区）内外经济较发达地区接受职业教育。完善面向农民、农村转移劳动力、在职职工、失业人员、残疾人、退役士兵等接受职业教育和培训的资助补贴政策，积极推行以直补个人为主的支付办法。有关部门和职业院校要切实加强资金管理，严查"双重学籍"、"虚假学籍"等问题，确保资助资金有效使用。

（二十四）加大对农村和贫困地区职业教育支持力度。服务国家粮食安全保障体系建设，积极发展现代农业职业教育，建立公益性农民培养培训制度，大力培养新型职业农民。在人口集中和产业发展需要的贫困地区建好一批中等职业学校。国家制定奖补政策，支持东部地区职业院校扩大面向中西部地区的招生规模，深化专业建设、课程开发、资源共享、学校管理等合作。加强民族地区职业教育，改善民族地区职业院校办学条件，继续办好内地西藏、新疆中职班，建设一批民族文化传承创新示范专业点。

（二十五）健全就业和用人的保障政策。认真执行就业准入制度，对从事涉及公共安全、人身健康、生命财产安全等特殊工种的劳动者，必须从取得相应学历证书或职业培训合格证书并获得相应职业资格证书的人员中录用。支持在符合条件的职业院校设立职业技能鉴定所

（站），完善职业院校合格毕业生取得相应职业资格证书的办法。各级人民政府要创造平等就业环境，消除城乡、行业、身份、性别等一切影响平等就业的制度障碍和就业歧视；党政机关和企事业单位招用人员不得歧视职业院校毕业生。结合深化收入分配制度改革，促进企业提高技能人才收入水平。鼓励企业建立高技能人才技能职务津贴和特殊岗位津贴制度。

六、加强组织领导

（二十六）落实政府职责。完善分级管理、地方为主、政府统筹、社会参与的管理体制。国务院相关部门要有效运用总体规划、政策引导等手段以及税收金融、财政转移支付等杠杆，加强对职业教育发展的统筹协调和分类指导；地方政府要切实承担主要责任，结合本地实际推进职业教育改革发展，探索解决职业教育发展的难点问题。要加快政府职能转变，减少部门职责交叉和分散，减少对学校教育教学具体事务的干预。充分发挥职业教育工作部门联席会议制度的作用，形成工作合力。

（二十七）强化督导评估。教育督导部门要完善督导评估办法，加强对政府及有关部门履行发展职业教育职责的督导；要落实督导报告公布制度，将督导报告作为对被督导单位及其主要负责人考核奖惩的重要依据。完善职业教育质量评价制度，定期开展职业院校办学水平和专业教学情况评估，实施职业教育质量年度报告制度。注重发挥行业、用人单位作用，积极支持第三方机构开展评估。

（二十八）营造良好环境。推动加快修订职业教育法。按照国家有关规定，研究完善职业教育先进单位和先进个人表彰奖励制度。落实好职业教育科研和教学成果奖励制度，用优秀成果引领职业教育改革创新。研究设立职业教育活动周。大力宣传高素质劳动者和技术技能人才的先进事迹和重要贡献，引导全社会确立尊重劳动、尊重知识、尊重技术、尊重创新的观念，促进形成"崇尚一技之长、不唯学历凭能力"的社会氛围，提高职业教育社会影响力和吸引力。

附件：重点任务分工及进度安排表（略）

中华人民共和国国务院

2014 年 5 月 2 日